普通高等教育创新应用型人才培养教材

# 传感器技术设计与应用

CHUANGANQI JISHU

*SHEJI YU YINGYONG*

李田泽◎主编

海洋出版社

2015年·北京

## 内容简介

本书是作者根据电子信息类、电气类、机械类、仪器类、自动化类等相关专业教学大纲的要求，在多年从事传感器与检测技术教学与科研的基础上，参考了国内外大量有关书籍与资料编写而成。本书内容丰富、新颖、全面，对知识阐述深入浅出，紧密结合科学研究和工程实际，列举了大量传感器应用实例分析，具有一定的实用性和参考价值。本书在编写过程中，既兼顾了传统传感器设计的基本内容，又注重了传感器的新技术、新理论、新方法、新器件以及检测系统的综合设计等内容，力求使读者了解传感器的学科前沿与发展动态。

本书共分 15 章，主要内容包括：传感器的基本特性与测量误差，电阻、电容、电感基本传感器，热电传感器，磁电传感器，压电传感器，半导体传感器，光电传感器，图像传感器，光导纤维传感器，数字式传感器，传感器新技术及其应用和现代检测系统综合设计等。

本书内容全面，适用性强。它不仅可作为电子信息科学与技术、电子信息工程、自动化、电气工程及其自动化、测控技术与仪器、机械工程及其自动化等专业的本科生以及职业技术相关专业的教材，也可作检测技术与自动化装置、控制理论与控制工程、农业电气化与自动化等相关专业的研究生教材，同时，还可供相关领域的工程技术人员参考。

**图书在版编目(CIP)数据**

传感器技术设计与应用 / 李田泽主编. -- 北京 :海洋出版社, 2015.5
ISBN 978-7-5027- 9083-7

Ⅰ. ①传… Ⅱ. ①李… Ⅲ. ①传感器 Ⅳ. ①TP212

中国版本图书馆 CIP 数据核字(2015)第 027604 号

策　　划：李　志
责任编辑：赵　武
责任校对：肖新民
责任印制：赵麟苏
排　　版：海洋计算机图书输出中心　晓阳

出版发行：海洋出版社

地　　址：北京市海淀区大慧寺路 8 号（716 房间）
100081
经　　销：新华书店

发 行 部：（010）62174379（传真）（010）62132549
（010）68038093（邮购）（010）62100077
网　　址：www.oceanpress.com.cn
技术支持：（010）62100052
承　　印：北京旺都印务有限公司
版　　次：2015 年 5 月第 1 版第 1 次印刷
开　　本：787mm×1092mm　1/16
印　　张：23
字　　数：580 千字
定　　价：38.00 元

本书如有印、装质量问题可与发行部调换

# 前　言

传感器技术在当代科技领域中占有十分重要的地位，尤其进入了 21 世纪的信息化时代，人们要从自然界获得信息，就必须合理地选择与应用各种传感器和检测技术。随着计算机技术的飞速发展，信息处理技术也在不断地发展与完善。然而作为提供信息的传感器相对滞后计算机处理功能的发展，影响了自动检测技术及其多种技术的发展。因此，本教材是作者在多年从事传感器与检测技术的教学与科研的基础上，参考了国内外大量的有关书籍与资料编写而成。根据高校电子信息科学与技术、电子信息工程、自动化、电气工程及其自动化、测控技术与仪器、机械工程及其自动化等专业的传感器与检测技术课程的教学大纲要求，吸取近年来各高校的教学成果与教学经验，在编写过程中力求内容丰富、新颖、全面，对知识阐述深入浅出，紧密结合科学研究和工程实际，分析大量传感器应用实例。同时，本书在编写过程中，既兼顾了传统传感器的基本内容，又注重了传感器的新技术、新理论、新方法、新器件以及检测系统的综合设计等内容，力求使读者了解传感器的学科前沿与发展动态。

本书共分 15 章，主要内容包括：传感器的基本特性与测量误差，电阻、电容、电感基本传感器，热电传感器，磁电传感器，压电传感器，半导体传感器，光电传感器，图像传感器，光导纤维传感器，数字式传感器，传感器新技术及其应用和现代检测系统综合设计等。

本书在内容与形式上突出体现了以下六个方面的特点：一是对内容安排上，采用重点突出、由易到难、由浅入深的渐进模式；二是将传感器进行归类，如将应变式传感器和压阻式传感器归为电阻式传感器，将自感式传感器、差动变压器、电容传感器、电涡流式传感器和压磁传感器归为变阻抗式传感器，将光电器件、光电码盘、电荷耦合器件、光纤传感器和光栅传感器归为光电式传感器，将磁电式传感器、霍尔传感器和压电式传感器归为电动势式传感器等；三是对于各类传感器阐述上，采用先结构原理–再特性–后应用举例的顺序；四是传统内容与新型知识的相结合，既兼顾传感器的基本内容，又注重了将不断出现的传感器新技术、新理论、新方法、新器件以及检测系统的综合设计等纳入本书内容中；五是体现了科学研究与教学的有机结合，在编写过程中，将大量科研成果汇聚于本书中，注重了创新、实践、系统综合设计能力的培养；六是对于基本传感器以“结构–原理–特性–应用”四位一体模式进行阐述，而对新型传感器，如光电位置传感器以“基于效应–性能分析–电路设计–综合应用”模式进行阐述，对于图像传感器以“结构原理–工作波形–特性参数–检测系统”为主线进行阐述，对于光导纤维传感器的阐述采用“传感元件–传光分析–传感技术–应用展望”模式阐述。

本书由山东理工大学李田泽教授主编并负责全书的统稿和审校，并编写了部分章节(第1章、第2章、第6章、第8章、第9章、第10章、第15章)。参加编写的还有宋德杰教授（第14章)、杨淑连教授（第7章)、王振环副教授（第5章)、盛翠霞博士（第12章)、贾宏燕博士（第13章)、王辉林（第4章)、卢恒炜（第11章)、淄博职业学院赵静老师（第3章)。在编写过程中，研究生陈祥鹏、李倩、仝其丰、史春玉、孙稳稳等为本书的插图和文字的录入做了大量工作，孙序文教授在整个编写过程中提出了许多指导性意见，一些同行专家们也提出了许多宝贵建议，在此一并向他们表示衷心地感谢！编写中还参阅了大量书籍和文献，借此向这些书籍和文献的作者们表示真挚的谢意！

本书由山东师范大学王传奎教授主审。王传奎教授是省级重点学科学术带头人，山东省有突出贡献的中青年专家，教育部高等学校骨干教师，山东省教学名师，国务院政府特殊津贴获得者。主审对本书内容进行了认真细致的审查，提出了许多指导性意见和宝贵的建议，在此，作者表示最诚挚的感谢。

本书在编写中，得到了山东理工大学研究生处教材基金委的大力支持和资助，得到了电气与电子工程学院的大力支持。在此，一并表示衷心的感谢。

传感器技术设计与应用涉及物理学、电子学、机械工程、化学、材料科学、计算机技术、自动化等多学科技术，涉及的知识面广、综合性强。本书不仅可作为电子信息科学与技术、电子信息工程、自动化、电气工程及其自动化、测控技术与仪器、机械工程及其自动化等专业本科生以及职业技术相关专业的教材，也可作为检测技术与自动化装置、控制理论与控制工程、农业电气化与自动化等相关专业的研究生教材，同时，还可供相关领域的工程技术人员参考。

由于作者知识面所限，错误和不足之处在所难免，敬请广大读者、同仁和专家批评指正。

作　者

2014年12月于淄博

# 目　录

# 第1章　绪　　论

## 1.1　传感器的概念

### 1.1.1　传感器的定义

从广义上讲利用某些转换功能将种种外界信号变换成可以直接测量的信号的器件，称为传感器。也可以说：从被检测的参量中提取有用信息的器件，称为传感器。

### 1.1.2　传感器的重要性

传感器的作用相当于人的五官，有人把计算机比喻为人的大脑的延续，称为“电脑”，而传感器比喻为感觉器官的延续，成为“电五官”。

自动化的程度愈高，系统对传感器的依赖性愈大，传感器对系统的性能起着决定性的作用，即没有“电五官”就不可能实现自动化。因此，国内外许多国家都将传感器列为尖端技术。如：美国、日本等发达国家，传感器倍受重视，常有人说：“如果征服了传感器，就几乎等于征服了科学技术”。

现在人类社会已经进入信息时代，因而信息技术对社会发展，科学进步将起决定性作用。现代信息技术的基础是信息采集、信息传输与信息处理，它们就是传感器技术、计算机技术和通信技术。而且传感器在信息采集系统中处于前端，其性能将会影响整个系统的工作状态和质量。

### 1.1.3　当今传感器技术的发展动向

一是开展基础研究，重点研究传感器的新材料和新工艺；二是实现传感器的智能化。

### 1.1.4　传感器的国外发展情况及我国的对策

#### 1.1.4.1　国外发展情况

美国传感器的发展战略是先军用后民用，先提高后普及的特点，产值和销售额约占世界一半；日本发展传感器的特点是立足于市场的需要，先普及后提高，既自行设计创新，又由美国引进和仿制。政府对传感器极为重视。因此，近年来，日本是传感器发展速度最快的国家；在20世纪80年代，苏联也十分重视传感器技术的发展，要求各部门联合起来，共同制定跨部门的“传感器”规划。开展四个方面的工作：①研究新材料；②研究新工艺；③研究竞争力强，能批量生产的新型传感器；④开展传感器系列化和批量生产的计量工作。

#### 1.1.4.2 我国的对策

我国传感器产业主要集中在机械电子工业、航空航天、科研院所和高等院校等部门。传感器企事业单位达1300多家，居世界之首。近年来，我国也出现了“传感器热”，从而大大促进了传感器的发展。为了加速发展我国的传感器技术，从以下几个方面着手：①重点研究新材料、新工艺；②大学、研究所和工厂联合开发传感器，缩短中间环节；③全国统一规划，联合开发，政府制定发展传感器的优惠政策，选择50~100个带方向性的重点课题给予资助。

## 1.2 检测技术的重要性与自动检测系统的构成

### 1.2.1 检测技术的重要性

检测是科学地认识各种现象的基础性的方法和手段。从这种意义上讲，检测技术是所有科学技术的基础。检测技术又是科学技术的重要分支，是具有特殊性的专门科学和专门技术。随着科学技术的进步和社会经济的发展，检测技术也正在迅速地发展，反过来检测技术的发展又进一步促进着科学技术的进步。同眼、耳、鼻等感觉器官对于人类的重要作用相类似，测量装置（传感器、仪器仪表等）作为科学性的感觉器官，在工业生产、科学研究、企业的科学管理方面是不可缺少的。

### 1.2.2 自动检测系统的构成

#### 1.2.2.1 定义

自动检测系统是自动测量、自动计量、自动保护、自动诊断、自动信号等诸系统的总称。

#### 1.2.2.2 构成框图

系统共同点：都包含被检测量、敏感元件、电子测量电路；系统的区别：在于输出单元（见图1-1）。如果：①输出单元是显示器或记录器，则该系统叫自动测量系统；②输出单元是计数器或累加器，则该系统叫自动计量系统；③输出单元是报警器，则该系统叫自动保护系统（或叫自动诊断系统）；④输出单元是处理电路，则该系统叫自动管理系统（或自动控制系统或部分数据分析系统）。

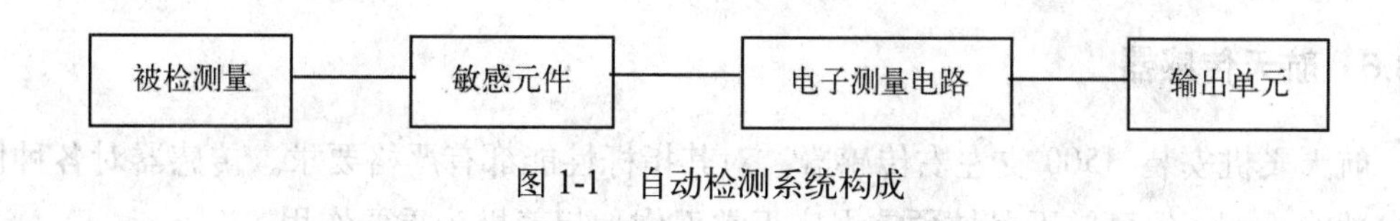


图1-1 自动检测系统构成

## 1.3 传感器与检测技术的发展方向

### 1.3.1 发现新现象

利用物理现象、化学反应和生物效应是各种传感器工作的基本原理。所以发现新现象与新效应是发展传感器技术的重要工作，是研制新型传感器的重要基础，其意义极为深远。

如：日本夏普公司利用超导技术研制成功高温超导磁传感器，是传感器技术的重大突破，其灵敏度比霍尔器件高，仅次于超导量子干涉器件，而其制造工艺远比超导量子干涉器件简单，它可用于磁成像技术，具有广泛的推广价值。

### 1.3.2 开发新材料

传感器材料是传感器技术的重要基础。如：半导体氧化物可以制造各种气体传感器，而陶瓷传感器工作温度远高于半导体，光导纤维的应用是传感器材料的重大突破，用它研制的传感器与传统的相比有突出的特点。有机材料做传感器材料的研究，引起国内外学者的极大兴趣。

### 1.3.3 采用微型加工技术

半导体技术中的加工方法：如氧化、光刻、扩散、沉积、平面电子工艺、各向异性腐蚀以及蒸镀、溅射薄膜工艺都可引进用于传感器制造，因而制造出各种各样的新型传感器。

### 1.3.4 研究多功能集成传感器

日本丰田研究所，开发出同时检测 $Na^+$、$K^+$、$H^+$等多离子传感器。传感器芯片尺寸：$2.5\times0.5mm^2$，仅用一滴血液即可同时快速检测出其中 $Na^+$、$K^+$、$H^+$的浓度，对医院临床非常适用与方便。

### 1.3.5 智能化传感器

智能化传感器是一种带微处理器的传感器，它兼有检测、判断和信息处理功能。其典型产品，如：美国霍尼尔公司的 ST-3000 智能化传感器，其芯片尺寸：$3\times4\times2mm^3$，采用半导体工艺，在同一芯片上制作 CPU、EPPOM 和静压、差压、温度等三种敏感元件。

### 1.3.6 航天传感器

航天飞机安装 3500 支左右传感器，对其指标性能都有严格要求。传感器对各种信息参数的检测，保证航天器按预定程序正常工作，起着极为重要作用。

### 1.3.7 仿生传感器

仿生传感器是模仿人的感觉器官的传感器，即视觉、听觉、嗅觉、味觉、触觉传感器等。目前只有视觉和触觉传感器解决的比较好。

### 1.3.8 提高系统性能

提高自动检测系统的检测分辨率、精度、稳定性、可靠性，这一直是传感器技术的研究课题和方向。

### 1.3.9 多种技术相结合构成智能化的自动检测系统

微电子技术、微型计算机技术、传感器技术多种技术相结合，可以构成新一代智能化的自动检测系统。

特点：测量精度、自动化程度、多功能方面都进一步提高。

### 1.3.10 多个、多种传感器组合构成特殊的自动检测系统

采用多个、多种传感器去探索检测（线的、面的、体的）空间参数及综合参数，以构成特殊的自动检测系统。

## 1.4 本课程的任务和目的

### 1.4.1 主要任务

传感器与检测技术是一门综合性很强的课程，又是在物理学、电工学、计算机、自动控制等先修课的基础上开设的一门重要专业基础课程。本课程的主要任务在于：①使学生掌握各类传感器的基本理论、基本概念；②常用传感器的工作原理、结构、特性和应用；③掌握现代检测技术的一般理论。

### 1.4.2 目的

本课程的目的主要是：①使学生能合理地选择和使用传感器；②掌握常用传感器的设计方法和实验研究方法；③具有组成自动检测系统的能力；④对自动检测系统中的技术问题具有一定的处理能力；⑤了解传感器国内外发展的动向。

## 思考题与习题

1. 什么是传感器？传感器的重要性是什么？
2. 当今传感器技术的发展动向是什么？
3. 我国发展传感器的战略是什么？
4. 检测技术的重要性主要体现在哪些方面？
5. 一个自动检测系统主要构成是什么？
6. 传感器与检测技术的发展方向是什么？

# 第 2 章　传感器的基本特性与测量误差

为了更好地理解和掌握传感器的原理、构造、应用，本章对传感器的基本特性及测量误差做以下介绍。

## 2.1　传感器的基本特性

### 2.1.1　传感器的静态特性

静态特性所表征的是测量装置在被测量处于稳定状态时的输出-输入特性，衡量静态特性的指标有以下几个。

#### 2.1.1.1　线性度

线性度是用来说明输出量与输入量的实际关系曲线偏离直线的程度。通常总是希望测量装置的输出与输入之间呈线性关系。因为在线性情况下，模拟式仪表的刻度就可以做成均匀刻度，而数字式的仪表就不必采用线性环节。此外，当线性测量装置作为控制系统的一个组成部分时，它的线性性质可使整个系统的设计、分析得到简化。

线性度通常用实际测得的输出——输入特性曲线（称为标定曲线）与其理论拟合直线之间的最大偏差与测量装置满量程输出范围之比来表示

$$\delta_f = \pm\frac{\Delta_{max}}{\Delta_{F.S.}}\times 100\% \tag{2-1}$$

式中，$\delta_f$ 为线性度（又称非线性误差）；$\triangle_{max}$ 为标定曲线对于理论拟合直线的最大偏差（以输出量的单位计算）；$\triangle_{F.S.}$ 为测量装置的满量程输出范围（输出平均值）。图 2-1 给出了理论线性度示意图。

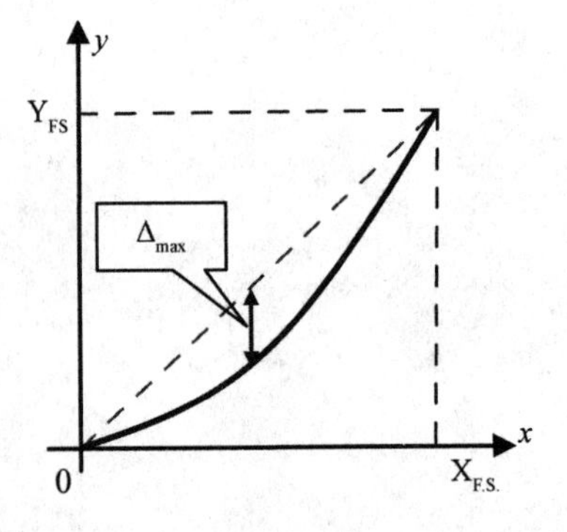

图 2-1　理论线性度示意图

图 2-2 表示出了同一特性曲线在选取不同基准线时所得出的误差值。由于非线性误差的大小是以一定的拟合直线或理论直线为基准直线计算出来的。因此，基准线不同，所得线性度就不同。例如，以理论直线为基准计算出来的线性度，称为理论线性度；以连接零点输出和满量程输出的直线为基准计算出来的线性度称为端基线性度；以平均选点法获得的拟合直线作基准计算出来的线性度称为平均选点线性度；以最小二乘法拟合直线作基准计

算出来的线性度称为最小二乘法线性度。在上述几种线性度的表示方法中，最小二乘法线性度的拟合精度最高，平均选点线性度次之，端基线性度最低。但最小二乘法线性度的计算最繁琐。

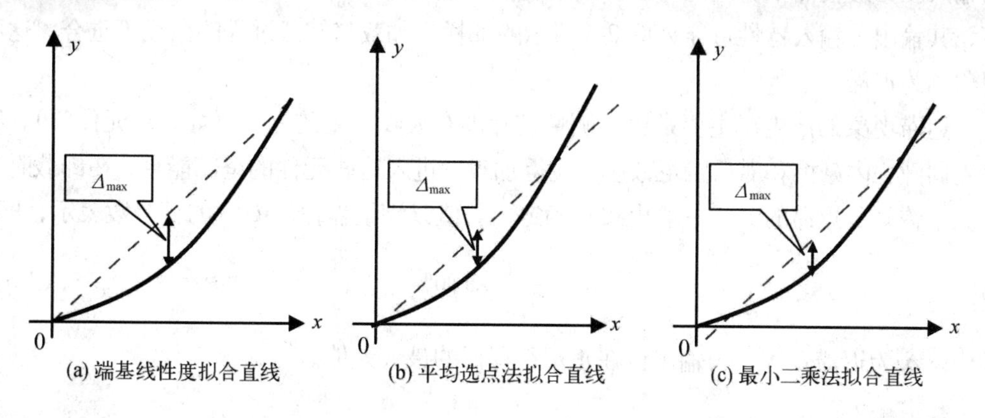


图 2-2　不同拟合方法的基准线

2.1.1.2　灵敏度

灵敏度是指测量装置在稳定状态下输出变化对输入变化的比值。灵敏度 k 计算公式为线性测量装置的灵敏度 k 是一个常数，可直接表示为 $k = y / x$，如图 2-3(a)所示；非线性测量装置的灵敏度 k 是一个变量，可表示为 $k = dy / dx$，如图 2-3(b)所示。式（2-2）中的输出量指测量装置的实际输出信号，而不是它所表征的物理量。例如，某位移传感器在位移变化 1mm(输入信号的变化量)时，输出电压变化有 300mV(输出信号的变化量)，则其灵敏度为 300 mV/mm。

$$k = \frac{输出量的变化量}{输入量的变化量} \tag{2-2}$$

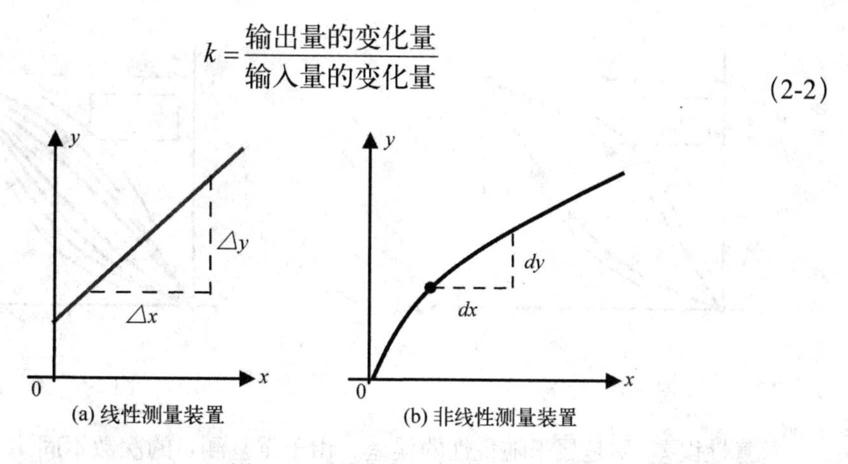


图 2-3　灵敏度定义

2.1.1.3　迟滞（滞后）

迟滞又称滞后，它表征了在正向（输入量增大）和反向（输入量减小）行程期间，测量装置的输出－输入特性曲线的不重合程度。即在外界条件不变的情况下，对应于同一大小的信号，测量装置在正、反行程时输出信号的数值不相等。例如，弹簧管压力表的输入压力缓慢而平稳地从零上升到最大值，然后再降回到零，在没有机械摩擦的情况下，其输出－输入特性可能如图 2-4 所示的那样，加载与卸载过程的曲线不重合，这种现象称为迟滞。

迟滞现象的产生，主要是由于测量装置内有吸收能量的元件（如弹性元件等），存在着间隙、内摩擦和滞后阻尼效应，使得加载时进入这些元件的全部能量，在卸载时不能完全恢复。迟滞的大小一般由实验确定，其值以满量程输出 $U_{F.S.}$的百分数表示，即

$$\delta_t = \frac{\Delta_{max}}{U_{F.S.}} \times 100\% \tag{2-3}$$

式中，$\delta_t$ 为迟滞；$\Delta_{max}$ 为输出值在正反行程间的最大差值。

#### 2.1.1.4　重复性

重复性表示测量装置在输入量按同一方向作全量程连续多次变动时，所得特性曲线不一致的程度，若特性曲线一致，说明重复性好，重复性误差小。如图 2-5 所示，分别求出沿正、反行程多次循环测量的各个测试点输出值之间的最大偏差$\Delta_{1max}$、$\Delta_{2max}$，再取这两个最大偏差中之较大者为$\Delta_{max}$，然后根据$\Delta_{max}$与满量程 $U_{F.S.}$来计算重复性误差 $\delta_Z$

$$\delta_Z = \pm \frac{\Delta_{max}}{U_{F.S.}} \times 100\% \tag{2-4}$$

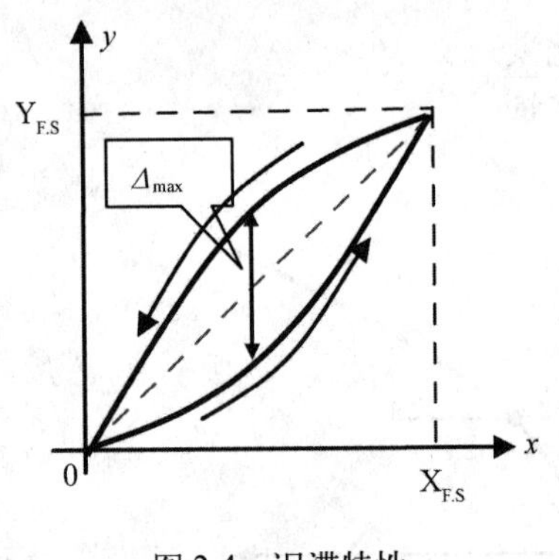


图 2-4　迟滞特性

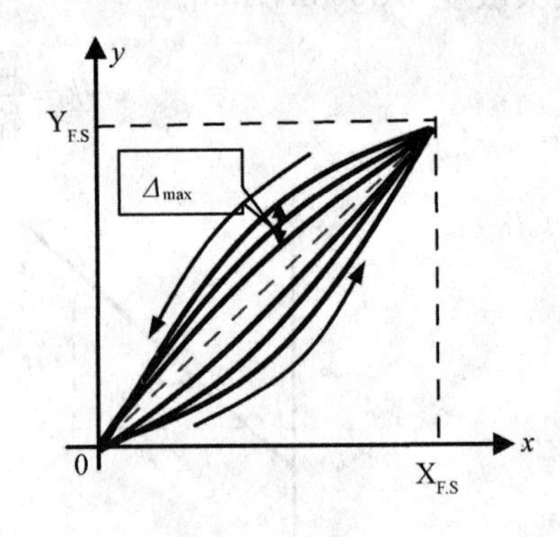


图 2-5　重复性

重复性误差 $\delta_Z$ 是属于随机性的误差。由于重复测量的次数不同,其各个测试点输出值之间的最大偏差值也不一样。因此，按上式算出的数据不够可靠。比较合理的计算方法是根据多次循环测量的全部数据，求出其相应行程的标准偏差$\sigma$，并按极限误差（2-3）代入式（2-4）中计算重复误差。

$\sigma$ 前的系数取 2 时，误差完全依从正态分布，置信概率为 95%；取 3 时，置信概率为 99.7%。

标准偏差 $\sigma$ 的具体计算方法有标准法与极差法两种：

（1）标准法：根据均方根误差公式，可计算 $\sigma$ 式中，$y_i$ 为测量值；$\bar{y}$ 为测量值的算术平均值；$n$ 为测量次数。

$$\sigma=\sqrt{\frac{\sum_{i=1}^{n}(y_i-\bar{y})^2}{n-1}}$$

（2）极差法：所谓极差法是指某一测量点校准数据的最大值与最小值之差，例如，图 2-5 中的 $\Delta_{1max}$ 与 $\Delta_{2max}$ 之差。根据极差计算标准偏差公式为式中，$w_n$ 为极差；$d_n$ 为极差系数。极差系数的大小与测量次数有关，其对应关系如表 2-1。

$$\sigma=\frac{w_n}{d_n}$$

由极差和极差系数求得标准偏差 $\sigma$ 后，即可计算出重复性误差 δz。这种方法的计算工作量较少。

**表 2-1 级差系数与测量次数的对应关系**

| n | 2 | 3 | 4 | 5 | 6 | 7 | 8 | 9 | 10 |
|---|---|---|---|---|---|---|---|---|---|
| dn | 1.41 | 1.91 | 2.24 | 2.48 | 2.67 | 2.88 | 2.96 | 3.08 | 3.18 |

2.1.1.5 分辨率和灵敏限

（1）分辨率：分辨率表征的是测量装置可能检测出被测信号的最小变化的能力，有时又称为分辨能力。当输入量从某个任意值（非零值）缓慢增加，直至可以观测到输出量的变化时为止的输入增量即为测量装置的分辨率。分辨率可用绝对值也可用满刻度（F.S）的百分比来表示。

（2）灵敏限：灵敏限的定义与分辨率很接近，但有区别。如果测量装置的输入量从零起缓慢地增加，当输入量小于某个最小限值时不会引起输出量的变化，一旦超过这个最小限值，则将引起输出量的变化，这个最小限值叫做灵敏限。一般说来，灵敏限的具体数值是难以明确测定的。

### 2.1.2 传感器的动态特性

动态特性是指传感器对于随时间变化的输入量的响应特性。实际被测量随时间变化的形式是各种各样的，在研究动态特性时通常根据标准输入特性来考虑传感器的响应特性。标准输入有两种：呈正弦变化和阶跃变化的输入。传感器的动态特性分析和动态标定都以这两种标准输入状态为依据。对于任一传感器，只要输入量是时间的函数，则其输出量也应是时间的函数。

#### 2.1.2.1　动态特性的一般数学模型

实际的测量装置一般都能在一定程度和一定范围内看成常系数线性系统。因此，通常认为可以用常系数线性微分方程来描述输入与输出的关系。对于任意线性系统，其数学模型的一般表达式为

$$a_n\frac{d^n y}{dt^n}+a_{n-1}\frac{d^{n-1}y}{dt^{n-1}}+...+a_1\frac{dy}{dt}+a_0y=b_m\frac{d^m x}{dt^m}+b_{m-1}\frac{d^{m-1}x}{dt^{m-1}}+...+b_1\frac{dx}{dt}+b_0x \tag{2-5}$$

式中, $y$ 为输出量；$x$ 为输入量；T 为时间；$a_0,a_1...,a_n$ 为仅取决于测量装置本身特性的常数；$b_0,b_1...,b_m$ 为仅取决于测量装置本身特性的常数；$\frac{d^n y}{dt^n}$ 为输出量对时间的 n 阶导数；$\frac{d^m x}{dt^m}$ 为输入量对时间 $t$ 的 $m$ 阶导数。

如果用算子 D 代表 d/dt 时，式（1-5）可改写成

$$(a_nD^n+a_{n-1}D^{n-1}+...+a_1D+a_0)y=(b_mD^m+b_{m-1}D^{m-1}+...+b_1D+b_0)x \tag{2-6}$$

对于此类微分方程式，可用经典的 D 算子方法求解，也可以用拉氏变换方法求解。

用 D 算子方法解上述非齐次 n 阶常微分方程式（2-6）时，方程式的解由通解和特解两部分组成，即

$$y=y_1+y_2 \tag{2-7}$$

式中 $y_1$ 为通解；$y_2$ 为特解。

由特征方程式 $a_nD^n+a_{n-1}D^{n-1}+...+a_1D+a_0=0$，可以求出通解。其根有四种情况：

（1）$r_1,r_2\ldots\ldots r_n$ 都是实数，并且无重根，通解为

$$y_1=k_1e^{r_1t}+k_2e^{r_2t}+...+k_ne^{r_nt} \tag{2-8}$$

（2）根 $r_1,r_2\ldots\ldots r_n$，都是实数，但其中有 p 个重根，因此，有 $r_1=r_2=\ldots\ldots=r_p$ 于是通解为

$$y_1=(C_1+C_2t+...+C_pt^{p-1})e^{rt}+k_{n-p}e^{r_{n-p}t}+...+k_ne^{r_nt} \tag{2-9}$$

（3）根 $r_1,r_2\ldots\ldots r_n$ 中无重根，但有共轭复根，并设 $r_1=a+jb$, $r_2=a-jb$，则通解为

$$y_1=ke^{at}\sin(bt+\phi)+k_3e^{r_3t}+...+k_ne^{r_nt} \tag{2-10}$$

（4）含有 p 个共轭复重根，即有 $r_1=r_2=\ldots\ldots=r_p=a+jb$，$r_{p+1}=r_{p+2}=\ldots\ldots=r_{2p}=a-jb$

这时，通解为：

$$y_1=(C_1+C_2t+...+C_pt^{p-1})e^{at}\sin(bt+\phi)+k_{n-2p}e^{r_{n-2p}t}+...+k_ne^{r_nt} \tag{2-11}$$

在上述各种情况下，根据待定系数法就可求出特解 $y_2$。

2.1.2.2　传递函数

在分析、设计和应用传感器时，传递函数的概念很有用。传递函数的定义是在初始条件为零时输出函数拉氏变换对输入函数拉氏变换之比，用 $G(s)$表示

$$G(s)=\frac{y(s)}{x(s)}=\frac{b_m s^m+b_{m-1}s^{m-1}+\ldots+b_1 s+b_0}{a_n s^n+a_{n-1}s^{n-1}+\ldots+a_1 s+a_0} \tag{2-12}$$

式中，$s$ 为拉氏变换中的复变量；$y(s)$为初始条件为零时，测量装置输出量的拉普拉斯变换式；$x(s)$为初始条件为零时，测量装置输入量的拉普拉斯变换式。

传递函数 $G(s)$表达了测量装置本身固有的动态特性。当知道传递函数之后，就可以由系统的输入量按式(2-12)示出，其输出量（动态响应）的拉式变换，在通过求逆变换可得其输出量 $y$（$t$）。此外，传递函数并不表明系统的物理性质。许多物理性质不同的测试装置，可以由相同的传递函数，因此通过对传递函数的分析研究，能统一处理各种物理性质不同的线性测量系统。

2.1.2.3　动态响应

通常，输入信号并非任意形状，为了便于研究传感器的动态性能，可以对输入信号作适当规定。下面分析在正弦输入和阶跃输入情况下的动态响应。

（1）正弦输入时的频率响应。

频率响应函数：输入信号是正弦波 $x$（$t$）$=A\sin\omega$（见图 2-6）时，输出信号 $y(t)$的模型是：由于暂态响应的影响，开始并不是正弦波，随着时间的增长，暂态响应部分逐渐衰减以至消失，经过一定时间后，只剩下正弦波。输出量 $y(t)$与输出量 $x(t)$的频率相同，但幅值不等，并有相位差，即 $y(t)=B\sin(\omega t+\varphi)$。因此，输入信号振幅 $A$ 即使一定，只要 $\omega$ 有所改变，输出信号的振幅和相位也会发生变化。所谓频率响应，就是在稳定状态下 $B/A$ 幅值比和相位比 $\varphi$ 随 $\omega$ 而变化的状况。

在正弦输入下用 $j\omega$ 代替公式（2-12）中的复变量 $s$，即可得到传感器的频率传递函数为

$$G(j\omega)=\frac{y(j\omega)}{x(j\omega)}=\frac{b_m(j\omega)^m+b_{m-1}(j\omega)^{m-1}+\ldots+b_1(j\omega)+b_0}{a_n(j\omega)^n+a_{n-1}(j\omega)^{n-1}+\ldots+a_1(j\omega)+a_0} \tag{2-13}$$

式中，j 为 $\sqrt{-1}$ ；$\omega$ 为角频率。

对于任意给定频率 $\omega$ ，方程式（2-13）具有复数形式，用复数来处理频率响应问题时，表达式甚为简单。为此用 $Ae^{j\omega t}$ 代替图 2-6 中的输入信号 $A\sin\omega t$ ，在稳定情况下，输出信号就是 $Be^{j(\omega t+\varphi)}$ 。可以用极坐标形式表示这个复数。其中 $Ae^{j\omega t}$ 是大小为 A 的矢量，在复数平面上以角速度 $\omega$ 绕原点旋转。$Be^{j(\omega t+\varphi)}$ 则是大小为 B 的分量，以相同角速度旋转，但相位差为 $\varphi$ ，见图 2-7 所示。图中 $A\cos\omega t$ 和 $B\cos(\omega t+\phi)$ 分别为上述二矢量在实轴上的投影。

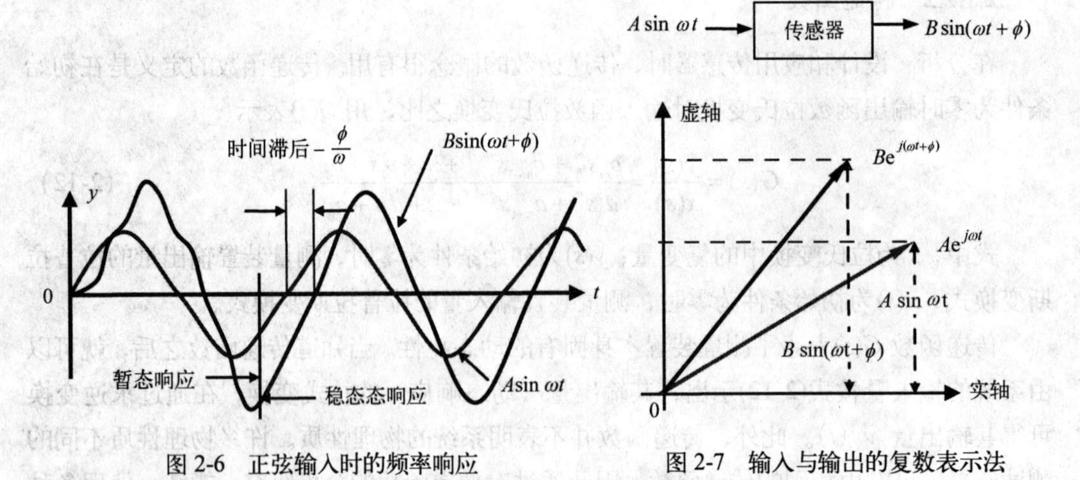


图 2-6　正弦输入时的频率响应　　图 2-7　输入与输出的复数表示法

把 $x = Ae^{j\omega t}$， $y = Be^{j(\omega t+\phi)}$ 代入式（2-13），便得频率响应的通式

$$G(j\omega)=\frac{Be^{j(\omega t+\phi)}}{Ae^{j\omega t}}=\frac{b_m(j\omega)^m+b_{m-1}(j\omega)^{m-1}+\ldots+b_1(j\omega)+b_0}{a_n(j\omega)^n+a_{n-1}(j\omega)^{n-1}+\ldots+a_1(j\omega)+a_0} \tag{2-14}$$

因为

$$\frac{Be^{j(\omega t+\varphi)}}{Ae^{j\omega t}}=\frac{B}{A}\mathrm{e}^{j\omega}=\frac{B}{A}\left(\cos\varphi+j\sin\varphi\right)$$

以及

$$\cos\varphi+\mathrm{j}\sin\varphi=\left(\sqrt{\cos^2\varphi+\sin^2\varphi}\right)\angle\varphi=\angle\varphi$$

因此

$$G(j\omega)=\frac{y(j\omega)}{x(j\omega)}=\frac{B}{A}\angle\phi \tag{2-15}$$

上式说明，在任何频率 $\omega$ 下复数 $G(j\omega)$ 的大小在数值上等于幅值 $\frac{B}{A}$，幅角 $\varphi$（一般为负值）则是输出滞后于输入的角度。

常见测量装置的频率响应：一般来说，实际的测量装置经过简化后，大部分都可抽象为理想化的一阶和二阶系统。因此，我们有必要研究这些理想化的系统或环节的动态响应特性。

1）零阶传感器：对照传递函数方程式（2-5），零阶传感器的系数只剩下 $a_0$ 与 $b_0$ 两个，于是，式（2-5）变为

$$a_0 y = b_0 x$$

即

$$y=\frac{b_0}{a_0}x=kx \tag{2-16}$$

式中，k 为静态灵敏度。式（2-16）表明，零阶系统的输入量无论随时间如何变化，其输出量幅值总是与输入量成确定的比例关系，在时间上也不滞后，幅角 $\varphi$ 等于零。电位器式传感器就是零阶系统传感器的一例。

2）一阶传感器：对于一阶传感器，由式（2-5）知除系数 $a_1$、$a_0$、$b_0$ 外其他系数均为零，因此可写为

$$a_1\frac{dy}{dt}+a_0y=b_0x$$

上式两边各除以 $a_0$，得到

$$\frac{a_1}{a_0}\frac{dy}{dt}+y=\frac{b_0}{a_0}x$$

或者写成为

$$\frac{y(s)}{x(s)}=\frac{k}{\tau s+1} \tag{2-17}$$

式中，$\tau$ 为时间常数（$\tau=a_1/a_0$）；k 为静态灵敏度（$k=b_0/a_0$）。于是，一阶传感器的频率响应为

$$\frac{y(j\omega)}{x(j\omega)}=\frac{k}{j\omega\tau+1}=\frac{k}{\sqrt{(\omega\tau)^2+1}}\tan^{-1}(-\omega\tau)$$

幅值比为

$$\frac{B}{A}=\left|\frac{y(j\omega)}{x(j\omega)}\right|=\frac{k}{\sqrt{(\omega\tau)^2+1}} \tag{2-18}$$

相位角为

$$\phi=\tan^{-1}(-\omega\tau) \tag{2-19}$$

由弹簧和阻尼器组成的机械系统是典型的一阶传感器的实例，如图 2-8(a)所示。图 2-8(b)是这种系统的幅相特性。幅相比又称为“增益”。

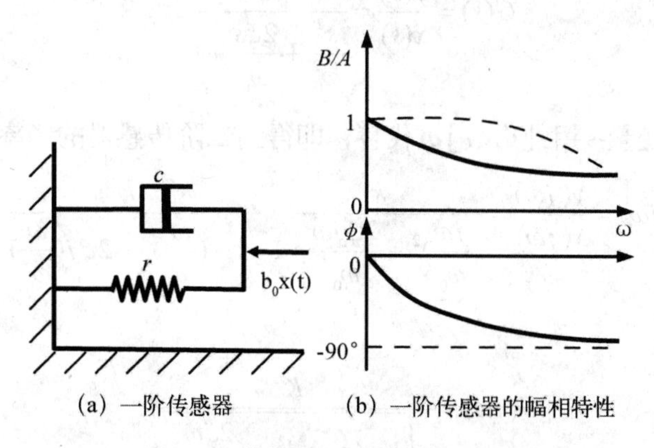


（a）一阶传感器　（b）一阶传感器的幅相特性

图 2-8　弹簧和阻尼组成的机械系统

此系统的传递函数微分方程为

$$c\,y+ry=b_0x$$

式中，c 为阻尼系数；r 为弹簧常数。经过变换就可以得到如式（2-17）的通式或下式

$$\tau \dot{y} + y = kx$$

式中，$\tau$ 为时间常数（=c/r）；$k$ 为静态灵敏度（$=b_0/r$）。从而可以推导得出频率响应方程、幅值比以及相位角表达式，如式（2-18）、（2-19）。相位角表达式中负号表示相位滞后。可以看出，时间常数越小，系统的频率响应特性越好，要时间常数小，就要求系统的阻尼系数小些，弹簧刚度适当大些。

除了弹簧-阻尼器系统外，属于一阶系统的还有 RC 滤波线路、液体温度计等。

3）二阶传感器：在式（2-5）中，若除 $a_0$，$a_1$，$a_2$ 和 $b_0$ 外，其他系数都等于零，则得出

$$a_2\frac{d^2y}{dt^2} + a_1\frac{dy}{dt} + a_0y = b_0x$$

式中，系数 $a_0$，$a_1$，$a_2$，$b_0$ 都是由测量装置本身的参数所确定的常数。由这四个系数可以归纳出表征测量装置动态特性的三个主要参数，即

静态灵敏度 $k = \frac{b_0}{a_0}$

有输入/输出的量纲；

固有频率 $\omega_0 = \sqrt{\frac{a_0}{a_2}}$ 单位为 1/s；

阻尼比 $\xi = \frac{a_1}{2\sqrt{a_0a_2}}$ 无量纲。

于是，二阶传感器的传递函数为

$$G(s) = \frac{y(s)}{x(s)} = \frac{k}{\frac{s^2}{\omega_0^2} + \frac{2\xi s}{\omega_0} + 1} \tag{2-20}$$

将此式中的复变量 s 用纯虚数 j$\omega$ 代替，即得到二阶传感器的频率响应：

$$G(j\omega) = \frac{y(j\omega)}{x(j\omega)} = \frac{k}{(\frac{j\omega}{\omega_0})^2 + \frac{2\xi j\omega}{\omega_0} + 1} = \frac{k}{1-(\frac{\omega}{\omega_0})^2 + 2\xi j(\frac{\omega}{\omega_0})} \tag{2-21}$$

幅频特性为

$$|G(j\omega)| = \frac{K}{\sqrt{[1-(\frac{\omega}{\omega_0})^2]^2 + (\frac{2\xi\omega}{\omega_0})^2}} \tag{2-22}$$

相频特性为

$$\varphi(\omega) = -\tan^{-1}\frac{2\xi(\dfrac{\omega}{\omega_0})}{1-(\dfrac{\omega}{\omega_0})^2} \tag{2-23}$$

上述两式所表示的特性曲线族如图 2-9 所示。从图 2-9(a)可以看出，当 $\omega/\omega_0$ 的数值较小时，对应着幅频特性曲线的平坦部分。若提高测量装置的固有频率 $\omega_0$，将扩展幅频特性曲线平坦部分的频率范围。因此，一般要求测量装置具有较高的固有频率 $\omega_0$，以便能够精确测量含有较高频率成分的信号。由图 2-9 可以看出，当阻尼比 ζ 取 0.6~0.7 左右时，幅频特性曲线平坦部分的频率范围最宽，而相频特性曲线在最宽的频率范围内近似于直线。因此，二阶测量装置大多采用 0.6~0.7 范围的 ζ 值。当然，也有些例外（如某些压电式传感器的 ζ 值小于 0.01）。

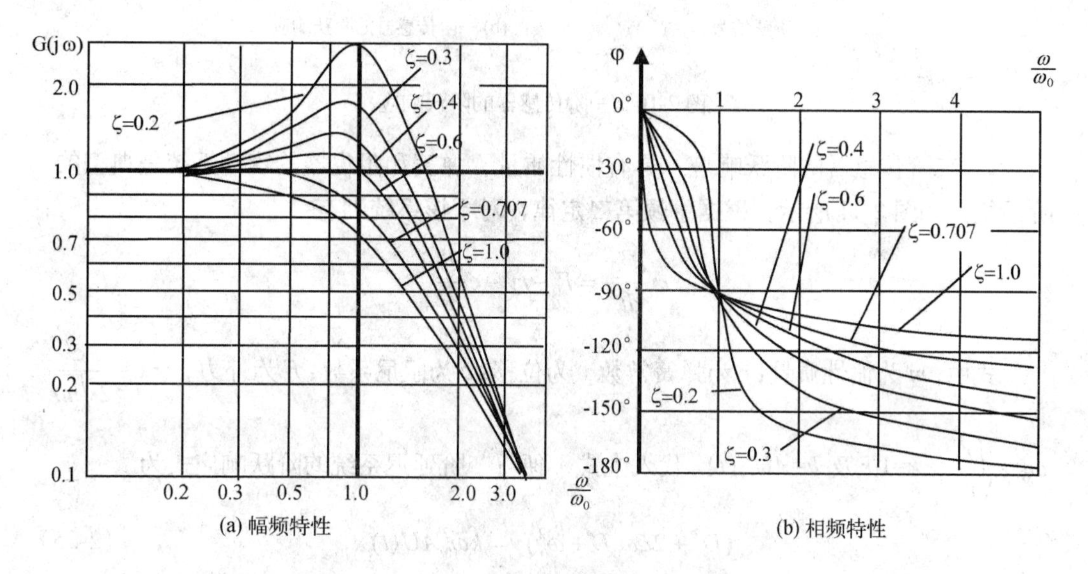


图 2-9　二阶测量装置的频率响应

（2）阶跃输入时的时域响应。

研究传感器动态特性的另一方法是输入某些典型的瞬变信号，然后研究装置对这种输入的时域响应，从而确定它的动态特性。

1）一阶传感器的阶跃响应：对于一阶系统的传感器，假设在 $t=0$ 时，$x=y=0$；当 $t>0$ 时，输入量瞬间突变到 $A$ 值（图 2-10(a)），此时一阶齐次微分方程的通解，根据式（2-8）可得

$$y_1 = ke^{-\frac{t}{\tau}}$$

而一阶非齐次方程的特解为 $y_2 = A$（$t>0$ 时），因此

$$y = y_1 + y_2 = ke^{-\frac{t}{\tau}} + A$$

以初始条件 $y(0)=0$ 代入上式，即得 $t=0$ 时 $k=-A$，所以

$$y = A(1-e^{-\frac{t}{\tau}}) \tag{2-24}$$

与式（2-24）相对应的曲线如图 2-10(b)所示。可以看到，随着时间的推移，$y$ 越来越接近 $A$；当 $t=\tau$ 时，$y=0.632A$。在一阶惯性系统中，时间常数 τ 值是决定响应速度的重要参数。

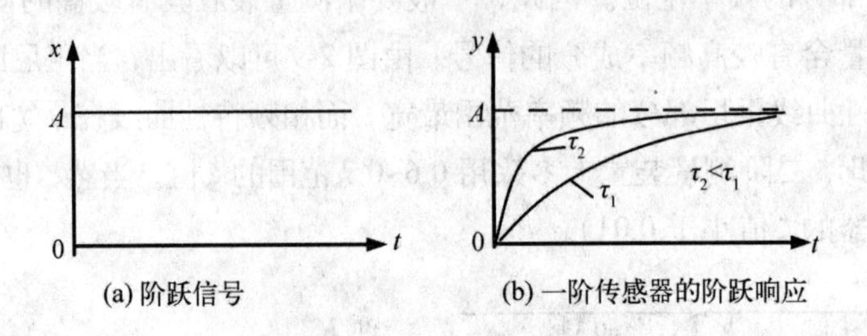


图 2-10　一阶传感器的阶跃响应

2）二阶传感器的阶跃响应：具有惯性质量、弹簧和阻尼器的震动系统是典型的二阶系统，如图 2-11 所示。根据牛顿第二定律，对于该系统则有

$$m\frac{d^2y}{dt^2} = F - ry - c\frac{dy}{dt}$$

式中，$m$ 为惯性质量；$r$ 为弹簧常数 $y$ 为位移；$c$ 为阻尼系数；$F$ 为外力。令 $\zeta=\frac{c}{2\sqrt{mr}}$，

$\omega_0 = \sqrt{\frac{r}{m}}$，$k=1/r$,及 $F=AU(t)$ ,代入上式，便得二阶延迟系统的阶跃响应式为

$$(D^2 + 2\xi\omega_0 D + \omega_0^2)y = k\omega_0^2 AU(t) \tag{2-25}$$

设二阶方程式 $D^2 + 2\xi\omega_0 D + \omega_0^2 = 0$ 的根为 $r_1$ 和 $r_2$，则

$$r_1 = (-\xi + \sqrt{\xi^2 - 1})\omega_0$$

$$r_2 = (-\xi - \sqrt{\xi^2 - 1})\omega_0$$

于是，式（2-25）的解就需要按下列三种情况分别处理：

$r_1$ 和 $r_2$ 是实数：即 $\zeta>1$。这时，齐次方程的通解就是

$$y_1 = k_1 e^{r_1 t} + k_2 e^{r_2 t}$$

取齐次方程的特解 $y_2=c$，并代入式（2-25），可得 $c=kA$,所以，$y_2=kA$。因此，该方程的解便为

$$y = kA + k_1 e^{r_1 t} + k_2 e^{r_2 t}$$

将上式代入式（2-25），考虑到初始条件，$t=0$ 时 $y=0$，就可求出 $k_1$ 与 $k_2$，于是其解

如下：

$$y = kA[1 - \frac{\xi + \sqrt{\xi^2 - 1}}{2\sqrt{\xi^2 - 1}} e^{(-\xi + \sqrt{\xi^2 - 1}) w_0 t} + \frac{\xi - \sqrt{\xi^2 - 1}}{2\sqrt{\xi^2 - 1}} e^{(-\xi + \sqrt{\xi^2 - 1}) w_0 t}] \tag{2-26}$$

这表示是过阻尼的情况。

$r_1$ 和 $r_2$ 相等：即 $\zeta$=1 这时，可按式（2-9）的方法求出 $y_1$，用上述相同方法推定常数，可得到

$$y = kA[1 - (1 + w_0 t) e^{-w_0 t}] \tag{2-27}$$

$r_1$ 与 $r_2$ 为共轭复根：即 $\xi$ <1。这时可按式（2-10）导出方法求 $y_1$，以 $y_2$ 为待定系数，可得到

$$y = kA[1 - \frac{e^{-\xi w_0 t}}{\sqrt{1 - \xi^2}} \sin(\sqrt{1 - \xi^2} w_0 t + \varphi)] \tag{2-28}$$

式中，$\varphi = \sin^{-1}\sqrt{1 - \xi^2}$ 表示为欠阻尼的情况。以上三式（2-26）、（2-27）、（2-28）代表的响应曲线如图 2-12 所示。图中，纵坐标为 $y/(AK)$，横坐标为 $\omega_0 t$，均为无量纲参数。可以看出，响应曲线的形状决定于阻尼系数 $\xi > 1$ 时，$y/(AK)$ 值逐渐增加到接近于 1，而不会超过 1，$\xi < 1$ 时，$y/(AK)$ 必超过 1，成为振幅渐趋减小的衰减振动。$\xi$=1 的情况介于上述两者之间，但也不会产生振动。可见 $\xi$ 体现了衰减的程度。通常 $\xi$ 为“阻尼比”。对二阶传感器而言，$\xi$ 越大，接近稳态的最终值的时间也越长，因此设计上一般取 $\xi = 0.6 \sim 0.8$。

如果把图 2-12 的横坐标改成 t，则横坐标原刻度时就需要“缩小”$1/\omega_0$。由此可见，对于一定的 $\xi$，$\omega_0$ 越大，响应速度就越高；$\omega_0$ 越小，响应速度就越低。因为 $\omega_0$ 本身就是 $\xi$=0 时的角频率，故可称为“固有频率”。

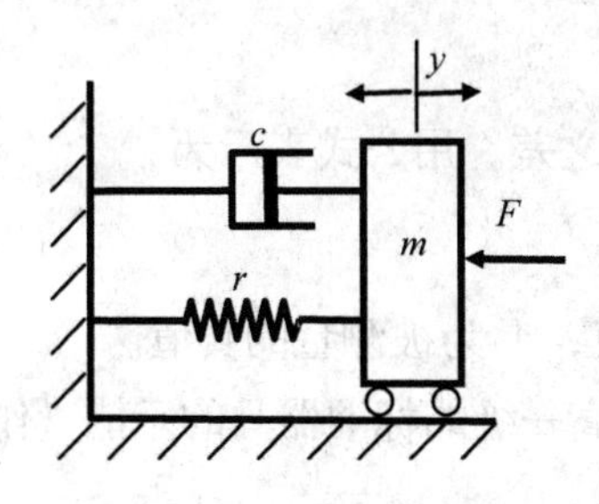

图 2-11　典型的二阶系统

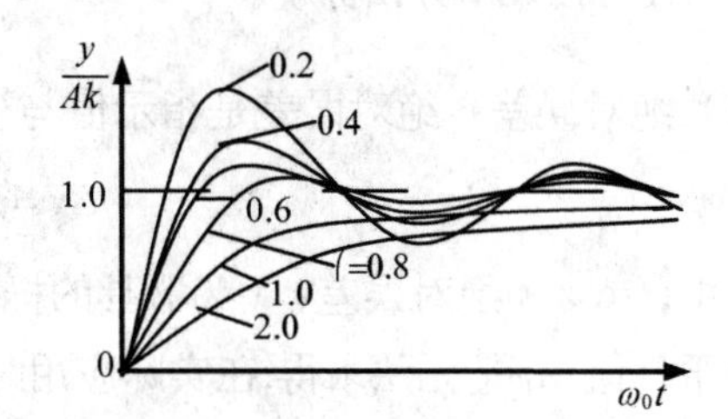

图 2-12　二阶延迟系统的阶跃响应曲线

## 2.2　测量误差及其分类

### 2.2.1　测量技术中的常用名词

（1）等精度测量：在同一条件下所进行的一系列重复性测量称为等精度测量。

（2）非等精度测量：在多次测量中，如对测量结果精确度有影响的一切条件不能完全保持不变，称为非等精度测量。

（3）标称值：测量器具上所标出来的数值。

（4）示值：由测量器具读数装置所指示出来的被测量的数值。

（5）真值：被测量本身所具有的真正值。

（6）实际值：误差理论指出，在排除了系统误差的前提下，当测量次数为无限多时，测量结果的算术平均值非常接近于真值，因而可将它视为被测量的真值。但是由于测量次数是有限的，故按有限测量次数得到的算术平均值只是统计平均值的近似值。而且由于系统误差不可能完全被排除掉，故通常只能把精度更高一级的标准器具所测量的值作为“真值”。为了强调它并非是真正的“真值”，故把它称为实际值。

（7）测量误差：测量误差指用器具进行测量时，所测量出来的数值与被测量的实际值之间的差值。

任何自动检测系统的测量结果都有一定的误差，即所谓的精度。不存在没有误差的测量结果，也不存在没有测量精度要求的自动检测系统。精度（误差）是一项重要技术指标。

### 2.2.2　误差的分类

#### 2.2.2.1　按表示方法分类

（1）绝对误差：绝对误差是指示值与被测量真值之差。用公式表示为

$$\Delta x = x - A_0 \tag{2-29}$$

式中，$\Delta x$为绝对误差；$x$为器具的标称值或示值；$A_0$为被测量的真值。

由于真值 $A_0$是无法求得,在实际应用时常用精度高一级的标准器具的示值（作为实际值）$A$代替真值$A_0$。式（2-29）记为

$$\Delta x = x - A \tag{2-30}$$

通常即以此值来代替绝对误差。必须指出，$A$并不等于$A_0$，一般来说，$A$总比$x$更接近$A_0$。

绝对误差一般只适用于标准器具的校准。

绝对值与$\Delta x$相等但符号刚好相反的值，称为修正值，常用$C$表示，如

$$C = -\Delta x = A - x \tag{2-31}$$

通过检定，可以由高一级标准（或基准）给出受检测系统的修正值。利用修正值便可求出检测系统的实际值

$$A = x + C \tag{2-32}$$

（2）相对误差：相对误差是指绝对误差$\Delta x$与被测量的约定值之比。在实际测量中，相对误差有下列几种表示形式：

1）实际相对误差：实际相对误差$\gamma_A$是用绝对误差$\Delta x$与被测量的真值$A_0$的百分比值来表示的相对误差。记为

$$\gamma_A = \frac{\Delta x}{A_0} \times 100\% \tag{2-33}$$

2）示值相对误差：示值相对误差$\gamma_x$是用绝对误差$\Delta x$与器具的示值$x$的百分比来表示的相对误差。记为

$$\gamma_x = \frac{\Delta x}{x} \times 100\% \tag{2-34}$$

3）满度相对误差：满度相对误差$\gamma_m$又称满度误差，是用绝对值误差$\Delta x$与器具的满度值$x_m$之比来表示的相对误差。记为

$$\gamma_m = \frac{\Delta x}{x_m} \times 100\% \tag{2-35}$$

（3）容许误差：容许误差是根据技术条件的要求，规定某一类器具误差不应超过的最大范围。

#### 2.2.2.2　根据测量误差的性质分类

根据测量误差的性质，误差可分为以下三类：

（1）系统误差（简称系差）:系统误差是指在同一条件下多次测量同一量时，误差的大小和符号保持恒定，或者在条件改变时，按某一确定的已知的函数规律变化而产生的误差。系统误差又可分为：

1）恒定系差：该系差是指在一定条件下，误差的数值及符号都保持不变的系统误差。

2）变值系差：该系差是指在一定条件下，误差按某一确切规律变化的系统误差。根据某变化规律又可分为以下几种情况：

- **累进系差**：该系差是指在整个测量过程误差的数值在不断地增加或不断地减少的系统误差。
- **周期性系差**：该系差是指在测量的过程中误差的数值发生周期性变化的系统误差。

- **按复杂规律变化的系差**：这类系差的变化规律一般用曲线、表格或经验公式来表示。

（2）随机误差（简称随差或偶然误差）：随机误差是指在相同条件下多次测量同一量时，误差的大小和符号均以不可预定的方式发生变化，没有确定的变化规律的测量误差。

单次测量的随机误差没有规律，不能预料，不可控制，也不能用实验方法加以消除。但是，随机误差在多次测量的总体上服从统计规律，因此可以通过统计学的方法来研究这些误差的总体并估计其影响。

（3）粗大误差（简称粗差）：粗大误差是指在一定的条件下测量结果显著的偏离其实际值时所对应的误差。从性质上看，粗差本身并不是单独的类别，它本身可能具有系统误差的性质，只不过在一定测量条件下其绝对值特别大而已。

粗大误差是由于测量方法不妥当，各种随机因素的影响以及测量人员粗心所造成的。在测量及数据处理中，当发现某次测量结果所对应的误差特别大时，应认真判断是否属于粗大误差，属于粗差，应舍去。

#### 2.2.2.3　按被测量随时间变化的速度分类

（1）静态误差：静态误差是指在测量过程中，被测量随时间变化很缓慢或基本不变时的测量误差。

（2）动态误差：动态误差是指在被测量随时间变化很快的过程中测量所产生的附加误差。

#### 2.2.2.4　按误差来源分类

（1）工具误差：工具误差是指测量的工具本身的不完善引起的误差。

（2）方法误差（理论误差）：方法误差是指测量时方法不完善、所依据的理论不严密以及对被测量定义不明确等诸因素所产生的误差。

#### 2.2.2.5　按使用条件分类

（1）基本误差：基本误差是指检测系统在规定的标准条件下使用时所产生的误差。

（2）附加误差：当使用条件偏离规定的标准条件时，除基本误差外还会产生附加误差。

#### 2.2.2.6　按误差与被测量的关系分类

（1）定值误差：指误差对被测量来说是一个定值，不随被测量变化。

（2）累积误差：在整个检测系统量程内误差值$\Delta x$与被测量$x$成比例的变化，即

$$\Delta x=\gamma_s . x \tag{2-36}$$

式中，$\gamma_s$为比例常数。$\Delta x$随$x$的增大而逐步积累，故称为累积误差。

## 2.3　系统误差的消除方法

### 2.3.1　系统误差存在与否的检查

#### 2.3.1.1　恒定系差的检查

当怀疑测量结果中有恒定系差时，可以通过以下几种方法进行检查和判断。

（1）校准和对比：由于检测系统是系统误差的主要来源，因此首先保证它的准确度符合要求。如将检测系统定期送计量部门检定，通过检定，给出校正后的修正值（数值、曲线、表格或公式等），即可发现恒定系差，并可利用修正值在相当程度上消除恒定系差的影响。

有的自动检测系统可利用自校准方法，来发现并消除恒定系差。当无法通过标准器具或自校准装置来发现并消除恒定系差时，还可以通过多台同类或相近的仪器进行相互对比，观察测量结果的差异，以便提供一致性的参考数据。

（2）理论计算及分析：因测量原理或测量方法使用不当引入系统误差时，可以通过理论计算及分析的方法来加以修正。

（3）改变测量条件：不少恒定系差，与测量条件及工况有关。即在某一测量条件下为一确定不变的值，而当测量条件改变时，又为另一确定的值。利用这一特性，可以通过有意识的改变测量条件，然后比较其差异，便可判断是否含有系统误差，同时还可设法消除系统误差。

还应指出，由于各种原因需要改变测量条件进行测量时，也应判断在条件改变时是否引入系统误差。

#### 2.3.1.2　变值系差的检查

变值系差是误差数值按某一确切的规律而变化的误差。因此只要有意识的改变测量条件或分析测量数据变化的规律，便可以判明是否存在变值误差。一般对于确定含有变值误差的测量结果，原则上应舍去。

（1）累进性系差的检查：由于累进性系差的特性是其数值随着某种因素而不断增加或减小，因此必须进行多次等精度测量，观察测量数据或相应的残差变化规律，如果累进性系差比随机误差大得多，就可以明显地看出其上升或下降的趋势，如图 2-13 所示。

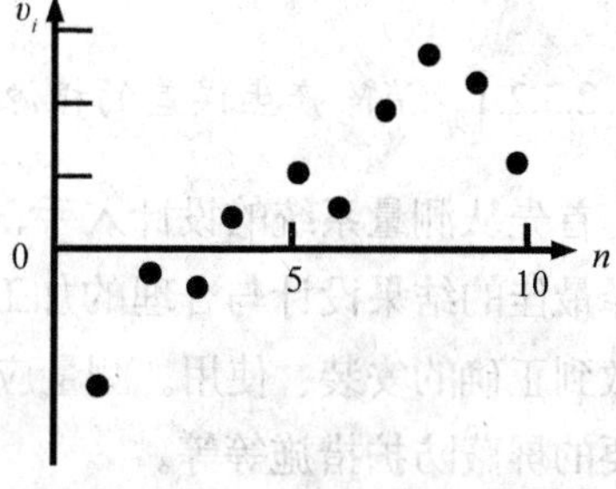

图 2-13　累进性系差的检查

如果累进性误差不是比随机误差大很多时，可根据马利科夫准则进行判断。马利科夫判别准则：

设对某一被测量进行 n 次等精度测量，按测量先后顺序得出 $x_1,x_2,\ldots x_i\ldots x_n$ 等数值，相应的残差为 $v_1,v_2,\ldots v_i,\ldots v_n$ ，把前面一半和后面一半数据的残差分别求和，然后取其差值

$$M=\sum_{i=1}^{k}\nu_i-\sum_{k+1}^{n}\nu_i \tag{2-37}$$

式中，$n$ 为偶数时，取 $k=\frac{n}{2}$；当 $n$ 为奇数时，取 $k=\frac{n+1}{2}$，此时，求 M 的公式应改为

$$M=\sum_{i=1}^{k}\nu_i-\sum_{k+1}^{n}\nu_i \tag{2-38}$$

结论：①如果 $M$ 近似为零，则说明上述测量列中不含累进性误差；

②如果 $M$ 与 $\nu_i$ 值相当或更大，则说明测量列中存在累进性误差；

③如果 $0<M<\nu_i$ ,则说明不能肯定是否存在累进性误差。

所谓残差，是指测量值与该被测量的某一算术平均值之差，用公式表示为

$$\nu_i=x_i-\overline{x} \tag{2-39}$$

（2）周期性系差的检查：当周期性系差是测量误差的主要成分时，是不难从测量数据或残差的变化规律中发现的。但是，如果随机误差很显著，则上述周期性规律便不易被发现时可用阿卑—赫梅特（Abbe-Hemert）准则来判别。设

$$A=|\sum_{i=1}^{n-1}\nu_i\nu_{i+1}|R_3 \tag{2-40}$$

当存在

$$A>\sqrt{n-1}\sigma^2 \tag{2-41}$$

则认为测量列中含有周期性误差。式（2-41）中 $\sigma$ 为均方根误差。

## 2.3.2　系统误差的削弱或消除的基本方法

### 2.3.2.1　消除产生误差的根源

首先从测量系统的设计入手，选用最合适的测量方法和工作原理，以避免方法误差；选择最佳的结果设计与合理的加工、装配、调校工艺，以避免和减少工具误差。此外，应做到正确的安装、使用。测量应在外界条件比较稳定时进行，对周围环境干扰应采取必要的屏蔽防护措施等等。

2.3.2.2　对测量结果进行修正

在测量之前，应对测量系统进行校准或定期进行检定。

通过检定，可以由上一级标准（或基准）给出受检仪器的修正值。将修正值加入测量值中，即可消除系统误差。例如，用标准温度计检定某温度传感器时，在温度为 50℃的测温点处，受检温度传感器的示值为 50.5℃，则测量误差为

$$\Delta x = x - A = 50.5 - 50 = 0.5 \quad (℃)$$

于是，修正值 c=-$\Delta x$=-0.5℃。将此修正值加入测量值 x 中，即可求出该测量温点的实际温度

$$A = x + C = 50.5 - 0.5 = 50 \quad (℃)$$

从而消除了系统误差 $\Delta x$。

修正值给出的方式不一定是具体的数值，也可以是一条曲线、公式或数表。在某些自动测试系统中，为了提高它的测量精度，减小它的测量误差，修正值则预先编制成有关程序储存于仪器中，所得测量结果，自动对误差进行修正。

2.3.2.3　采用特殊测量法

在测量过程中，选择适当的测量方法，可使系统误差抵消而不带入测量值中去。

（1）零值法：零值法又称平衡法，属于比较法中的一种。它是把被测量与作为计量单位的标准已知量进行比较，使其效应相互抵消，当两者的差值为零时，被测量就等于已知的标准量。这种测量法的优点是测量误差主要取决于参加比较的标准器具的误差，而标准器具的误差是可以做得很小的。

零值法的最常见的例子是用天平来称物体的重量，如图 2-14 所示。当增减砝码使指针指零时，砝码与被称物体的重量达到平衡，这时被称物体的重量就等于砝码的重量。

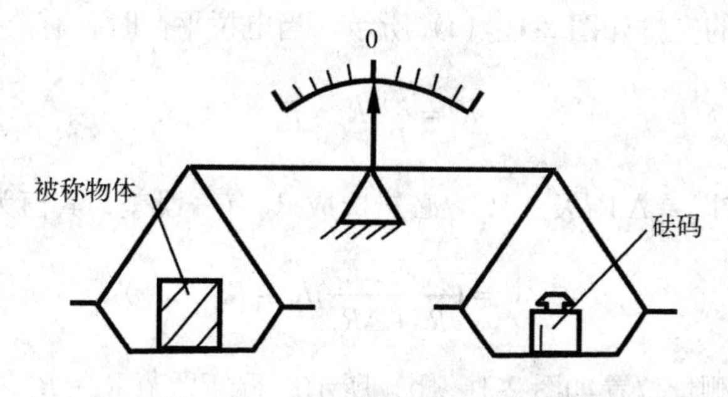


图 2-14　利用零值法测量的天平

（2）替换法（替代法、代替法）：替换法是用可调的标准器具代替被测量接入检测系统，然后调整标准器具，使检测系统的指示与被测量接入时相同，则此时标准器具的数值等于被测量，即 $x=A$。

替换法的特点是被测量与已知量通过测量装置进行比较，当两者的效应相同时，它们的数值也必然相等。测量装置的系统误差不带给测量结果，它只起辨别两者有无差异的作用，因此，测量装置需要有相应的灵敏度和一定的稳定度。

例如，为了测量某未知电阻 $R_x$，将它接入一个电桥中去，如图 2-15 所示，调整桥臂电阻 $R_1$、$R_2$ 使电桥平衡，然后取下 $R_x$，换上标准电阻箱 $R_s$。保持 $R_1$、$R_2$ 不动，调节 $R_s$ 的大小，使电桥再次平衡，此时被测电阻 $R_x=R_s$。只要测量灵敏度足够，根据这种方法则得的 $R_x$ 的准确度与标准电阻箱的准确度相当，而与检流计 G 和电阻 $R_1$、$R_2$、$R_3$ 等的恒值误差无关。

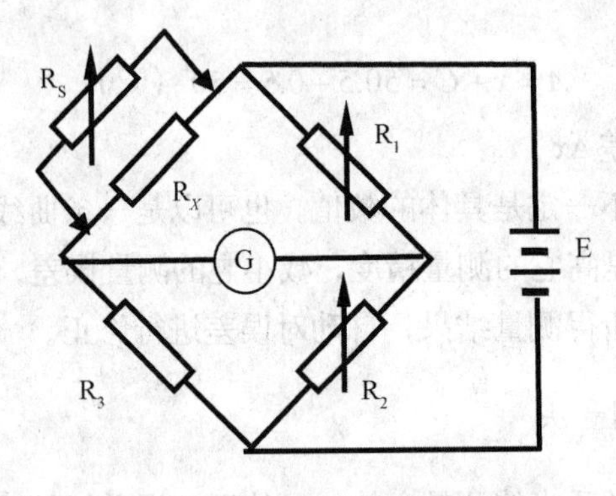


图 2-15　用替代法测电阻

（3）交换法（又称对照法）：在测量过程中，将测量中的某些条件（如被测物的位置等）相互交换，使产生系差的原因对先后两次测量结果起反作用。将这两次结果加以适当的数学处理（通常取其算术平均值或几何平均值），即可消除系统误差或求出系统误差的数值，这就是所谓的对照法。

图 2-16 是利用交换法测量电阻的例子。设电桥设计为等臂式（即 $R_1=R_2$），调节标准电阻箱的阻值 $R_s$，可使电桥平衡。测量分两次进行：

第 1 次，测量的安排如图 2-16（a）所示。当电桥平衡时，有

$$R_x=\frac{R_1}{R_2}R_s=R_s \tag{2-42}$$

如果 $R_1$、$R_2$ 有误差 $\Delta R_1$ 及 $\Delta R_2$，必然造成 $R_x$ 有一误差，其值为

$$R_x=(\frac{R_1+\Delta R_1}{R_2+\Delta R_2})R_1\neq R_1 \tag{2-43}$$

第 2 次，交换测量位置如图 2-16（b）所示。重新调节 $R_s=R_s^{'}$，使电桥再次平衡，则有

$$R_x=(\frac{R_2+\Delta R_2}{R_1+\Delta R_1})R_1^{'} \tag{2-44}$$

由式（2-43）及（2-44）可得

$$R_x = \sqrt{R_1 R_1^{'}} \approx \frac{1}{2}(R_s + R_s^{'}) \tag{2-45}$$

由式（2-45）可见，交换法消除了恒定系差 $\Delta R_1$ 及 $\Delta R_2$ 的影响。

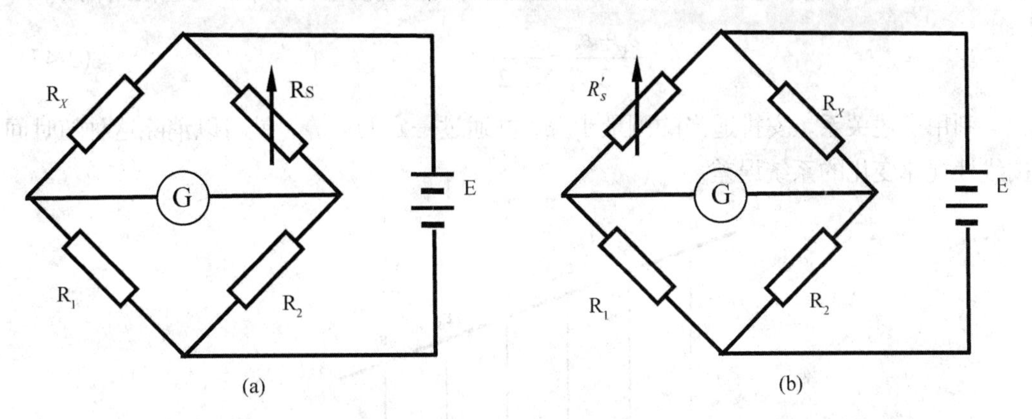


图 2-16　用交换法测电阻

（4）补偿法：补偿法是替换法的一种特殊形式，相当于部分替换法或不完全替换法。现用实例进行说明。图 2-17 所示为用补偿法测量高额小电容的电路原理图。图中，$E$ 为恒压源；$L$ 为电感线圈：$c_s$ 为标准可变电容；$V$ 为高内阻电压表。图中的 $C_0^{'}$ 是电感线圈的自身分布电容。可以把它等效看作与电容 $C_x$ 并联，这时为 $C_0$ 。测量时，先不接入待测电容 $C_x$ ，调节标准电容，通过电压表读数来观察电路谐振点，此时标准电容读数为 $C_{x1}$；然后，把 $C_x$ 接入 A,B 端，此时电路将失调，调节标准电容（调小），使电路仍处于谐振，得读数 $C_{x2}$ 。显然，两次谐振回路的电容应相等，为 $C_{x1}+C_0=C_{x2}+C_0+C_x$ ，于是可得

$$C_x = C_{x1} - C_{x2} \tag{2-46}$$

由此可见，消除了恒定系差 $C_0$ 的影响。

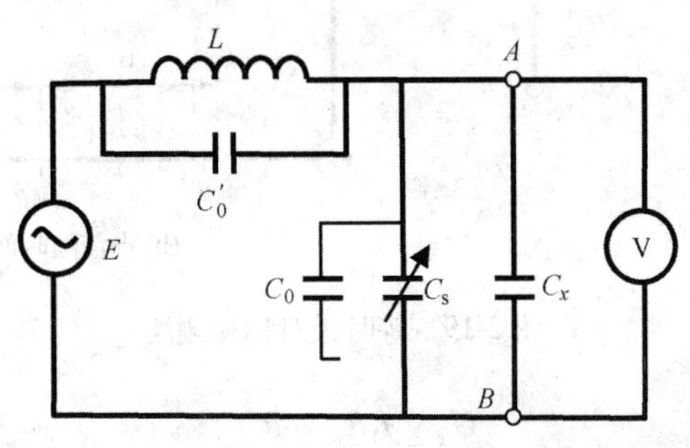


图 2-17　补偿法测最小电容

2.3.2.4　变值系差消除法

对于变值系差消除方法有很多种，在此只介绍较简单的等时距对称观测法。

等时距对称观测法可以有效地消除随时间成比例变化的线性系统误差。假设误差按照图 2-18 所示的斜线规律变化，只要测试时的各个时间间隔相等，则有 $\varepsilon_1-\varepsilon_2=\varepsilon_2-\varepsilon_3=\cdots\cdots$。若以某一时刻（如 $t_3$）为中心，则对称于此点的各对系统误差的算术平均值彼此相等，即

$$\frac{\varepsilon_1+\varepsilon_5}{2}=\frac{\varepsilon_2+\varepsilon_4}{2}=\varepsilon_3 \tag{2-47}$$

利用上述关系，安排适当的测量步骤，并通过一定的运算，就可以消除这种随时间按线性规律变化的系统误差。

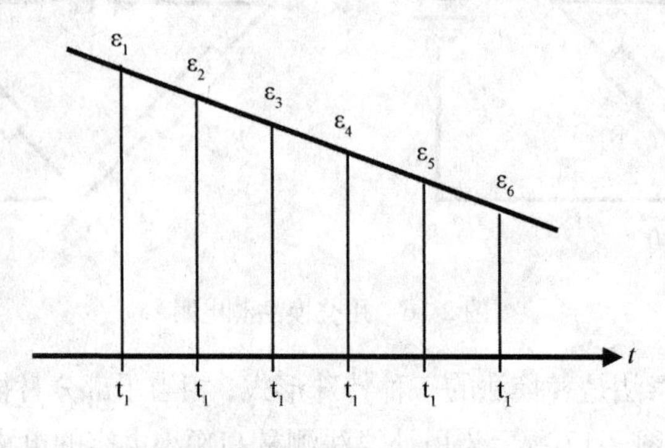


图 2-18　等时距对称观测法

例如，图 2-19 (a) 为一种测量电阻的电路，在理想情况下，被测电阻 $R_x=R_0U_x/U_0$，式中，$R_0$ 为已知电阻。实际上由于电池电压的不稳定，电流 $I$ 是随时间变化的，见图 2-19 (b)。由于不能在相同时刻测量 $U_x$ 和 $U_0$，于是这样就产生了

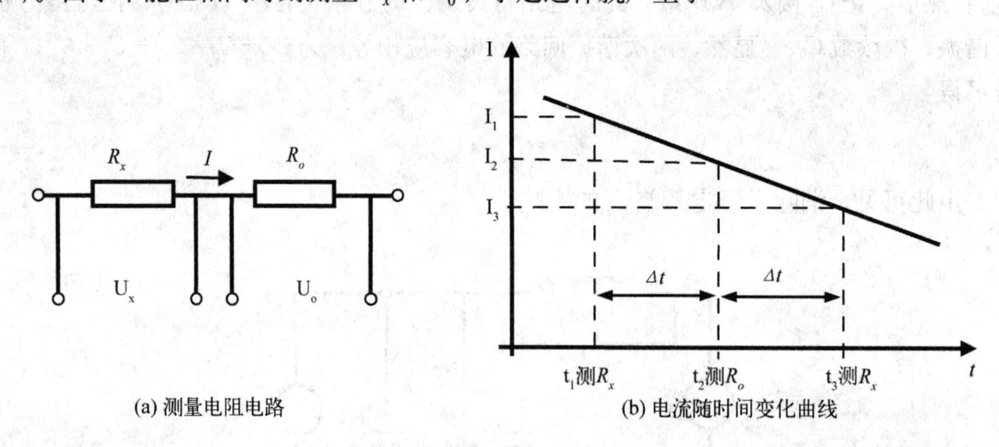


(a) 测量电阻电路　　(b) 电流随时间变化曲线

图 2-19　等时距对称观测法

$$\frac{U_x}{U_0}=\frac{I_1R_x}{I_2R_0}\neq\frac{R_x}{R_0}$$

线性变化的系统误差。为了消除此系统误差，可采用等时距对称观测法。这时可采用下述测量程序：

$t_1$时刻，测量$R_x$上的电压降得$U_x=I_xR_x$

$t_2$时刻，测量$R_0$上的电压降得$U_0=I_2R_0$　　(2-48)

$t_3$时刻，测量$R_x$上的电压降得$U_x^{'}=I_3R_x$

考虑到电流按线性变化，若测量时距相等，则根据式（2-47）可得

$$\frac{I_1+I_3}{2}=I_2$$

因此

$$\frac{U_X+U_X^{'}}{2}=\frac{I_1+I_3}{2}R_X=I_2R_X$$

用上式除以式（2-48）得

$$R_X=\frac{U_X+U_X^{'}}{2U_0}R_0 \tag{2-49}$$

上述数学处理结果，实质上相当于将工作电流固定于$I_2$，通过比较电压降$I_2R_0$与$I_2R_x$而求得$R_x$，从而消除了因工作电流按线性规律变化而带来的系统误差。

## 2.4 随机误差及其特性

在测量过程中，系统误差与随机误差通常是同时发生的，由于系统误差可以用各种方法加以消除，所以在以后的各种讨论中，我们均假定测定值中只含有随机误差，即认为系统误差已被消除。

### 2.4.1 随机误差的统计特性

随机误差的数值在事前是无法预料的，它受各种复杂随机因素的影响，可能取各种数值。

例如，对一个标称直径为 15mm 的轴径进行$N$=100 次的重复测量。将其测量所得的值$x_i$，按其大小分为若干组，取分组间隔$\Delta x$=1mm,并统计每组内测得的值$x_i$出现的次数$n_i$及其出现频率$f_i$（即出现的次数同总测量次数$N$之比，即$f=\frac{n}{N}$）列于表 2-1。

表 2-1　大量重复测量的统计表

| 测得值分组范围 $x_i$（mm） | 分组平均值 $\bar{x}_i$（mm） | 出现次数 $n_i$（次数） | 出现频率 $f_i={n_i}/{N}$ |
|---|---|---|---|
| 14.999-14.998 | 14.999 | 8 | 0.08 |
| <14.998-14.997 | 14.998 | 16 | 0.16 |
| <14.997-14.996 | 14.997 | 50 | 0.50 |

续表

| 测得值分组范围 $x_i$（mm） | 分组平均值 $\bar{x}_i$（mm） | 出现次数 $n_i$（次数） | 出现频率 $f_i = n_i/N$ |
|---|---|---|---|
| <14.996-14.995 | 14.996 | 20 | 0.20 |
| <14.995-14.994 | 14.995 | 6 | 0.06 |
| 测得值分组范围 $x_i$（mm） | 分组平均值 $\bar{x}_i$（mm） | 出现次数 $n_i$（次数） | 出现频率 $f_i = n_i/N$ |
| 测得值平均值 $\overline{x_i} = 14.997$ | ---- | 总　数 $N = \sum n_i = 100$ | $\sum f_i = 1$ |

现在以分组尺寸为横坐标。出现次数 n 和频率 f 为纵坐标，绘出其统计分布图。然后图中分组平均值所对应的各点用直线连接起来，得到线图，即为其经验分布图，见图 2-20。

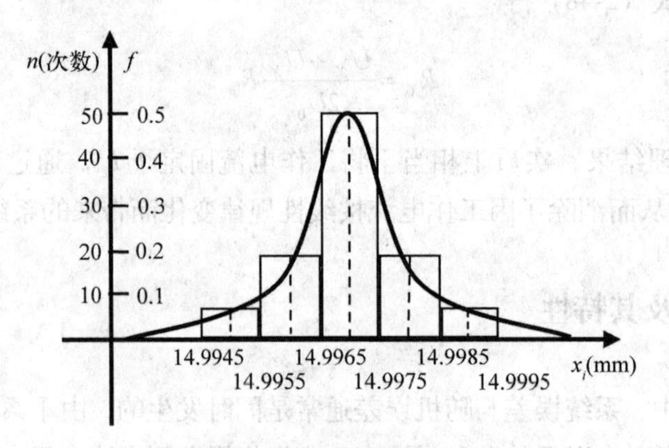


图 2-20　分布统计图

如果测量次数足够多，示值区间划分得足够窄，即当 $n\to\infty, \Delta x \to 0$ 时，则随机误差的分布规律就越来越接近光滑连续曲线。尽管每次实验所得到的分布图在宽窄、大小、高低等方面各不相同，但大致形状是类似的，根据误差的统计分布图，可以得出具有普遍意义的统计规律，重复测量的次数越多，这种规律表现得就越明显。随机误差的统计特性表现在以下四个方面。

2.4.1.1　有限性

在一定条件下的有限测得值中，误差的绝对值不会越过一定的界限。本例中随机误差的绝对值不会超过 0.003mm 的范围。

2.4.1.2　集中性

大量重复测量时所得到的数值，均集中分布在其平均值 $\bar{x}$ 附近，即测量得到的数值 $x_i$ 在平均值 $\bar{x}$ 附近出现的机会最多(本例中大部分测量值集中在 14.997mm 附近，离开 $\bar{x}$ 越远的值越少)。$\bar{x}$ 也称为分布中心，其值可以用下式表示

$$\bar{x}=\frac{1}{n}\sum_{i=1}^{n}x_i \tag{2-50}$$

2.4.1.3　对称性

绝对值相等的正误差和负误差出现的次数（概率）大致相等。在例中以 $\bar{x}$ =14.997mm 为中心，其两侧出现的个数接近相等、对称。

2.4.1.4　抵偿性

在相同条件下对同一量进行多次测量时随机误差的平均值的极限将趋于 0。其表达式为

$$\lim_{n\to\infty}\left(\frac{1}{n}\sum_{i=1}^{n}\delta_i\right)=0 \tag{2-51}$$

## 2.4.2　随机误差的分布规律

2.4.2.1　正态分布

正态分布又叫高斯分布（Gauss）：是随机误差最常见的分布形式。

根据概率论的中心极限定理：如果一个随机变量是由大量微小的随机变量共同作用的结果，那么只要这些微小的随机变量是互相独立（或弱相关）的且均匀地小（即对总和的影响彼此差不多）不管它们各自服从于什么分布，其总和必然近似于正态分布。当随机误差是由大量的、互相独立的微小作用因素所引起时，通常都遵从于正态分布律。

若以随机误差 δ 为横坐标，则随机误差的正态分布概率密度曲线峰值位于 δ=0 处。如图 2-21 所示。随机误差的正态分布概率密度函数为

$$P(\delta)=\frac{1}{\sigma\sqrt{2\pi}}e^{-\frac{\delta^2}{2\sigma^2}} \tag{2-52}$$

式中，$P(\delta)$ 为概率密度；$\delta$ 为随机误差；$\sigma$ 为均方根误差；e 为自然对数的底。

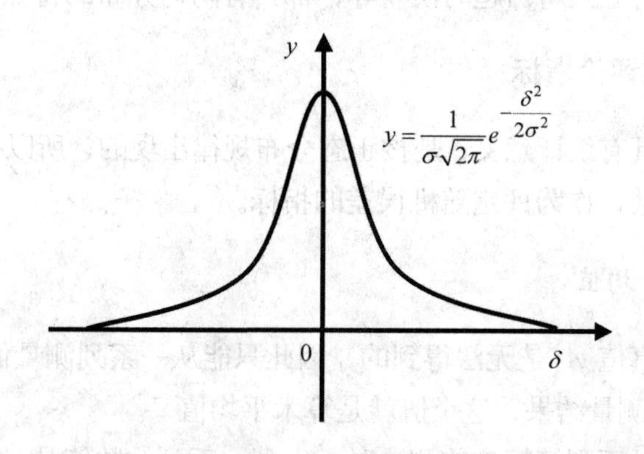


图 2-21　正态分布曲线

#### 2.4.2.2　均匀分布

随机误差通常遵从正态分布，但也有些误差服从非正态分布，例如均匀分布就是常遇到的一种非正态分布。

均匀分布的主要特点是误差有一定的界限，且在给定区间内误差在各处出现的概率相等，因此又称为等概率分布。

若随机变量 $x$ 在区间 $[a,b]$ 上服从均匀分布，如图 2-22 所示。则其概率函数为

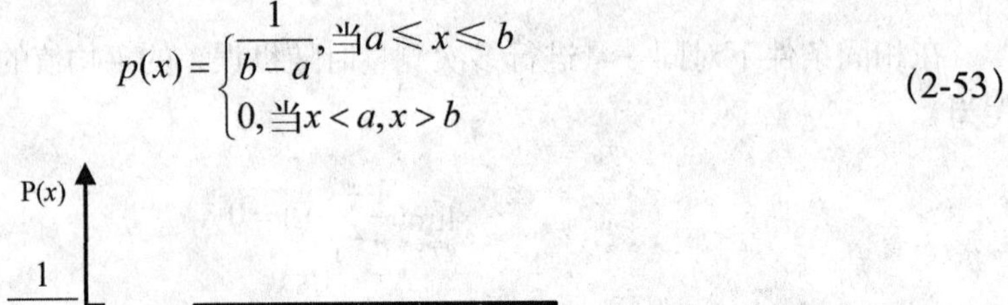

$$p(x)=\begin{cases}\dfrac{1}{b-a},\text{当}a\leqslant x\leqslant b\\0,\text{当}x<a,x>b\end{cases}\qquad(2\text{-}53)$$

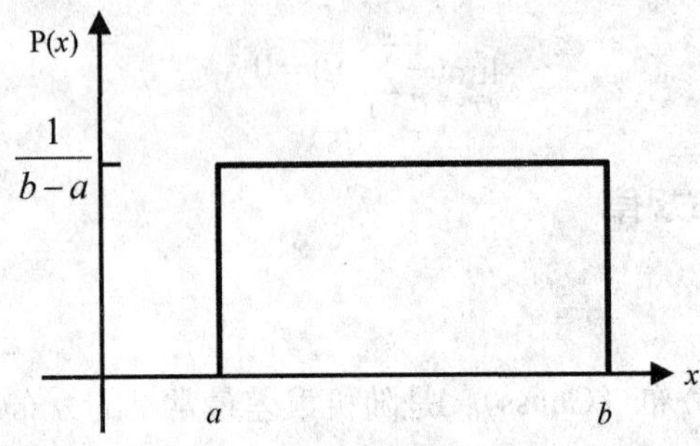


图 2-22　[a,b]区间的均匀分布

在区间[a,b]内服从均匀分布的随机变量 $x$，落于给区间 $[\alpha,\beta]$ 内的概率为

$$P(\alpha\leqslant x\leqslant\beta)=\frac{\beta-\alpha}{b-a}\qquad(2\text{-}54)$$

上式表明随机变量 $x$ 在[a,b]中任一小区间的取值概率与该小区间的长度 $[\alpha,\beta]$ 成正比，而与它的具体位置无关。

均匀分布在检测技术中是经常遇到的。仪器度盘或齿轮回差所产生地误差，平衡指示器由于调零不准所产生的误差，数字式仪器在 ±1 内不能分辨所引起的误差以及进行数据处理时由于四舍五入所引起的误差等，都具有均匀分布的特点。

### 2.4.3　随机误差的评价指标

由于随机误差具有统计意义，是按正态分布规律出现的，所以把算术平均值 $\bar{x}$ 和均方根误差 $\sigma$ 两个参数，作为评定随机误差的指标。

#### 2.4.3.1　算术平均值

因为待测量的真值 $A_0$ 是无法得到的，因此只能从一系列测量值 $x_i$ 中找到一个接近真值 $A_0$ 的数值作为测量结果，这个值就是算术平均值 $\bar{x}$ 。

当对某一量作一系列等精度的测量时，得到一系列的数值是 $x_1$、$x_2$ ..... $x_n$，这些数

值的算术平均值$\bar{x}$定义为

$$\bar{x} = \frac{x_1 + x_2 + \ldots\ldots + x_n}{n} = \sum_{i=1}^{n} \frac{x_i}{n} \tag{2-55}$$

又设$\delta_1$、$\delta_2$……$\delta_n$为各测量值与真值的随机误差，则

$$\delta_1 = x_1 - A_0$$

$$\delta_2 = x_2 - A_0$$

$$\cdots\cdots$$

$$\delta_n = x_n - A_0$$

即

$$\sum_{i=1}^{n} \delta_i = \sum_{i=1}^{n} x_i - nA_0 \tag{2-56}$$

当$n \to \infty$时，由随机误差的对称性规律可知$\sum_{i=1}^{n} \delta_i \to 0$所以$\sum_{i=1}^{n} x_i = nA_0$

即

$$A_0 = \frac{1}{n}\sum_{i=1}^{n} x_i = \bar{x} \tag{2-57}$$

上式表明，测量次数无限多时，所有测量值的算术平均值即等于真值。实际上不可能做无限次测量，真值也就难以得到。但可以用算术平均值$\bar{x}$来代替真值，随着测量次数 n 增多，算术平均值越接近其真值。

2.4.3.2　均方根误差$\sigma$

（1）均方根误差$\sigma$的计算公式：在等精度测量中，均方根误差$\sigma$的计算公式为

$$\sigma = \sqrt{\frac{\delta_1 + \delta_2 + \ldots\ldots + \delta_n}{n}} \tag{2-58}$$

式中，$\delta_1, \delta_2 \ldots\ldots \delta_n$为每次测量中相应各测量值的随机误差。其中$\delta_i = x_i - A_0$。

（2）正态分布与均方根误差的关系：用算术平均值$\bar{x}$可以表示测量结果，但是只有$\bar{x}$还不能表示各测量值的精度。为了研究测量值的精度，就必须讨论均方根误差$\sigma$与随机误差的关系。

由于随机误差的分布曲线是正态分布的，因此它的出现概率就是该曲线下所包围的面积。由于全部随机误差出现的概率 P 之和为 1，所以曲线与横轴间包围的面积应等于 1，即

$$P = \int_{-\infty}^{+\infty} p(\delta)d\delta = \frac{1}{\sigma\sqrt{2\pi}}\int_{-\infty}^{+\infty} e^{-\frac{\delta^2}{2\sigma^2}} d\delta = 1 \tag{2-59}$$

式中，$p(\delta)$为概率密度；δ 为随机误差；σ 为均方根误差；e 为自然对数的底；P 为概率。

正态分布曲线是一个指数方程式，它是随着随机误差$\delta$和均方根误差$\sigma$的变化而变化的，图 2-23 表示均方根误差$\sigma$和正态分布曲线的关系。从图中可以明显地看出$\sigma$与表示的分布曲线的形状和分散度有关；$\sigma$值越小，曲线形状越陡，随机误差的分布越集中，测量精密度越高；反之，$\sigma$值越大，曲线形状越平坦，随机误差分布的越分散，测量精密度越低。

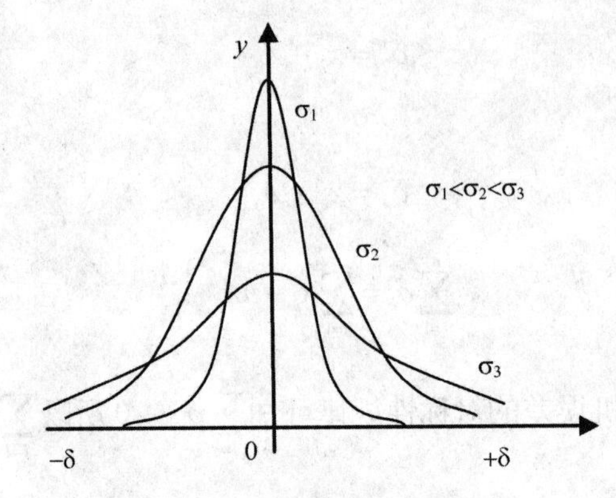


图 2-23　三种不同σ的正态分布曲线

根据前面的分析，在正态分布曲线下包含的总面积等于各随机误差$\delta_i$出现的概率的总和。为了方便起见，代入新的变量$Z$，设

$$Z=\frac{\delta}{\sigma}，\quad dZ=\frac{1}{\sigma}d\delta$$

代入式（2-59）则得

$$P=\frac{1}{\sqrt{2\pi}}\int_{-\infty}^{+\infty}e^{-\frac{Z^2}{2}}dZ=1$$

如果要确定随机误差在所给定的（-$\sigma$，+$\sigma$）范围内的概率，只要对图 2-24 阴影部分的面积作积分即可。即随机误差在（-$\sigma$，+$\sigma$）区间的概率为

$$P=2\varphi(z)=\frac{1}{\sqrt{2\pi}}\int_{-z}^{+z}e^{-\frac{z^2}{2}}dz$$

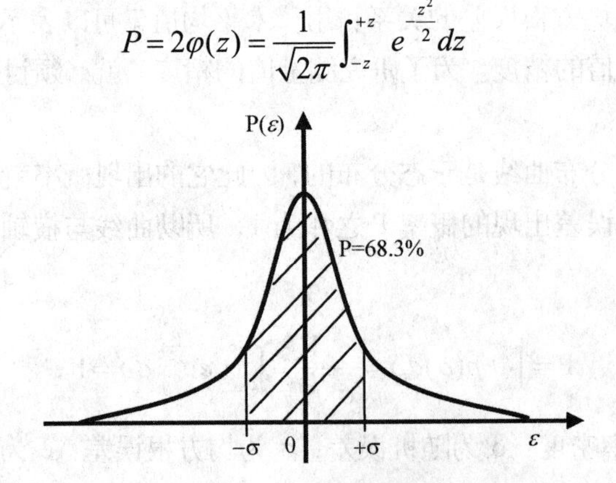


图 2-24　误差落在±σ内的概率

对任何 $z$ 值的积分值 $\varphi(z)$ 可以由概率函数积分表查出。表 2-2 中所列为积分表中几个具有特征的数值。

表 2-2　几个特征数值的积分表

| $Z=\dfrac{\delta}{\sigma}$ | 0.5 | 0.6745 | 1 | 2 | 3 | 4 |
|---|---|---|---|---|---|---|
| $\phi(Z)=\dfrac{1}{\sqrt{2\pi}}\int_0^Z e^{-\frac{Z^2}{2}}dZ$ | 0.1915 | 0.2500 | 0.3413 | 0.4773 | 0.4986 | 0.4999 |
| 不超出 $\delta$ 概率 $P=2\phi(Z)=\dfrac{1}{\sqrt{2\pi}}\int_{-Z}^Z e^{-\frac{Z^2}{2}}dZ$ | 0.3829 | 0.5000 | 0.6827 | 0.9545 | 0.9973 | 0.9999 |
| 超出 $\delta$ 概率 $P=1-2\phi(Z)$ | 0.6171 | 0.5000 | 0.3173 | 0.0455 | 0.0027 | 0.0001 |

可以看出，随着 $z$ 值的增大，P=1-2 $\varphi(z)$ 的值，也就是超出 $\delta$ 的概率，减少得很快。

当 $z=\pm1$ 时，2 $\varphi(z)$ =0.6827，则在 $\delta=\pm\sigma$ 范围内的概率为 68.27%。

当 $z=\pm3$ 时，2 $\varphi(z)$ =0.9973，则在 $\delta=\pm3\sigma$ 范围内的概率为 99.73%。在超出 $\delta=\pm3\sigma$ 范围的概率 $P$=1-2 $\varphi(z)$ =0.0027，仅为 0.27%，即发生的概率很小。所以通常评定随机误差时可以 $\pm3\sigma$ 为极限误差。如果某项测量值的残差超出 $\pm3\sigma$，则此项残差即为粗大误差，数据处理时应舍去。

如果残差用 $V_i$ 表示，则均方根误差 $\sigma$ 可表示为

$$\sigma=\sqrt{\frac{\nu_1^2+\nu_2^2+\cdots\cdots+\nu_n^2}{n-1}}=\sqrt{\frac{\sum_{i=1}^{n}\nu_i^2}{n-1}} \tag{2-60}$$

## 思考题与习题

1. 传感器的基本特性包括哪些？

2. 什么是传感器的静态特性？它有哪些性能指标？分别说明该性能指标的含义。

3. 什么是传感器的动态特性？它有哪几种分析方法？它们各有哪些性能指标？

4. 简述测量技术中的部分名词。

5. 按表示方法分误差分哪几类？根据测量误差的性质分误差分哪几类？按被测量随时间变化的速度分，误差分哪几类？

6. 如何检查系统误差的存在？

7. 系统误差的削弱或消除的基本方法有哪些？

8. 如何对小电容进行测量？

9. 随机误差的统计特性包括哪些？随机误差的分布规律怎样？随机误差的评价指标有哪些？

# 第 3 章　电阻传感器

电阻式传感器是把非电阻物理量（如力、压力、位移、加速度、扭矩等）转换为电阻变化的一种传感器。电阻式传感器主要包括：电阻应变式传感器、电位器式传感器。本章简要介绍电位器传感器的工作原理，着重阐述电阻应变式传感器的结构、原理。

## 3.1　电位器传感器

被测量的变化导致电位器阻值变化的敏感元件称为电位器传感器。由于它的结构简单，性能稳定，价格便宜，输出功率大，所以在很多场合使用。缺点是分辨率不高，易磨损。

### 3.1.1　电位器传感器的工作原理

常用电位器传感器的原理如图 3-1 所示。由图可以看出，电位器传感器由触点机构和电阻器两部分组成。由于存在触点，为使其工作可靠，要求被测量有一定的功率输出，对于图 3-1（a～e）来讲，触点是滑动的，存在着摩擦力。影响测量精度。一般来讲，电位器传感器的电阻都是有级变化的（除图 3-1（a）、(b)、(g) 外），因此影响了测量精确度。对于图 3-1（a）、(b)、(g)，当传感器输出环节的输入电阻与传感器本身电阻相比很大时，传感器的输出电阻和输入位移间才有线性关系，否则是非线性的。

因为电位器传感器输出功率较大，在一般场合下，可用指示仪表直接接收电位器传感器送来的信号，这就大大地简化了测量电路。在图 3-2 中给出了电位器式传感器所用不同指示仪表的典型电路。

图 3-2（a）中采用了电流表，此种接法当输入量为零时，输出信号不为零，但是输入与输出间呈非线性。图 3-2（b）中采用了电压表，此种接法只有在电压表内阻比传感器电阻大很多时，才能在输入与输出间存在线性关系，此外，该电路还能进行零位测量。图 3-2（c）为用流比计 LB 电路，其抗干扰能力强，输出可反应输入的极性。图 3-2（d）为采用电压表的桥形接法，线性输出，可反映输出极性。图 3-2（e）也为桥形线路，但采用了两只角位移输入的电位器传感器，因此它的灵敏度和测量范围与图 3-2（d）所示的相比皆大一倍。

### 3.1.2　电位器函数转换器

利用绕线式电位器可以方便地制成函数转换器 $R = f(x)$。例如，欲实现图 3-2（a）

中所示之变换要求先将 $R=f(x)$ 曲线在允许误差范围内进行直线逼近，即用 $\overline{01}$、$\overline{12}$、$\overline{23}$、$\overline{34}$ 四段直线代替原来的曲线。然后，再按所选取的方案进行具体计算。实现电位器函数转换的方案有三个，如图 3-3（b～d）所示。由于曲线骨架较难制造，所以一般用等截面骨架带有并联电阻的方案较易实现。

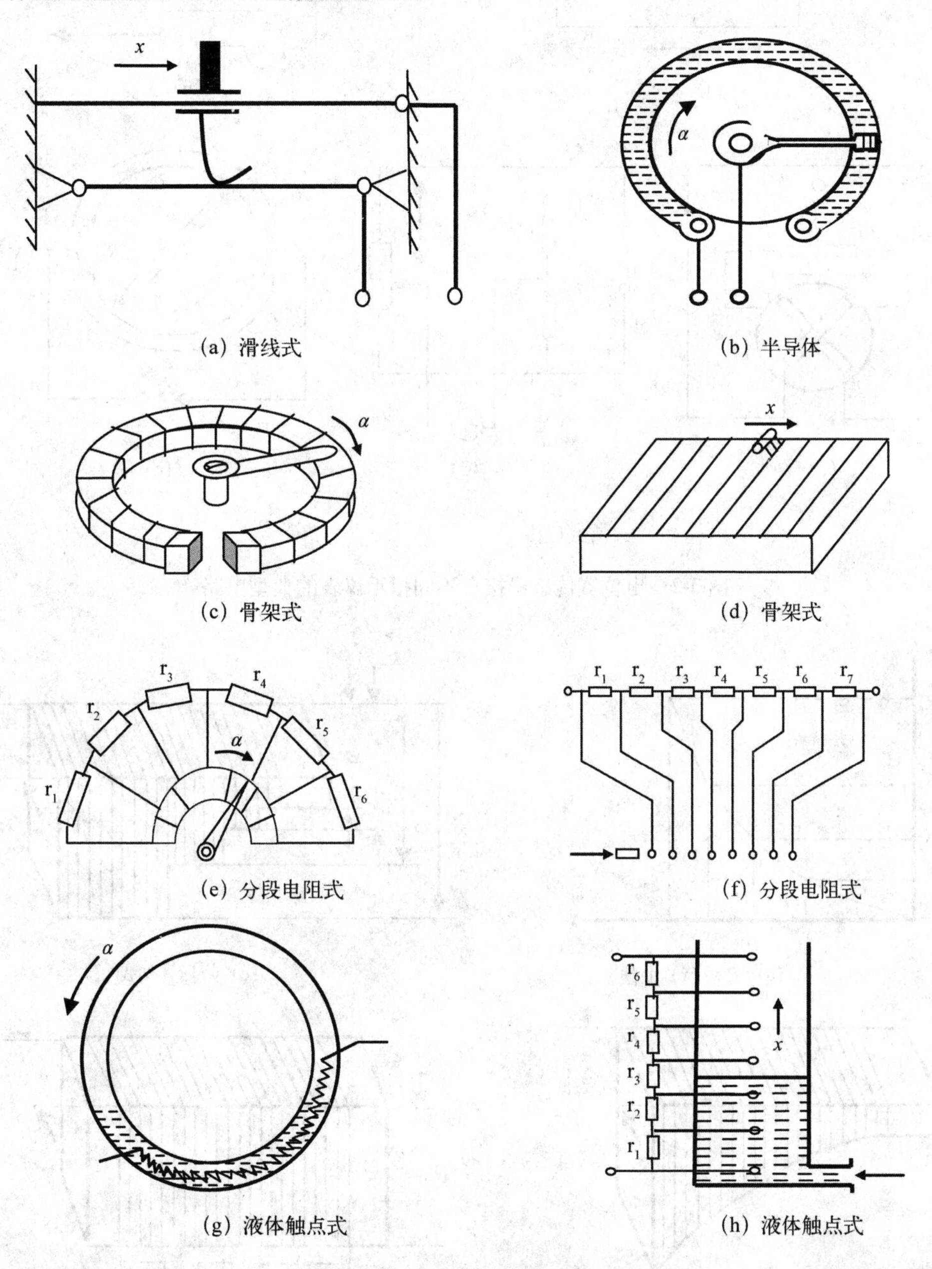


图 3-1　电位器传感器原理图

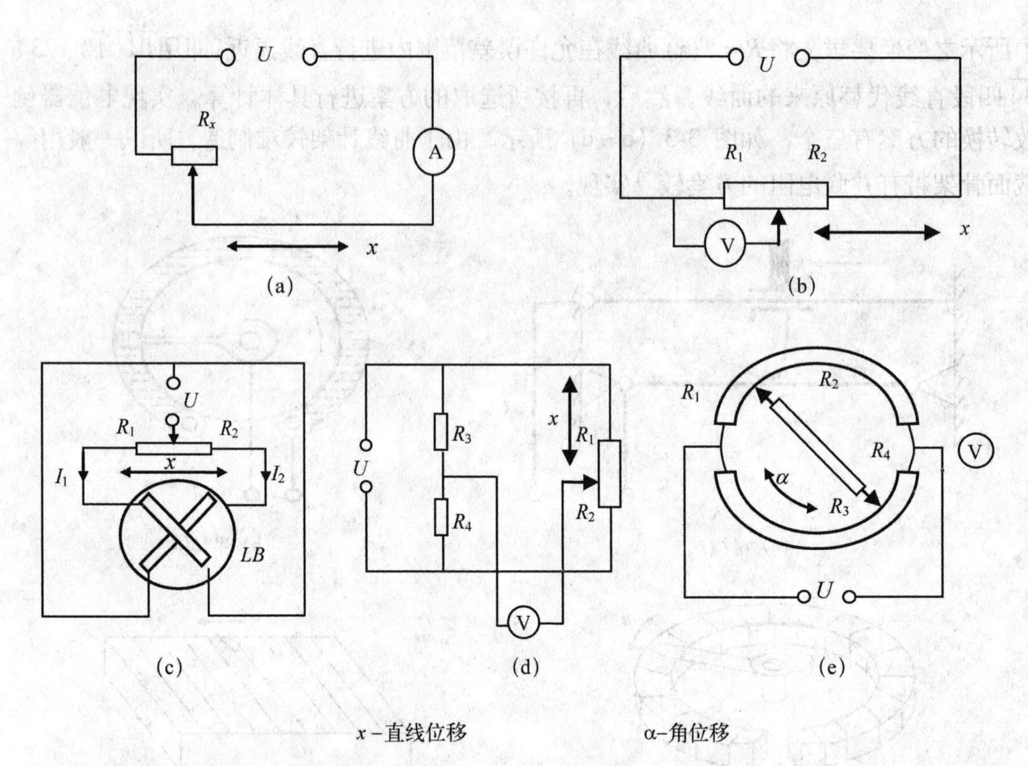


图 3-2　电位器传感器接有不同指示仪表的典型电路

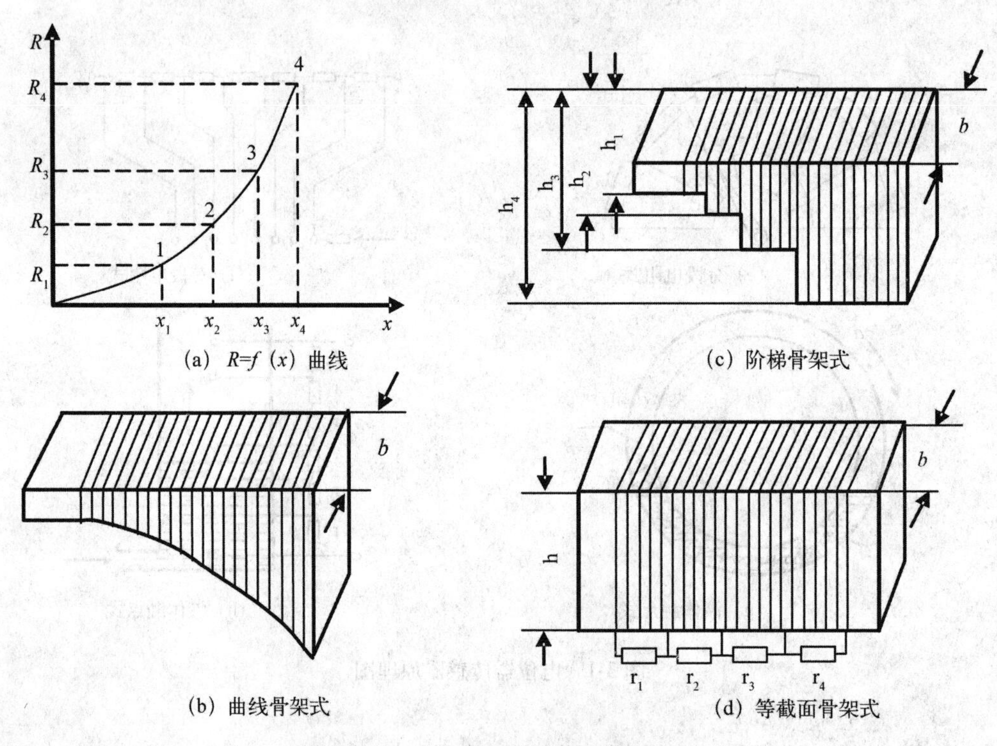


图 3-3　电位器函数转换器示意图

在骨架宽度$b$一定的情况下，骨架高度$h$可按下式计算

$$h=\frac{k\pi d^2}{8\rho}\frac{R_4-R_3}{X_4-X_3}-b \tag{3-1}$$

式中，$d$为电阻丝直径；$k$为长度填充系数的倒数；$\rho$为电阻系数；$R_3$、$R_4$为3、4点所对应之电阻值；$X_3$、$X_4$为3、4点所对应之位移；$b$为骨架宽度。

各段所示并联的电阻值$r_i$，可按一般的公式计算之。

例如：

$$r_i=\frac{r_{(i-1)i}(R_i-R_{i-1})}{r_{(i-1)i}-(R_i-R_{i-1})} \tag{3-2}$$

式中，$r_i$为在点$(i-1)$及$i$对应位置所并联的电阻值；$r_{(i-1)i}$为等截面支架上长度为$X_i-X_{i-1}$的电阻值；$R_i$、$R_{i-1}$为与点$i$、$i-1$所对应的电阻值。

由上可见，这种等截面骨架电位器函数转换器虽易实现，但是，它只保证了在$X_1,X_2,X_3$等点处的电阻值符合曲线，而当电刷（活动触点）处在各段中间位置时，由于分流作用将引起一定的装置误差。

电位器函数转换器可以实现多种函数的转换，但是，它是属于专用的，由于构造简单，价格便宜，故多用于要求精度不高的场合。

### 3.1.3　电位器传感器的结构和噪声分析

#### 3.1.3.1　电阻丝

电位器传感器对电阻丝的要求是：电阻系数大、温度系数小，对铜的热电势应尽可能小，对于细丝的表面要有防腐蚀措施，柔软，强度高。此外，要求能方便地锡焊或者点焊以及在端部容易镀铜、镀银，且熔点要高，以免在高温下发生蠕变。

常用电阻丝材料有以下几种：

（1）铜锰合金类电阻温度系数为0.001%～0.003%/℃，比铜的热电势小，约为1～2μV/℃，其缺点是工作温度低，一般为50～60℃。

（2）铜镍合金类电阻温度系数最小，约±0.002%/℃，电阻率为0.45μΩ.m，机械强度高。其缺点是比铜的热电势较大，因含铜镍成分的不同而有各种型号，康铜是这类合金的代表。

（3）铂铱合金类此类具有硬度高，机械强度大、抗腐蚀、耐氧化、耐磨等优点，电阻率为0.23μΩ.m，可以制成很细的线材，适做高阻值的电位器。

此外，还有镍铬丝、卡玛丝（镍铬铁铝合金）及银钯丝等。

裸线绕制时，线间必须有间隔，而涂漆或经氧化处理的电阻丝可以接触绕制，但电刷的轨道上需清除漆皮或氧化层。

#### 3.1.3.2　电刷

电刷结构往往反映出电位器的噪音电平。只有当电刷与电阻丝材料配合恰当，触点有良好的抗氧化能力，接触电势小，并有一定的接触压力时，才能使噪音降低。否则，电刷可能成为引起振动噪音的源。采用高固有频率的电刷结构效果较好。常用电位器的接触力在 0.005～0.05N 之间。

#### 3.1.3.3　骨架

对骨架材料要求形状稳定，其热膨胀系数和电阻丝的相近，表面绝缘电阻高，并且希望有较好的散热能力。常用的有陶瓷、酚醛树脂和工程塑料等，也可以用经绝缘处理的金属材料，这种骨架因传热性能良好，适用于大功率电位器。

#### 3.1.3.4　噪音

电位器传感器的噪声一般分为两类：一类是噪声来自电位器上自由电子的随机运动，这种噪声电子流叠加在电阻的工作电流上；另一类是电刷沿电位器移动时因接触电阻变化引起的接触噪声。由自由电子的随机运动产生的噪声有均匀的频谱，其幅值取决于电阻和温度以及测试电路的频带宽度；而接触电阻变化引起的噪声取决于接触面积的变化和压力波动。由于轨道和电刷的磨损，污物和氧化物的积累，随着作用时间的增加，接触噪声也随着增加，这种噪声是电位器基本噪声之一。

此外，还有摩擦电噪声，振动噪声和高速噪声。对摩擦电噪声，可通过选择电刷和电阻丝材料的配合来减小。对于振动噪声或高速噪声可采用改进电刷结构，使之有适当的接触压力和自振频率，在使用时电刷速度不应过大。

### 3.1.4　电位器传感器的应用举例

绕线电位器式角位移传感器工作原理如图 3-4 所示。传感器的转轴跟待测角度的转轴相连，当待测物体转过一个角度时，电刷在电位器上转过一个相应的角位移，于是在输出端有一个跟转角成比例的输出电压$U$。图中$U_i$是加在电位器上的电压。

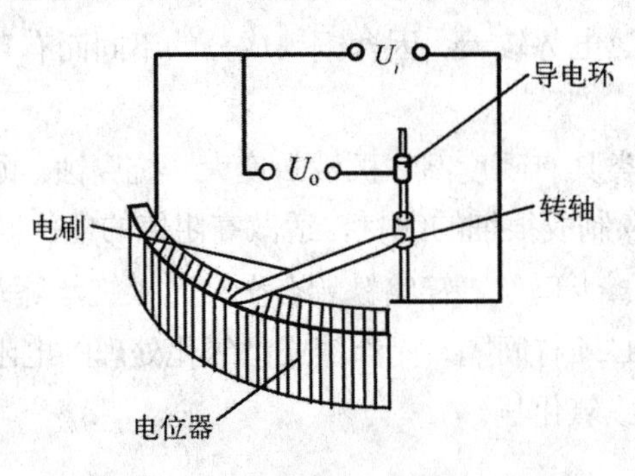


图 3-4　工作原理

线绕电位器式角位移传感器一般性能如下：

动态范围：　±10～±165°

线性度：　±0.5～±3%

电位器全电阻：　$10^2 \sim 10^3 \Omega$

工作温度：　-50～150℃

工作寿命：　$10^4$ 次

线绕式电位器角位移传感器有结构简单、体积小，动态范围宽，输出信号大（一般不必放大），抗干扰性强和精度较高等特点，故广泛用于检测各种回转体的回转角度和角位移。缺点是环形电位器各段曲率不一致会产生“曲率误差”；转速较高时，转轴与衬套间的摩擦会导致“卡死”现象。

## 3.2　电阻应变式传感器

电阻应变式传感器是将被测量的力（压力、荷重、扭力等）通过它所产生的金属弹性变形转换成电阻变化的敏感元件。这种应变式传感器的基本构成有三部分，一是弹性元件，将被测物理量转换成应变值（有时也不用弹性元件）；二是应变片；三是测量线路。

目前应用最广的电阻应变片有电阻丝应变片和半导体应变片两种。

### 3.2.1　电阻应变效应

金属导体的电阻随着它所受机械变形（伸缩应变）大小而变化的现象，称为金属的电阻应变效应。设有一根长度为$l$、截面积为$a$、电阻率为$\rho$的金属电阻丝，其电阻值为

$$R=\rho\frac{l}{a} \tag{3-3}$$

如果该电阻丝在轴向应力作用下，长度变化了$dl$、截面积变化$da$、电阻率变化$d\rho$，则电阻$R$也将随之变化$dR$，各变化量之间的对应关系可由式（3-3）微分求得，即

$$dR=\frac{\rho}{a}dl-\frac{\rho l}{a^2}da+\frac{l}{a}d\rho \tag{3-4}$$

用相对变化量表示

$$\frac{dR}{R}=\frac{dl}{l}-\frac{da}{a}+\frac{d\rho}{\rho} \tag{3-5}$$

由于$a=\pi r^2$，$da=2\pi r dr$，$r$为金属电阻丝半径，则

$$\frac{da}{a}=2\frac{dr}{r}$$

电阻丝径向应变$dr/r$和轴向应变$dl/l$的比例系数即为泊松比$\mu$，因此

$$\frac{dr}{r} = -\mu \frac{dl}{l}$$

式中负号表示两种应变的方向相反。

将 $da/a$ 、$dr/r$ 代入式（3-5）得

$$\frac{dR}{R} = \frac{dl}{l}(1+2\mu) + \frac{d\rho}{\rho} = (1+2\mu+\frac{d\rho/\rho}{dl/l}) = K\varepsilon \tag{3-6}$$

式中，$K = \frac{dR/R}{dl/l} = (1+2\mu) + \frac{d\rho/\rho}{dl/l}$ 为应变灵敏系数；$\varepsilon = dl/l$ 为轴向应变值。

灵敏系数受两个因素的影响，一个是 $(1+2\mu)$ 项，它与电阻丝受力后所产生的应变有关，对某种材料来说是常数；另一项 $(\frac{d\rho/p}{dl/l})$，即电阻丝受力后所引起的电阻率的变化，这种现象称为压阻效应。对于金属电阻丝，此值甚小，可以忽略不计。

对于大多数金属材料，泊松比 $\mu = 0.3 \sim 0.5$，所以 $K$ 的数值在 $1.6 \sim 2$ 之间。式（3-6）表明金属丝的电阻相对变化与轴向应变成正比，这就是所谓的电阻应变效应。该式是电阻应变片测量应变的理论基础。

对于每一种电阻丝，在一定的应变范围内，无论受拉或受压，其灵敏系数保持不变，即 $K$ 值是恒定的。当应变超过某一范围时，$K$ 值将发生变化。图 3-5 示出了几种冷拉并经退火处理的电阻丝材料的灵敏曲线，曲线上的“拐点”表示弹性变形和塑性变形之间的变换点。

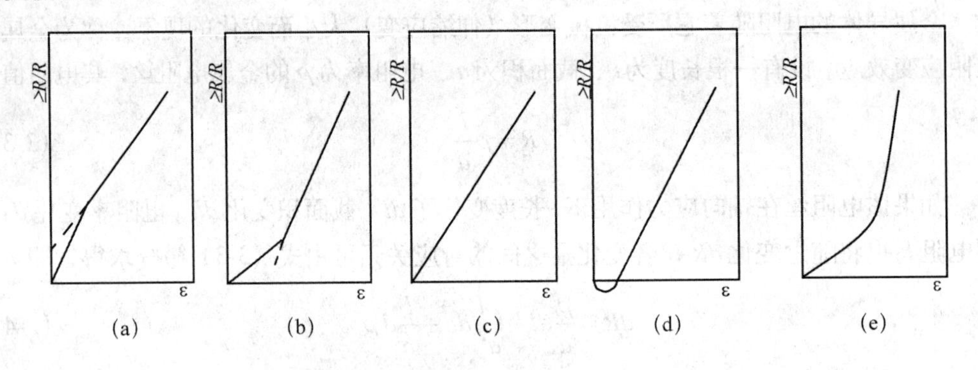


（a）铁、冷拉铜、银、铂、10%铱-铂　（b）40%银-钯合金　（c）铜镍合金　（d）镍　（e）锰铜丝

图 3-5　几种典型金属材料的灵敏系数

由图可以看出，曲线（c）比较理想，它在较大的范围内具有线性特性，且 $K$ 值接近于 2。曲线（d）具有一段“负阻”特性，其 $K$ 值先“负”后“正”，存在着从负到正的变换点。曲线（e）的拐弯点是渐变的，曲线（a）、（b）则是骤弯的。

## 3.2.2　结构与材料

### 3.2.2.1　结构形式

电阻应变片的基本结构如图 3-6 所示。粘贴在绝缘基片 4 上的敏感栅 1 实际上是一个栅状的电阻元件，它是电阻应变片的测量敏感部分；栅的两端焊接有丝状或带状的引出导线；敏感栅上面粘贴有覆盖层 3，起保护作用。

应变片敏感栅的形式较多，这里仅介绍两种形式：丝式和箔式。

金属丝式应变片的敏感栅由直径为 0.015 ~ 0.05mm 的金属丝制成，它又可分为圆角线栅式和直角线栅式两种形式。圆角线栅式图 3-7（a）是最常见的一种形式，它制造方便，但横向效应较大，直角线栅式图 3-7（b）虽然横向效应较小，但制造工艺复杂。在图 3-7 中，$l$ 称为应变片的标距（或工作基长），$b$ 称为应变片的基宽，$l\times b$ 称为应变片的使用面积。应变片的规格一般以使用面积和电阻值来表示（$3\times10\text{mm}^2,120\Omega$）。

金属箔式应变片的工作原理与金属丝式应变片完全相同，只不过它的电阻敏感元件不是金属丝栅，而是通过丝相制版、光刻、腐蚀等工艺制作而成的一种很薄的金属箔栅，其形状如图 3-8 所示，箔栅的端部较宽，横向效应相应减小，从而提高了应变测量精度。箔栅的表面积大，散热条件好，故允许通过较大的电流，可以得到较强的输出信号，从而提高了测量灵敏度。此外，由于箔栅采用了半导体器件的制造工艺，因此可根据具体的测量条件，制成任意形状的敏感栅，以适应不同的要求。正因为如此，金属箔式应变片在许多的场合下取代了丝式应变片，得到了广泛应用。其缺点是制造工艺复杂，引出线的焊点采用锡焊，不宜在高温环境下使用。

当横栅与纵栅的宽度相差太大时，会使应力集中现象更为严重。为解决这个矛盾，近年来出现了一种端部为框形结构的敏感栅。图 3-8（b）所示，其横栅为矩形的框，框边的宽度与纵栅相同。

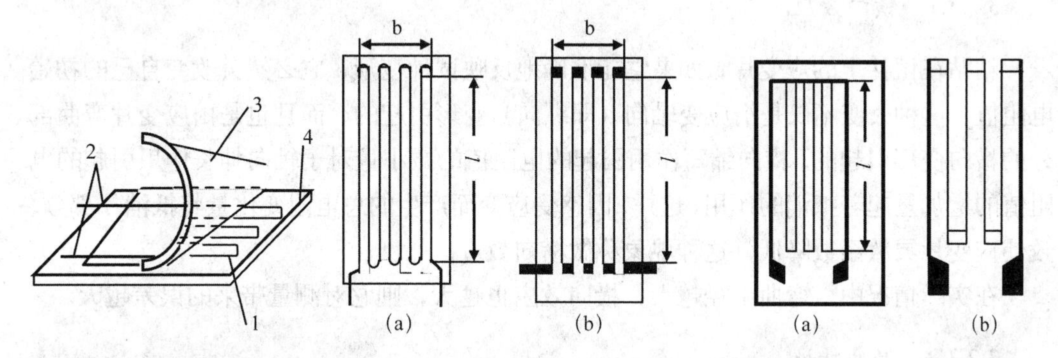


图 3-6　应变片的基本结构　　图 3-7　金属丝式应变片的敏感栅　　图 3-8　金属箔式应变片的敏感栅

### 3.2.2.2　材料

应变片的特性与所用材料的性能密切相关。因此，了解应变片各部分所用材料及其性能，有助于正确选择和使用。

（1）敏感栅材料。

对敏感栅所用材料的一般要求是灵敏系数要大；线性范围宽；电阻率高且稳定，电阻温度系数的数值要小，分散性小；机械强度高，焊接性能好，易加工；抗氧化，耐腐蚀，蠕变和机械滞后小。此外，还要求与引出线的焊接方便，无电解腐蚀。

（2）基片和粘贴。

基片与覆盖层的材料主要是薄纸和有机聚合物制成的胶质膜，特殊的也用石棉、云母等，以满足抗潮湿、绝缘性能好、线膨胀系数小且稳定、易于粘贴等要求。

应变片通常用粘贴剂粘贴到试件上。粘贴剂所形成的胶层要将试件的应变真实地传递给应变片，并且具有高度的稳定性。因此要求粘贴剂的粘接力强、固化收缩小、膨胀系数和试件相近、耐湿性好、化学性能稳定，有良好的电气绝缘性能和使用工艺性。在粘贴时，必须遵循正确的粘贴工艺，保证粘贴质量，这些与测量精度关系很大。

（3）引出线的连接。

引出导线与电阻丝焊接时产生的应力易使电阻丝折断。因此，除注意选择引线材料，还要重视连接方式。如采用双引线、多点焊接、过渡引线等方式，或将应变电阻丝套入镍制空心管子内，挤压管子成为牢固连接。引出线多用紫铜，为便于焊接，可在表面镀锡或镀银等。

（4）应变片的保护。

在常温下的保护主要是防潮湿，应变片因受潮而使绝缘电阻降低导致测量灵敏度降低、零漂增大等，所以防潮保护是正常测量所必需的。常用中性凡士林、石蜡、环氧树脂防潮剂等进行密封保护。

### 3.2.3 基本特性

#### 3.2.3.1 横向效应

粘贴在试件上的应变片，如果它能准确地反映试件变形，它必然会改变自己的初始电阻值，这种改变不仅是沿应变轴向（即纵向）变形引起的，而且也是由应变片弯曲部分的横向变形引起的。横向缩短作用引起的电阻值的减小量对于轴向伸长作用引起的电阻值的增加量起着抵消的作用，这样，因感受应变而产生的总电阻变化量将抵消一部分，致使应变片灵敏系数降低，这种现象称做横向效应。

在实际情况中，弯曲半径越大，横向效应也越大，则它对测量带来的误差越大。

#### 3.2.3.2 温度特性

电阻应变片的温度特性表现为热输出和热滞后。

安装在可以自由膨胀的试件上的应变片，在试件不受外力作用时，由于环境温度的变化，使应变片的输出值也随之变化的现象，称为应变片的热输出。产生热输出的主要原因有两个：一是由于电阻丝的电阻温度系数在起作用，二是由于电阻丝材料与试件材料的线膨胀系数不同。

当环境温度变化 $\Delta t$ ℃时，应变片电阻的增量 $\Delta R_t$ 可用下式来示

$$\Delta R_t = R_0\alpha\Delta t + R_0K(\alpha_1-\alpha_2)\Delta t = R_0[\alpha + K(\alpha_1-\alpha_2)]\Delta t$$

令

$$\alpha_t = \alpha + K(\alpha_1-\alpha_2) \tag{3-7}$$

则

$$\Delta R_t = R_0\alpha_t\Delta t$$

式中 $R_0$ 为 0℃时电阻丝应变片的电阻值 (Ω)；$\alpha$ 为电阻丝材料的电阻温度系数 (1/℃)；$K$ 为电阻丝的应变灵敏系数；$\alpha_1$ 为测件材料的膨胀系数（1/℃）；$\alpha_2$ 为电阻丝材料的膨胀系数（1/℃）；$\alpha_t$ 为电阻丝应变片的电阻温度系数（1/℃）；从上式（3-7）可知，$\alpha_t$ 越小，温度影响越小。

当温度循环变化时，粘贴在试件表面上的电阻应变片的热输出曲线可能并不重合，对应于同一温度下，应变片的热输出值之差，称为应变片的热滞后。产生热滞后的主要原因，是在温度变化过程中，由于粘接剂和基底体积变化而留下的残余变形，以及由于电阻丝的氧化等，造成敏感栅电阻的不可逆变化。

#### 3.2.3.3　线性度

应变片的线性度是指试件产生的应变和电阻变化之间的直线性。在大应变条件下，非线性较为明显。对一般应变片，非线性限制在 0.05%～1.00%以内，用于制造传感器的应变片，其值最好小于 0.02%。

#### 3.2.3.4　零漂和蠕变

零漂和蠕变用来衡量应变片的时间稳定性。粘贴在试件表面上的应变片在不承受任何载荷的条件下，在恒定的温度环境中，电阻值随时间变化的特性，称为应变片的零漂。

粘贴在试件表面上的应变片，在恒定的载荷作用下和恒定的温度环境中，电阻值随时间变化的特性称为应变片的蠕变。

#### 3.2.3.5　最大工作电流

是指允许通过其敏感栅而不影响工作特性的最大电流值。虽然增大工作电流能增大应变片的输出信号，提高测量灵敏度；但同时也使应变片温度升高，灵敏系数发生变化，零漂和蠕变值明显增加，严重时甚至会烧坏敏感栅。因此，使用时不要超过最大工作电流。

### 3.2.4　电阻应变式传感器的温度补偿

温度变化会引起应变电阻变化，它会直接影响测量精度，必须予以消除或进行修正，这就是温度补偿。温度补偿的方法有很多种，这里仅介绍几种常用的温度补偿方法。

3.2.4.1　曲线修正法

在与实测相同或相近的条件下，按工作温度整个变化范围，先测量出应变片的热输出曲线。在实际测量时，除了测量出指示应变外，还应同时测量出被测点的温度，那么真实应变为指示应变与该温度下的热输出之差。如图 3-9 所示。应注意，这种方法是对同批应变片作抽样测试来确定热输出曲线的，因此要求热输出的分散要小。

3.2.4.2　桥路补偿

利用桥路相邻相等两臂同时产生大小相等，符号相同的电阻增量不会破坏电桥的平衡（无输出）的特性来达到补偿。

将两个特性相同的应变片，用相同的方法粘贴在同样材料的两个试件上，置于相同的环境温度中，一个承受应力为工作片，另一个不受应力为补偿片。在测量时，如温度变化引起两个应变片的电阻增量不但符号相同，而且大小相等。由于它们接在电桥的相邻两臂上，桥路仍然平衡。电桥如有输出，则完全是由应变引起的。

3.2.4.3　应变片自补偿法

采用一种特殊的应变片，当温度变化时，利用自身具有的温度补偿作用使其电阻增量等于零或相互抵消，这种应变片称为温度自补偿应变片。

（1）选择式自补偿应变片。

由式（3-7）知，使应变片实现自补偿条件是 $\alpha_t = 0$ ，即

$$\alpha + K(\alpha_1 - \alpha_2) = 0 \quad 或 \quad \alpha = -K(\alpha_1 - \alpha_2) \tag{3-8}$$

只要敏感栅材料和试件材料的性能满足上式，就能实现温度自补偿。

（2）组合式自补偿应变片。

图 3-10 给出了组合式自补偿应变片。利用某些电阻材料的电阻温度系数有正、负的特性，将这两种不同的电阻丝串联成一个应变片来实现温度补偿，其条件是两段电阻丝栅随温度变化而产生的电阻增量大小相等，符号相反，即

$$(\Delta R_1) = -(\Delta R_2)$$

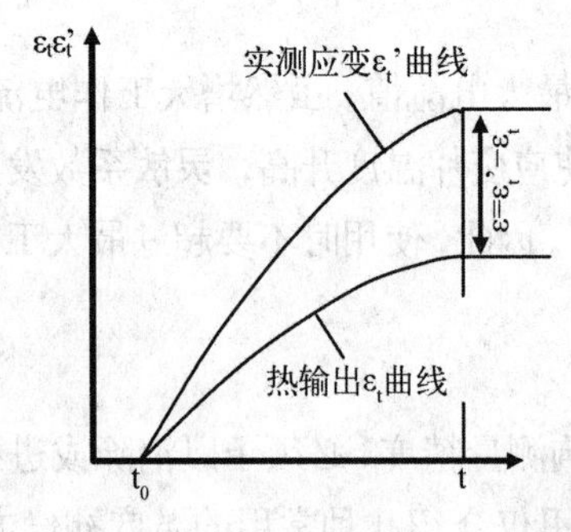


图 3-9　按热输出曲线修正求真实应变

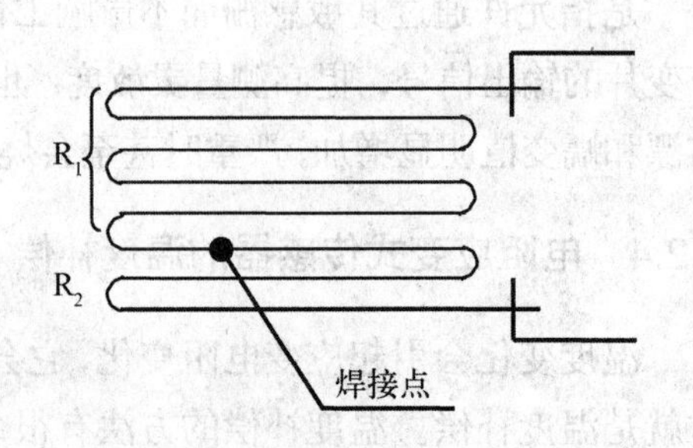


图 3-10　组合式自补偿应变片

两段丝栅的电阻大小可按下式选择

$$\frac{R_1}{R_2}=-\frac{\left(\frac{\Delta R_2}{R_2}\right)}{\left(\frac{\Delta R_1}{R_1}\right)}=-\frac{\alpha_2+K(\alpha_t-\alpha_{c1})}{\alpha_1+K(\alpha_t-\alpha_{c1})}$$

式中，$\alpha_1$，$\alpha_2$ 为敏感栅 $R_1$，$R_2$ 的电阻温度系数；$\alpha_t$ 为试件的线膨胀系数；$\alpha_{c1}$，$\alpha_{c2}$ 分别

为敏感栅丝 $R_1$，$R_2$ 的线性膨胀系数，$K_1$，$K_2$ 分别为敏感栅丝 $R_1$，$R_2$ 的灵敏系数。

（3）热敏电阻法。

在热敏电阻置于应变片相同的温度下，如图 3-11 所示，分流电阻 $R_s$ 与热敏电阻 $R_t$ 选得使电桥电压随温度增加的值与应变片灵敏系数变化而使电桥输出减少的值相补偿。

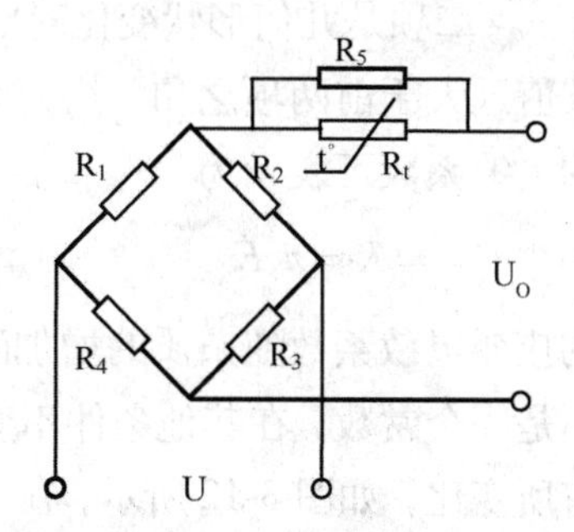


图 3-11　用热敏电阻补偿温度误差

### 3.2.5　半导体应变片

#### 3.2.5.1　半导体应变片的特点

半导体应变片具有以下突出优点：灵敏系数高，可测微小应变，机械迟滞小，横向效应小，体积小。它的主要 $\rho$ 缺点：一是温度稳定性差，二是灵敏系数的非线性大，所以在使用时需采用温度补偿和非线性补偿措施。

#### 3.2.5.2　半导体的压阻效应

对一块半导体的某一轴向施加一定的载荷而产生应力时，它的电阻率会发生一定的变化，这种现象称为半导体的压阻效应。不同类型的半导体，施加载荷方向的不同，压阻效应不一样。压阻效应大小用压阻系数来表示。当半导体压阻元件承受纵向与横向应力时，相对电阻率可用下式表示

$$\frac{\Delta\rho}{\rho}=\pi_r\sigma_r+\pi_t\sigma_t \tag{3-9}$$

式中，$\pi_r$、$\pi_t$ 为纵向、横向压阻系数，此系数与半导体材料种类以及应变方向与各晶轴方向之间的夹角有关；$\sigma_r$、$\sigma_t$ 为纵向、横向承受的应力；$\frac{\Delta\rho}{\rho}$ 为电阻率的相对变化率。

若半导体小条只沿其纵向受到应力，并令 $\sigma_r = E\varepsilon$，则式（3-9）又可写成

$$\frac{\Delta\rho}{\rho} = \pi_r E\varepsilon \tag{3-10}$$

式中，$E$ 为半导体材料的弹性模数；$\varepsilon$ 为沿半导体小条纵向的应变。将式（3-10）代入式（3-6）中，得半导体小条电阻变化率

$$\frac{\Delta R}{R} = (1+2\mu)\varepsilon + \frac{\Delta\rho}{\rho} = (1+2\mu+\pi_r E)\varepsilon \tag{3-11}$$

式（3-11）右边括号中第一、二项是几何形状变化对电阻的影响，其值约为 1～2；第三项为压阻效应的影响，其值远大于前两项之和，约为它们的 50～70 倍。故可略去前两项，因此半导体应变片的灵敏系数可表示为

$$K = \pi_r E \tag{3-12}$$

一般来说，杂质半导体的应变灵敏系数随杂质的增加而减少，温度系数也是如此。半导体应变片的灵敏系数并不是一个常数，在其他条件不变的情况下，随应变片所承受应变的大小和方向的不同而有所变化，如图 3-12 所示。在 600 微应变一下时，灵敏系数的线性很好，在 600 微应变以上时，其非线性明显；而且在拉应变方向上翘，在压应变方向下跌。

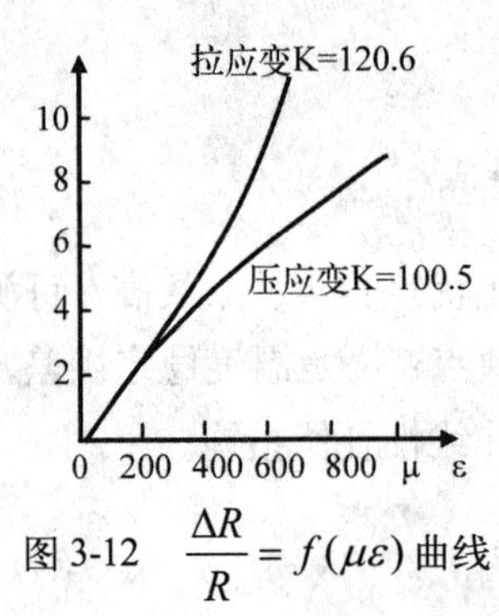


图 3-12　$\frac{\Delta R}{R} = f(\mu\varepsilon)$ 曲线

#### 3.2.5.3　半导体应变片的结构

目前使用最多的是单晶硅半导体。P 型硅在<111>晶轴方向的压阻系数最大，在<100>晶轴方向的压阻系数最小。对 N 型硅来说，正好相反。对这两种单晶硅半导体在<110>晶轴方向的压阻系数仅比最大压阻系数稍小些。

在制造半导体应变片时，沿所需的晶轴方向，在硅锭上切出小条作为应变片的电阻

材料，亦有制成栅状的，P性硅半导体应变片的制备如图3-13所示。

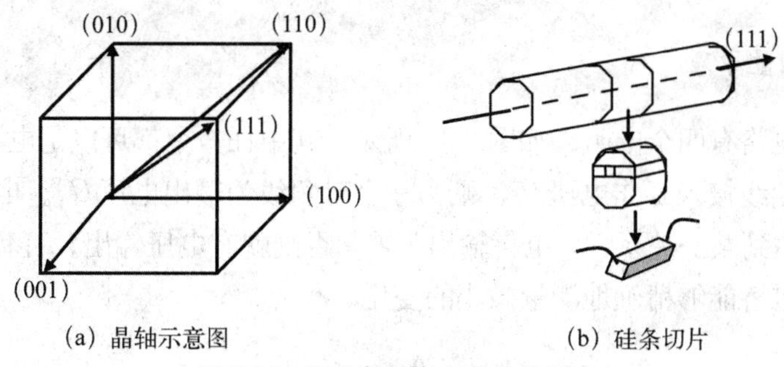


(a) 晶轴示意图　(b) 硅条切片

图3-13　P硅半导体应变片的制备

### 3.2.6　电阻应变片的选择

由于应变片的材料、结构、特性都不一样，其应用范围也各有差异，因此在进行应变测量时，必须根据试件所处的环境、应变性质、试件状况及测试精度予以选择。

#### 3.2.6.1　试验环境

温度对应变片性能影响甚大，选用的应变片要在测试温度范围内工作良好。

潮湿会使应变片绝缘电阻降低，使应变片和试件间的电容量发生变化，从而使应变片的灵敏度下降，测量信号产生偏移。对于潮湿环境，应选用防潮性能良好的胶膜应变片，并采取适当的防潮措施。

对于高压、核辐射和强磁场的环境，应选用压力效应小、抗辐射、无磁致伸缩效应（或较小）的应变片。

#### 3.2.6.2　应变性质

在静态应变测量中，温度的影响最为突出，多选用自补偿应变片。对于动态应变的测量，要考虑应变片频率响应特性和疲劳特性，一般选用阻值大、疲劳寿命高的应变片。当试件的应变梯度较大时，就选用小标距的应变片，同时采用误差补偿。应变片的应变极限，要大于应变测量范围，否则会出现严重非线性，甚至损坏敏感栅。

#### 3.2.6.3　试件状况

试件材料不均匀时，应选用大标距应变片，以反映试件的宏观变形。对薄试件或弹性模量试件，要考虑应变片的加强效应对测量的影响。

#### 3.2.6.4　测量精度

仅从精度考虑，一般认为以胶膜为基底、以康铜或卡玛材料为敏感栅的应变片性能较好。

## 3.2.7 电阻应变传感器测量电路

### 3.2.7.1 测量原理

桥式测量电路有四个电阻，如图3-14所示，其中任一个都可以是电阻应变片电阻，电桥的一个对角线接入工作电压$U$，则另一个对角线为输出电压$U_0$。电桥的一个特点是，四个电阻达到某一关系时，电桥输出为零，否则就有电压输出，可利用灵敏检流计来测量，因此电桥能够精确地测量微小的变化。

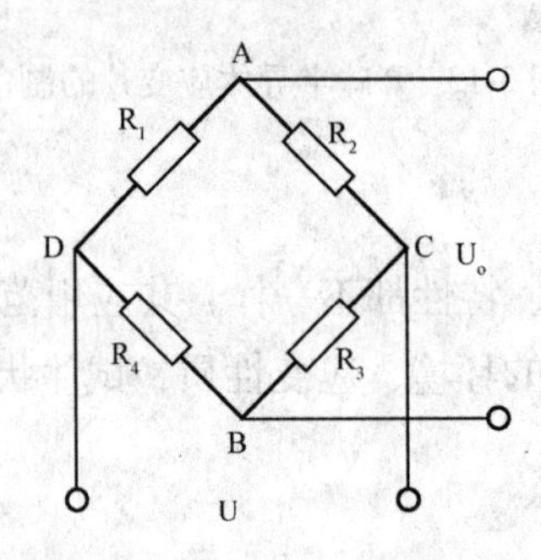


图3-14　桥式测量电路

在一般情况下，输出电压$U_0$与$U_{BC}$、$U_{AC}$的关系为

$$U_0 = U_{BC} - U_{AC} = \frac{R_1R_3 - R_2R_4}{(R_1+R_2)(R_3+R_4)}U \tag{3-13}$$

为了使测量前的输出为零，(即电桥平衡）应使

$$R_1R_3 = R_2R_4 \tag{3-14}$$

所以，如恰当地选用各桥臂的电阻，可消除电桥的恒定输出，使输出电压只与应变片的电阻变化有关。

由式（3-14）知，当每桥臂电阻变化远小于本身值，即$\Delta R_i \ll R_i$，桥负载电阻无限大时，输出电压可近似用下式表示

$$U_0 = \frac{R_1R_2}{(R_1+R_2)^2}\left(\frac{\Delta R_1}{R_1} - \frac{\Delta R_2}{R_2} + \frac{\Delta R_3}{R_3} - \frac{\Delta R_4}{R_4}\right)U \tag{3-15}$$

在实际中，可分为三种情况进行讨论：

（1）非对称情况$R_1 = R_4$，$R_2 = R_3$。如令$R_2/R_1 = R_3/R_4 = \alpha$，则式（3-15）可以写成

$$U_0 = \frac{\alpha U}{(1+\alpha)^2}\left[\frac{\Delta R_1}{R_1} - \frac{\Delta R_2}{R_2} + \frac{\Delta R_3}{R_3} - \frac{\Delta R_4}{R_4}\right] \tag{3-16}$$

如$R_1$、$R_4$为应变片，$R_2$、$R_3$为固定电阻，则$\Delta R_2 = \Delta R_3 = 0$

（2）对称情况（即对于电源$U$，左右对称）$R_1 = R_2, R_3 = R_4$。这时式（3-15）可写成

$$U_0=\frac{U}{4}\left(\frac{\Delta R_1}{R_1}-\frac{\Delta R_2}{R_2}+\frac{\Delta R_3}{R_3}-\frac{\Delta R_4}{R_4}\right) \tag{3-17}$$

如$R_1$、$R_2$两臂接入应变片，则$\Delta R_3=\Delta R_4=0$。

（3）全等情况$R_1=R_2=R_3=R_4$。这时输出电压公式与式（3-17）相同，如四臂都是应变片，则将$\frac{\Delta R_i}{R_i}=K\varepsilon_i$代入式（3-17），得

$$U_0=\frac{UK}{4}=(\varepsilon_1-\varepsilon_2+\varepsilon_3-\varepsilon_4) \tag{3-18}$$

式中，$\varepsilon_1$、$\varepsilon_2$、$\varepsilon_3$、$\varepsilon_4$为各电阻应变片$R_1$、$R_2$、$R_3$、$R_4$的应变值。

在使上面的公式时，应注意以下两点：①电阻变化和应变值的符号；②如果压应变则用负的应变值代入，拉应变则用正的应变值代入。

#### 3.2.7.2　电桥调零

测量前，应先使电桥调零。对于直流电桥只考虑电阻平衡即可。对于交流电桥不仅对电阻进行平衡，而且对电抗分量也要进行平衡（主要是对连接导线和应变片的分布电容进行平衡)。

(1) 电阻调零：电阻调零一般采用串联法和并联法两种。

串联平衡法如图3-15（a）所示。在电阻$R_1$与$R_2$之间接入一可变电阻$Rp_v$，用来调节电桥的平衡。$Rp_v$的值可用下式计算

$$(Rp_v)_{\max}=|\Delta r_1|+\left|\Delta r_3\frac{R_1}{R_3}\right|$$

式中，$\Delta r_1$为电阻$R_1$与$R_2$的偏差；$\Delta r_3$为电阻$R_3$与$R_4$的偏差。

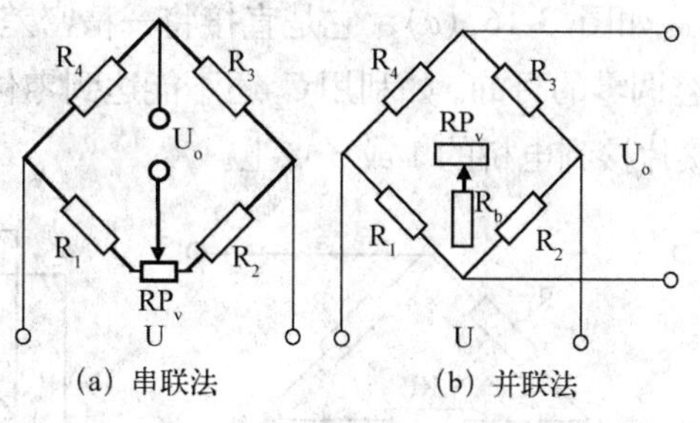


图3-15　电阻调零电桥

并联平衡法如图3-15（b）所示。用改变$Rp_v$的中间触点位置来达到平衡的目的。调零能力的大小取决于$R_b$。$R_b$小一些时，调零的能力就大一些。但太小时会给测量带来较大的误差，只能在保证测量精度的前提下，选得小一点。$R_b$可按下式计算

$$(R_b)_{\max}=\frac{R_1}{\left|\frac{\Delta r_1}{R_1}\right|+\left|\frac{\Delta r_3}{R_3}\right|}$$

式中$\Delta r_1$为电阻$R_1$与$R_2$的偏差；$\Delta r_3$为电阻$R_3$与$R_4$的偏差。$Rp_v$的大小可采用与$R_b$相同的数值。

（2）电容调零：当电桥用交流供电时，导线间就有分布电容存在，相当于在应变片上并联一电容。如图3-16（a）所示。此分布电容对电桥的性能的影响有以下三方面影响：

1）使电桥的输出电压比纯电阻电桥小。

2）使电阻调零回路产生一附加的不平衡因素。

3）使电桥的输出电压中除了与工作电压同相的分量之外，由于分布电容影响，结果还有相移90°或270°的分量。

前两项影响甚小，一般可忽略不计。第三项的90°或270°的分量在相敏检波器的输出端不显示出来，但是这一电压却依然经放大器放大。如果这一分量大，足以使放大器趋于饱和，增益会大大降低而影响仪器的正常工作。因此，交流供电的电桥必须有电容调零装置。

为了使交流电桥零位平衡，各臂阻抗需满足下列条件

$$Z_1Z_3 = Z_2Z_4$$

式中，$Z_i = R_i + jX_i$ 代入上式，经整理得

$$\left.\begin{aligned} R_1R_3 - X_1X_3 = R_2R_4 - X_2X_4 \\ R_3X_1 + R_1X_3 = R_4X_2 + R_2X_4 \end{aligned}\right\} \tag{3-19}$$

式中，$X_i$为各臂的电抗（主要是容抗）。

常用电容调零电路如图3-16（$b$）所示。由电位器$R_P$和固定电容器$C$组成。改变电位器上滑动触点的位置，以改变并联到桥臂上的阻、容串联而形成的阻抗相角，达到平衡条件。

另一种电容调零电路如图 3-16（$c$），它是直接将一精密差动可变电容$C_2$并联到桥臂，改变其值以达到电容调零的目的。如利用$C_2$还不能达到零位平衡，可将固定电容$C_1$（1000PF）的6端用短接片接到电桥的1或3点上。

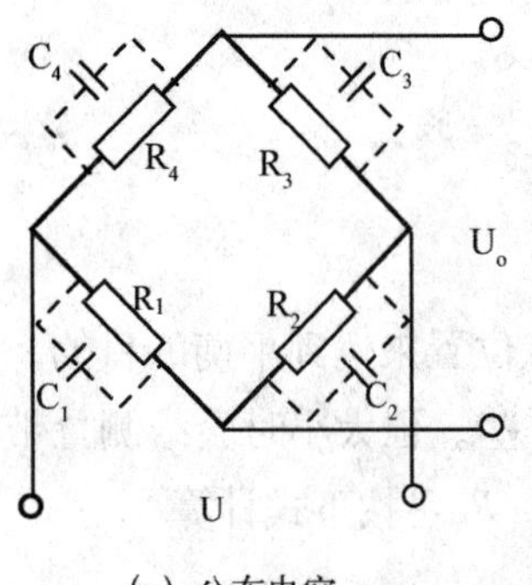

（a）分布电容

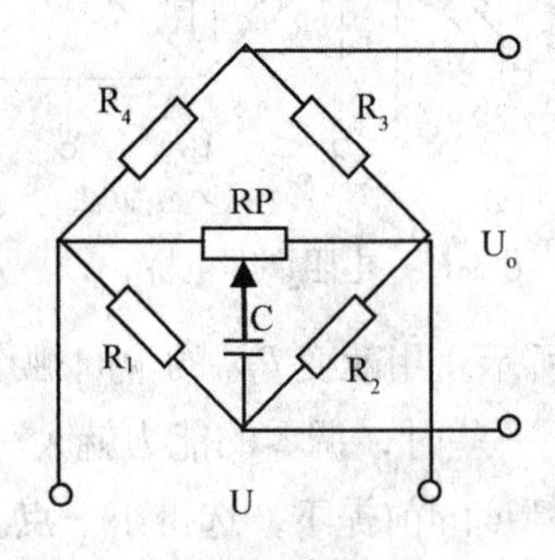

（b）电容调零法之一

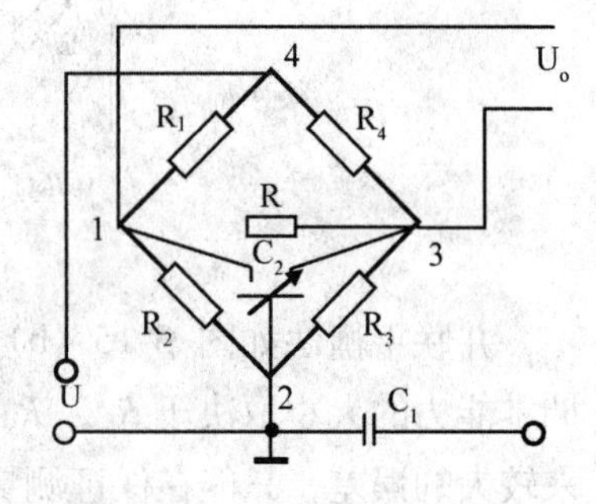

（b）电容调零法之二

图3-16 电容调零电桥

## 3.3　电阻应变传感器的应用

电阻应变传感器是把应变片做为敏感元件来测量应变以外的物理量。例如：力、扭矩、加速度和压力等等。下面简要介绍几种应变传感器的应用。

### 3.3.1　测力传感器

测力传感器常用弹性敏感元件将被测力的变化转换为应变量的变化。弹性元件的形式有柱式、悬臂梁式、环式等多种。其中柱式弹性元件，可以承受很大载荷。如图 3-17（a）所示，应变片粘贴于圆柱面中部的四等分圆周上，每处粘贴一个纵向应变片和一个横向应变片，将这 8 个应变片接成图 3-17（b）的全桥线路。当柱式弹性元件承受压力后，圆柱的纵向应变为$\varepsilon$，各桥臂的应变分别为

$$\varepsilon_1 = -\varepsilon + \varepsilon_t$$

$$\varepsilon_2 = \mu\varepsilon + \varepsilon_t$$

$$\varepsilon_3 = \mu\varepsilon + \varepsilon_t$$

$$\varepsilon_4 = -\varepsilon + \varepsilon_t$$

式中，$\varepsilon$为桥臂中两串联应变片的纵向应变的平均值，负号表示压应变，正号表示拉应变；$\varepsilon_t$为由于温度变化产生的应变。

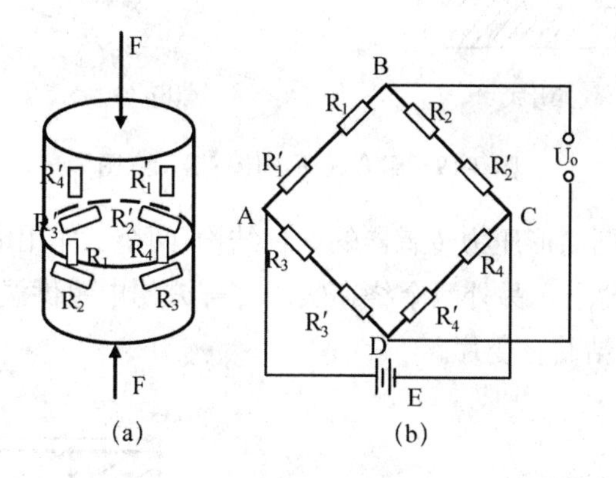


图 3-17　柱式弹性元件

由式（3-18）推知，其输出应变为

$$\varepsilon_0 = \varepsilon_1 - \varepsilon_2 - \varepsilon_3 + \varepsilon_4 = -2(1+\mu)\varepsilon \tag{3-20}$$

上式表明，采用图 3-17 的贴片和接线后，测力传感器的输出应变为纵向应变的 $2(1+\mu)$ 倍。又由于将圆周上相差 180°的两个应变片接入一个桥臂可以减少载荷偏心造成的误差。同时，消除了由于环境温度变化所产生的虚假应变，提高了测量的灵敏度和精度。

电阻应变式线性位移传感器的结构原理如图 3-18 所示。其中悬臂梁是等强度的弹性

元件。当悬臂梁自由端承受待测物体的压力$F$而产生位移$\delta$时，粘贴在悬臂梁上的应变片产生跟位移$\delta$成正比的电阻相对变化($\Delta R/R$)，通过桥式检测电路将电阻相对变化转换成电压或电流输出，这样即可检测物体的位移量。

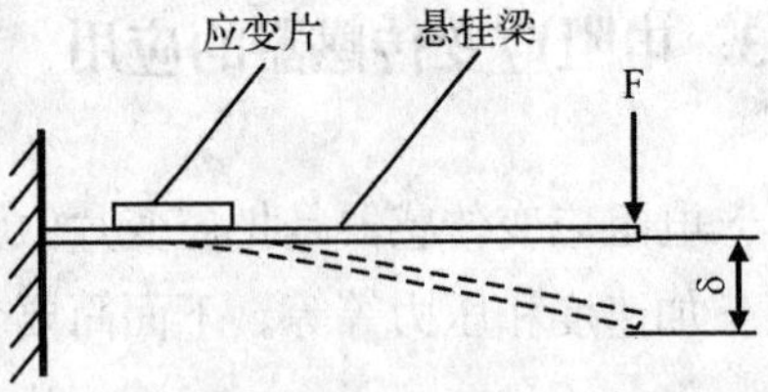

应变片　悬挂梁　F　δ

图 3-18　电阻应变式线性位移传感器的结构原理图

这种传感器的优点是精度高，不足之处是动态范围窄。

压力传感器是利用弹性元件将压力转换成力，然后再转换成应变，从而使应变片电阻发生变化。在图 3-19 中给出了组合式压力传感器的示意图。应变片粘贴在悬臂梁上，悬臂梁的刚度应比压力敏感元件更高，这样可降低这些元件所固有的不稳定性和迟滞。这种传感器在适当选择尺寸和制作材料后，可测低压力。此种类型的传感器的缺点是自振频率低，因而不适于测量瞬态过程。

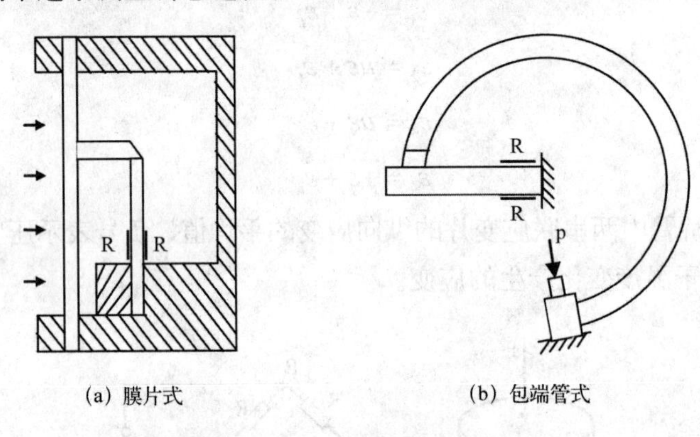


(a) 膜片式　　(b) 包端管式

图 3-19　组合式压力传感器示意图

图 3-20 中给出了圆筒形压力传感器的一种结构。两个工作用电阻丝线圈绕在有内部压力作用下的外部管臂上，另外两个绕在实心杆部分的电阻供温度补偿用，见图 3-20(a)，在绕线圈的地方粘贴应变片。

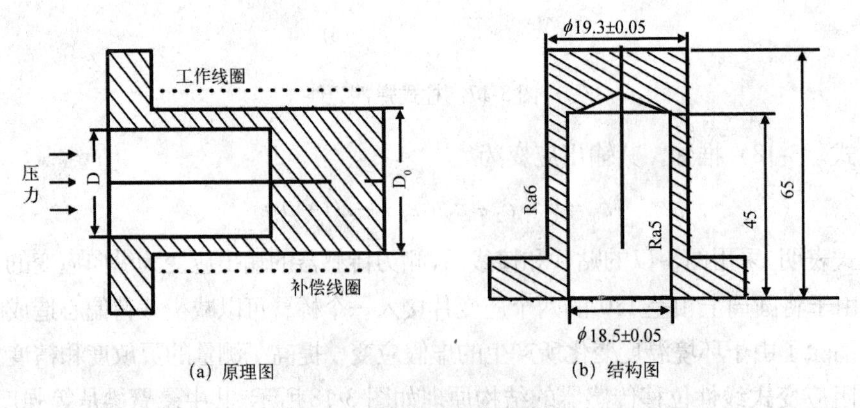


(a) 原理图　　(b) 结构图

图 3-20　圆筒形压力传感器

当内腔与被测压力场相通时，圆筒部分外表面上的切向应变（沿着圆周线）为

$$\varepsilon_t = \frac{p(2-\mu)}{E(n^2-1)} \tag{3-21}$$

式中，$p$ 为被测压力；$\mu$ 为弹性元件材料的泊松比；$E$ 为弹性元件的弹性模量；$n$ 为圆筒外径 $D_0$ 与内径 $D$ 之比。

对于薄壁筒，可用下式计算

$$\varepsilon_t = \frac{pD}{dE}(1-0.5\mu) \tag{3-22}$$

式中，$d$ 为外内径之差，即 $d = D_0 - D$ 。

可见应变与壁厚成反比。这种弹性元件可测压力上限值达 $1.4\times10^2\ MPa$ 或更高。实际上对于孔径为1.2cm的弹性元件，壁厚最小为0.02cm。如用钢制成（$E = 2\times10^5 MPa$ ，$\mu = 0.3$），当工作应变为1000微应变时，可测压力为 $7.8MPa$ ；如用硬铝制成，$E$ 值较小，可使压力值降低。

图3-20（b）所示筒式压力传感器，经常用以测试机床液压系统的压力。额定压力为 $10MPa$ ，额定压力时的切向应变 $\varepsilon_t$ 为1000微应变，用65 $Mn$ 钢制成。另有额定压力为6.3、16、25和32 MP$a$ 的，只是外径不同，其它尺寸都相同。

### 3.3.2　面线张力传感器

图3-21是对缝纫机的面线张力测量的传感器原理图。弹性元件为等强度悬臂梁，材料选用弹性性能良好的铍青铜，在弹性元件上下两表面对称轴线各贴一片应变片，在弹性元件的一端焊接一个直径为2mm的圆环，另一端与外壳固定。在进行测试时，将传感器安放在一排线杆孔和针杆线钩之间，借用夹线器螺孔固定好，面线穿过圆环，其张力便作用在弹性元件上，并使其产生弹性变形，粘贴在弹性元件上表面的应变片随拉应变作用，阻值增大，下表面应变片承受压应变作用，阻值减小，从而将张力转换成电阻变化量，通过动态电阻应变仪转换成电压并放大，由记录仪显示测试结果。

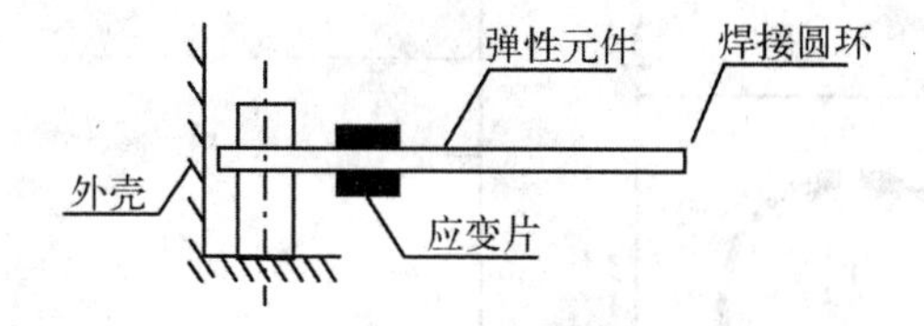


图3-21　面线张力传感器原理图

### 3.3.3　转矩传感器

通过应变片检测旋转轴的变形，从而知道转矩。如图3-22所示，当轴受转矩 $T$ 作用后，将在相对于轴中心线45°的方向上产生压应力和拉应力。如图3-23所示，用4只应

变片检测压应力和拉应力即可检测出转矩。

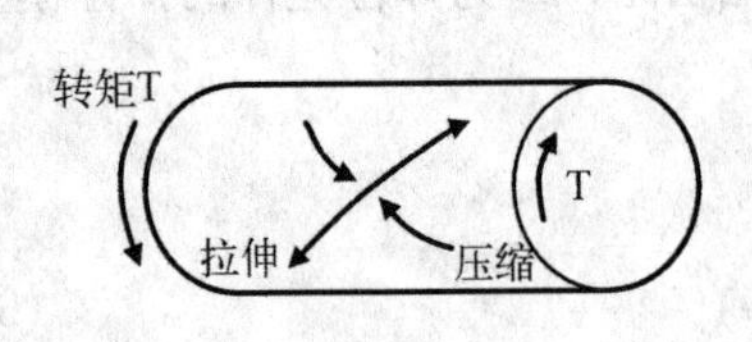


图 3-22　转矩产生的应力

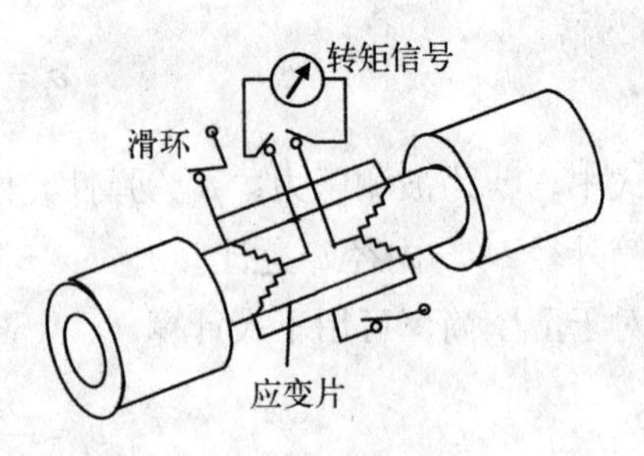


图 3-23　应变片式转矩传感器

## 思考题与习题

1. 何谓金属的电阻应变效应？怎么利用这种效应制成应变片？

2. 对于箔式应变片，为什么增加两端各电阻条的横截面积便能减小横向效应？

3. 金属应变片与半导体应变片在工作原理上有什么不同?

4. 简述应变片的横向效应。

5. 简述电阻应变片传感器的温度补偿方法。

6. 简述应变片的特点。

7. 半导体应变片的特点?

8. 分布电容对电桥的性能有哪些影响?

9. 怎样调零电桥，有哪几种方法?

10. 对于双空梁如下左图，试说明 $R_1$,$R_2$,$R_3$,$R_4$ 各是什么应变?

11. 试设计一分流电阻式非线性电位器的电路及其参数。要求特性如下右图所示，所用线性电位器的总电阻为 1000 欧，输出为空载。

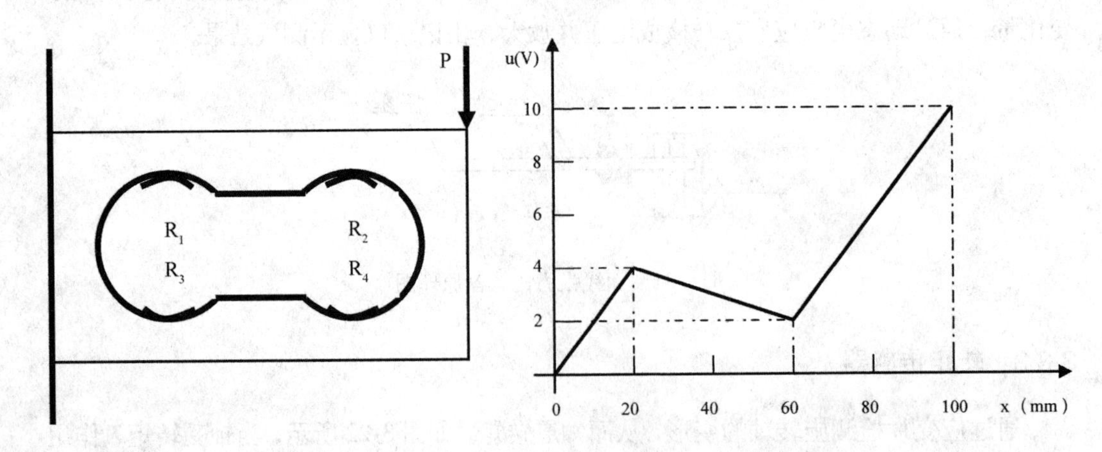

# 第4章　电容传感器

电容式传感器是利用电容变换元件将被测元件参数转换成电容量的变化来实现测量的。近年来，随着微电子技术的发展，电容式传感器在自动检测技术中具有其独特的优点。本章将重点介绍几种电容器的测量原理、特性及应用。

## 4.1　电容传感器的工作原理

### 4.1.1　电容传感器的工作原理和特性

电容传感器的变换元件实质上就是一个电容器，其最简单的形式便是如图 4-1 所示的平行板电容器。当忽略边缘效应时，平行板电容器的电容为

$$C=\frac{\varepsilon_0\varepsilon_r S}{d}=\frac{\varepsilon S}{d}(F) \tag{4-1}$$

式中 $C$ 为电容器的电容（F）；$S$ 为极板相互遮盖面积（$m^2$）；$d$ 为极板间距离（m）；$\varepsilon_r$ 为极板间介质的相对介电常数；$\varepsilon_0$ 为真空介电常数，$\varepsilon_0=8.85\times10^{-12}(F/m)$；$\varepsilon$ 为极板间介质的介电常数。

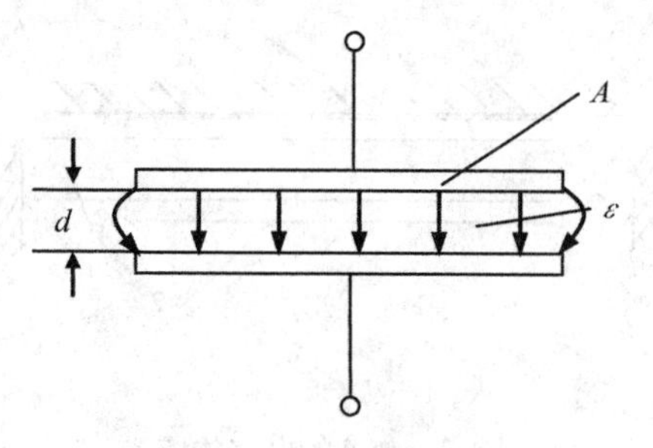


图 4-1　平行板电容器

由此可见，$\varepsilon_r$、$S$、$d$ 三个参数都是直接影响着电容的大小。只要保持其中两个参数不变，使另外一个参数随被测量的变化而改变，则可通过测量电容的变化值，间接知道被测参数的大小。

在大多数实用情况下，电容传感器可视为一个纯电容。但在严格情况下，电容器的损耗和电感效应就不能忽略。此时，电容传感器的等效电路如图 4-2 所示。图中 C 为传感器电容，$R_P$ 为并联损耗电阻，它代表极板间的泄漏电阻和极板间的介质损耗。在低频时，$R_P$ 的影响较大，随着频率的增高，它的影响将减弱。在高频情况下，由于电流的趋肤效应，将使导体电阻增加，因此图中的串联电阻 $R_s$ 来代表导线电阻、金属支座及

电容器极板的电阻。$R_s$还要受到环境高温及湿度的影响。但在一般情况下，即使在几兆赫频率下工作时，$R_s$的值仍是很小的。因此，只有在很高的工作频率时才考虑$R_s$的影响。在高频情况下，电感效应不可忽略，图中，以串联电感L表示电容器本身和外部连接导线（包括电缆）的总电感。

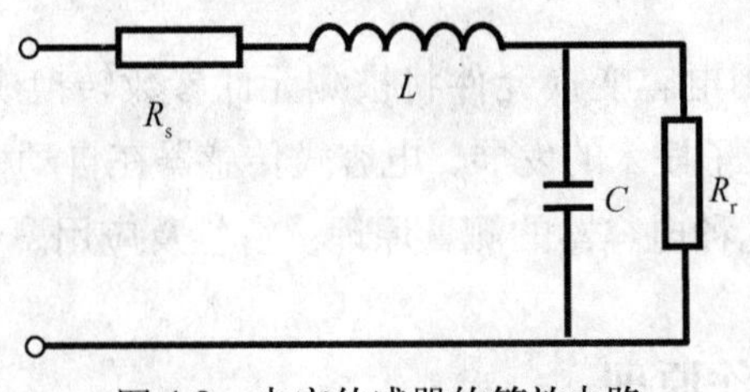


图 4-2　电容传感器的等效电路

### 4.1.2　电容传感器的静态特性

#### 4.1.2.1　变间隙式

这种类型的电容传感器原理如图 4-3 所示。图中极板 1 是固定不变的，极板 2 为可动的，一般称为动片，当动片 2 受被测量变化引起移动时，就改变了两极板之间的距离 d，从而使电容量发生变化。设动片 2 未动时的电容量为

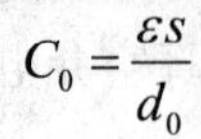

$$C_0 = \frac{\varepsilon s}{d_0}$$

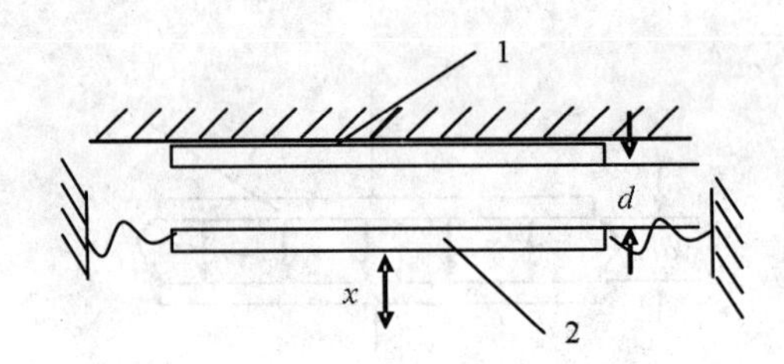


1-不动极板　2-动片

图 4-3　变 d 的电容传感器

当动片 2 移动 x 值后，其电容值$C_x$为

$$C_x = \frac{\varepsilon s}{d_0 - x} \tag{4-2}$$

由上式可见，电容 $C$ 与 $x$ 不是线性关系。式（4-2）也可写成

$$C_x = \frac{\varepsilon s}{d_0 - x} = \frac{\varepsilon s\left(1 + \dfrac{x}{d_0}\right)}{d_0\left(1 - \dfrac{x^2}{{d_0}^2}\right)} \tag{4-3}$$

当 x<< $d_0$（即量程 x 远小于极板初始距离 $d_0$）时，$1-\frac{x^2}{{d_0}^2}\approx 1$，则

$$C_x=\frac{\varepsilon s(1+\frac{x}{d_0})}{d_0}=C_0(1+\frac{x}{d_0}) \tag{4-4}$$

此时 $C_x$ 与 x 便呈线性关系。但量程缩小很多。式（4-2）中 $C=f(x)$ 是一个双曲线函数，但电容器的容抗 $X_c=\frac{1}{\omega C}$ 与 x 却成线性关系。因此，如果传感器的输出为容抗 $X_C$ 时，那么 $X_C$ 就与 x 成线性关系，不一定要满足 x<< $d_0$ 这一条件。

4.1.2.2　变面积式

变面积式电容器是通过改变两个极板相互遮盖面积的大小进行工作的。常用的结构形式如图 4-4 所示。这类传感器的电容变化范围大，适于测量线性位移和角位移。

现以角位移式电容传感器为例进行分析讨论。

如图 4-5 所示，当动极板产生角位移 $\theta$ 时，电容器的工作面积 S 发生变化，从而引起电容量变化，通过检测电路检测出电容量的变化，即可确定角度和角位移。

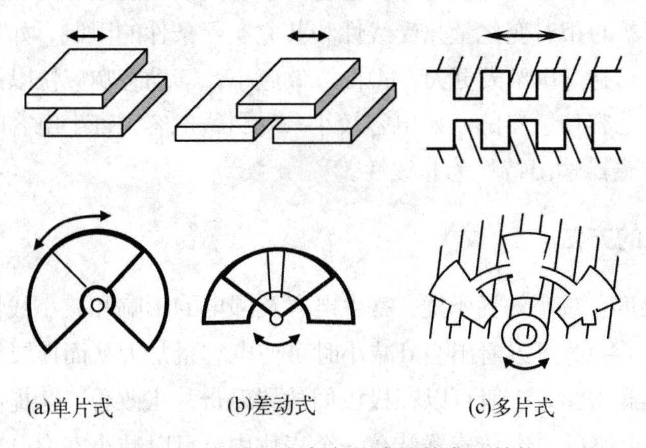


图 4-4　变面积式电容传感器的典型结构

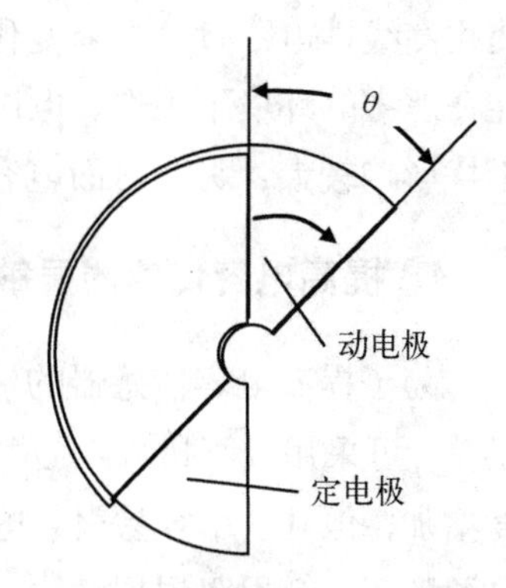


图 4-5　电容式角位移传感器的工作原理

当 $\theta$ =0 时

$$C_0=\frac{\varepsilon s}{d_0}\quad (\mathrm{F})$$

当 $\theta\neq 0$ 时

$$C_x=\frac{\varepsilon s(1-\frac{\theta}{\pi})}{d}=C_0(1-\frac{\theta}{\pi})\quad (\mathrm{F}) \tag{4-5}$$

由上式可知，此种形式的传感器电容 $C_\theta$ 与角位移 $\theta$ 间是线性关系，如果输出是 $X_\theta = 1/j\omega C_\theta$，则是非线性关系。

在实际应用中，为了提高传感器的灵敏度，常常采用如图 4-4(b)所示的差动形式，它是改变极板间距离或遮盖面积的差动电容传感器原理图。中间为一动片，两边的两片为定片，当动片移动距离 x 后，一边的面积变为 $S_0 - \Delta S$，而另一边则变为 $S_0 + \Delta S$，两者变化的数值相等。

#### 4.1.2.3　变介电常数式

各种介质的介电常数是不同的，如果在两极板间加以空气以外的其它介质时，则将引起电容器之电容值的改变。

基于这种原理的传感器常用来测量容器的液位高度，料位高度，片状材料的厚度、湿度及混合液体的成分含量等。

### 4.1.3　电容传感器的特点

电容传感器有如下一些特点：①结构简单；②动作时需要能量低，由于带电极板间静电吸引力很小（约几个 $10^{-5}$ N），因此电容传感器特别适宜用来解决输入能量低的测量问题；③动态特性好，电容传感器的相对变化量只受线性和其它实际条件的限制，如果使用高线性电路时，电容变化量可达 100%或更大；④自然效应小；⑤动态响应快以及能在恶劣的环境下工作。但由于电容传感器的初始电容较小，受引线电容、寄生电容的干扰影响较大；另一方面电容传感器输出特性为非线性。

### 4.1.4　提高电容传感器灵敏度的方法

为了提高电容传感器的灵敏度、减小外界干扰、寄生电容及漏电的影响和减小线性误差，可采用以下措施：①由式（4-1）可以看出当 d 减小时可使电容量加大从而使灵敏度增加，但 d 过小容易引起电容器击穿，一般可以在极板间放置云母片来改善；②提高电源频率；③用双层屏蔽线，将电路同电容传感器装在一个壳体中，可以减小寄生电容及外界干扰的影响。

## 4.2　电容式传感器的测量电路

用于电容传感器的测量电路有很多，下面仅介绍几种常用的测量电路。

### 4.2.1　变压器电桥（桥式电路）

图 4-6 为其电路原理图。图 4-6（a）为单臂接法的桥式测量电路，高频电源经变压器接到电容桥的一个对角线上，电容 $C_1$、$C_2$、$C_3$、$C_x$ 构成电容桥的四臂，$C_x$ 为电容

传感器，当电桥平衡时，有

$$\frac{C_1}{C_2}=\frac{C_x}{C_3} \qquad U_0=0$$

当$C_x$改变时，输出$U_0 \neq 0$，即有输出电压。

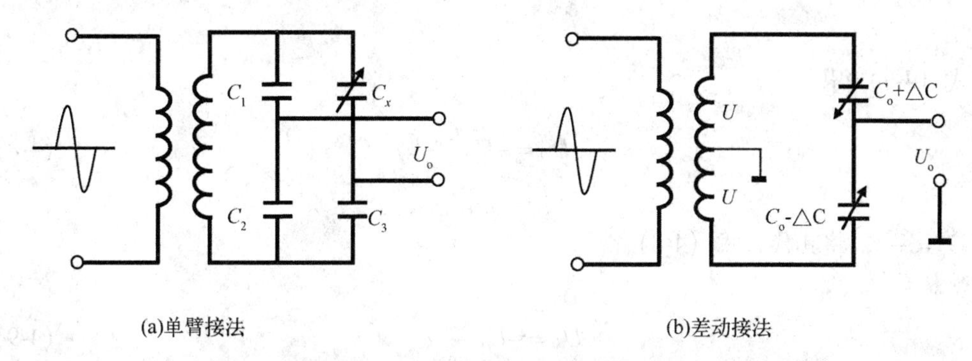


图 4-6 电容传感器的桥式电路

这种电路常用于料位、棉纱直径检测仪中。

在图 4-6（b）的电路中，电容传感器是差动接法，其空载输出电压可用下式表示

$$\dot{U}_0=\frac{(C_0-\Delta C)-(C_0+\Delta C)}{(C_0-\Delta C)+(C_0+\Delta C)}\dot{U}=-\frac{\Delta C}{C_0}\dot{U} \tag{4-6}$$

式中，$C_0$为电容传感器平衡状态的电容值；$\Delta C$为电容传感器的电容变化值；$\dot{U}$为工作电压。

此种线路常用于尺寸自动检测系统中。

### 4.2.2 运算放大器式电路

这种电路的最大特点，是能够克服变间隙电容式传感器的非线性而使其输出电压与输入位移（间距变化）有线性关系。$C_x$为传感器电容。

现在来求输出电压$U_0$与传感器电容$C_x$之间的关系（见图 4-7）。

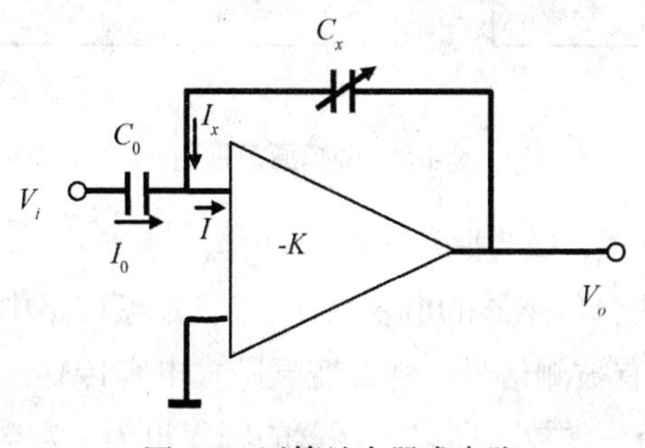


图 4-7 运算放大器式电路

由$\dot{U}_0=0, I=0$，则有

$$\dot{U}_i = -j\frac{1}{\omega C_0}\dot{I}_0$$

$$\dot{U}_0 = -j\frac{1}{\omega C_x}\dot{I}_x \tag{4-7}$$

$$\dot{I}_0 = -\dot{I}_x$$

解式（4-7）得

$$\dot{U}_0 = -\dot{U}_i\frac{C_0}{C_x} \tag{4-8}$$

而$C_x = \frac{\varepsilon s}{d}$，将其代入式（4-8）得

$$\dot{U}_0 = -\dot{U}_i\frac{C_0}{\varepsilon s}d \tag{4-9}$$

由式（4-9）可知，输出电压$\dot{U}_0$与极板间距 d 成线性关系，这就从原理上解决了变间隙电容式传感器特性的非线性问题。这里是假设$k=\infty$，输入阻抗$z_i=\infty$，因此仍然存在一定非线性误差，但在$k$和$z_i$足够大时，这种误差相当小。

### 4.2.3　调频电路

这种电路就是把电容传感器作为振荡器谐振电路的一部分，当输入量使电容发生变化后，就使振荡器的频率发生变化。由于振荡器的频率受电容传感器的电容调制，故称为调频电路。如图 4-8 为调频原理框图。图中的调频振荡器的频率由下决定

$$f = \frac{1}{2\pi\sqrt{LC}} \tag{4-10}$$

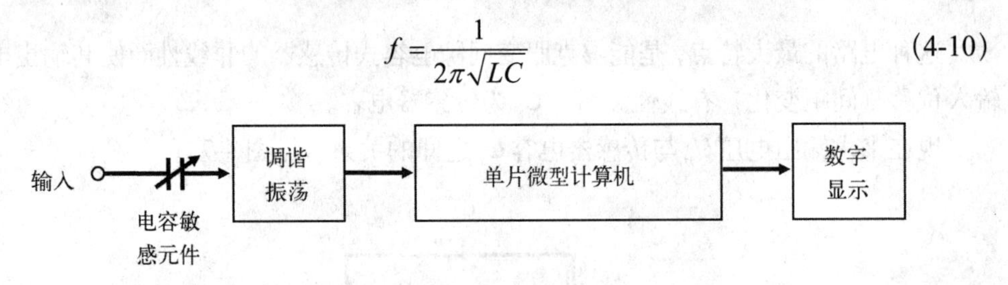


图 4-8　调频原理框图

式中，L 为振荡回路的电感；C 为振荡回路的电容。

C 一般由三部分组成：传感器的电容$C_0 \pm \Delta C$；谐振回路中固定电容$C_1$；传感器电缆分布电容$C_2$。假如没有被测信号，那么变气隙式电容传感器中$\Delta d = 0$，则$\Delta C = 0$。另外$C = C_1 + C_0 + C_2$也为一常数，所以振荡器的频率也为一常数

$$f = \frac{1}{2\pi\sqrt{L(C_1 + C_0 + C_2)}} \tag{4-11}$$

当被测信号使变间隙式电容传感器中有$\Delta d$的变化，则$\Delta C\neq0$,振荡频率也有一相应的改变量$\Delta f$

$$f\pm\Delta f=\frac{1}{2\pi\sqrt{L(C_1+C_0+C_2\mp\Delta C)}}\tag{4-12}$$

振荡器输出的高频电压将是一个受被测信号调制的调频波，其频率由上式所决定。

用调频系统作为电容传感器的测量电路主要具有以下特点：①抗外来干扰能力强；②特性稳定；③能取得高电平的直流信号（伏特数量级）。

### 4.2.4　谐振电路

图4-9（a）为谐振式电路的原理方框图，电容传感器的电容$C_x$作为谐振回路（$L$、$C$、$C_x$）调谐电容的一部分。谐振回路通过电感耦合，从稳定的高频振荡器取得振荡电压。当传感器电容$C_x$发生相应的变化，改变调谐电容$C$，使振荡回路调节在和振荡器振荡频率$\omega_r$相接近的频率上，并使电压$U_0$为振荡电压$U_m$的一半，这时工作在特性曲线图4-9（b）的N点上，该点在特性曲线右半直线段的中间处，这样就保证了仪表指示与输入前引起的电容变化量$\Delta C_x$的线性关系；如若$\Delta C_x$变化范围不超过特性曲线的右半段，则又保证了输出与输入间的单值关系。

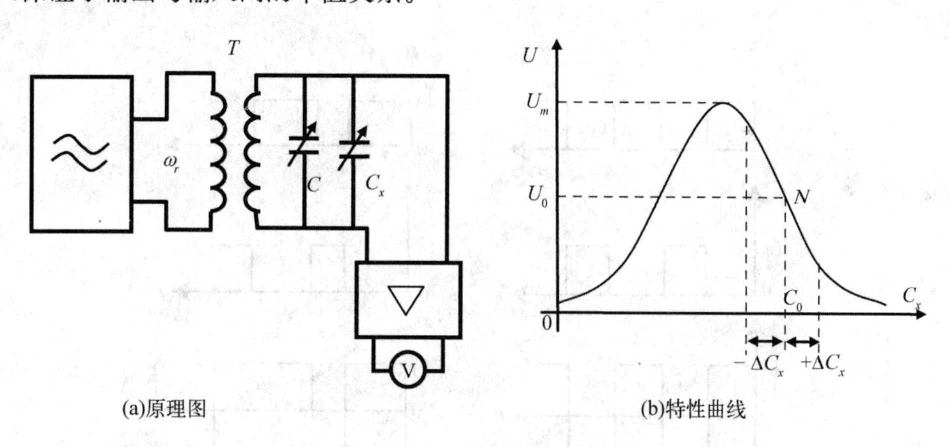


(a)原理图　　(b)特性曲线

图4-9　电容传感器谐振电路

由于这种电容传感器稍有输入时，就会使输出电压发生急剧变化，因此该电路有很高的灵敏度。其缺点是工作点不容易选好，变化范围也较差。

### 4.2.5　脉冲宽度调制电路

脉冲宽度调制电路如图4-10所示，图中$C_1$、$C_2$为差动式电容传感器的两个电容。当双稳态触发器的$Q$端为高电位时，则通过$R_1$对$C_1$充电，充电到F点电位高于参考电位$U_r$时，比较器$IC_1$产生脉冲，触发双稳态触发器翻转。在翻转前，$\bar{Q}$端的输出为低电位，电容$C_2$通过二极管$D_2$迅速放电。翻转后，$Q$端变为低电位，$\bar{Q}$端变为高电位，这时在反方向又重复上述过程，即$C_2$充电，$C_1$放电。在$C_1=C_2$时，各点电压波形如图 4-11 (a)，输出电压$u_{AB}$的平均值为零。但在差动电容$C_1$、$C_2$值不相等时（如$C_1>C_2$），$C_1$、$C_2$充电时间常数也不相等，电压波形如图 4-11（b）所示，输出电压$u_{AB}$的平均值不再为零。经低通滤波器后即可得到一直流输出电压

$$U_0=\frac{T_1}{T_1+T_2}U_1-\frac{T_2}{T_1+T_2}U_1=\frac{T_1-T_2}{T_1+T_2}U_1 \tag{4-13}$$

式中，$T_1$、$T_2$为$C_1$、$C_2$的充电时间；$U_1$为触发器的输出高电位。显然，输出直流电压$U_0$随$T_1$和$T_2$而变，亦即随$u_A$和$u_B$的脉冲宽度而变。

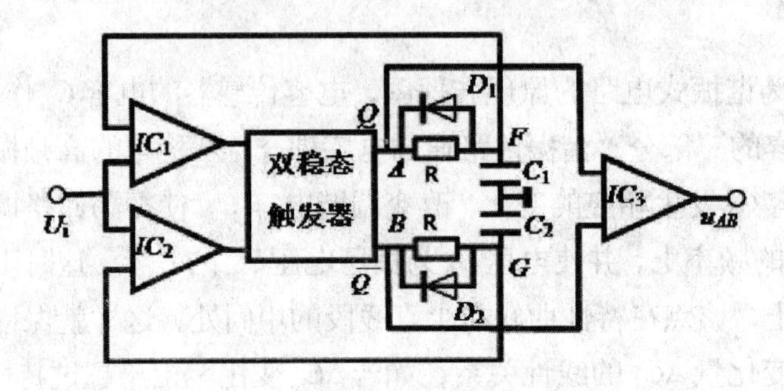


图 4-10　差动脉冲调宽电路

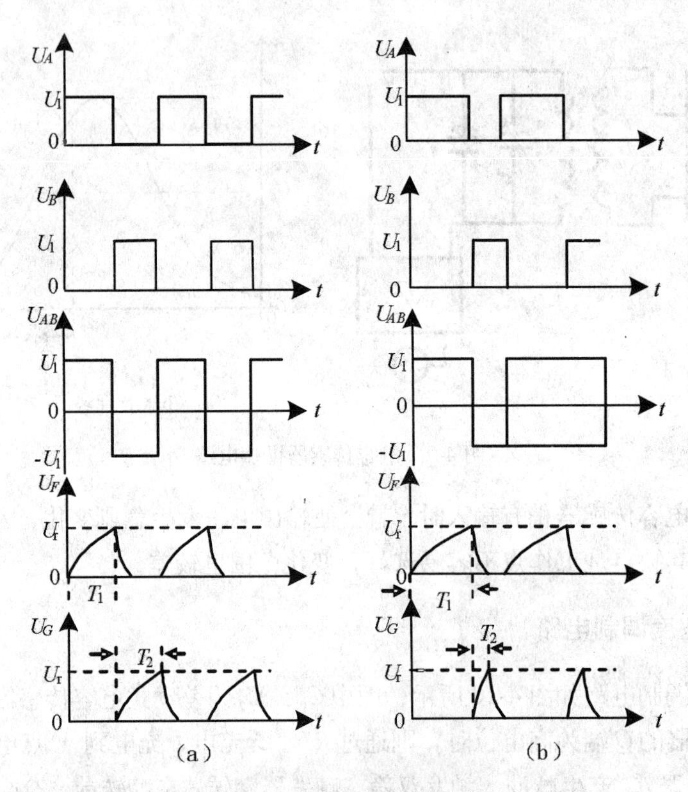


图 4-11　各点电压波形图

又因为电容$C_1$和$C_2$的充电时间分别为

$$T_1 = R_1 C_1 \ln \frac{U_1}{U_1 - U_r}$$

$$T_2 = R_2 C_2 \ln \frac{U_1}{U_1 - U_r}$$

所以，脉冲宽度分别与$C_1$、$C_2$成正比。在电阻$R_1 = R_2 = R$时，有

$$U_0 = \frac{T_1 - T_2}{T_1 + T_2} U_1 = \frac{C_1 - C_2}{C_1 + C_2} U_1 \tag{4-14}$$

此式表明，直流输出电压$U_0$正比于电容$C_1$与$C_2$的差值，其极性可正可负。

对于变间隙式差动电容传感器，把平行板电容器公式代入上式得

$$U_0 = \frac{d_2 - d_1}{d_1 + d_2} U_1 \tag{4-15}$$

式中，$d_1$、$d_2$为电容$C_1$、$C_2$的电极板间的距离。

当差动电容$C_1 = C_2 = C_0$时，即$d_1 = d_2 = d_0$时，$U_0 = 0$。若$C_1 \neq C_2$,设$C_1 > C_2$，即$d_1 = d_0 - \Delta d$，$d_2 = d_0 + \Delta d$，则式（4-15）即为

$$U_0 = \frac{\Delta d}{d_0} U_1 \tag{4-16}$$

同样，在变电容器极板面积的情况下有

$$U_0 = \frac{S_1 - S_2}{S_1 + S_2} U_1 = \frac{\Delta S}{S} U_1 \tag{4-17}$$

根据以上分析，脉冲调宽电路具有如下特点：①对敏感元件的线性要求不高。从式(4-16)、(4-17)可见，不论是变气隙式或变面积式，其输出都与输入变化量成线性关系；②效率高，信号只要经过低通滤波器就有较大的直流输出；③调宽频率的变化对输出无影响；④由于低通滤波器作用，对输出矩形波纯度要求不高；⑤不需要高频发生装置。

## 4.3　电容传感器的应用举例

电容传感器的应用非常广泛，这里仅举几例。

### 4.3.1　转速测量

电容式转速传感器的结构原理如图4-12所示，当电容极板与齿顶相对电容量最大，而电容极板与齿轮相对时电容量最小。当齿轮旋转时，电容量发生周期性变化，通过电路即可得到脉冲信号，频率计显示的频率代表转速大小。设齿轮数为Z，由计数器得到的频率为$f$，则转速为

$$n = 60f / Z(\mathrm{r/min}) \tag{4-18}$$

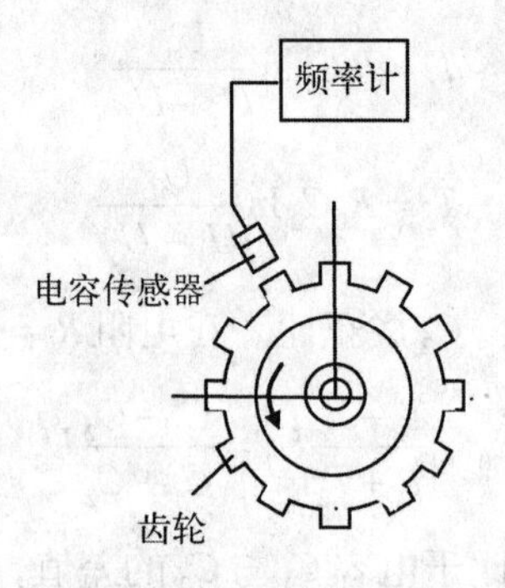


图 4-12　电容式转速传感器的结构原理

### 4.3.2　利用电容传感器测量液面深度

图 4-13 所示是一只电容液面计的原理图。在被测介质中放入两个同心圆柱极板 1 和 2。若容器内介质的介电常数为$\varepsilon_1$，容器介质上面的气体的介电常数为$\varepsilon_2$，当容器内液面变化时，两极板间的电容量$C$就会反生变化。

设容器中介质是非导电的（如果液体是导电的，则电极需要绝缘），容器中液体介质浸没电极 2 的高度为$l_1$，这时总的电容$C$等于气体介质间的电容量和液体介质间电容量之和。

液体介质间的电容量$C_1$为

$$C_1 = \frac{2\pi l_1 \varepsilon_1}{\ln\dfrac{R}{r}} \tag{4-19}$$

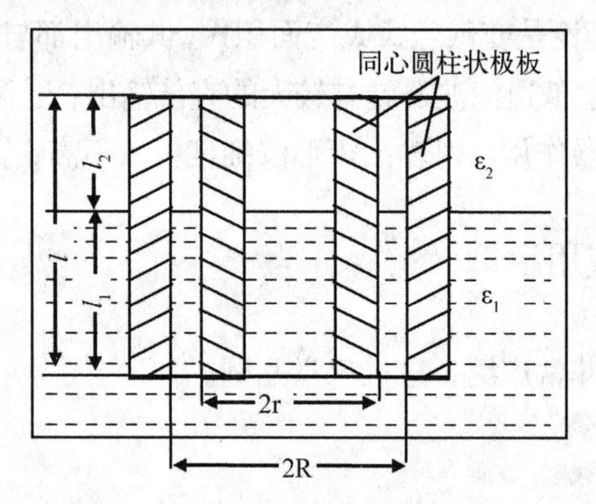


图 4-13　电容液面计原理图

气体介质间的电容量$C_2$为

$$C_1 = \frac{2\pi l_2 \varepsilon_2}{\ln\dfrac{R}{r}} = \frac{2\pi (l - l_1)\varepsilon_2}{\ln\dfrac{R}{r}} \tag{4-20}$$

式中 $\varepsilon_1$ 为容器中液体的介电常数；$\varepsilon_2$ 为容器中气体的介电常数；$l$ 为电极总长度（$l = l_1 + l_2$）；$l_1$、$l_2$ 为液体介质与气体介质高度；$R$、r 为两同心圆电极半径。因此，总电容量为两电容并联，由式（4-19）及（4-20）得

$$C = C_1 + C_2 = \frac{2\pi l_1 \varepsilon_1}{\ln\frac{R}{r}} + \frac{2\pi l_2 \varepsilon_2}{\ln\frac{R}{r}} = \frac{2\pi l_1}{\ln\frac{R}{r}}(\varepsilon_1 - \varepsilon_2) + \frac{2\pi l \varepsilon_2}{\ln\frac{R}{r}} \tag{4-21}$$

令 $A = \frac{2\pi l}{\ln\frac{R}{r}}(\varepsilon_1 - \varepsilon_2), B = \frac{2\pi l \varepsilon_2}{\ln\frac{R}{r}}$，则式（4-21）可写成下列形式

$$C = Al_1 + B \tag{4-22}$$

可见，电容量 $C$ 与深度 $l_1$ 成正比例关系。

### 4.3.3　电容测厚仪

电容测厚仪是用来测量金属带材在轧制过程中的厚度，它的变换器就是电容式厚度传感器，其工作如图 4-14 所示。在被测带材的上下两边各设置一块面积相等，与带材距离相同的极板，这样极板与带材就形成两个电容（带材也作为一个极板）。把两块极板用导线连结起来，就成为一个极板，而带材则是电容器的另一极板，其总电容

$$C = C_1 + C_2$$

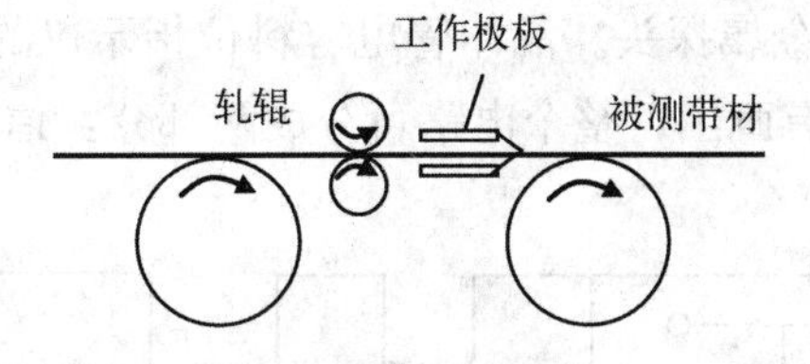


图 4-14　电容式测厚仪工作原理

金属带材在轧制过程中不断向前送进，如果带材厚度发生变化，将引起它上下两个极板间距变化，即引起电容量的变化，如果总电容 $C$ 作为交流电桥的一个臂，电容的变化 $\Delta C$ 引起电桥不平衡输出，经过放大、检波、滤波，最后在仪表上显示出带材的厚度。这种测厚仪的优点是带材的振动不影响测量精度。

### 4.3.4　电缆芯偏心测量

在图 4-15 给出了测量电缆芯的偏心的原理图，在实际应用中是采用两对极筒（图中只画出一对），分别测出在 $x$ 方向和 $y$ 方向的偏移量，再经过计算就可以得出偏心值。

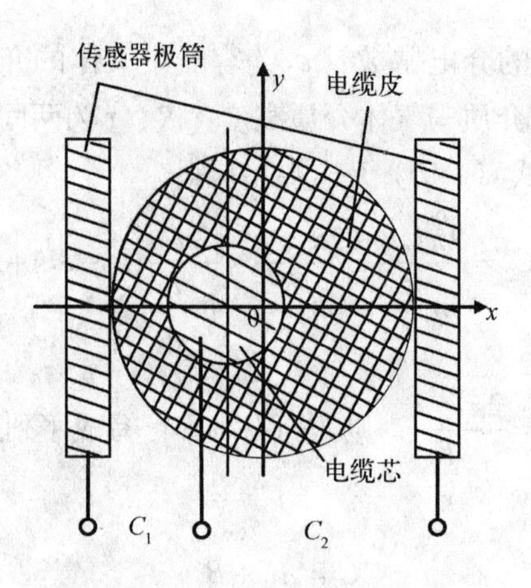


图 4-15　电缆芯偏心测量原理图

### 4.3.5　晶体管电容料位指示仪

这种仪器是用来监视密封料仓内导电性不良的松散物质的料位，并能对加料系统进行自动控制。

在仪器的面板上装有指示灯：红灯指示“料位上限”。绿灯指示“料位下限”。当红灯亮时表示料面已经达到上限，此时应停止加料；当红灯熄灭，绿灯仍然亮时，表示料面在上下限之间，当绿灯熄灭时，表示料面低于下限，这时应加料。

电容传感器是悬挂在料仓里的金属探头，利用它对大地的分布电容进行检测。在料仓中上、下限各设有一个金属探头。晶体管电容料位指示仪的电路原理图示如图 4-16 中，直流稳压电源部分没有画出，整个电路可分成两部分：信号转换电路和控制电路。

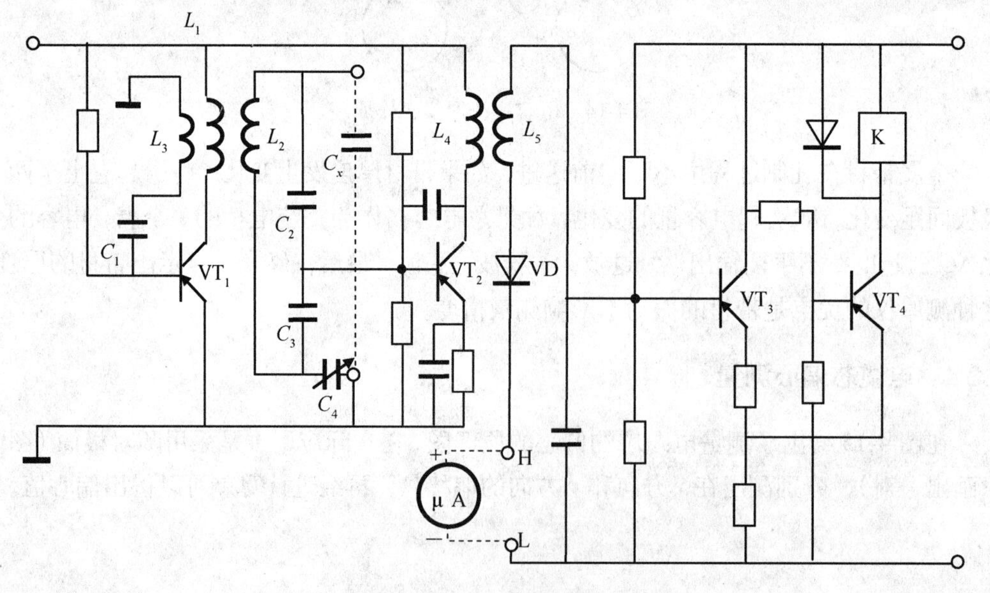


图 4-16　晶体管电容料位指示仪原理图

信号转换是通过阻抗平衡电桥来实现，当$C_2C_4 = C_xC_3$时，电桥平衡。由于$C_2 = C_3$，则调整$C_4$使$C_4 = C_x$时电桥平衡。$C_x$是探头对地的分布电容，它直接和料面有关，当料面增加时，$C_x$值将随之增加，使电桥失去平衡，按其大小可判断料面情况。电桥电压由$VT_1$和 LC 回路组成的振荡器供电，其振荡频率约为 70kHz，其幅值约为 250mV。电桥平衡时，无输出信号，当料面变化引起$C_x$变化，使电桥失去平衡，电桥输出交流信号。这交流信号经$VT_2$放大后，有 VD 检波变成直流信号。

控制电路由$VT_3$及$VT_4$组成的射极耦合触发器和它所带动的继电器 K 组成，由信号转换电路送来的直流信号，当其幅值达到一定值后，使射极耦合触发器由截止变为导通，此时$VT_4$由截止状态转换为饱和状态，使继电器 K 吸合，其触点去控制相应的电路和指示灯，指示料面已达到某一定值。

## 思考题与习题

1. 根据电容式传感器工作原理，可将电容式传感器分为几种类型？每种类型各有什么特点？各适应于什么场合？

2. 电容传感器有何特点？为什么电容传感器易受干扰？如何减小干扰？

3. 怎样提高电容传感器的灵敏度？

4. 脉冲调宽电路的特点是什么？简述其工作过程。

5. 如何使用柱形电容传感器测量液面深度？

6. 分析晶体管电容料位指示仪。

7. 采用电容传感器原理如何计量散装水泥？试说明。

8. 阐述电容荷重传感器工作原理。

9. 画出双 T 电桥电路在电源为正半周与负半周时的等效电路？

10. 为什么高频工作时，电容传感器连接电缆的长度不能随意变化？

# 第 5 章　电感传感器

电感传感器是建立在电磁感应基础上，利用线圈电感或互感的改变来实现非电量电测的。它可以把输入的物理量（如位移、振动、压力、流量、比重等参数）转换为线圈的自感系数 $L$ 和互感系数 $M$ 的变化，而 $L$ 和 $M$ 的变化在电路中又转换为电压或电流的变化，即将非电量转换成电信号输出。

## 5.1　变磁阻式电感传感器

### 5.1.1　结构原理

变磁阻式电感传感器主要由线圈、铁芯和衔铁所组成。

根据电磁感应原理，当匝数为 $N$ 的线圈中通以电流 $I$ 时，就有该电流所产生的磁通量通过线圈，若通过每一圈的磁通量都是 $\Phi$，则有

$$N\Phi = LI \tag{5-1}$$

式中，$L$ 为线圈的自感系数。

又根据磁路欧姆定律

$$\Phi = \frac{NI}{\sum R_{mi}} \tag{5-2}$$

式中，$\sum R_{mi}$ 为磁路的总磁阻。每一段磁路的磁阻 $R_{mi}$ 与该段磁路的长度 $l_i$ 成正比，与磁导率 $\mu_i$ 及导磁截面积 $S_i$ 成反比，所以

$$\sum R_{mi} = \sum \frac{l_i}{\mu_i S_i} \tag{5-3}$$

将式（5-3）和（5-2）代入式（5-1）得

$$L = \frac{N^2}{\sum R_{mi}} = \frac{N^2}{\sum \frac{l_i}{\mu_i S_i}} \tag{5-4}$$

由此可见，改变任意一段磁路的几何参数 $l_i$、$S_i$ 或磁导率 $\mu_i$，均可使线圈的自感系数 $L$ 发生变化。据此，变磁阻式电感传感器又可进一步分为：气隙厚度可变的变气隙型；磁通面积可变的变截面型；以及利用衔铁在螺管线圈中伸入长度的变化来改变线圈自感系数 $L$ 的螺管型电感传感器。其中，比较常见的是变气隙型和螺管型，现分别介绍如下。

#### 5.1.1.1　变气隙型

变气隙型电感传感器的结构原理如图 5-1 所示。工作时衔铁 3 随被测参数的变化而移动，从而改变了气隙的厚度，亦即改变了磁路的磁阻和线圈的自感系数 $L$。通过测量电路将线圈电感值的变化转换成电压、电流或频率信号，即可间接测量被测参数的变化量。

通常，空气隙的厚度是比较小的（一般为 0.1～1 mm），因此可以认为气隙磁场是均匀的，若忽略磁路铁损，则磁路总磁阻为

$$\sum R_{mi}=\frac{l_1}{\mu_1 S_1}+\frac{l_2}{\mu_2 S_2}+\frac{\delta}{\mu_0 S} \tag{5-5}$$

式中，$l_1$、$l_2$ 为铁芯、衔铁的磁路长度；$S_1$、$S_2$ 为铁芯、衔铁的横截面积；$\mu_1$、$\mu_2$ 为铁芯、衔铁的磁导率；$\delta$ 为气隙磁路的总长度；$S$ 为气隙磁路的磁通面积；$\mu_0$ 为空气磁导率（$\mu_0=4\pi\times10^{-7}H/m$）。

设铁芯和衔铁的横截面积相同，且因气隙 $\delta$ 较小，可以认为气隙磁路的磁通面积与铁芯相同（即 $S_1=S_2=S$）；若铁芯与衔铁采用同一种导磁材料（其相对磁导率为 $\mu_r$），且磁路总长为 $l$，则由式（5-5）可得

$$\sum R_{mi}=\frac{1}{\mu_0 S}\left(\frac{l-\delta}{\mu_r}+\delta\right)=\frac{1}{\mu_0 S}\left[\frac{l+\delta(\mu_r-1)}{\mu_r}\right]$$

一般 $\mu_r>>1$，故

$$\sum R_{mi}=\frac{1}{\mu_0 S}\left(\delta+\frac{l}{\mu_r}\right) \tag{5-6}$$

代入式（5-4）得

$$L=\frac{N^2\mu_0 S}{\delta+\dfrac{l}{\mu_r}}=\frac{K}{\delta+\dfrac{l}{\mu_r}} \tag{5-7}$$

式中，$K=4\pi N^2 S\times10^{-7}$。

对于变气隙型结构，其磁通面积 $S$ 为定值，又因线圈匝数 $N$ 也固定，所以 $K$ 为一常数。由式（5-7）可以看出，图 5-1 所示的总线圈式变气隙型电感传感器的电感 $L$ 与气隙 $\delta$ 之间的对应关系是非线性的，其输出特性曲线如图 5-2 所示。进一步的分析还表明，气隙 $\Delta\delta$ 减少所引起的电感变化 $\Delta L_1$ 与气隙增加同样 $\Delta\delta$ 所引起的电感变化 $\Delta L_2$ 并不相等，其差值随 $\Delta\delta/\delta$ 的增加而增大。由于输出特性的非线性和衔铁上、下向移动时电感正、负值变化的不对称性，使得变气隙型传感器只能工作在一段很小的区域内，因而只能用于微小位移的测量。

图 5-1 所示单线圈结构一般只用于某些特殊的场合。在实际工作中，为了提高测量灵敏度和减小非线性误差，通常采用差动式结构。如图 5-3 所示。差动式变气隙型电感

传感器由两个相同的线圈和磁路组成，当位于中间的衔铁移动时，上下两个线圈的电感，一个增加而另一个减少，形成差动形式。

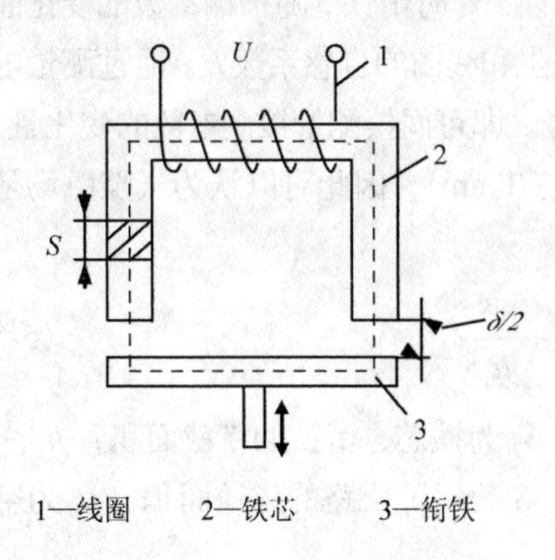


图 5-1　变气隙型电感传感器结构原理

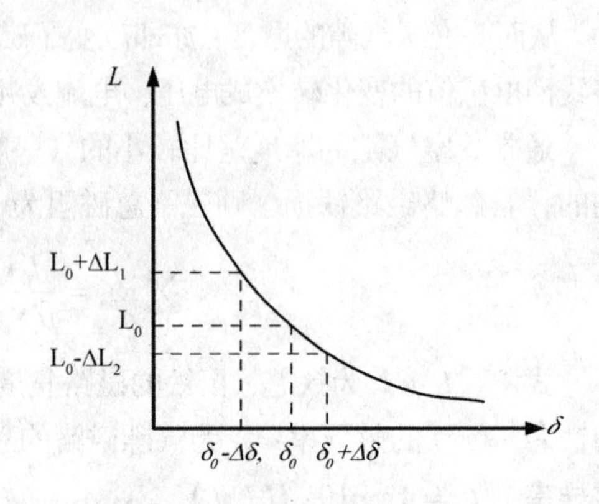


图 5-2　单线圈式变气隙电感传感器的输出特性

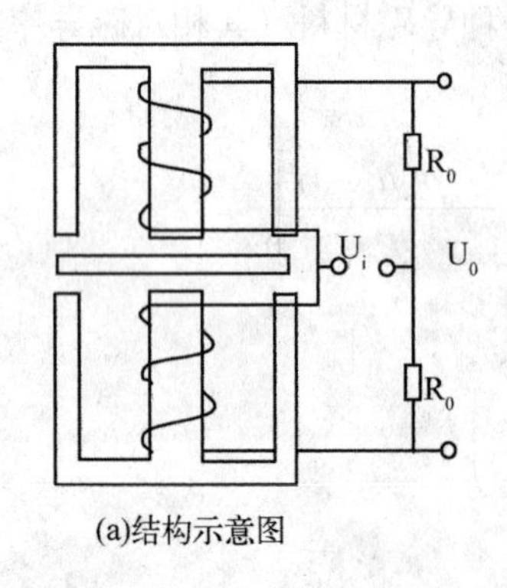


(a)结构示意图

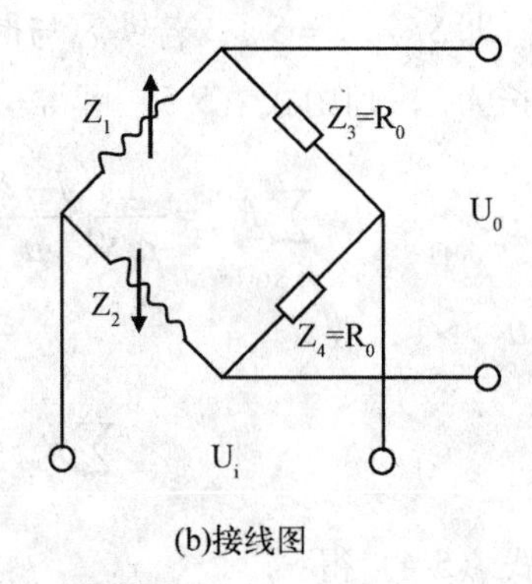


(b)接线图

图 5-3　差动式变气隙型电感传感器

假设当被测参数变化时衔铁向上移动，从而使上气隙的总长度减小$\Delta\delta$而下气隙相应增大$\Delta\delta$，所以上线圈的电感量增为$L_0+\Delta L_1$，下线圈的电感量减为$L_0-\Delta L_2$，总变化量

$$\Delta L=(L_0+\Delta L_1)-(L_0-\Delta L_2) \tag{5-8}$$

由于铁磁性物质的磁导率比空气的磁导率大得多，因此铁芯与衔铁的磁阻与空气磁阻相比是很小的。在进行定性分析时可以将其忽略不计。于是，式（5-7）可近似简化为$L\approx\dfrac{K}{\delta}$代入式（5-8）得到

$$\Delta L\approx\frac{K}{\delta-\Delta\delta}-\frac{K}{\delta+\Delta\delta}=\frac{2K\Delta\delta}{\delta^2-\Delta\delta^2} \tag{5-9}$$

忽略$\Delta\delta^2$项，整理得

$$\frac{\Delta L}{L}\approx2\frac{\Delta\delta}{\delta} \tag{5-10}$$

采用同样的分析方法，对于图5-1所示单线圈结构可得到

$$\Delta L=\frac{K}{\delta-\Delta\delta}-\frac{K}{\delta}=\frac{K\cdot\Delta\delta}{\delta(\delta-\Delta\delta)} \tag{5-11}$$

略去$\delta\cdot\Delta\delta$项，经整理得

$$\frac{\Delta L}{L}\approx\frac{\Delta\delta}{\delta} \tag{5-12}$$

对照式（5-9）和式（5-11）可看出，无论是单线圈结构还是差动式结构，其$\Delta L$与$\Delta\delta$之间的对应关系都是非线性的，这是因为在其关系式中分别含有$\Delta\delta^2$和$\delta\cdot\Delta\delta$项。但由于$\Delta\delta^2<<\delta\cdot\Delta\delta$，所以差动式结构的线性要比单线圈结构要好。

此外，由式（5-10）和（5-12）可知，差动式结构的灵敏度比单线圈结构提高了一倍。

变气隙型电感传感器的最大优点是灵敏度高，其主要缺点是线性范围小、自由行程小、制造装配困难、互换性差，因而限制了它的应用。

#### 5.1.1.2　变截面型

变截面型电感传感器是通过导磁截面积的变化而使电感变化的，其结构也有单线圈式（图5-4）和差动式（图5-5）两种形式。

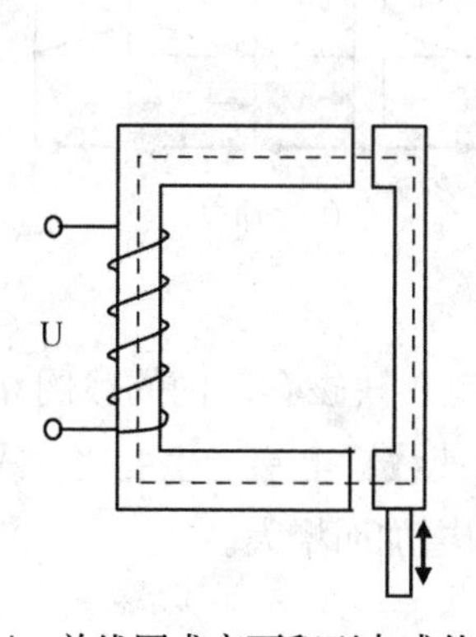


图5-4　单线圈式变面积型电感传感器

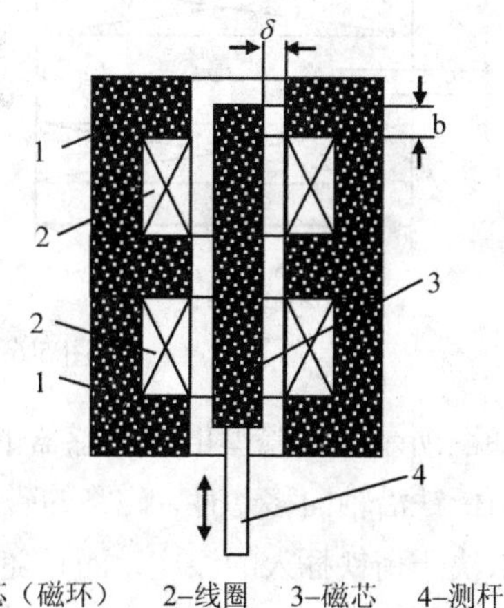


图5-5　差动式变面积型电感传感器

图5-5所示的差动式变截面型电感传感器制成圆筒形，铁芯由上下磁环1组成，上、下线圈2也制成环形，磁芯（衔铁）3插入其中。上、下线圈通电时在中段气隙部分产生的磁通，由于方向相反而基本抵消。若忽略导体部分的磁阻，则线圈电感为

$$L=\frac{\mu_0N^2S}{\delta}=\frac{\mu_0N^2ab}{\delta} \tag{5-13}$$

式中，$\delta$为气隙厚度（即磁芯与磁环之间隙）；$b$为气隙环的高度（即磁芯与磁环的覆盖宽度）；$a$为气隙环的平均周长。

在工作过程中，$\delta$ 和 $a$ 均为定值，当测杆 4 向上移动时，将引起 $b$ 值改变，其结果使上磁环 1 和 3 之间的气隙磁通面积（$S = ab$）增大，下磁环 1 和 3 之间的气隙磁通面积减小；从而使上线圈的电感量增大，下线圈的电感量减小。若初始位置时 $b = b_0$，$L = L_0 = \dfrac{\mu_0 N^2 a b_0}{\delta}$，则当测杆位移 $\Delta b$ 时，每个线圈的电感增量为

$$\Delta L = L_0 \frac{\Delta b}{b_0} \tag{5-14}$$

式（5-14）表明，这类传感器输入量 $\Delta b$ 与输出量 $\Delta L$ 之间是有良好的线性关系。变截面型电感传感器由于具有较好的线性，因而测量范围可取大些；其自由行程可按需要安排，制造装配方便；其缺点是灵敏度较低。

5.1.1.3　螺管型

螺管型电感传感器的结构形式也可以分为单线圈式和差动式，图 5-6 为这两种形式的结构示意图。

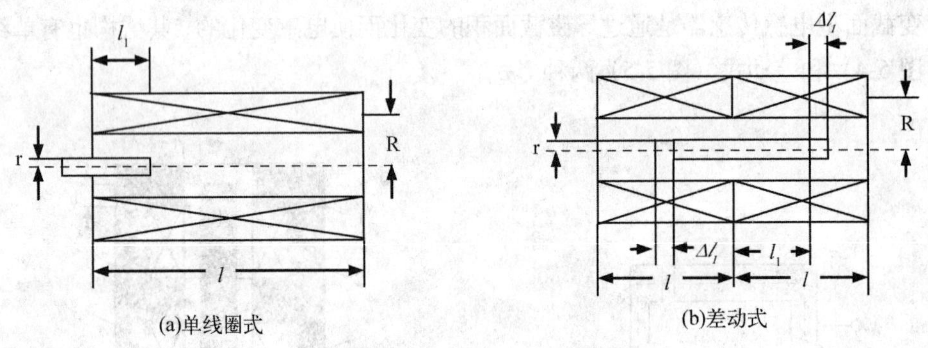


图 5-6　螺线管式电感传感器

如图所示，螺管型电感传感器的基本组成部分是包在铁磁套筒内的线圈和磁性衔铁。当衔铁沿轴向移动时，磁路的磁阻发生变化，从而使线圈电感产生变化。线圈的电感值取决于衔铁插入的深度，而且随着衔铁插入深度的增加而增大。

## 5.1.2　测量电路

如上所述，各种类型的变磁阻式电感传感器将被测参数的变化转换为传感器线圈的电感量变化。转换电路的作用是将电感量的变化转换为电压（或电流）信号，以便进一步放大和处理。转换电路的基本形式是交流电桥，此外也可以采用谐振电路和紧耦合电感臂电桥等。

5.1.2.1　测量电桥

图 5-7 所示的交流电桥是目前应用较多的一种基本测量电路。图中，电桥的两臂为

电源变压器次级线圈的两半（每半电压为$U/2$），另两臂是差动式电感传感器的两个线圈。考虑到传感器线圈不仅具有电感，而且线圈导线具有一定的电阻，所以用$Z_1$和$Z_2$来表示电感传感器两个线圈的阻抗。电桥对角线上$AB$两点的电位差为空载输出电压$U_0$。

假设接地的$B$点为零电位，$D$点电位为$\frac{U}{2}$，$C$点电位为-$\frac{U}{2}$，则输出电压$U_0$即为$A$点的电位，可计算如下

$$U_0 = U_D - \frac{U_D - U_C}{Z_1 + Z_2} \cdot Z_2 = \frac{U(Z_1 - Z_2)}{2(Z_1 + Z_2)} \tag{5-15}$$

下面分三种情况讨论：

（1）当传感器的衔铁位于中间位置时，它在两个线圈中的插入深度相等，所以两线圈的电感相等，若两线圈绕制得十分对称，则其阻抗也相等，此时$Z_1 = Z_2 = Z$，代入上式得$U_0 = 0$。这说明当衔铁处于中间位置时，电桥平衡，没有输出电压。

（2）当衔铁向上移动时，上线圈的磁阻减小，电感增大、阻抗增大，即$Z_1 = Z + \Delta Z$，而下线圈的磁阻增大、电感减小、阻抗随之减小，即$Z_2 = Z - \Delta Z$。代入式（5-15）得

$$U_0 = \frac{\Delta Z}{2Z}U \tag{5-16}$$

（3）当衔铁向下移动同样大小的位移时，下线圈的阻抗增大，而上线圈的阻抗减小，即$Z_1 = Z - \Delta Z$，$Z_2 = Z + \Delta Z$，代入式（5-15）得

$$U_0 = -\frac{\Delta Z}{2Z}U \tag{5-17}$$

比较式（5-16）和式（5-17）可以看出，当衔铁偏离中间位置，上升或下降同样大小的位移时，可获得大小相等、方向相反（即相位差180°）的输出电压。

图5-7所示交流电桥亦可与单线圈式电感传感器配用，这时有一桥臂（$Z_1$或$Z_2$）用一个固定电感来代替，其输出电压与灵敏度均为差动式的二分之一。

5.1.2.2　相敏整流电路

图5-7所示电路，虽然可以将传感器线圈电感变化量（亦即被测位移变化量）转换为相应的电压信号，但是由于输出电压是交流信号，因此尽管随着衔铁位移方向的不同，输出电压也有正负号之分，而用示波器去观察它们的波形时，结果却是一样的，为了判别信号的相位，亦即为了分辨衔铁的运动方向，需要采用相敏整流电路（又称相敏检波器）。

相敏整流电路可以有多种不同的形式，下面以图5-8所示电路为例讨论其工作原理。

图中，差动式电感传感器的两个线圈（$Z_1$和$Z_2$）以及两个平衡电阻（$R_1 = R_2 = R$）组成一个测量电桥，二极管$D_1 \sim D_4$构成了相敏整流器，电桥的一个对角线$AB$接有交流电源$U$，另一对角线$CD$接有电表以测量输出电压。

$$U_0 = U_{CB} + U_{BD} \tag{5-18}$$

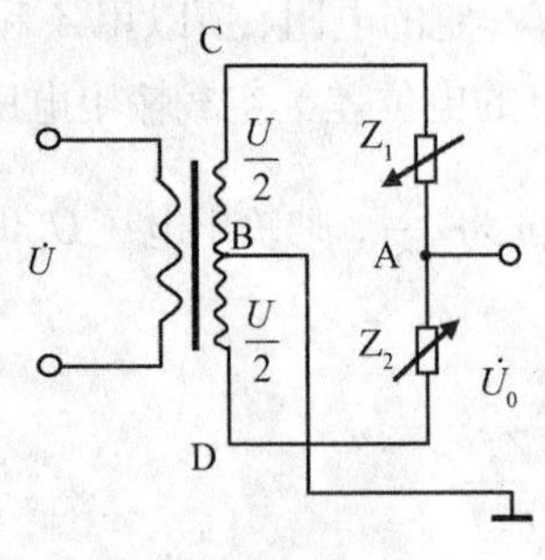


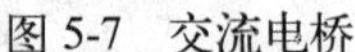

图 5-7　交流电桥

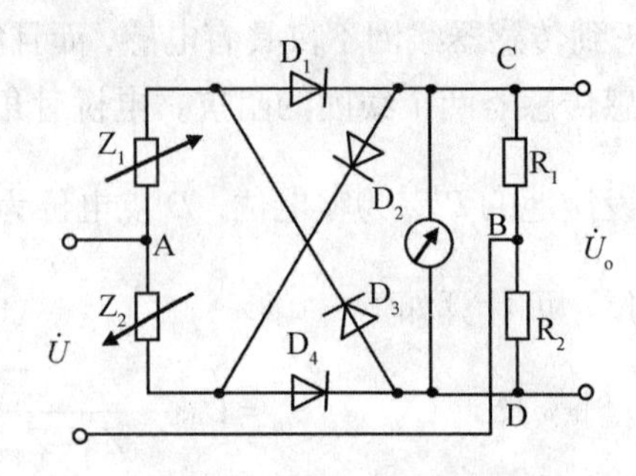


图 5-8　带有相敏整流的电桥电路

式中，$U_{CB} = i_1R_1$ 和 $U_{BD} = i_2R_2$ 的符号，由分别流经电阻 $R_1$、$R_2$ 的电流 $i_1$、$i_2$ 的流向而定。

为了便于讨论，假定 $U_0$ 的正方向为自下而上（此时 $D$ 点电位高于 $C$ 点，电流自下而上流过电表），上式中 $U_{CB}$ 和 $U_{BD}$ 的方向与 $U_0$ 的正方向一致时取正号，反之则取负号。

下面分别讨论电源电压 $U$ 为正半周期和负半周期时，衔铁位移所引起的输出电压的极性。

(1) 在 $U$ 的正半周期内（上输入端为正，下输入端为负），$A$ 点电位高于 $B$ 点电位。此时，二极管 $D_1$ 和 $D_4$ 导通，$D_2$ 和 $D_3$ 截止。电流 $i_1$ 流经 $Z_1$、$D_1$ 后自下而上地流过 $R_1$，而电流 $i_2$ 流经 $Z_2$、$D_4$ 后自下而上地流过 $R_2$，根据式（5-18）及所假定的 $U_0$ 的正方向，则有

$$U_0 = -i_1R_1 + i_2R_2$$

当衔铁处于中间位置时，传感器线圈的阻抗 $Z_1 = Z_2 = Z$，于是 $i_1 = i_2 = i$，又因 $R_1 = R_2 = R$，则有

$$U_0 = 0$$

当衔铁从中间位置向上移动时，使上线圈的阻抗 $Z_1$ 增大 $\Delta Z$，而下线圈的阻抗 $Z_2$ 减小 $\Delta Z$，于是 $i_1$ 减小，$i_2$ 增大，故 $U_0 = -i_1R_1 + i_2R_2 > 0$，此时 $D$ 点电位高于 $C$ 点，电流自下而上流过电表。

当衔铁从中间位置向下移动时，使上线圈的阻抗 $Z_1$ 减小 $\Delta Z$，而下线圈的阻抗 $Z_2$ 增大 $\Delta Z$，于是 $i_1$ 增大，$i_2$ 减小，故 $U_0 < 0$，此时 $D$ 点电位低于 $C$ 点，电流自上而下流过电表。

(2) 在 $U$ 的负半周期内（上输入端为负，下输入端为正），$A$ 点电位低于 $B$ 点电位。此时，二极管 $D_2$、$D_3$ 导通，$D_1$、$D_4$ 截止。根据此时电流 $i_1$、$i_2$ 的流向可得

$$U_0 = i_1R_1 - i_2R_2$$

当衔铁处于中间位置时，仍有 $U_0 = 0$；

当衔铁从中间位置向上移动时，使$Z_1$增大而$Z_2$减小，于是流经$Z_1$的$i_2$减小，而流经$Z_2$的$i_1$增大，故$U_0>0$，此时$D$点电位高于$C$点，电流自下而上流过电表。

当衔铁从中间位置向下移动时，$Z_1$减小而$Z_2$增大，于是$i_2$增大，$i_1$减小，故$U_0<0$，此时$D$点电位低于$C$点，电流自上而下流过电表。

通过以上分析，不难得出以下结论：

无论电源电压$U$处于正半周期还是负半周期，只要衔铁处于中间位置，则$U_0=0$；当衔铁自中间位置向上移动时，均有$U_0>0$；而当衔铁自中间位置向下移动时，均有$U_0<0$；于是，根据电表指针的偏转方向，即可判别传感器衔铁（测杆）的位移方向。

5.1.2.3　紧耦合电桥电路

在图5-9给出了两种电桥电路。在图5-9（a）中，桥的两臂由差动传感器感抗$Z$构成，另外两臂接有相同的感抗$Z'$，一个对角线接到带有阻抗$Z_0$的指示仪表，指示输出电压$U_0$，另一对角线接到电源$U$。图 5-9($b$)为两紧密耦合线圈构成两桥臂的紧耦合电桥电路，此电路特性好，灵敏度高，下面加以讨论。

在交流电桥有负载电流[见图5-9(a)]的情况下，可推导出输出电压$U_0$的表达式为

$$U_0=\frac{\frac{\Delta Z}{Z}U}{\left[1+\frac{1}{2}\left(\frac{Z'}{Z}+\frac{Z}{Z'}\right)+\frac{Z+Z'}{Z_0}\right]} \tag{5-19}$$

式中，$\Delta Z$为差动传感器的增值。

对于紧耦合两电感线圈，可用T形四端网络来表示，见图5-10(a)，其等效电路示于同一图中，见图5-10(b)，两图之间参数关系可以直接写成以下形式：

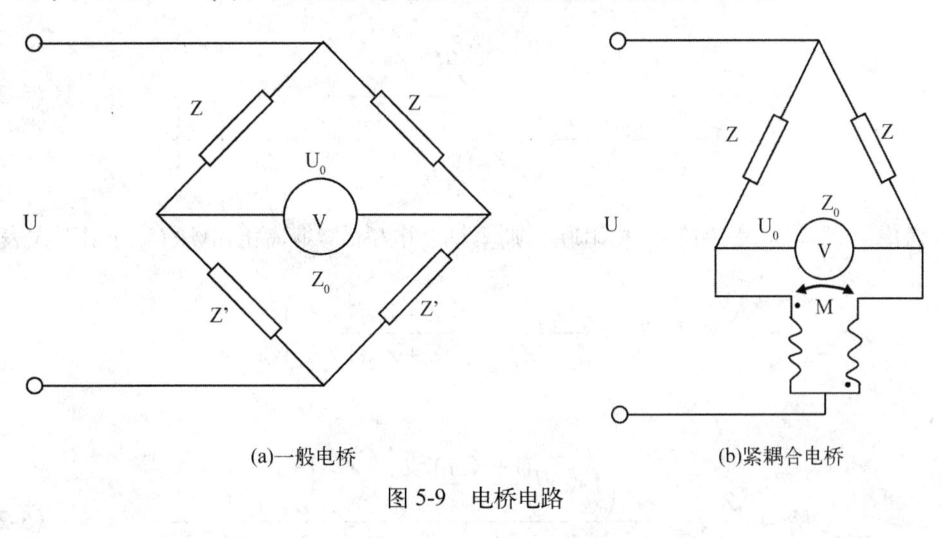


(a)一般电桥　　(b)紧耦合电桥

图5-9　电桥电路

$$\left.\begin{aligned}Z_s&=j\omega(L_0+M)\\Z_p&=-j\omega M\end{aligned}\right\} \tag{5-20}$$

还可以写出

$$\begin{cases} Z_{12} = Z_s + Z_p = j\omega L_0 \\ Z_{13} = 2Z_s \end{cases} \tag{5-21}$$

用$T$形网络的等效关系对紧耦合桥路[见图 5-9（b）]进行变换，得如图 5-11 所示的形式。

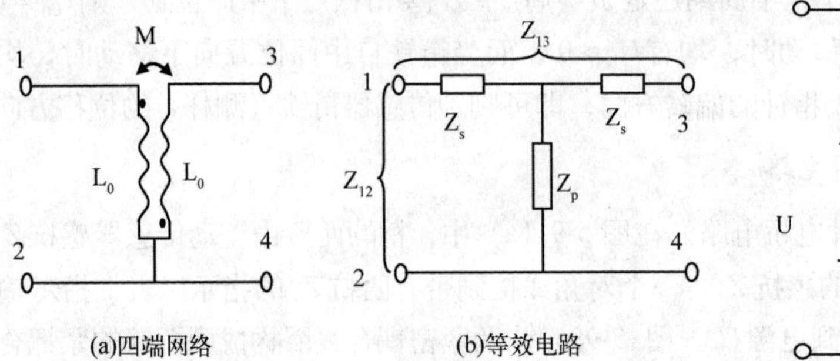


图 5-10　紧耦合电路图

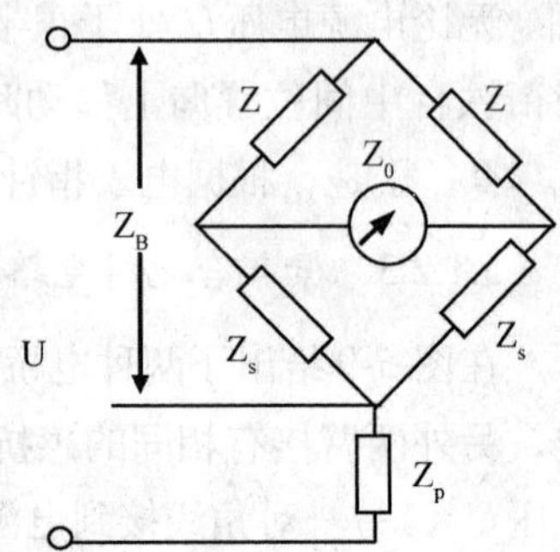


图 5-11　变换后的紧耦合电路

令耦合系数$K_c$为

$$K_c = \frac{Z_p}{Z_p + Z_s} = 1 - \frac{Z_{13}}{2Z_{12}} \tag{5-22}$$

利用上式，这时可将$Z_s$写成

$$Z_s = Z_{12}(1 - K_c) = j\omega L_0(1 - K_c) \tag{5-23}$$

在不考虑$Z_p$的情况下，输出电压$U_0$可按式（5-19）写出

$$U_0' = \frac{\dfrac{\Delta Z}{Z}U}{\left\{1 + \dfrac{1}{2}\left[\dfrac{Z_{12}(1-K_c)}{Z} + \dfrac{Z}{Z_{12}(1-K_c)}\right] + \dfrac{Z + Z_{12}(1-K_c)}{Z_0}\right\}} \tag{5-24}$$

考虑到$Z_p$与电桥感抗$Z_B$相串联，则紧耦合电桥的实际输出电压$U_0$可用下式表示

$$U_0 = U_0' \frac{Z_B}{Z_B + Z_p} = U_0' \frac{Z + Z_{12}(1-K_c)}{Z + Z_{12}(1+K_c)} \tag{5-25}$$

所以

$$U_0 = \frac{\Delta Z}{Z}U \frac{\left(1 + \dfrac{Z_{12}(1-K_c)}{Z}\right) \Big/ \left(1 + \dfrac{Z_{12}(1+K_c)}{Z}\right)}{1 + \dfrac{1}{2}\left[\dfrac{Z_{12}(1-K_c)}{Z} + \dfrac{Z}{Z_{12}(1-K_c)}\right] + \dfrac{Z + Z_{12}(1-K_c)}{Z_0}} \tag{5-26}$$

式（5-26）为带有紧耦合的和差动阻抗$Z$传感器的电桥电路输出电压一般表达式。

对于差动电感传感器，可有

$$Z = j\omega L \text{ 和 } \Delta Z = j\omega\Delta L \tag{5-27}$$

若两耦合线圈有高$Q$值（有效电阻极小）并百分之百耦合（$K_c=-1$），则在开路输出的情况下（$Z_0\to\infty$）,按式（5-24）可写出桥路输出电压$U_0$的表达式

$$U_0=\frac{\Delta L}{L}U\frac{1+2L_0/L}{1+L_0/L+L/4L_0}=\frac{\Delta L}{L}U\frac{4L_0/L}{1+2L_0/L} \tag{5-28}$$

对于非耦合桥路$K_c=0$，输出电压表达式为

$$U_0=\frac{\Delta L}{L}U\frac{1}{1+\frac{1}{2}\left(\frac{L_0}{L}+\frac{L}{L_0}\right)}=\frac{\Delta L}{L}U\frac{2L_0/L}{\left(L_0/L+1\right)^2} \tag{5-29}$$

按式（5-28）及式（5-29）可绘出电桥灵敏度$\frac{U_0}{U(\Delta L/L)}=f(L_0/L)$曲线如图 5-12 所示。从图可以看出，紧耦合电路在整个$L_0/L$范围内比非耦合桥路有较高的电桥灵敏度；在$L_0/L=2$以前，灵敏度随$L_0/L$减小而降低，在$L_0/L=2$以后，随$L_0/L$增加灵敏度处于恒值。此外，紧耦合桥路比一般桥路（非耦合感抗和电阻桥路）工作稳定性高。上述结果是在纯差动电感传感器和纯电感比例臂情况下得到的。实践表明，只要差动传感器线圈的$L$和$Q$值较大就可以得到近似的结果。

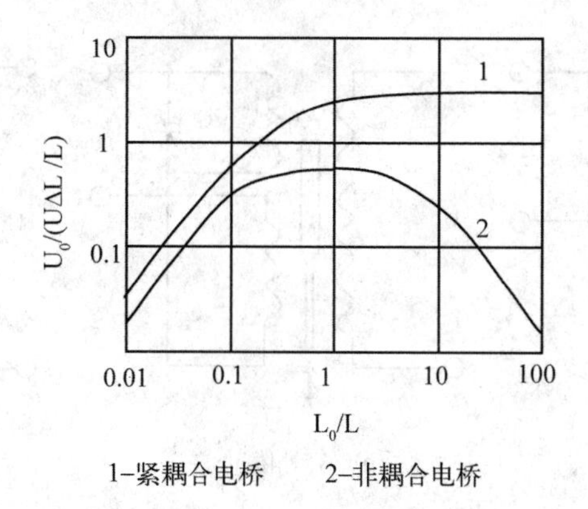


1–紧耦合电桥　　2–非耦合电桥

图 5-12　差动电感传感器电桥灵敏度曲线

### 5.1.3　零点残余电压及其补偿

前面在讨论测量电桥的输出电压时曾说过，当传感器的衔铁处于中间位置时，若两线圈绕制得十分对称，其电阻$r$相等，电感$L$也相等，则桥路的输出电压应等于零，但实际上却很难达到交流电桥的绝对平衡。图 5-13 中的虚线表示输出电压与衔铁位移之间的理想特性曲线，实线为实际特性。当衔铁处于中间位置时（$x=0$），输出电压$U_0$并不

为零，而有零点残余电压$e_0$存在，此时尽管被测位移为零，而表头的指示却并不为零。如果零点残余电压的数值过大，则将使非线性误差增大。不同档位的放大倍数有显著差别，甚至造成放大器末级趋于饱和，使仪器不能正常工作。因此零点残余电压的大小是判别电感传感器质量的重要指标之一。零点残余电压的产生，主要是由于两电感线圈绕制的不均匀、上下磁路的不对称以及上下磁性材料的特性不一致等原因所造成的传感器两电感线圈的等效参数不对称。此外，如果激励电压包含有高次谐波成分又不能完全抵消，也将在输出端产生零点残余电压。

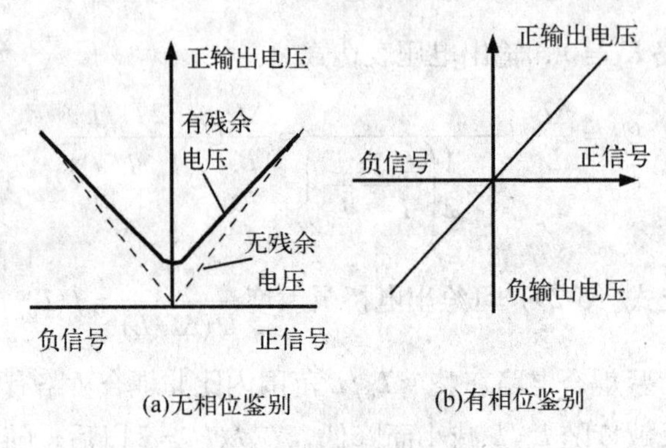


图 5-13　整流器输出特性

为了减小零点残余电压，可采用适当的措施进行补偿。图 5-14 是几种补偿电路的例子。

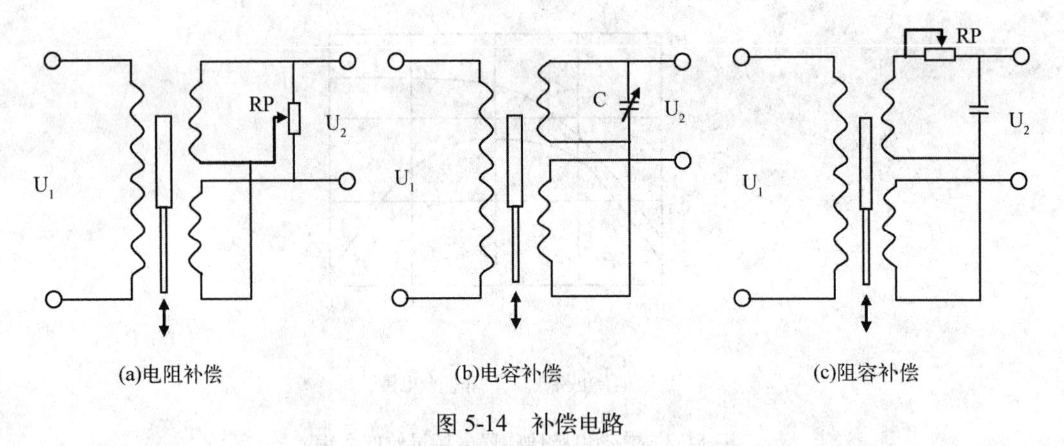


图 5-14　补偿电路

当使用时，在没有输入信号（铁芯在中间）情况下，调整电位器 $R_P$ 或电容 $C$，使二次绕组输出为零。

## 5.2　差动变压器

差动变压器是电感式传感器的一种，本身是一个变压器，它把被测位移量转换为传感器的互感的变化，使次级线圈感应电压也产生相应的变化。由于传感器常常作成差动的形式，所以称为差动变压器。

### 5.2.1　工作原理

差动变压器的结构形式主要有变气隙式和螺管式，目前采用较多的是螺管式，下面就以螺管式差动变压器为例展开讨论。如图5-15所示，差动变压器的基本元件有衔铁、一个初级线圈、两个次级线圈和线圈框架等。初级线圈作为差动变压器的原边，而变压器的副边由两个结构尺寸和参数相同的次级线圈反相串联而成，在理想情况下其等效电路如图5-16所示。

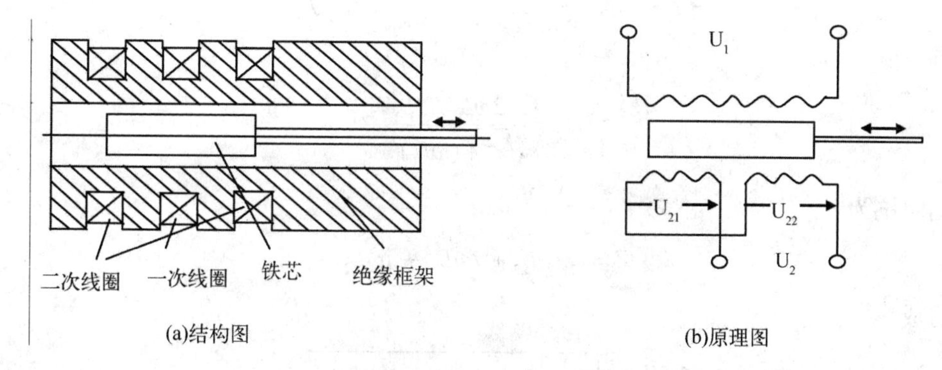


图5-15　差动变压器

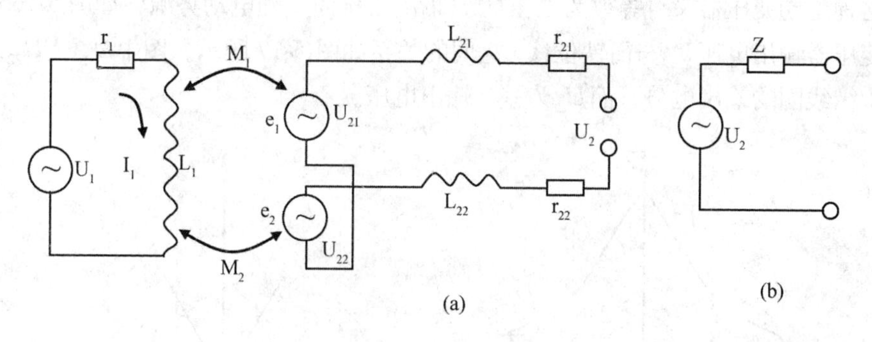


图5-16　差动变压器的等效电路

图中：$U_1$、$L_1$、$r_1$分别表示初级线圈的激励电压、电感和电阻；$L_{21}$、$L_{22}$为两个次级线圈的电感，$r_{21}$、$r_{22}$为两个次级线圈的电阻；$M_1$、$M_2$分别为初级线圈与次级线圈1、2间的互感。根据变压器原理，初级线圈中通以电流为$\dot{I}_1$时，在两个次级线圈中所产生的感应电势分别为

$$\left.\begin{aligned}\dot{E}_{21}&=-j\omega M_1\dot{I}_1\\ \dot{E}_{22}&=-j\omega M_2\dot{I}_2\end{aligned}\right\}$$

两次级线圈反相串联后输出的电势为

$$\dot{E}_2=\dot{E}_{21}-\dot{E}_{22}=-j\omega(M_1-M_2)\dot{I}_1 \tag{5-30}$$

当衔铁处于中间位置时，若两个次级线圈参数及磁路尺寸相等，则$M_1=M_2=M$，故

$$\dot{E}_2=0$$

当衔铁偏离中间位置时，使得互感系数$M_1\neq M_2$，由于以差动方式工作，故$M_1=M+\Delta M_1$，$M_2=M-\Delta M_2$，在一定范围内$\Delta M_1=\Delta M_2=\Delta M$，差值（$M_1-M_2$）与衔铁位移成正比，在负载开路的情况下，传感器的输出电压为

$$\dot{U}_2=\dot{E}_2=-j\omega(M_1-M_2)\dot{I}_1=-j2\omega\frac{\dot{U}_1}{r_1+j\omega L_1}\Delta M \tag{5-31}$$

其有效值为

$$U_2=\frac{2\omega\Delta MU_1}{\sqrt{r_1^2+(\omega L_1)^2}}$$

输出阻抗为

$$Z=r_{21}+r_{22}+j\omega L_{21}+j\omega L_{22}$$

或写成

$$Z=\sqrt{(r_{21}+r_{22})^2+(\omega L_{21}+\omega L_{22})^2} \tag{5-32}$$

这种差动变压器又可等效为电压$U_2$，输出阻抗为$Z$的电动势源，如图 5-16b 所示。差动变压器输出电压$U_2$与衔铁位移$x$之间的关系如图 5-17 所示。图中$U_{21}$、$U_{22}$分别为两个次级线圈的输出电势，而$U_2$为差动输出电压。

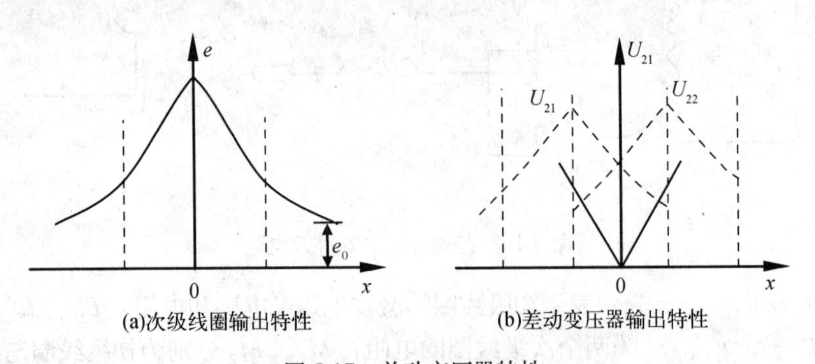


(a)次级线圈输出特性　　(b)差动变压器输出特性

图 5-17　差动变压器特性

### 5.2.2　测量电路

差动变压器的输出是交流电压信号，其常用的测量电路是既能反映衔铁位移方向又能补偿零点残余电压的差动直流输出电路。差动直流输出电路形式有两种形式：一种是差动相敏检波电路；另一种是差动整流电路。

关于相敏整流的原理已在前面详细讨论过，这里不再重复。对于差动变压器最常用的测量电路是差动整流电路。如图5-18所示。把两个次级线圈的输出电压分别整流后，以它们的差为输出。这种电路比较简单，不需要考虑相位调整和零点残余电压的影响，而且经分别整流后的直流信号可以远距离输送，可不必考虑感应和分布电容的影响，因此得到了广泛应用。图5-18中的图$a$和图$b$用在联结低阻抗负载的场合，是电流输出型。图$c$和图$d$用在联结高阻抗负载的场合，是电压输出型。图$a$和图$b$电路的线性基本上与负载大小无关。

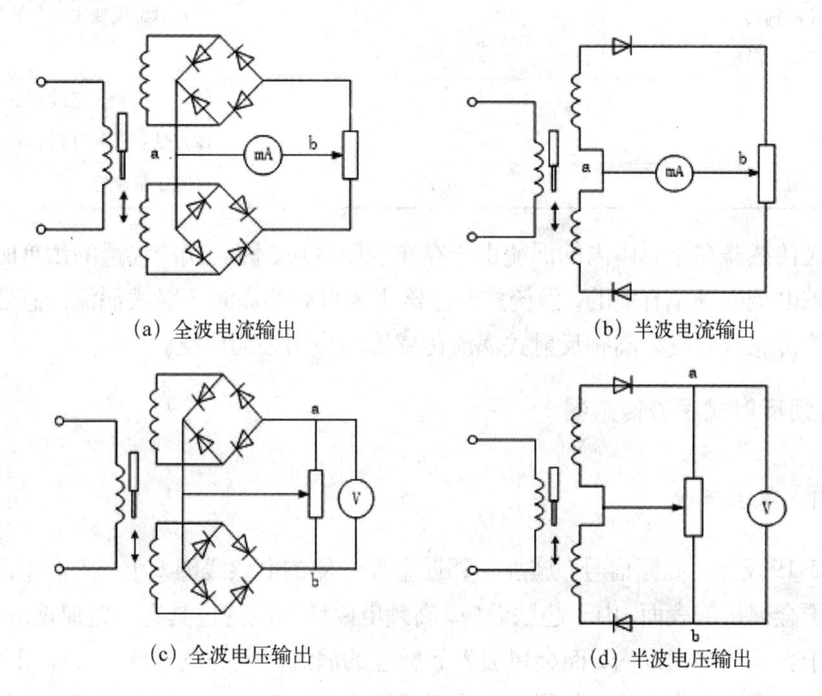


图5-18　差动整流电路

## 5.3　涡流传感器

成块的金属置于变化的磁场中时，或者在固定磁场中运动时，金属体内就要产生感应电流，这种电流的流线在金属体内是闭合的，所以叫做涡流。

涡流的大小与金属体的电阻率$\rho$、导磁率$\mu$、厚度$t$以及线圈与金属的距离$x$，线圈的激磁电流角频率$\omega$等参数有关，固定其中的若干参数，就能按涡流的大小测量出另外某一参数。

涡流传感器的最大特点是可以对一些参数进行非接触的连续测量。其主要应用如表5-1所示。

表 5-1　涡流传感器在工业测量中应用

| 被测参数 | 变 换 量 | 特 征 |
|---|---|---|
| 位移 | $x$ | (1) 非接触，连续测量<br>(2) 受剩磁的影响 |
| 厚度 | | |
| 振动 | | |
| 表面温度 | $\rho$ | (1) 非接触，连续测量<br>(2) 对温度变化进行补偿 |
| 电解质浓度 | | |
| 材料判别 | | |
| 速度（温度） | | |
| 应力 | $\mu$ | (1) 非接触，连续测量<br>(2) 受剩磁和材料影响 |
| 硬度 | | |
| 探伤 | $x,\rho,\mu$ | 可以定量测定 |

涡流式传感器在金属体内的涡流由于存在趋肤效应，因此涡流渗透的浓度时与传感器线圈激磁电流的频率有关的。涡流式传感器主要可分为高频反射式涡流传感器和低频透射式涡流传感器两类。高频反射式涡流传感器的应用较为广泛。

## 5.3.1　高频反射式涡流传感器

### 5.3.1.1　基本原理

如图 5-19 所示，高频信号 $i_s$ 施加于邻近金属一侧的电感线圈 $L$ 上，$L$ 产生的高频电磁场作用于金属板的表面，由于趋肤效应，高频电磁场不能透过具有一定厚度的金属板，而仅作用于表面的薄层以内，而金属板表面感应的涡流产生的电磁场又反作用于线圈 $L$ 上，改变了电感的大小，其变化程度取决于线圈 $L$ 的外型尺寸，线圈 $L$ 至金属板之间的距离，金属板材料的电阻率 $\rho$ 和磁导率 $\mu$（$\rho$ 及 $\mu$ 均与材料及温度有关）以及 $i_s$ 的频率等。对非导磁金属（$\mu \approx 1$）而言，若 $i_s$ 及 $L$ 等参数已定，金属板的厚度远大于涡流渗透深度时，则表面感应的涡流 $i$ 几乎取决于线圈 $L$ 至金属板的距离，而与板厚及电阻率变化无关。

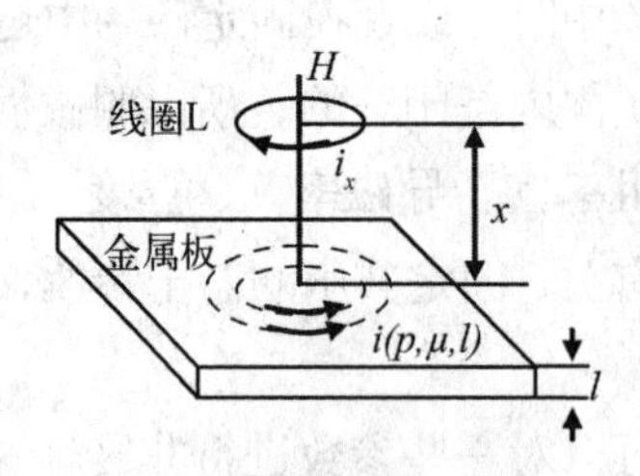


图 5-19　涡流的发生

下面用等效电路的方法说明上述结论的实质。

邻近高频电感线圈 $L$ 一侧的金属板表面感应的涡流对 $L$ 的反射作用，可以有图 5-20 所示的等效电路来说明。电感 $L_E$ 与电阻 $R_E$ 分别表示金属板对涡流呈现的电感效应和在金属板上的涡流损耗，用互感系数 $M$ 表示 $L_E$ 与原线圈 $L$ 之间的相互作用，$R$ 为原线圈 $L$ 的损耗电阻，$C$ 为线圈与装置的分布电容。

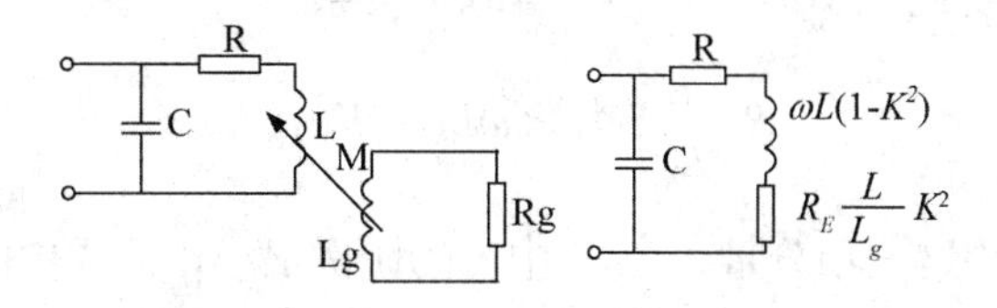


图 5-20　邻近金属板高频电感线圈的等效电路

考虑到涡流的反射作用，$L$ 两端的阻抗 $Z_L$ 可用下式表示

$$Z_L = R + j\omega L + \frac{\omega^2 M^2}{R_E + j\omega L_E} = R + j\omega L(1+K^2)\frac{1}{\dfrac{1}{j\omega LK^2} + \dfrac{L_E}{R_E LK^2}} \tag{5-33}$$

式中，$\omega$ 为信号源的角频率；$K$ 为耦合系数，$K^2 = M^2/LL_E$。

在高频的情况下，可以认为 $R_E << \omega L_E$。这可以说明如下：

计算邻近高频线圈的金属板呈现的电感效应与涡流损耗之间的数量关系，如用理论推导方法是比较困难的，但可以进行估计。

假设一个线径 Φ 1 mm 的一匝圆形线圈（直径为 10 mm）的电感量 $L_E$ 是 $1.6\times10^{-6}$ H。当施于不同频率的高频信号时，其感抗分量 $\omega L_E$ 与电阻分量 $R_E$ 大小如表 5-2 所示，从表中可以看出，对铜或铝能够满足 $R_E << \omega L_E$ 的条件（$\rho_{铜} = 1.7\mu\Omega\cdot cm$，$\rho_{铝} = 2.9\mu\Omega\cdot cm$）。金属板对涡流呈现的电感效应可以用许多大小不同的电感线圈按一定方式结合起来的总效应来等效，而这一系列电感线圈的感抗与电阻的大小又各自满足表中所示的数量关系。再者，考虑到这一系列线圈彼此之间还存在着互感效应，这就进一步提高了感抗分量的比例。

**表 5-2　不同频率时的感抗分量与电阻分量**

| 频率（$MH_z$） | 感抗 $\omega L_E(\Omega)$ | 电阻 $R_g(\Omega)$ | |
|---|---|---|---|
| | | $\rho = 1\mu\Omega\cdot cm$ | $\rho = 100\mu\Omega\cdot cm$ |
| 1 | 0.1 | 0.002 | 0.02 |
| 10 | 1.0 | 0.0063 | 0.063 |
| 100 | 10.0 | 0.02 | 0.2 |

由于 $R_E << \omega L_E$，则式（5-33）可以简化为

$$Z_L = R + R_E\frac{L}{L_E}K^2 + j\omega L(1-K^2) \tag{5-34}$$

从上式可知，$Z_L$ 的虚部 $j\omega L(1-K^2)$ 与金属板的电阻率无关，而仅与耦合系数 $K$ 有关，即仅与线圈至金属板之间的距离有关。也就是说，电阻率的变化不会带来原线圈两端感抗分量的变化。但由于在实际条件下，线圈 $L$ 与金属板之间的耦合程度很弱，即 $K<1$，并有 $R_E << \omega L_E$，因而可以认为式（5-34）在特定条件下（测量信号频率 $f$ 较高，金属板电阻率较小且变化范围不大）存在着以下关系

$$R_E \frac{L}{L_E} K^2 << \omega L(1-K^2)$$

即与电阻率有关的这一项分量，在 $Z_L$ 中占的比例很小，而式中的 $R$ 是与金属板电阻率无关的一项，因而金属板电阻率的变化对 $Z_L$ 的影响可以忽略，即不会给测量带来误差。

5.3.1.2　测量电路

高频反射式涡流传感器的测量电路基本上可以分为定频测距电路和调频测距电路两类。

图 5-21 即为定频测距的原理线路。图中电感线圈 $L$，电容 $C$ 是构成传感器的基本电路元件。稳频稳幅正弦波振荡器的输出信号经由电阻 $R$ 加到传感器上。电感线圈 $L$ 的高频电磁场作用于金属板表面，由于表面的涡流反射作用。使 $L$ 的电感量降低，并使回路失谐，从而改变了检波电压 $U$ 的大小。$L$ 的数值随距离 $x$ 的增加（或减小）而增加（或减小）。这样，按照图示的原理线路，我们将就 $L-x$ 的关系转换成 $U-x$ 的关系。通过检波电压 $U$ 的测量，就可以确定距离 $x$ 的大小。这里 $U-x$ 曲线与金属板电阻率的变化无关。

若去掉金属板，则 $L=L_\infty$（即 $x$ 趋于 $\infty$ 时的 $L$ 值）。如果在保持幅值不变的情况下，改变正弦振荡器的频率，则可以得到 $U-f$ 曲线，即传感器回路的并联谐振曲线，如图 5-22 所示。谐振频率为

$$f_0 = \frac{1}{2\pi\sqrt{L_\infty C_{并}}} \tag{5-35}$$

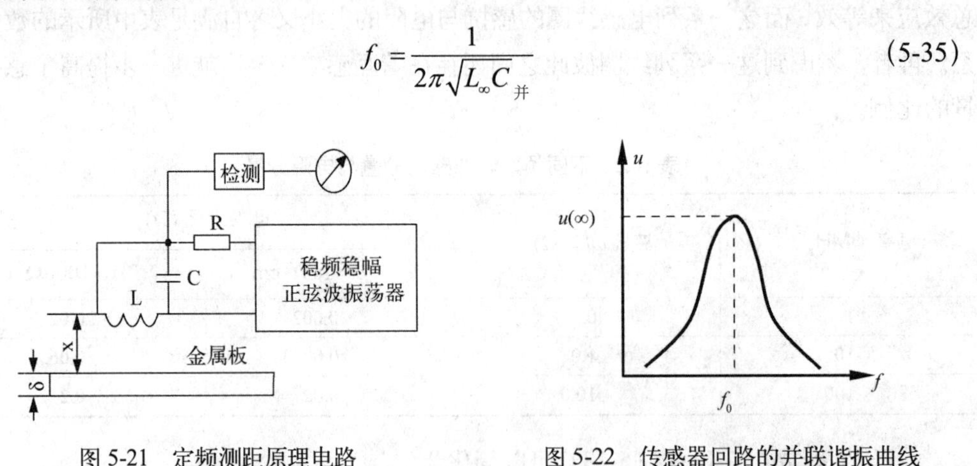


图 5-21　定频测距原理电路　　图 5-22　传感器回路的并联谐振曲线

有金属板时，设振荡器的频率为 $f_0$。若改变金属板至传感器之间的距离 $x$，则 $u \sim x$ 曲线如图 5-23 所示。当 $x$ 足够大时（此时 $L=L_\infty$，$U=U_\infty$），回路处于并联谐振状态。

图 5-24 是调频测距原理线路。距离$x$的变化引起传感器中感抗分量$j\omega L(1-K^2)$的变化，使传感器回路谐振频率$f$与距离$x$之间形式一个函数关系$f=\phi(x)$。因此调频测距方案对金属电阻率变化的影响不敏感。

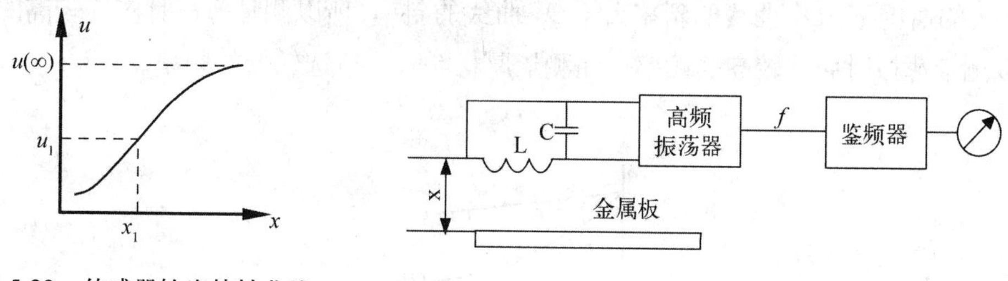


图 5-23　传感器输出特性曲线　　图 5-24　频率测量原理线路

### 5.3.2　低频透射涡流传感器

图 5-25 所示为低频透射涡流传感器作用原理。发射线圈$L_1$和接收线圈$L_2$，分别位于被测材料$M$的上、下方。由振荡器产生的音频电压$U$加到$L_1$的两端后。线圈中即流过一个同频率的交流电流，并在其周围产生一交变磁场。如果两线圈间不存在被测材料$M$，$L_1$的磁场就能直接贯穿$L_2$，于是$L_2$的两端会感生出一交变电势$E$。

在$L_1$与$L_2$之间放置一金属板$M$后，$L_1$产生的磁力线必然切割$M$($M$可以看作是一匝短路线圈)，并在其中产生涡流$i$。这个涡流损耗了部分磁场能量。使到达$L_2$的磁力线减少，从而引起$E$的下降。$M$的厚度 t 越大，涡流损耗也越大，$E$就越小。由此可知，$E$的大小间接反映了$M$的厚度 t，这就是测厚的依据。

$M$中的涡流$i$的大小不仅取决于 t，且与$M$的电阻率有关，而$\rho$又与金属材料的化学成分和物理状态特别是与温度有关，于是引起相应的测试误差，并限制了这种传感器的应用范围。补救的办法是对不同化学成分的材料分别进行校正，并要求被测材料温度恒定。

进一步的理论分析和实验结果证明，$E$与$e^{-t/Q}$成正比，其中 t 为被测材料的厚度，$Q$为涡流渗透深度。而$Q$又与$\sqrt{\dfrac{\rho}{f}}$成正比，其中$\rho$为被测材料的电阻率，$f$为交变电磁场的频率，所以接收线圈的电势$E$随被测材料厚度 t 的增大而按负指数幂的规律减少如图 5-26 所示。

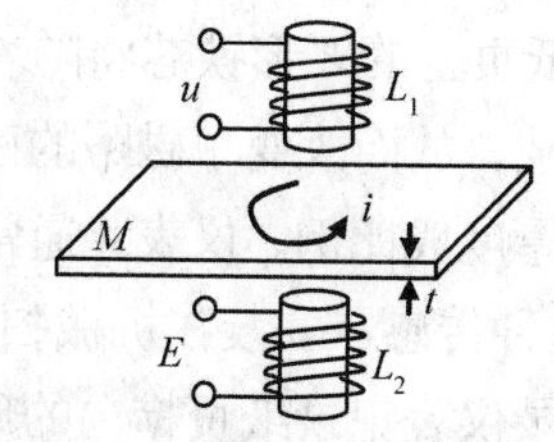


图 5-25　透射式涡流传感器原理图

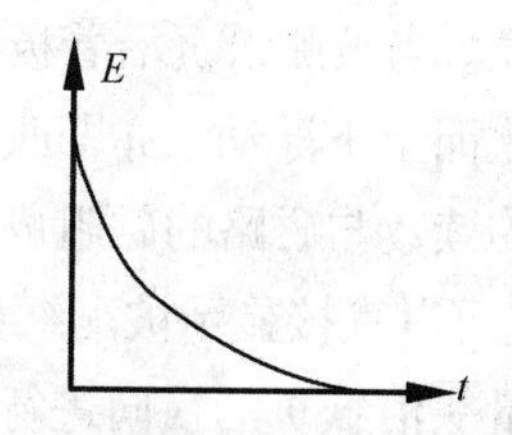


图 5-26　线圈感应电势与厚度关系曲线

对于确定的被测材料，其电阻率为定值，但当选用不同的测试频率 $f$ 时，渗透深度 $Q$ 的值是不同的，从而使 $E \sim t$ 曲线的形状发生变化。

从图 5-27 中可看到，在 t 较小的情况下，$Q_{小}$ 曲线的斜率大于 $Q_{大}$ 曲线的斜率；而在 $\tau$ 较大的情况下，$Q_{大}$ 曲线的斜率大于 $Q_{小}$ 曲线的斜率。所以测量薄板时应选较高的频率。所以测量薄板时应选较高的频率，而测量厚材料时，应选较低的频率。

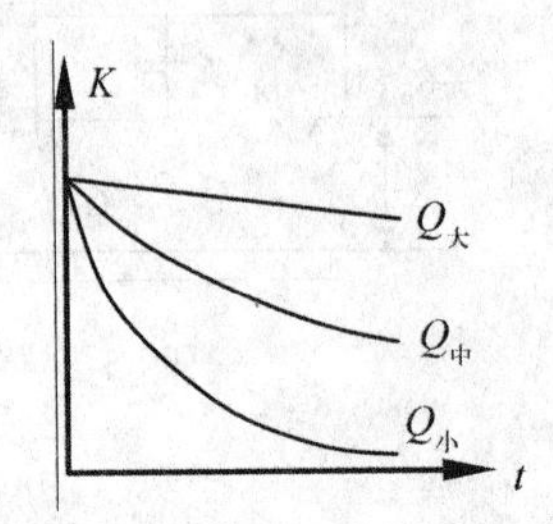


图 5-27　渗透深度对 $E=f(t)$ 曲线的影响

对于一定的测试频率 $f$，当被测材料的电阻率 $\rho$ 不同时，渗透深度 $Q$ 的值也不相同，于是又引起 $E=f(t)$ 曲线形状的变化。为使测量不同 $\rho$ 的材料时所得的曲线形状相近，就需在 $\rho$ 变动时保持 $Q$ 不变，这时应该相应地改变 $f$，即测 $\rho$ 较小的材料（如紫铜）时，选用较低的 $f$（500Hz），而测 $\rho$ 较大的材料（如黄铜、铝）时，则选用较高的频率 $f$（2KHz），从而保证传感器在测量不同材料时的线性度和灵敏度。

## 5.4　电感传感器的应用

电感传感器的基本原理是将衔铁的位移转换为传感器线圈的自感系数或互感系数的变化。因此，这种传感器的主要用途是测量位移以及其它可以转换为位移的被测参数。

### 5.4.1　电感式纸页厚度测量仪

由于一般非磁性物质的磁导率与空气的磁导率相同，所以前述变气隙型传感器的气隙厚度若用非磁性物质的厚度来代替，则可用于测量该磁性物质的厚度。基于这种原理来测量纸页厚度的结构示意图 5-28。如图，$E$ 形铁芯 3 上绕有线圈 5 构成一个电感测量头，衔铁 1 实际上是一块铁质或钢质的平板，在工作过程中板状衔铁 1 是固定不动的，被测纸页 2 于 $E$ 形铁芯 3 与板状衔铁 1 之间，磁力线从上部的 $E$ 形铁芯通过纸页而到达下部的衔铁。当被测纸页沿着板状衔铁移动时，压在纸页上的 $E$ 形铁芯将随着被测纸页的厚度变化而上下浮动，亦即改变了衔铁 1 之间的间隙，从而改变了磁路的磁阻。交流毫安表 4 的读数与磁路的磁阻成比例，亦即与纸页的厚度成比例。仪表 4 通常按微米刻度，这样就可以直接显示被测纸页的厚度了。如果把这种传感器安装在机械扫描装置上，使电感测量头沿纸页的横向进行扫描，则可用自动记录仪表记录纸页横向的厚度，并可利用此检测信号在造纸生产线上自动调节纸页厚度。

图5-29给出了JGH型电感测厚仪的测量电路。JGH型电感测厚仪的传感器是一只差动式自感传感器，因此测量电路是一个不平衡电桥电路。自感传感器的两个线圈$L_1$和$L_2$作为两个相邻的桥臂，另外两个桥臂采用了电容$C_1$和$C_2$。在测量对角线输出端，采用四只二极管$VD_1$、$VD_2$、$VD_3$和$VD_4$为相敏整流器，在相敏整流器输出端用指示器$HL$指示，在二极管中串联四个电阻$R_1$、$R_2$、$R_3$、$R_4$作为附加电阻，目的是为了减少由于温度变化时相敏整理器的特性变化所引起的误差，所以这四个电阻尽可能选用温度系数较小的线绕电阻。电桥的电源对角线是由变压器$T$供给，而变压器原边采用磁饱和稳压器$R_7$和$C_4$，电路中$C_3$起滤波作用，$RP_1$作调节电桥电路零位用。而$RP_2$用来调节指示器$V$满刻度用，$HL$为指示灯。

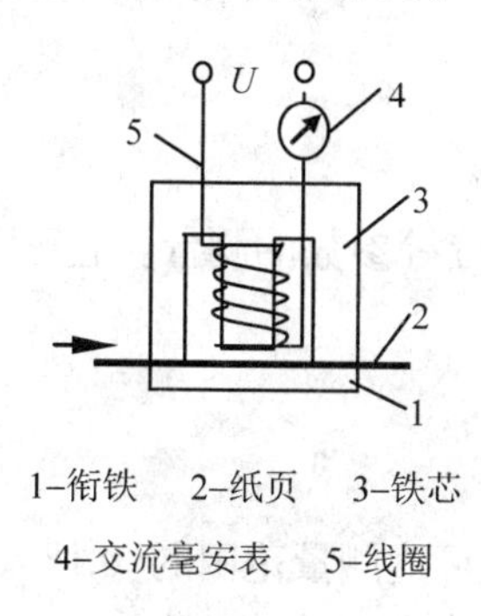


图5-28　电感式纸页厚度测量原理

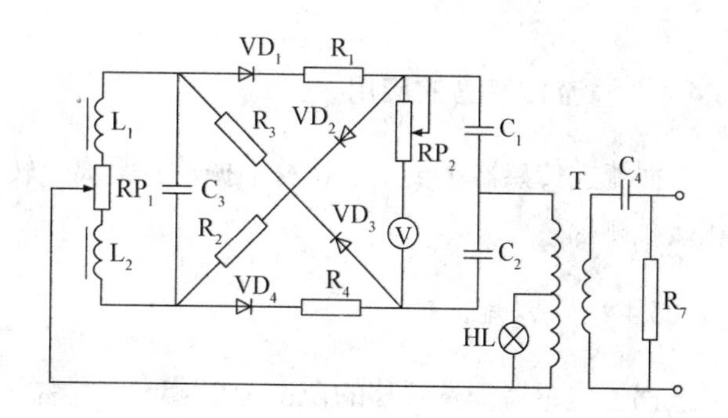


图5-29　JGH型电感测厚仪测量电路

## 5.4.2　电感测微仪

图5-30为电感测微仪典型框图，除电感式传感器外，还包括测量电桥、交流放大器，相敏检波器、振荡器、稳压电源及显示器等。它主要用于精密微小位移测量。

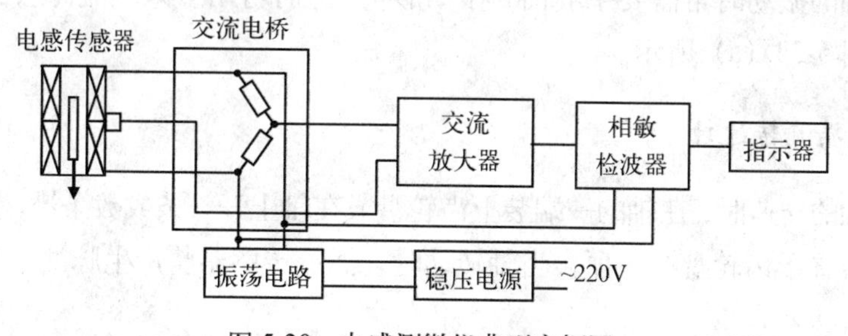


图5-30　电感测微仪典型方框图

## 5.4.3　电感传感器测量加速度、液位等

差动变压器可以测量位移、加速度、压力、压差、液位等参数。图5-31为测量加速度的方框图，图5-32为测量液位的原理图。

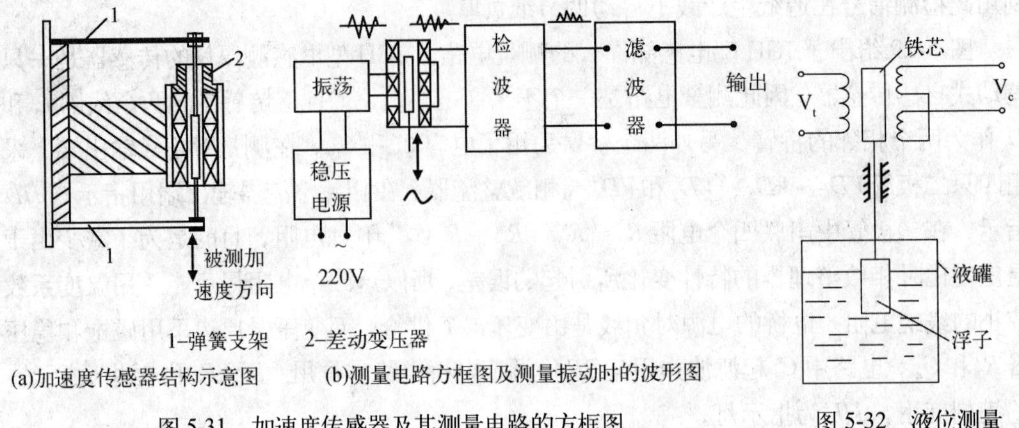


图 5-31　加速度传感器及其测量电路的方框图　　图 5-32　液位测量

### 5.4.4 涡流传感器的应用

涡流式传感器主要用于位移、振动、距离、转速、厚度等参数的测量。它可以实现非接触测量。

#### 5.4.4.1　涡流位移计

涡流传感器测量位移的范围为0～5mm左右，分辨力可达测量范围的 0.1%，例如可测汽轮机主轴的轴向位移，金属式样的热膨胀系数等。

#### 5.4.4.2　振幅计

涡流传感器可以无接触地测量机械振动。监视涡轮叶片的振幅，测量范围从几十微米到几毫米，频率特性从零到几十赫以内比较平坦。

在研究轴的振动时常需要了解轴的振动形状，这时可用多只涡流传感器并排布置在轴附近，如图 5-33（a）所示。

#### 5.4.4.3　涡流转速计

在测量轴的转速时，在轴的一端装上齿轮盘或在轴上开一条或数条槽，如图 5-33（b）所示，传感器置于齿轮盘的齿顶。当轴转动时，涡流传感器将产生脉冲信号输出。

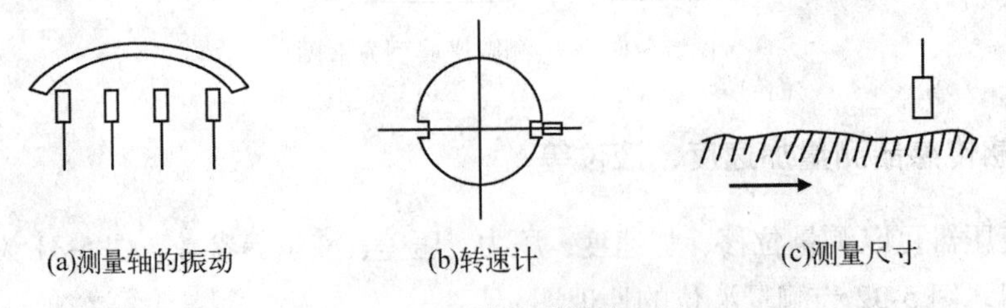


图 5-33　涡流传感器的应用

5.4.4.4　涡流探伤仪

涡流探伤仪是一种无损检测装置，用于探测金属材料的表面裂纹、热处理裂纹以及焊缝裂纹。测试时，传感器与被测物体距离保持不变，遇有裂纹时，金属的电导率、磁导率发生变化，裂缝也有位移量的改变，结果使传感器的输出信号也发生变化。

## 思考题与习题

1. 自感式传感器测量电路的主要任务是什么？变压器式电桥和带相敏检波的交流电桥，哪个能更好地完成这一任务？为什么？

2. 自感式传感器与差动变压器式传感器有何异同？

3. 根据螺线管式差动变压器的基本特性，说明其灵敏度与线性度的主要特点。

4. 什么是零点残余电压？说明该电压产生的原因及消除方法。

5. 何谓涡流效应？涡流传感器的特点是什么？

6. 高频反射与低频透射涡流传感器的基本原理是什么？

7. 怎样利用涡流效应进行位移测量？

8. 电涡流传感器常用测量电路有几种？其测量原理如何？各有什么特点？

9. 利用电涡流传感器测量板材厚度的原理是什么？

10. 说明利用高频反射涡流传感器探测金属裂纹工作过程。

# 第6章 热电传感器

## 6.1 概述

### 6.1.1 热电传感器的分类

热电传感器是基于某些物理效应将温度参数的变化转换为电量变化的一种检测装置，常见的热电传感器可以分为热电偶和热电阻两大类型：

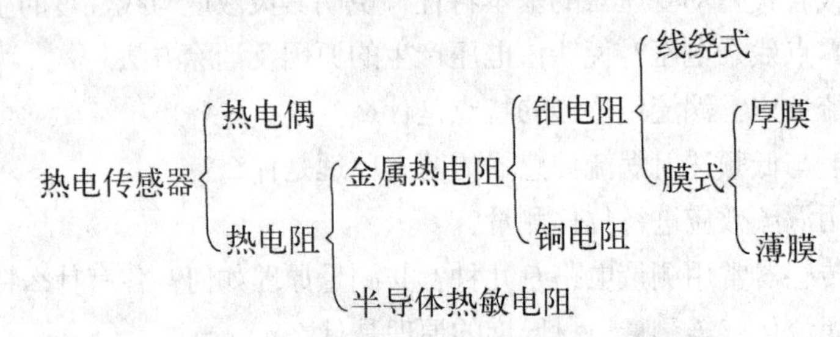


热电偶的工作原理是基于热电效应，将被测温度的大小转换为热电势的大小。热电阻的工作原理则是基于物质的电阻率随其本身温度变化而变化的电阻温度效应。

通过热电传感器的感温元件与被测对象之间的热交换和热平衡，利用其热电势或电阻值与温度之间的单值函数关系，即可直接测量温度，或者间接测量流速、流量、浓度、气体的导热系数等其他非电量。

### 6.1.2 热电传感器的特点

热电偶和热电阻温度传感器的测量范围大、测量精度高，并且具有测量信号便于远传和自动记录、结构简单、互换性好、使用方便等一系列优点，因而不仅在工业上得到广泛应用，而且在一定的温度范围内被用作温度基准器，以复现热力学温度。

热电偶或热电阻与适当的测量电路（显示仪表）联接，即组成热电偶温度计或电阻温度计。热电偶温度计一般适用于−180～2800℃的温度范围，某些特殊热电偶可测到−270℃的低温或高于2800℃的高温。热电阻温度计的测温范围一般为−200～850℃。在300℃以下温度范围内，热电阻的灵敏度比热电偶高，但线绕式热电阻传感器的体积一般较大，故难于测量表面温度和小尺寸对象的温度。近年发展起来的铂膜电阻温度传感器，既保留了线绕式热电阻的优点，又可以做的很小，又比线绕式热电阻更快的响应速度，在表面温度测量及恶劣环境条件下的应用方面，表现出明显的优越性。

## 6.2　热电偶

### 6.2.1　热电偶测温的基本原理

如图 6-1 所示，两种不同成分的导体（或半导体）A 和 B 的两端分别连接或焊接在一起构成一个闭合的回路，如果将他们的两个接点分别置于温度各为 $T$ 及 $T_0$（假定 $T > T_0$）的热源中，则在该回路内就会产生热电动势，这种现象称作热电效应。图中，导体（或半导体）A 或 B 称为热电极，它们组成热电偶 AB。两个接点，一个称为工作端或热端（$T$），另一个称为参考端或冷端（$T_0$）。

在图 6-1 所示的热电偶回路中，所产生的热电动势由两部分组成：接触电动势和温差电动势。

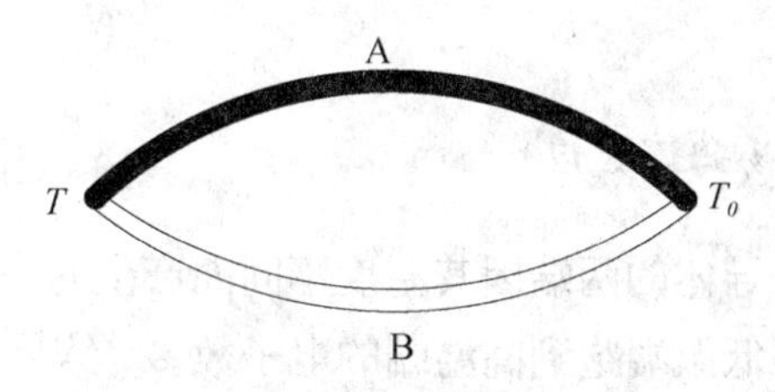


图 6-1　两种不同材料构成的热电偶

#### 6.2.1.1　接触电动势

热电极 A 和 B 接触在一起（如图 6-2 所示）时，由于电极材料的成分不同，其电子密度也不同，于是在接触面上便产生自由电子的扩散现象。设电极 A 的自由电子密度大于电极 B，则自由电子由 A 向 B 扩散的多，从而使电极 A 因失电子而带正电荷，电极 B 因得到电子而带负电荷。于是在接触面处形成电场，此电场将阻止自由电子扩散的进一步发生，直到扩散作用与电场的阻止作用相等时，这过程便处于动态平衡。此时，在 A、B 接触面形成一个稳定的电位差 $U_A$-$U_B$，这就是接触电势。接触电势写成 $E_{AB}(T)$，表示它的大小与两电极的材料有关，也与接触面处（接点）的温度有关。

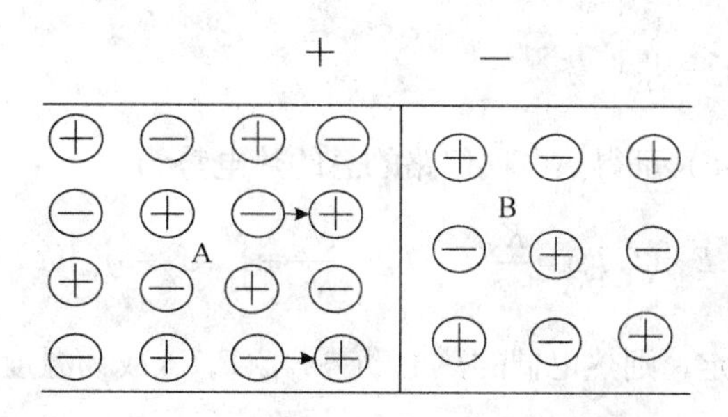


图 6-2　接触电势原理

据珀尔帖效应，在接触面（接点）的温度为 $T$ 和 $T_0$ 时，其接触电动势的表达式为

$$E_{AB}(T)=\frac{kT}{e}ln\frac{N_A}{N_B} \tag{6-1}$$

$$E_{AB}(T_0)=\frac{kT_0}{e}\ln\frac{N_A}{N_B} \tag{6-2}$$

式中，k 为波尔兹曼常数（$k=1.38\times10^{-23}$ J/K）；e 为单位电荷（$e=1.602\times10^{-19}$ C）；$N_A$、$N_B$ 为电极 A、B 的自由电子密度。

一般可以认为金属导体电极的自由电子密度与温度无关；当电极为半导体材料时，则电子密度还是温度的函数。

在热电偶回路中，总接触电势为

$$E_{AB}(T)-E_{AB}(T_0)=\frac{K}{\mathrm{e}}(T-T_0)\ln\frac{N_A}{N_B} \tag{6-3}$$

6.2.1.2　温差电势（汤姆逊效应）

温差电动势是在同一导体的两端因其温度不同而产生的一种热电动势。由于高温端跑到低温端的电子数比从低温端跑到高温端的电子数多，结果高温端失去电子而带正电荷，低温端因得到电子而带负电荷，从而形成一个静电场。此时，在导体的两端便产生了一个相应的电位差，当两端温差一定时，它的数值也一定，这就是温差电势。

温差电势由下式求得：

$$E_A(T,T_0)=\int_{T_0}^{T}\sigma_A dt \tag{6-4}$$

$$E_B(T,T_0)=\int_{T_0}^{T}\sigma_B dt \tag{6-5}$$

式中，T、$T_0$ 为电极两端的热力学温度；$\sigma_A$、$\sigma_B$ 为电极的汤姆逊系数。

在热电偶回路中，总的温差电势为

$$E_A(T,T_0)-E_B(T,T_0)=\int_{T_0}^{T}(\sigma_A-\sigma_B)dt \tag{6-6}$$

6.2.1.3　热电偶的总热电势

根据式(6-3)、(6-6) 可得热电偶回路的总的热电势为

$$E_{AB}(T,T_0)=\frac{K}{\ell}(T-T_0)ln\frac{N_A}{N_B}+\int_{T_0}^{T}(\sigma_A-\sigma_B)dt \tag{6-7}$$

若热电偶材料一定，则热电偶的热电动势 $E_{AB}(T,T_0)$ 成为温度 $T$ 和 $T_0$ 的函数差，即

$$E_{AB}(T,T_0)=f(T)-f(T_0) \tag{6-8}$$

如果使冷端温度 $T_0$ 固定，则对一定材料的热电偶，其总电动势就只与温度 $T$ 成单值函数关系

$$E_{AB}(T,T_0)=f(T)-C=\psi(T) \tag{6-9}$$

式中，C 为由固定温度 $T_0$ 决定的常数。这一关系式可通过实验方法获得，它在实际测温中是很有用处的。

#### 6.2.1.4　热点偶热电势的几点结论

（1）两个相同成分材料的热电极，不能构成热电偶。因为材料成分相同时，$N_A=N_B$，则有 $\ln\frac{N_A}{N_B}=0$,以及 $\sigma_A=\sigma_B$ ,则总电势为零。

（2）热电偶所产生的热电势的大小，与热电极的长度和直径无关；只与热电极材料的成分（要求是均值的）和两端温度有关。

（3）如热电偶两接点温度相同，$T=T_0$，则尽管导体 A、B 的材料不同，热电偶回路内的总电动势亦为零，即

$$E_{AB}(T,T_0)=\frac{K}{\ell}(T-T_0)=\ln\frac{N_A}{N_B}+\int_{T_0}^{T}(\sigma_A-\sigma_B)dt=0$$

（4）热电偶 AB 的热电势与 A、B 材料的中间温度无关，而只与接点温度有关。

### 6.2.2　热电偶回路基本法则

欲正确使用热电偶检测温度，尚须掌握有关热电偶回路的若干基本法则，先分别介绍如下。

#### 6.2.2.1　中间导体法则（定律）

在热电偶回路中接入第三种材料的导线，只要第三种导线的两端温度相同，则此导线的接入不影响原来热电偶回路的热电势，这一性质称为中间导体法则。此法则的证明如下：

首先证明图 6-3(a)的情况，设 C 和 B 的两个接点的温度都是 $T_1$，则回路的热电势（因温差电势很小，主要是各接点的接触电势决定的回路的总电势）为

$$\begin{aligned}
&E_{ABC}(T,T_1,T_0)=E_{AB}(T)+E_{BC}(T_1)+E_{CB}(T_1)+E_{BA}(T_0)\\
&=E_{AB}(T)+E_{BC}(T_1)-E_{BC}(T_1)+E_{BA}(T_0)\\
&=E_{AB}(T)-E_{AB}(T_0)=E_{AB}(T,T_0)
\end{aligned}$$

由此可知，按图 6-3（a）方式接入第三种导体，只要接点处的温度都是 $T_1$，则对原热电偶回路的热电势没有影响。

对于图 6-3（b），先设 A、B、C 的三个接点的温度都是 $T_0$，求得此时热电偶回路的

热电势

$$E_{ABC}(T_0)=E_{AB}(T_0)+E_{BC}(T_0)+E_{CA}(T_0) \tag{6-10}$$

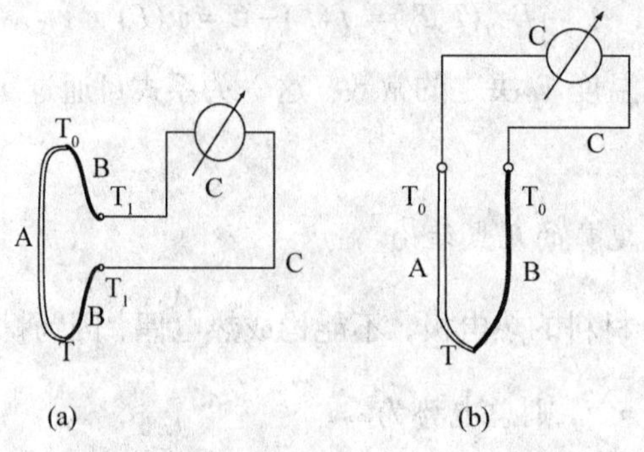


图 6-3　热电偶回路接入第三种导体

根据式（5-2），可将使（5-10）写成

$$\begin{aligned}E_{ABC}(T_0)&=\frac{kT_0}{e}ln\frac{N_A}{N_B}+\frac{kT_0}{e}ln\frac{N_B}{N_C}+\frac{kT_0}{e}ln\frac{N_C}{N_A}\\&=\frac{kT_0}{e}(ln\frac{N_A}{N_B}+ln\frac{N_B}{N_C}+ln\frac{N_C}{N_A})\\&=\frac{kT_0}{e}ln(\frac{N_A}{N_B}\frac{N_B}{N_C}\frac{N_C}{N_A})=0\end{aligned} \tag{6-11}$$

即

$$E_{AB}(T_0)+E_{BC}(T_0)+E_{CA}(T_0)=0 \tag{6-12}$$

或

$$E_{BC}(T_0)+E_{CA}(T_0)=-E_{AB}(T_0) \tag{6-13}$$

图 6-3（b）所示的回路总电势可写成

$$E_{ABC}(T,T_0)=E_{AB}(T)+E_{BC}(T_0)+E_{CA}(T_0) \tag{6-14}$$

将式（6-13）带入式（6-14）可得

$$E_{ABC}(T,T_0)=E_{AB}(T)-E_{AB}(T_0)=E_{AB}(T,T_0)$$

由此证明，这一回路的电势不受导体 C 接入的影响。因此，若接入测量仪表时所用连接导线的两端温度相同，则不会影响原回路的电势。

根据中间导体法则还可以用来测量液态金属和固体金属表面的温度。

6.2.2.2　中间温度法则

热电偶 AB 在接点温度为 $T_1$、$T_3$ 时的热电动势，等于此热电偶在接点温度为 $T_1$、$T_2$ 与 $T_2$、$T_3$ 两个不同状态下的热电势之和，此法则的证明如下

$$\begin{aligned}E_{AB}(T_1,\ T_3)&=E_{AB}(T_1)-E_{AB}(T_3)\\&=E_{AB}(T_1)-E_{AB}(T_2)+E_{AB}(T_2)-E_{AB}(T_3)\\&=E_{AB}(T_1,\ T_2)+E_{AB}(T_2,\ T_3)\end{aligned}$$

这一法则，为将要讲述的延伸导线（补偿导线）的应用提供了理论依据。由此还可以看出，只要是均质的电极，这回路的总电势只与两个接点的温度有关，而与电极的中间温度无关。故在使用时，可以不考虑电极的中间温度变化。

6.2.2.3　标准热电极法则

当温度为 T、$T_0$时，用导体 A、B 组成的热电偶的热电动势等于 AC 热电偶和 CB 热电偶的热电动势之代数和，即

$$E_{AB}(T,T_0)=E_{AC}(T,T_0)+E_{CB}(T,T_0)$$

式中，导体 C 称为标准电极（一般由铂制成），故把这一性质称为标准电极法则。证明如下：

设由三种材料成分不同的热电极 A、B、C 分别组成三对热电偶回路（如图 6-4 所示），这三对热电偶工作端的温度都是 T，而参考端温度都是 $T_0$，则热电偶 AC、BC 的热电势分别为

$$E_{AC}(T,T_0)=E_{AC}(T)-E_{AC}(T_0)$$

$$E_{BC}(T,T_0)=E_{BC}(T)-E_{BC}(T_0)$$

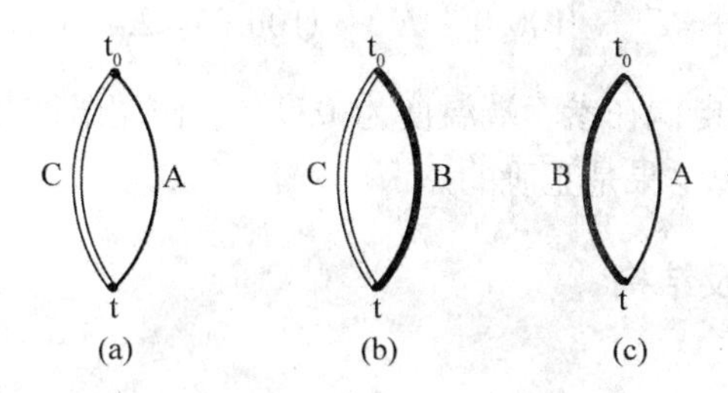


图 6-4　标准热电极法则

上述两式相减，得到

$$\begin{aligned}&E_{AC}(T,T_0)-E_{BC}(T,T_0)\\&=E_{AC}(T)-E_{AC}(T_0)-E_{BC}(T)+E_{BC}(T_0)\\&=-[E_{BC}(T)+E_{CA}(T)]+[E_{BC}(T_0)+E_{CA}(T_0)]\end{aligned}\tag{6-15}$$

由式（6-12）可知

$$-[E_{BC}(T)+E_{CA}(T)]=E_{AB}(T)\tag{6-16}$$

$$E_{BC}(T_0)+E_{CA}(T_0)=-E_{AB}(T_0)\tag{6-17}$$

将式（6-16）及式（6-17）代入式（6-15）

$$E_{AC}(T,T_0)-E_{BC}(T,T_0)=E_{AB}(T)-E_{AB}(T_0)=E_{AB}(T,T_0)\tag{6-18}$$

由式（6-18）可看出，热电偶 AB 的热电势可有热电偶 AC 和 BC 的热电势通过计算求得。标准电极 C 通常用纯度很高、物理化学性能非常稳定的铂制成。

若干材料与标准铂电极组成的热电偶，当参考端温度为 0℃，工作端温度为 100℃时所产生的热电势数值如表 6-1 所示。利用此表和式（6-18）便可知同一温度范围内任选两电极所组成的热电偶的热电势。例如，选镍铬为一电极，另一电极为镍硅，欲求他们组成的热电偶在工作端温度为 100℃、参考端温度为 0℃时的热电势。由表 6-1 查得

表 6-1　不同材料与标准铂电极组成电偶的热点势 E（100，0）

| 材料名称 | 热电势（mv） | 材料名称 | 热电势（mv） | 材料名称 | 热电势（mv） |
|---|---|---|---|---|---|
| 硅 | 44.80 | 镁 | 0.42 | 银 | –0.72 |
| 镍铬 | 2.40 | 铝 | 0.40 | 金 | –0.75 |
| 铁 | 1.80 | 碳 | 0.30 | 锌 | –0.75 |
| 钨 | 0.80 | 汞 | 0.00 | 镍 | –1.50 |
| 钢 | 0.77 | 铂 | 0.00 | 镍铝（镍硅） | –1.70 |
| 铜 | 0.76 | 铑 | -0.64 | 康铜 | –3.40 |
| 锰铜 | 0.76 | 铱 | -0.65 | 考铜 | –3.60 |

$$E_{镍铬-铂}(100,0)=2.4mv\text{，}E_{镍硅-铂}(100,0)=-1.7mv$$

由式（6-18）可知

$$E_{镍铬-镍硅}(100,0)=E_{镍铬-铂}(100,0)-E_{镍硅-铂}(100,0)=2.4-(-1.7)=4.1(mv)$$

亦即镍铬—镍铬热电偶在参考端温度为 0℃，工作端温度为 100℃时，其热电势为 4.1mv，实验证实此计算结果是正确的。

## 6.2.3　热电偶的种类及结构

### 6.2.3.1　常用热电偶

常用热电偶的结构如图 6-5 所示。热电偶通常制成棒形，它主要由四部分组成：

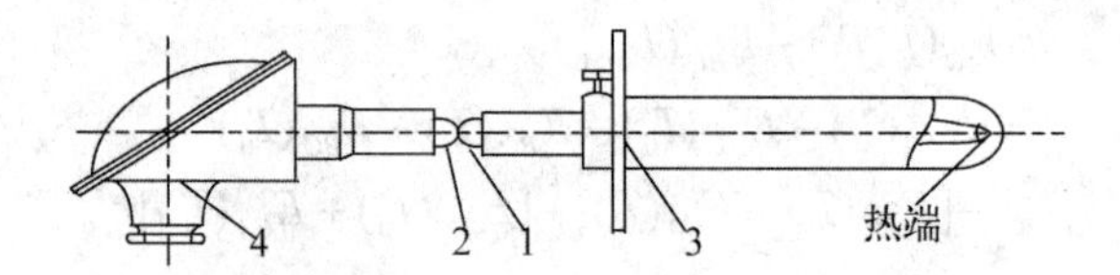


1- 热电极　2- 绝缘管　3- 保护管　4- 接线

图 6-5　热电偶结构

（1）热电极：制作热电极的材料不但应具有良好的热电特性，稳定的物理和化学性能，而且其热电与温度之间最好呈线性关系，以便获得线性刻度。

（2）绝缘管：它是用来防止两个热电极在中间位置短路的，其材料由热电偶的使用温度范围及对其绝缘性能的要求而定的，一般是采用陶瓷、石英等。

(3) 保护管：用保护管将热电极与被测介质隔离，使热电极免受化学侵蚀及机械损伤。

(4) 接线盒：连接导线通过接线盒与热电偶的电极相接。线盒必须有良好的密封，以防止灰尘、水分及有害气体侵入保护管内。接线盒的接线端子上要注明热电极的正极和负极，以便正确接线。

目前，在我国被广泛使用的热电偶有以下几种：

(1) 铂铑—铂热电偶（S）。

由 Φ0.5mm 的纯铂丝和相同直径的铂铑丝（铂 90%，铑 10%）制成，用符号 S 表示。在 S 热电偶中，铂铑丝为正极，纯铂丝为负极。该热电偶优点是：①在 1300℃以下范围内可长时间使用，在良好的使用环境下可短期测量 1600℃高温；②由于容易得到高纯度的铂和铂铑，故 S 热电偶的复制精度和测量的准确性较高，可用于精密温度测量和作基准热电偶；③S 热电偶在氧化性或中性介质中具有较高的物理化学稳定性。其主要特点：热电动势较弱；在高温时易受还原性气体所发出的蒸气和金属蒸气的侵害而变质；其主要缺点：热电动势较弱；在高温时易受还原性气体所发出的蒸气和金属蒸气的侵害而变质；铂铑丝中的铑分子在长期使用后因受高温作用而产生挥发现象，使铂丝受到污染而变质，从而引起热电偶特性的变化，失去测量准确性；S 热电偶的材料系贵重金属，成本较高。

(2) 镍铬—考铜热电偶(E)。

由镍铬材料与镍、铜合金材料组成，用符号 E 表示。该热电偶偶丝一般为 Φ1.2～2mm，镍铬为正极，考铜为负极。适应于还原性或中性介质，长期使用温度不可可超过 600℃，短期测量可达 800℃。E 热电偶的特点是热灵敏度高（参见图 6-6），价格便宜，但测温范围低且窄，考铜合金丝易受氧化而变质，由于材料的质地坚硬而不易得到均匀的线径。

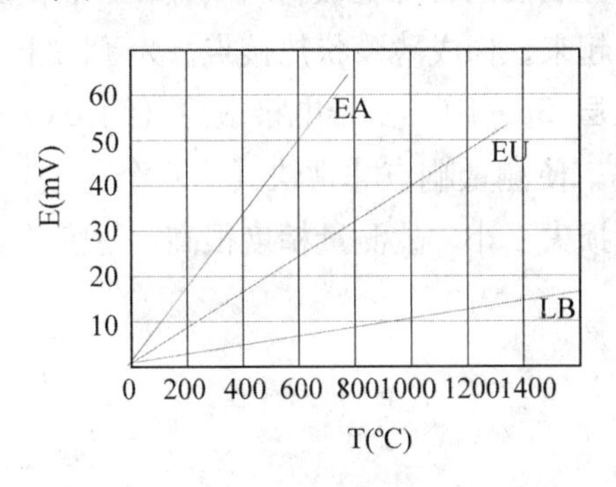


图 6-6　热电动势 E 与温度 T 的关系曲线

(3) 镍铬—镍硅（镍铬—镍铝）热电偶（K）。

由镍铬与镍硅制成，用符号 K 表示。热偶丝直径一般 Φ1.2～2.5mm。镍铬为正极，镍硅为负极。特点：K 热电偶化学稳定性较高，可在氧化性或中性介质长时间地测量 900℃以下的温度，短期测量可达 1200℃；K 热电偶具有复制性好，产生热电势大，线性好，价格便宜等优点。其缺点是：如果用于还原性介质中，则会很快地受到腐蚀，测量精度偏低，但完全能满足工业测量要求，是工业生产中最常用的一种热电偶。

（4）铂铑 30—铂铑 6 热电偶（B）。

此种热电偶以铂铑 30 丝（铂 70%，铑 30%）为正极，铂铑 6 丝（铂 94%，铑 6%）为负极。可长期测量 1600℃的高温，短期可测 1800℃。B 热电偶性能稳定，精度高，适于氧化性和中性介质中使用。但它产生的热电动势小，且价格贵。

#### 6.2.3.2　特殊热电偶

（1）钨铼系热电偶。

它们主要应用在超高温的测量中。我国目前生产的钨铼系热电偶的使用范围为 300~2000℃，其上限主要受绝缘材料的限制；就其电极材料本身的耐温情况来看，其测温上限可高达 2800℃。它们适用于惰性气体及氢气之中，在真空中也可短期使用。

（2）镍铬—金铁热电偶。

它是一种低温热电偶，可以在 2~273K 范围内使用，在 4K 时也能保持 10μv/℃的热电势率，这是其他电偶难以达到的。

（3）表面热电偶。

测量形状不同的固体的表面温度时，要求测温热电偶有不同的形状和安装方式，一般可固定安装或焊接在被测表面，也可制成可拆卸的形式。

图 6-7 为一种探头型表面热电偶，适用于静态或低速旋转物体的表面温度测量，连接测量端的探头有时制成可互换的，其型式应根据被测物体表面的具体情况而定。

为了快速测量小物体的表面温度，近年来研制成功了薄膜型热电偶，其结构如图 6-8 所示。它是用真空蒸镀等方法使两种热电极材料（金属）蒸镀到绝缘基板上形成薄膜电极，两电极再牢固地结合起来，构成薄膜状热接点。为了防止电极氧化和与被测物体绝缘，再在薄膜表面上镀一层 $SiO_2$ 膜。由于电极很薄（约 0.01～0.1μm），尺寸也很小，因此热接点的热容量很小，使测量响应非常快（达几个毫秒）。又由于测量时是与被测物体的表面贴牢，使热量损失很小，故测量精度很高。薄膜热电偶主要应用于微小面积上的温度测量。

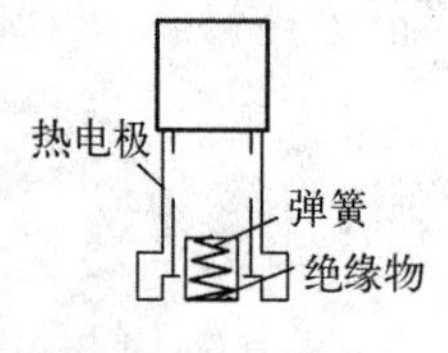

图 6-7　表面热电偶

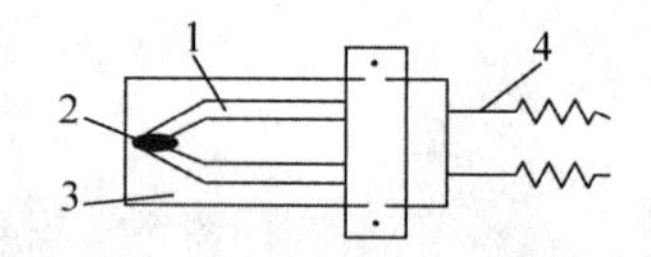

1-热电极 2-热接点 3-绝缘基板 4-引出线

图 6-8　薄膜热电偶

（4）铠装热电偶。

铠装热电偶是用特殊的加工方法，把热电极、绝缘材料和金属套管三者组合加工而成的一个坚实组合体。其电极材料与普通热电偶材料一样，只是成型后形状有所不同，如图 6-9 所示。

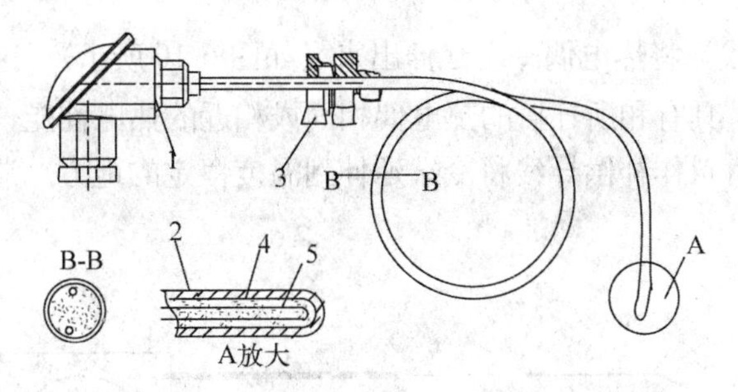


1-接线盒 2-金属套管 3-固定装置 4-绝缘材料 5-热电极

图6-9　铠装热电偶

铠装热电偶比普通热电偶有许多优点：①热惰性（或称为热响应时间）很小，这对于采用计算机进行检测、控制具有重要意义；②有良好的柔韧性，可适应复杂结构上的安装要求，如安装到狭小的需要弯曲的测温部位；③热接点处的热容量小；④寿命长。另外，组合体具有良好的机械性能，抗震抗冲击。

(5) 非金属热电偶。

金属电极热电偶的测温上限主要受到其熔点的限制，如钨为金属中熔点高的，其熔点为3387℃的温度，即使能用其测量高达3000℃的温度，保护管及电极的绝缘材料也难以解决。高温测量中常用的电极材料，如铂等都是贵重金属，价格昂贵，不宜广泛使用。因此，高温测量所用的热电极材料的研究转向非金属材料。目前我国已定型生产的非金属热电偶有二硅化钨—二硅化钼；石墨—二硼化锆；石墨（2000℃焙烧）—石墨（3000℃焙烧）、硼化石墨—石墨、硼化碳—碳等。这些热电偶的特点是：①热电动势和热电动势率（dE/dT）大大金属热电偶材料；②熔点高，且某些碳化物在接近熔点以下温度区域内都很稳定，故可测超高温；③在含碳气氛中，石墨和碳化物的热电偶材料都很稳定，故可测量含碳气氛中及原子反应堆中碳化物核燃料棒的温度；④用P型及N型碳化硅以及二硅化钼等耐热材料作成的热电偶可以在氧化性气氛中使用到1700~1800℃的高温，这就有可能在某些应用范围内代替贵重的铂族热电偶材料。其缺点是复制性差，脆性大，尚不能成批生产，石墨易于吸潮而改变其热电性能。

### 6.2.4　热电偶冷端温度补偿

为使热电势与被测温度间呈单值函数关系，需把热电偶冷端的温度保持恒定或采用下述几种方法进行处理。

#### 6.2.4.1　补偿导线

为了使热电偶冷端温度保持恒定（最好为0℃），当然可以把热电偶做的很长，使冷端远离工作端，并连同测量仪表一起放置到恒温或温度波动比较小的地方，但这种方法一方面安装使用不方便，另一方面也要多耗费许多贵重的金属材料。因此，一般是用一种导线（称补偿导线）将热电偶冷端延伸出来（如图 6-10 所示），这种导线在一定温度范围内（0～100℃）具有和所连接的热电偶相同或相近的热电性能，廉价金属制成的热电偶，可用其本身材料作补偿导线将冷端延伸到温度恒定的地方。常用热电偶的补偿导线列于表 6-2。

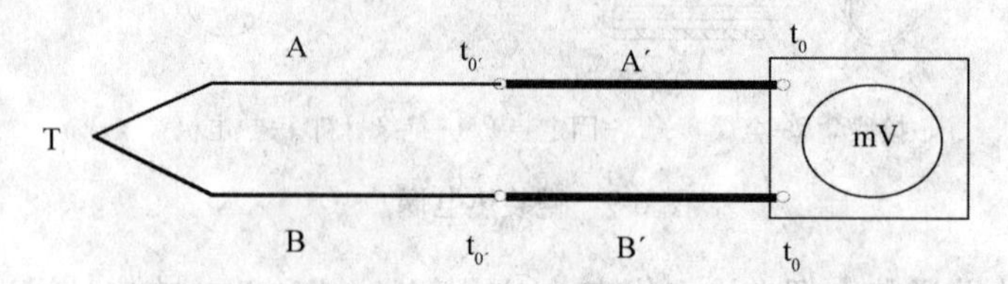


A、B-热电偶电极　A'、B'-补偿导线　$t_{0'}$-热电偶原冷端温度　$t_0$-热电偶新冷端温度

图 6-10　补偿导线在测温回路中的连接

必须指出，只有当新移的冷端温度恒定或配用仪表本身具有冷端温度自动补偿装置时，应用补偿导线才有意义。因此，热电偶冷端必须妥善安置，其方法参看图 6-11。

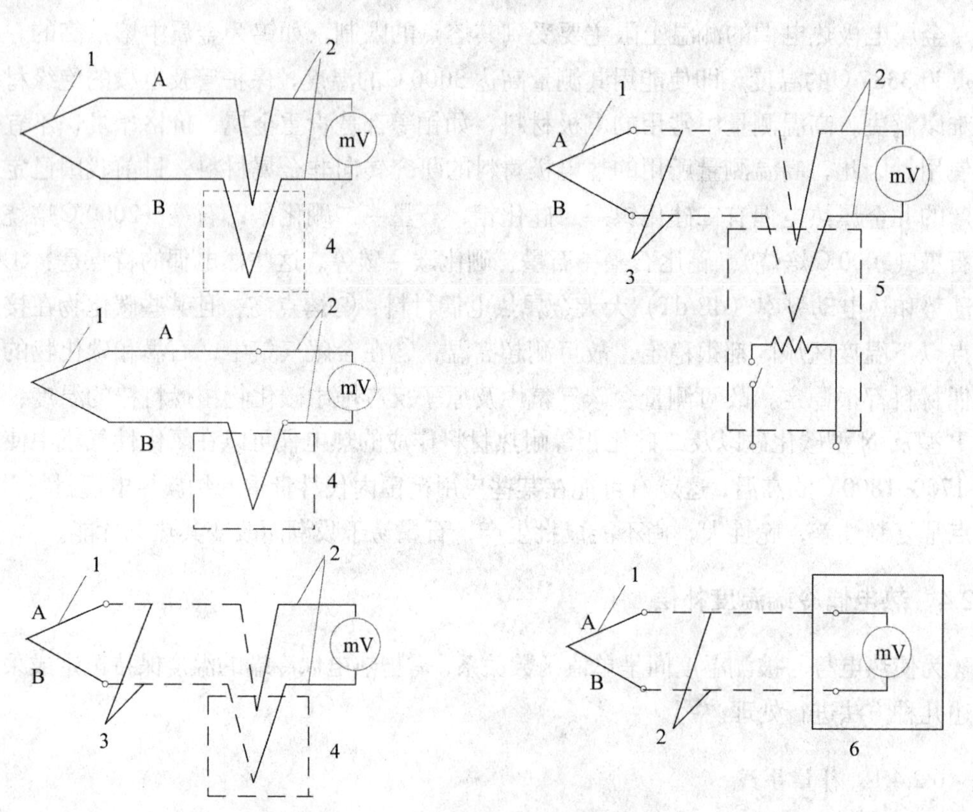


1-热电偶　2－铜线　3－补偿导线　4－冷端恒温槽　5－恒温箱式冷端装置　6－室温式冷端装置

图 6-11　热电偶与冷端恒温装

此外，热电偶和补偿导线连接端所处的温度不应超出 100℃，否则也会由于热电特

性不同带来新的误差。

表6-2 常用热电偶的补偿导线

| 热电偶名称 | 补偿导线 | | | | 工作端为 100℃，冷端时为 0℃的标准电动势（mv） |
|---|---|---|---|---|---|
| | 正极 | | 负极 | | |
| | 材料 | 颜色 | 材料 | 颜色 | |
| 铂铑—铂 | 铜 | 红 | 镍铜 | 白 | 0.64±0.03 |
| 镍铬—镍硅（镍铝） | 铜 | 红 | 康铜 | 白 | 4.10±0.15 |
| 镍铬—考铜 | 镍铬 | 褐绿 | 考铜 | 白 | 6.95±0.30 |
| 铁—考铜 | 铁 | 白 | 考铜 | 白 | 5.75±0.25 |
| 铜—康铜 | 铜 | 红 | 康铜 | 白 | 4.10±0.15 |

6.2.4.2 冷端温度校正法

由于热电偶的温度—热电动势关系曲线（刻度特性）是在冷端温度保持 0℃的情况下得到的，与它配套使用的仪表又是根据这一关系曲线进行刻度的，因此冷端温度不等于0℃时，就需对仪表指示值加以修正。例如，冷端温度高于 0℃，如恒定于$t_0$℃，则测得的热电动势要小于该热电偶的分度值。此时，为求得真实温度，可利用下式进行修正

$$E(T,0^0)=E(T,t_0)+E(t_0,0^0)$$

6.2.4.3 冰浴法

为避免经常校正的麻烦，通常采用冰浴法使冷端温度保持为恒定的 0℃，在实验室条件下采用冰浴法，通常是把冷端放在盛有绝缘油的试管中，然后再将其放入装满冰水混合物的保温容器中，使冷端保持 0℃。

当有几支（或更多的）热电偶配用一台仪表时，为节省补偿导线以及不用特制的大恒温槽，可采用加装补偿热电偶的方法，其连接电路参见图 6-12 和图 6-13。

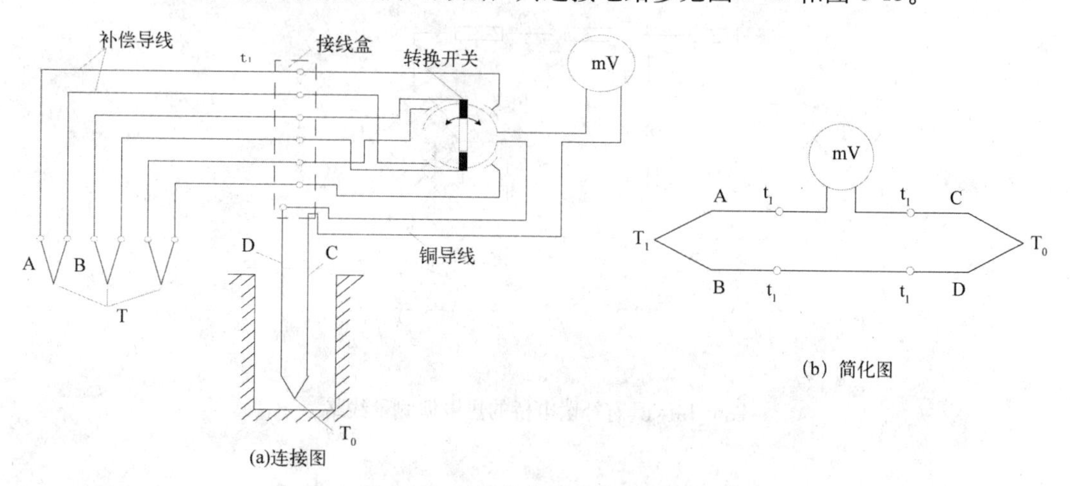


图 6-12 补偿热电偶连接电路之一

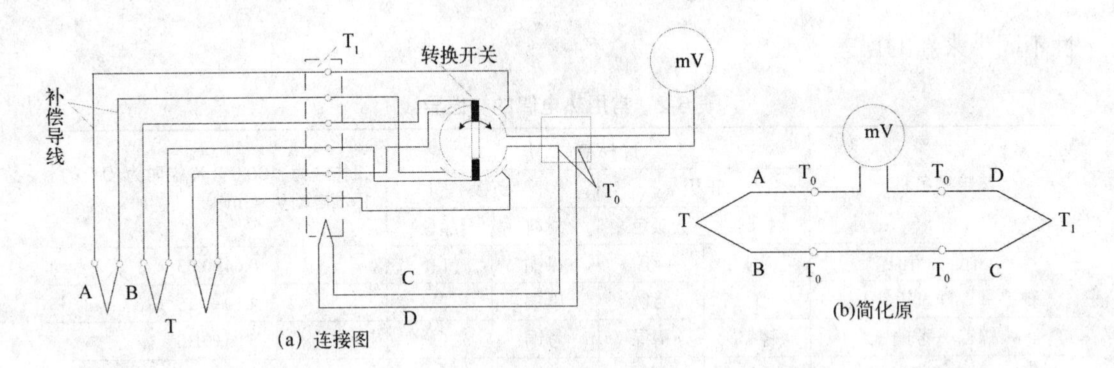


图 6-13　补偿热电偶连接电路之二

补偿热电偶 CD 的热电极材料可与测量热电偶相同，也可是测量热电偶的补偿导线。

### 6.2.4.4　补偿电桥法

补偿电桥是利用不平衡电桥产生的电动势来补偿热电偶因冷端温度变化而引起的热电动势变化值，如图 6-14 所示，不平衡电桥（即补偿电桥）有电阻 $r_1$、$r_2$、$r_3$（锰铜丝绕制）、$r_{Cu}$（铜丝绕制）四个桥臂和桥路稳压电源所组成，串联在热电偶测量回路中。热电偶冷端与电阻 $r_{Cu}$ 感受相同的温度。通常，取 20℃时电桥平衡（$r_1=r_2=r_3=r_{cu}^{20}$），此时对角线 a、b 两点电位相等（即 $u_{ab}=0$），电桥对仪表的读数无影响。当环境温度高于 20℃时，$r_{Cu}$ 增加，平衡被破坏，a 点电位高于 b 点，产生一不平衡电压 $u_{ab}$ 与热端电势相叠加，一起送入测量仪表。适当选择桥臂电阻和电流的数值，可使电桥产生的不平衡电压 $u_{ab}$ 正好补偿由于冷端温度变化而引起的热电动势变化值，仪表即可指示正确的温度。由于电桥是在 20℃时平衡，所以采用这种补偿电桥需把仪表的机械零位调正到 20℃。

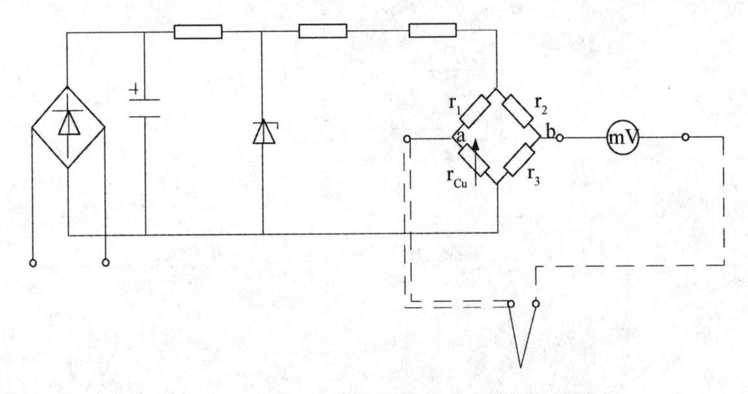


图 6-14　具有补偿电桥的热电偶测量线路

## 6.2.5　热电偶使用测温电路举例

### 6.2.5.1　测量某点温度的基本电路

图 6-15 是一个热电偶和一个仪表配用的基本连接电路。对于图 6-15（a）只要 C 的两端温度相等对测量精度无影响。图 6-15（b）是冷端在仪表外面（如放于恒温器中）的线路。如配用仪表是动圈式的，则补偿导线电阻应尽量小。

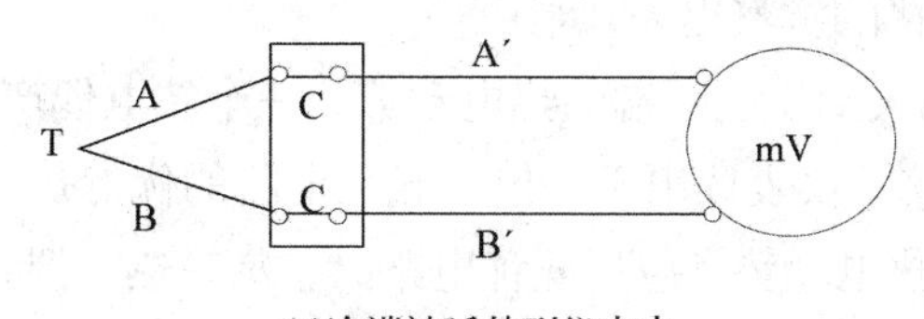


(a)冷端被延伸到仪表内

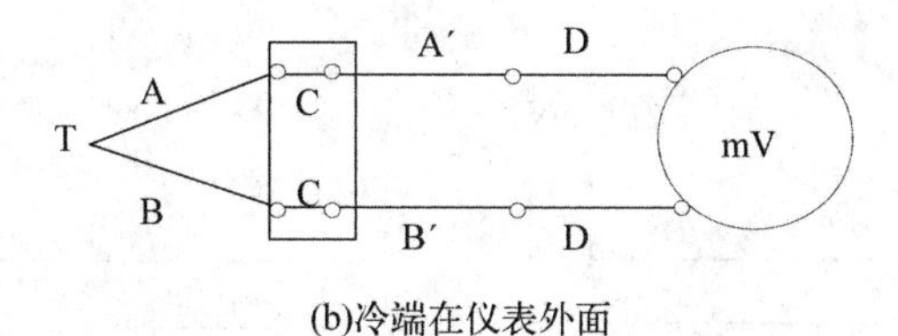


(b)冷端在仪表外面

AB-热电偶　A'B'-补偿导线　　C-铜接线柱　D-铜导线

图 6-15　测量某点温度的基本电路

### 6.2.5.2　利用热电偶测量两点之间温度差的连接电路

图 6-16 是测量两点之间 $T_1$、$T_2$温度差的一种方法，两支同型号热电偶配用相同的补偿导线，连接使两热电动势互相抵消，可测 $T_1$和 $T_2$间的温度差值。两支热电偶新的冷端温度必须一样，它们的热电势 E 都必须与温度 T 呈线性关系，否则将产生测量误差。

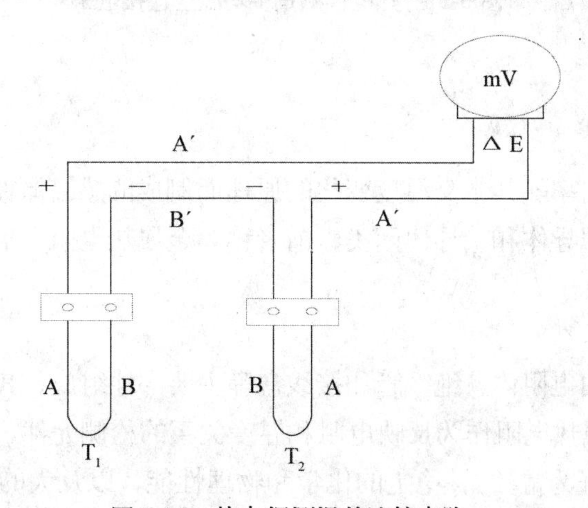


图 6-16　热电偶测温差连接电路

6.2.5.3 利用热电偶测量设备中的平均温度

图 6-17 是测量平均温度的连接电路。在图 6-17（a）中，输入到仪表两端的毫伏值为三个热电偶输出热电动势的平均值，即 $E=\frac{E_1+E_2+E_3}{3}$，如三个热电偶均工作在特性曲线的线性部分时，则代表了各点温度的算术平均值。为此，每个热电偶需串联较大电阻。此种电路的特点是：仪表的分度仍旧和单独配用一个热电偶时一样。其缺点：当某一热电偶烧断时不能很快的觉察出来。

图 6-17（b）中，输入到仪表两端的热电动势为三个热电偶产生的热电动势之总和，即 $E=E_1+E_2+E_3$，可直接从仪表读出平均值。此种电路的优点是，热电偶烧坏时可立即知道，还可获得较大的热电动势。应用此种电路时，每一热电偶到引出的补偿导线还必须回接到仪表中的冷端处。应当指出：使用以上两种电路时，必须避免测量点接地。

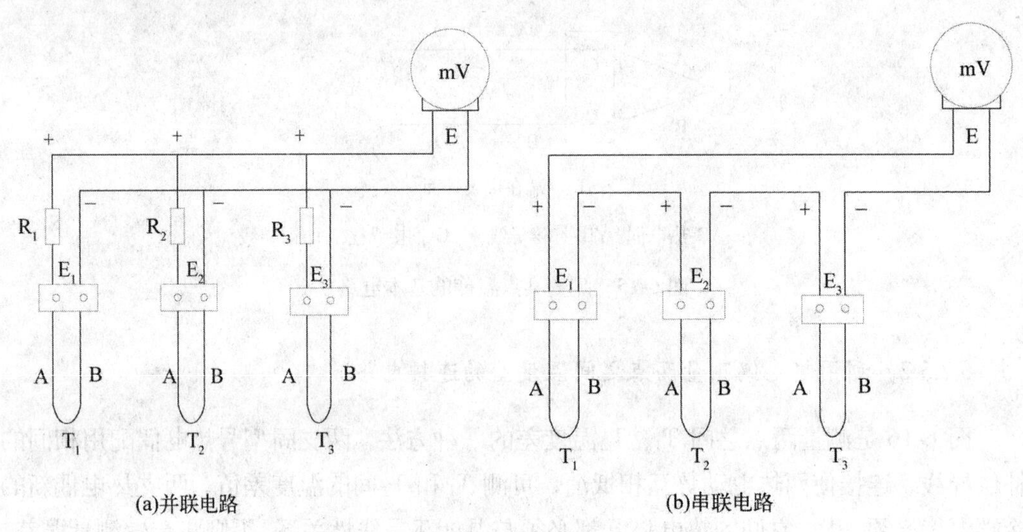


图 6-17 热电偶测量平均温度连接电路

## 6.3 热电阻

利用物质的电阻率随其本身温度变化的原理而制成的感温原件，称为热敏电阻。热电阻的材料分为金属导体和半导体两类，前者称为金属热电阻，后者称为热敏电阻。

### 6.3.1 金属热电阻

金属热电阻是由电阻体、绝缘管和接线盒等主要部件组成，其中，电阻体是热电阻的最主要部分。金属热电阻作为反映电阻和温度关系的检测元件，要有尽可能大而且稳定的电阻系数（最好为常数），稳定的化学和物理性能，以及大的电阻率。目前常用的金属热电阻有铂电阻和铜电阻等。

6.3.1.1　铂电阻

铂热电阻的结构如图 6-18 所示。直径为 0.05~0.07mm 的纯铂丝绕在云母制成的片型支架上，云母片的边缘有锯齿形的缺口。绕组的两面再用云母夹住绝缘。为了改善热传导，在云母片两侧用花瓣形铜制薄片与云母片和盖片铆在一起，并和保护管紧密接触。用银丝做成的引出线和铂丝绕组的出线端焊在一起，并用双眼瓷绝缘套管加以保护和外面的保护管绝缘。同样，根据铂电阻的不同用途，保护管可选用黄铜、碳钢或不锈钢制成。

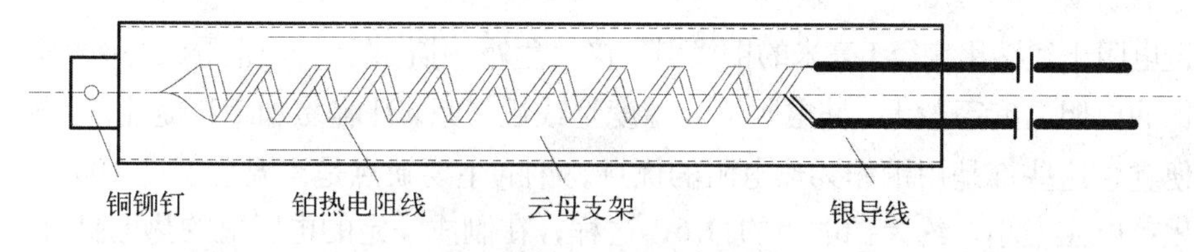


图 6-18　铂热电阻的结构

铂电阻的特点是精度高、稳定性好、性能可靠。这是因为，铂在氧化性介质中，甚至在高温的物理、化学性质都稳定，并且在很宽的温度范围内都可以保持良好的特性。但是，在还原性介质中，特别是在高温下很容易被从氧化物中还原出来的蒸汽所沾污，容易使铂丝变脆，并改变它的电阻与温度间的关系。

在－200~0℃范围内，铂的电阻值与温度的关系可用下式表示

$$R_t = R_0[1 + At + Bt^2 + C(t - 100^0 C)t^3 \tag{6-19}$$

在 0~850℃范围内

$$R_t = R_0(1 + At + Bt^2) \tag{6-20}$$

式中，$R_t$为温度为 t℃时的电阻值；$R_0$为温度为 0℃时的电阻值；A、B、C 为常数，对 W（100）=1.391，有 A=3.96847×$10^{-3}$/℃，B=-5.847 × $10^{-7}$/℃，C=-4.22×$10^{-12}$/℃。

为了确保测量的准确可靠，对铂的纯度有一定要求。通常以 W（100）=R100/R0 来表征铂的纯度，其中 R100 和 R0 分别为铂电阻在 100℃和 0℃时的电阻值。根据 1968 年国际温标规定，其值不得小于 1.3925 。一般工业上常用的铂电阻，我国分度号为 BA1，BA2，W（100）=1.3910，BA1 分度号取 R0=46Ω；BA2 分度号取 R0=100Ω；标准或实验室 R0 为 10Ω 或 30Ω。

6.3.1.2　铜电阻

铜热电阻的结构如图 6-19 所示。在尺寸大约为$\phi$ 8×40mm 的塑料架上分层绕有直径 0.1mm 的漆包绝缘铜丝。为防止铜丝被氧化以及提高其导热性，整个元件经过酚醛树脂浸渍处理。与铜热电阻线串联的有补偿线组，其材料及电阻值有铜电阻的特性来定，弱铜电阻的电阻温度系数大于理论值，则需选用电阻温度系数很小的锰铜作补偿线组；而

当铜电阻的短租温度系数小于理论值，则要选用电阻温度系数大的镍丝，以起补偿作用。

图 6-19　铜热电阻的构造

铜电阻出线端用直径1毫米的铜线引到接丝盒外，用绝缘套管使铜导线与保护管绝缘。

铜的电阻温度系数大，其电阻值与温度呈线性关系，且容易加工和提纯，资源丰富、价格便宜，这些都是用铜作为热电阻的优点。铜的主要缺点是当温度超过 100℃时容易被氧化；电阻率小，约为铂电阻的 1/6，这样，在制成一定的电阻值的热电阻时，便要求电阻丝细而长，则热电阻的体积较大，难于测量小的被测对象的温度，同时热电阻的机械强度也低。

铜电阻适用于较低温度，一般在−50~ +150℃之间，以及无水分和无腐蚀性条件下的温度测量，其特点是测量精度高、稳定性好。

在−50~ +150℃温度范围内，铜的电阻值与温度之间的关系为

$$R_t=R_0(1+at) \tag{6-21}$$

式中，$R_t$ 和 $R_0$ 分别为铜电阻在 t℃和 0℃时的电阻值，α 为铜电阻的电阻温度系数（$\alpha=4.25\sim4.28\times10^{-3}$/℃）。

我国工业上，常用的铜热电阻 WZG 型，分度号 Cu，=53Ω，测量范围为−50~ +150℃。

6.3.1.3　其他金属热电阻

（1）铟电阻。

铟电阻可以用于 4.2K 至室温范围内的测温，尤其适用于低温区域，在 1.5K~4.2K 范围内，其灵敏度要比铂高 10 倍。铟电阻是用高纯度（99.999%）的铟丝绕制而成，但其材料质地太软，难于加工，且复制性差。

（2）碳电阻。

碳电阻很适合作液氦温域的温度计，这是因为碳电阻具有优良的特性：低温下灵敏度高，热容量小，对磁场不敏感，价格便宜，操作方便。它的缺点是热稳定性较差。

（3）镍电阻。

镍的电阻率及其温度系数比铂和铜大得多，故镍电阻的灵敏度较高，且可做得很小以便测量小尺寸对象的温度。镍在常温下的化学稳定性很高，一般用镍电阻来测量−60~180℃的温度镍。镍的缺点是提纯较难其复现性较差，镍电阻没有统一的分度表，只能个别标定。

## 6.3.2　半导体热敏电阻

### 6.3.2.1　热敏电阻的特点

半导体热敏电阻简称热敏电阻，它是一种对热敏感的电阻元件，它的主要特点是：①灵敏度较高，其电阻温度系数要比金属大 10～100 倍以上，能检测出 $10^{-6}$℃温度变化；②体积小，元件尺寸可做到直径 0.2mm，能够测量其他温度计无法测量的空隙、腔体、内孔及生物体内血管的温度；③使用方便，电阻值可在（0.1～100）kΩ之间任意选择；④机械性能好，使用寿命长。其缺点是复现性和互换性差。

### 6.3.2.2　热敏电阻结构

热敏电阻分直热式和旁热式两种。直热式热敏电阻多由金属氧化物（如锰、镍、铜和铁的氧化物等）粉料按一定比例挤压成型，也有用小珠成型工艺、印刷工艺等制成的球状、薄膜、厚膜、线状、塑料薄膜，经过 1273～1773K 高温烧结而成，其引出极一般为银电极。旁热式热敏电阻除半导体外还有金属丝绕制的加热器，两者紧紧耦合在一起，互相绝缘，密封于高真空的玻璃壳内。常用的热敏电阻外型及其符号示于图 6-20 中。

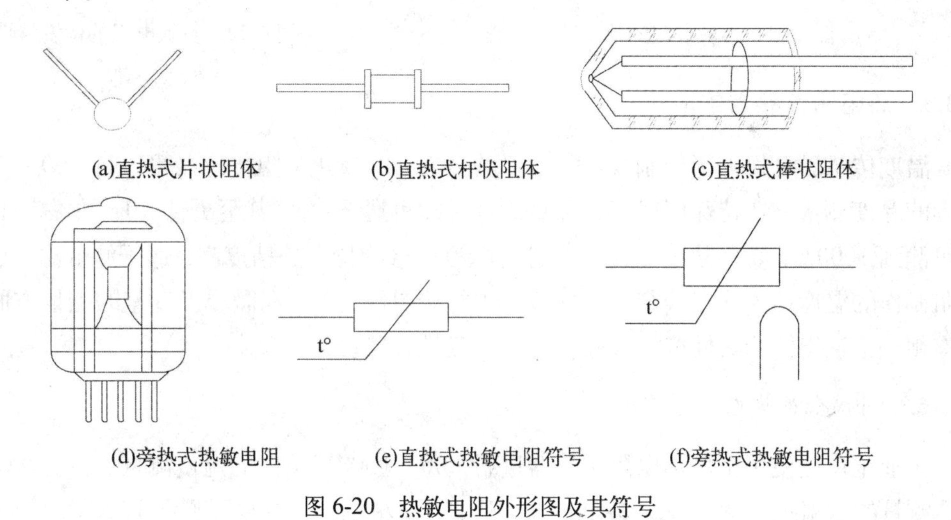


图 6-20　热敏电阻外形图及其符号

### 6.3.2.3　常用热敏电阻特性

热敏电阻是非线性电阻，它的非线性特性表现在其电阻值与温度间呈指数关系和电流随电压的变化而不服从欧姆定律。

在图 6-21(a)给出了国产的 $RRC_4$ 型热敏电阻的热电特性曲线，6-21（b）则是 $(Ba.Sr)TiO_3+La$ 热敏电阻的热电特性曲线。从图中可见：6-21（b）中的曲线具有较大的正温度系数。

在图 6-22 中给出了热敏电阻的 *V-I* 特性曲线，伏安特性表征静态时电流与热敏电阻电压之间的关系。这个关系由热敏电阻的结构尺寸、电阻值、电阻温度系数值、周围介质及热敏电阻与该介质间热量交换的程度而定。但一般说来，对于同一种热敏电阻，其伏安特性的形状大致相似。刚开始 *oa* 段近似于线性上升，这是因电压低时电流亦小，温度没有显著升高，其电压电流关系符合欧姆定律，*a* 点以后,电流增大,热敏电阻本身温度稍有升高，电阻下降。因此在 *ab* 段内，随着电流增加，压降的增加越来越小。*b* 点以后，电阻的减少速度高于电流的增加速度，因此压降反而下降。图上的数字代表该点温度（℃）。

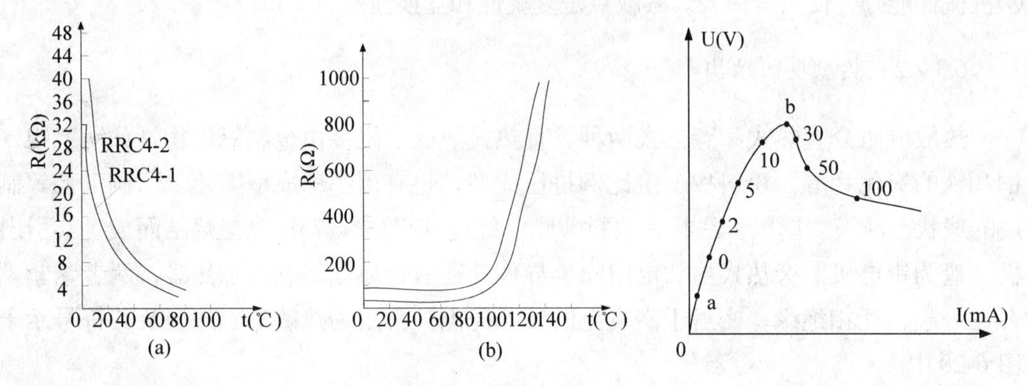


图 6-21　热敏电阻的热电特性曲线　　　　图 6-22　热敏电阻的伏安特性

### 6.3.3　热电阻传感器的应用

温度传感器可根据用途制成各式各样的形态。金属热电阻传感器可进行-200~500℃范围的温度测量。在特殊情况下，测量的低温端可达 3.4K，甚至更低，1K 左右，高温端可测到 1000℃。金属热电阻传感器进行温度测量的特点是精度高、适于测低温。热敏电阻制作的温度传感器在较窄的温度范围内检测灵敏度高，在微小温度差的测量方面极其有用，但输出值的线性度差，检测时需要线性补偿。

#### 6.3.3.1　金属热电阻传感器

工业上广泛使用金属热电阻传感器进行-200～+500℃范围的温度测量。在特殊情况下，测量的低温端可达 3.4K，甚至更低，达到 1K 左右。高温端可测到 1000℃。金属热电阻传感器进行温度测量的特点是精度高、适于测低温。

经常使用电桥作为传感器的测量电路，精度较高的是自动电桥。为了消除由于连接导线电阻随环境温度变化而造成的测量误差，常采用三线制和四线制连接法。

工业用热电阻一般采用三线制，图 6-23 所示是三线制连接法的原理图。G 为检流计，$R_1$，$R_2$，$R_3$ 为固定电阻，$R_a$ 为零位调节电阻。热电阻 $R_t$ 通过电阻为 $r_1$，$r_2$，$r_3$ 的 3 根导线与电桥连接，$r_1$ 和 $r_2$ 分别接在相邻的两桥臂内，当温度变化时，只要它们的长度和电阻温度系数相等，它们的电阻变化就不会影响电桥的状态。电桥在零位调整时，使用

$R_3 = R_a + R_{t0}$。$R_{t0}$ 为热电阻在参考温度（如 0℃）时的电阻值。三线接法中，可调电阻 $R_a$ 的触点，接触电阻和电桥臂的电阻相连，可能导致电桥的零点不稳。

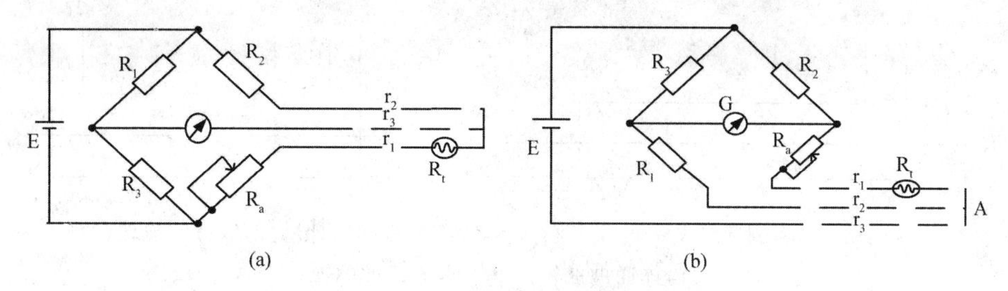


图 6-23　三线制接法原理图

在精密测量中，则采用四线制接法，即金属热电阻线两端各焊上两根引出线，图 6-24 所示为四线制连接法。这种接法不仅可以消除热电阻与测量仪器之间连接导线电阻的影响，而且可以消除测量线路中寄生电势引起的测量误差，多用于标准计量或实验室中。图中，调零的 $R_a$ 电位器的接触电阻和检流计串联，这样，接触电阻的不稳定不会破坏电桥的平衡和正常工作状态。

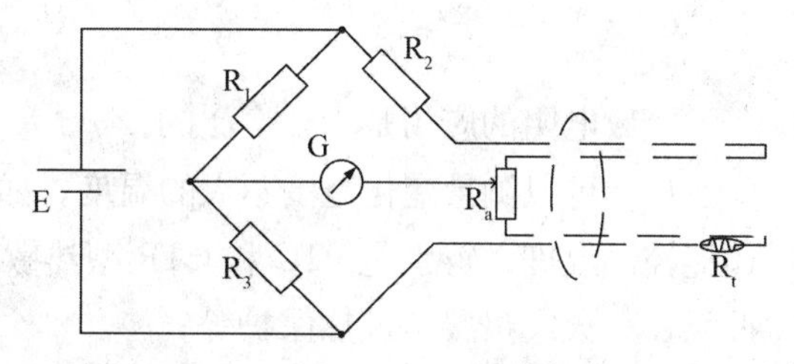


图 6-24　四线制连接法

为避免热电阻中流过电流的加热效应，在设计电桥时，要使流过热电阻的电流尽量小，一般小于 10mA，小负荷工作状态一般为 4～5mA。

近年来，温度检测和控制有向高精度、高可靠性发展的倾向，特别是各种工艺的信息化及运行效率的提高，对温度的检测提出了更高水平的要求。以往铂测温电阻具有响应速度慢、容易破损、难于测定狭窄位置的温度等缺点，现已逐渐使用能大幅度改善上述缺点的极细型铠装铂测温电阻，因而将使应用领域进一步扩大。

铂测温电阻传感器主要应用于钢铁、石油化工的各种工艺过程；纤维等工业的热处理工艺；食品工业的各种自动装置；空调、冷冻冷藏工业；宇航和航空、物化设备及恒温槽等。

下面介绍一种把热电阻传感器用于测量真空度的情况，把铂丝装于被测介质相连通的玻璃管内，如图 6-25(a)。铂电阻丝由较大的（一般大负荷工作状态为 49~50mA）恒定电流加热。在环境温度与玻璃管内介质的导热系数恒定情况下，当铂电阻所产生的热量和主要经玻璃管内介质导热而散失的热量相平衡时，铂丝就有一定的平衡温度 t℃，相对应地就有一定的电阻值。当被测介质的真空度升高时，玻璃内的气体变得更稀薄，即气体分子间碰撞进行热量传递的能力降低(热导率变小)，铂丝的平衡温度及其电阻值随即增大，其大小反映了被测介质真空度的高地。这种真空度测量方法对环境温度变化比较敏感，在实际应用中附加有恒温或温度补偿装置。一般可测到 $133.322\times10^{-5}$Pa。

利用图 6-25(b)所示的流通式玻璃管内装铂丝装置，可对管内气体介质成分比例变化进行检测，或对管内热风流速变化进行检测，因为两者之变化可引起管内气体导热系数的变化，而使铂丝电阻值发生变化，但是，必须使其它非被测量保持不变，以减少误差。

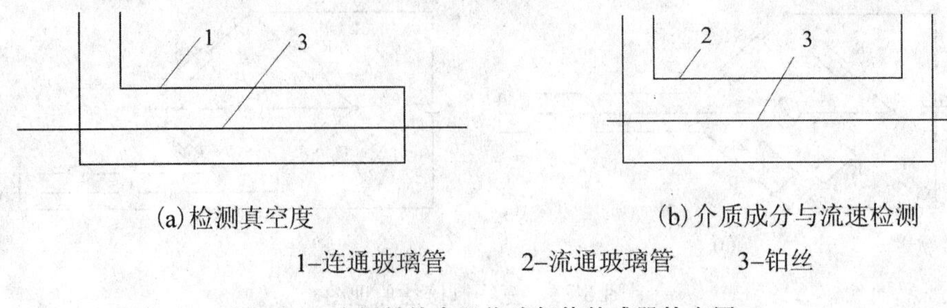


(a)检测真空度　　(b)介质成分与流速检测

1–连通玻璃管　　2–流通玻璃管　　3–铂丝

图 6-25　金属丝热电阻作为气体传感器的应用

#### 6.3.3.2　半导体热电阻传感器

热敏电阻的应用是十分广泛的：

(1) 可以测量变化范围不大的温度，如海水温度、人体温度等。此外，用热敏电阻还能控制温度，特别是 PTC 和 CTR 型热敏电阻，当其工作在居里点附近可以直接测温控温，如火灾报警、过热保护等。

(2) 用 NTC 型热敏电阻测量流体流速和流量。主要利用温度检测法和耗散因数测定法，而后一种方法工作点应在 U—I 特性曲线负阻区。

(3) 用 NTC 和 PTC 型热敏电阻测量液位。它是利用元件在空气中和液体中的耗散系数（冷却度）不同的原理进行测量。

(4) 用于家用电器，PTC 型热敏电阻可用于控制温度。电流通过元件后引起温度升高，当超过居里点温度后，由 R—T 特性曲线可知，电阻增大。则电流下降，相应元件温度亦降低，电阻值减小。这又导致电流增加，元件温度升高，随即电阻增加，电流降低，如此重复，这样元件本身就起到了自动调节温度作用。

(5) 利用 PTC 热敏电阻可做成恒流电路、恒压电路，通常电阻两端电压增加其电流亦同时增加，而 PTC 型热敏电阻具有负阻特性，因此将一般电阻与 PTC 电阻并联，可在某一电压范围内使电流不随电压变化而构成恒流电路，若 PTC 电阻与一般电阻串联，则可构成恒压电路。

图 6-26 介绍了一种用热敏电阻传感器组成的热敏继电器作为电动机过热保护的例子。把三只特性相同的 $RRC^6$ 型热敏电阻(经测试阻值在 20℃时为 10kΩ；100℃时为 1kΩ；110℃时为 0.6kΩ)放在电动机绕组中，紧靠绕组，每相各放一只，滴上万能胶固定电机正常运转时，温度较低，继电器 K 不动作，当电动机过负荷或断相或一相通地时，电动机温度急剧升高，热敏电阻阻值急剧减小，小到一定值，三极管 VT 完全导通，继电器 K 吸合，起到保护作用。根据电动机各种绝缘等级的允许温升来调试偏流电阻 $R_2$ 值。实践表明：这种继电器比熔丝及双金属热继电器效果好。

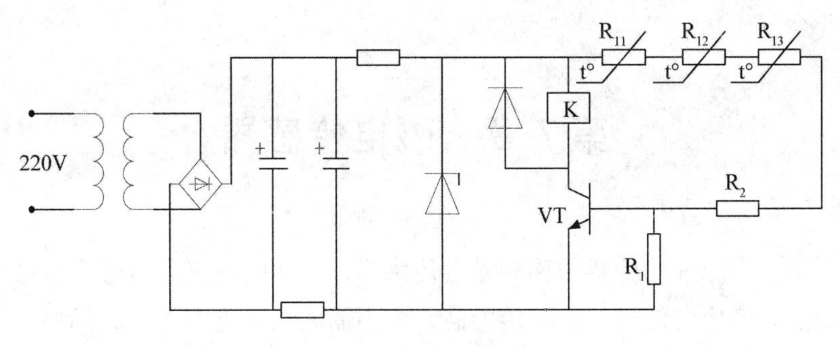


图 6-26　热继电器

在图 6-27 中给出了一种双桥温差测量电路。它是由 A 及 A'两电桥共用一个指示仪表 P 组成的。两热敏电阻 $R_t$ 及 $R_t$'放在两不同测温点。则流经表 P 的两不平衡电流恰好方向相反，表 P 指出的电流值是两电流值的差。作温差测量时要选用特性相同的两热敏电阻，且阻值误差不应超过±1%。

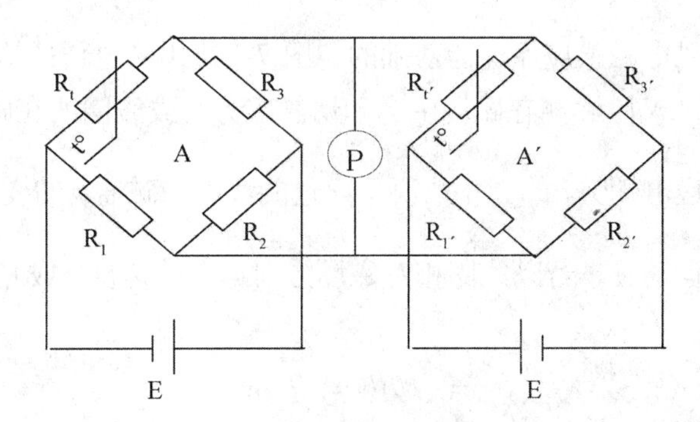


图 6-27　双桥温差测量电路

## 思考题与习题

1. 什么是热电效应？简述热电偶的工作原理。

2. 试用热电偶的工作原理，证明热电偶的中间导体法则。

3. 简述热电偶冷端补偿的必要性，常用冷端补偿的方法，并说明补偿原理。

4. 简述热电偶冷端补偿导线的作用。

5. 比较金属热电阻和热敏电阻的不同特点。

6. 使用热电偶设计一个测量大棚温度的系统框图，说明其工作过程。

7. 试说明用热敏电阻测量流速、流量的工作过程，画出原理框图。

8. 试说明用热敏电阻对电动机的过热保护，画图并说明其工作过程。

9. 在一测温系统中，用铂铑-铂热电偶测温，当冷端温度 $t_0$ = 30 ℃时，在热端温度 $t$ 时测得热电势 $E$（$t$,30℃）=6.63mV，求被测对象的真实温度。

# 第 7 章　磁电传感器

基于电磁感应原理的传感器称为磁电传感器，也称电磁感应传感器。它是通过磁电作用将被测量转换成电信号的一种传感器，它不需要供电电源，电路简单，性能稳定，输出阻抗小，又具有一定的频率响应范围，适用于振动、转速、位移等测量。

## 7.1　磁电传感器的原理与类型

### 7.1.1　工作原理

电磁传感器是以电磁感应原理为基础的，图 7-1 给出磁电传感器工作原理。根据法拉第电磁感应定律，$N$ 匝线圈在磁场中运动切割磁力线或线圈所在磁场的磁通变化时，线圈中所产生的感应电动势 $e$ 的大小取决于穿过的线圈的磁通 $\phi$ 的变化率，即 $e=-N\dfrac{d\phi}{dt}$。当垂直于磁场方向运动时，若以线圈相对磁场方向运动的速度 $v$ 或角速度 $w$ 表示，则上式可写成

$$e=-NBlv=NBSw \tag{7-1}$$

式中 $l$ 为每匝线圈的平均长度；$B$ 为所在磁场的磁感应强度；$S$ 为每匝线圈的平均面积。

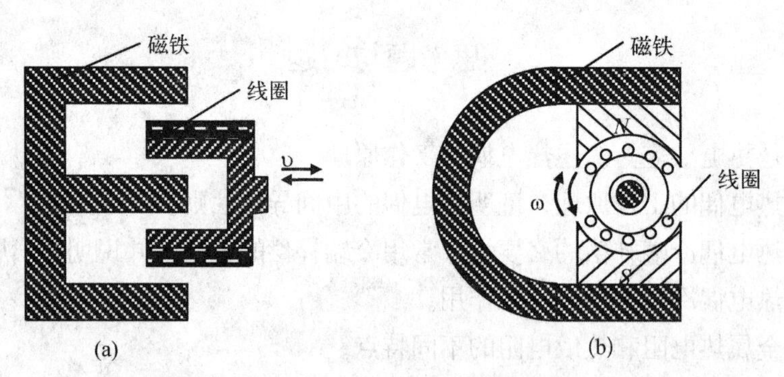


图 7-1　磁电传感器的工作原理图

在传感器中，当结构参数确定后，$B$、$l$、$N$、$S$ 均为定值，因此感应电动势 $e$ 与线圈相对磁场的运动速度（$v$ 或 $w$）成正比。

由上述工作原理可知，磁电感应传感器只适用于动态测量，可直接测量振动物体的速度或旋转体的角速度。如果在其测量电路中接入积分电路或微分电路，那么还可用来

测量位移或加速度。

### 7.1.2　磁电传感器的类型

根据工作原理，可将磁电感应传感器分为恒定磁通式和变磁通式两类。

#### 7.1.2.1　恒定磁通式

如图 7-2 所示，恒定磁通磁电感应式传感器由永久磁铁（磁钢）4、线圈 3、弹簧 2、金属骨架 1 和壳体 5 等组成。磁路系统产生恒定的直流磁场，磁路中工作气隙是固定不变的，它们的运动部分可以是线圈也可以是磁铁，因此又分为动圈式和动铁式两种结构类型。在动圈式见图 7-2(a) 中，永久磁铁 4 与传感器壳体 5 固定，线圈 3 和金属骨架 1（合称线圈组件）用柔软弹簧 2 支撑。在动铁式（图 7-2b）中，线圈组件（包括 3 和件 1）与壳体 5 固定，永久磁铁 4 用柔软弹簧 2 支撑。两者的阻尼都是由金属架 1 和磁场发生相对运动而产生的电磁阻尼。动圈式和动铁式的工作原理是完全相同的，当壳体 5 随被测振动物体一起振动时，由于弹簧 2 较软，运动部件质量相对较大，因此振动频率足够高（远高于传感器的固有频率）时，运动部件的惯性很大，来不及跟随振动物体一起振动，近于静止不动，振动能量几乎全部被弹簧 2 吸收，永久磁铁 4 与线圈 3 之间的相对运动速度接近于振动速度。磁铁 4 与线圈 3 相对运动，使线圈 3 切割磁力线，产生与运动速度 v 成正比的感应电动势 $e=-NBlv$。式中 $B$ 为工作气隙磁感应强度；$N$ 为线圈处于工作气隙磁场中的匝数，称为工作匝数；$l$ 为每匝线圈的平均长度。

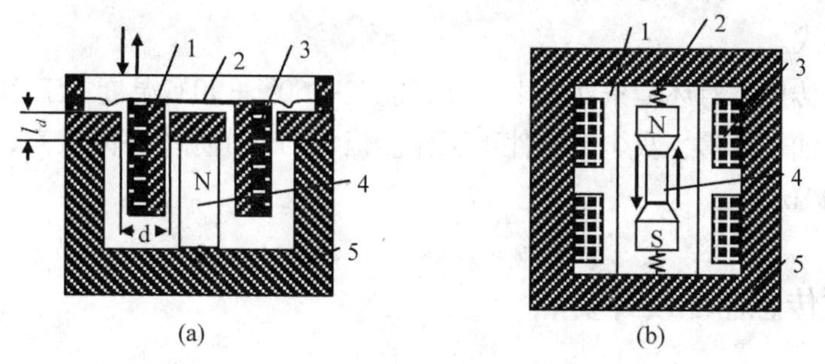


1- 金属骨架 2 - 弹簧 3 - 线圈 4 - 永久磁铁 5 - 壳体

图 7-2　恒定磁通磁电感应式传感器结构原理图

#### 7.1.2.2　变磁通式

变磁通式又称为变磁阻式，常用来测量旋转物体的角速度，它们结构原理如图 7-3 所示。

图 7-3（a）为开磁路变磁通式，线圈 3 和磁铁 5 静止不动，测量齿轮 2（导磁材料制成）安装在被测旋转体 1 上，随之一起转动，每转过一个齿，传感器磁阻变化一次，磁通也就变化一次，线圈 3 中产生的感应电动势的变化频率等于测量齿轮 2 上齿轮的齿

数和转速的乘积。即

$$f = {Zn}/{60}$$

式中，$Z$ 为齿轮的齿数；$n$ 为被测轴的转速（r/min）；$f$ 为电动势频率（Hz）。

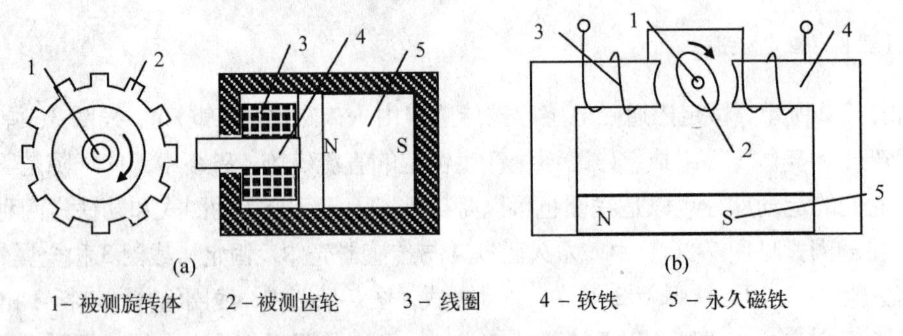


1- 被测旋转体　2 - 被测齿轮　3 - 线圈　4 - 软铁　5 - 永久磁铁

图 7-3　变磁通磁电感应式传感器结构原理图

这种传感器结构简单，但输出信号较小，且因高速轴上装齿轮较危险而不宜测高转速，另外，当被测轴振动较大时，传感器输出波形失真较大，在振动强的场合往往采用闭磁路速度传感器。

图 7-3（b）为闭磁路变磁通式结构示意图，被测轴 1 带动椭圆形测量齿轮在磁场气隙中等速度转动，使气隙平均长度周期性变化，因而磁路磁阻也周期性地变化，磁通同样周期性地变化，则在线圈 3 中产生感应电动势，其频率 $f$ 与测量齿轮转速 n( $r$/min ) 成正比，即 $f = n/30$。在此结构中,也可用齿轮代替椭圆形测量齿轮 2，软铁（极掌）4 制成内齿轮形式。

变磁通式传感器对环境条件要求不高，能在−150～＋90℃温度下工作，不影响测量精度，也能在油、水雾、灰尘等条件下工作。但它的工作频率下限较高，约为 50Hz，上限可达 100kHz。

## 7.2　磁电式传感器的设计要点

从磁电式传感器的基本原理看，它的基本条件有两个：一个是磁路系统，由它产生磁场，为了减小传感器的体积，一般是都采用永久磁铁；另一个是线圈。感应电动势 e 与磁通变化率 ${d\phi}/{dt}$ 或者线圈与磁场相对运动速度 v 成正比，因此必须有运动部分，是线圈运动的称为动圈式；是磁铁运动的称为动铁式。这两个元件是主要的，除此之外还有壳体、支撑、阻尼器等次要元件，这也是设计中要注意的。下面以应用较为普遍的动圈式测振为例来说明设计中要考虑的几个主要问题。

### 7.2.1　灵敏度 $S_n$

由磁电式传感器的基本公式 e=NBlv 可得传感器的灵敏度 $S_n$ 为

$$S_n = \frac{e}{v} = NBl \tag{7-2}$$

可见灵敏度 $S_n$ 与磁感应强度 $B$ 和线圈的平均周长 $l$，匝数 $N$ 有密切关系。设计时一般根据结构的大小初步确定磁路系统，根据磁路就可计算磁感应强度（或称磁通密度）$B$，这样由技术指标给定的灵敏度 $S_n$ 值和已定 $B$ 值，从式（7-2）就可求得线圈导线总长度 $Nl$，如果气隙尺寸已定，线圈平均周长 $l$ 也就确定了，因此线圈匝数 $N$ 可定，导线的直径要根据气隙选择。

从提高灵敏度的观点看，$B$ 值大，$S_n$ 也大，但因此磁路尺寸也大了，所以在结构尺寸允许的情况下，磁铁尽可能大一些好，并选 $B$ 值大的永磁材料，导线的匝数 $N$ 也可多一些，$N$ 的增加也是有条件的，必须同时考虑到下列三种情况：线圈电阻与指示器电阻的匹配问题，线圈发热问题，线圈的磁场效应问题。

### 7.2.2　线圈的电阻与负载电阻匹配问题

磁电式传感器相当于一个电势源。它的内阻为线圈的直流电阻 $R_i$（忽略线圈电抗）。当其输出直接用指示器指示时，指示器相当于传感器的负载，若其电阻为 $R_L$，这时等效电路如图 7-4 所示。为从传感器获得最大功率，由电工原理知必须使 $R_i$=$R_L$，线圈的电阻的大小可用下式表示

$$R_i = Nr = \frac{N\rho l}{s} \tag{7-3}$$

式中，$\rho$ 为导线材料的电阻率；$l$ 为线圈的平均周长；$S$ 为导线截面积；$N$ 为线圈的匝数；$r$ 为每匝线圈的电阻。

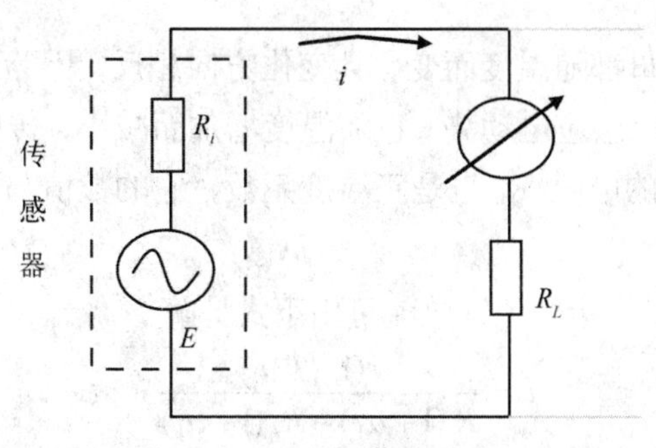


图 7-4　磁电式传感器等效电路

因为 $R_L = R_i$，所以 $R_L = \frac{N\rho l}{s}$ 由此得到

$$N = \frac{R_L s}{\rho l} \tag{7-4}$$

如果传感器已经设计制造好了，则 $N$ 为已知数，由此去选择指示器，如指示器已经选定，则 $R_L$ 为定值，则由式（7-4）可以设计传感器的线圈参数。如果线圈的匝数确定了，根据线圈电阻进行线圈的发热检查。

### 7.2.3　线圈发热检查

根据传感器的灵敏度及传感器线圈与指示器电阻匹配要求计算得到线圈的匝数 $N$ 后，还需根据散热条件对线圈加以验算，使线圈的温升在允许的温升范围内。可按下式验算

$$S_0 \geqslant I^2 R S_t \tag{7-5}$$

式中，$S_0$ 为设计的线圈表面积；$S_t$ 为每瓦功率所需的散热表面积（漆包线绕制的带框线圈 $S_t$=9～10cm²/W）；$R$ 为线圈电阻（Ω）；$I$ 为流过线圈的电流（A）。

### 7.2.4　线圈的磁场效应

设计线圈时，必须考虑到线圈的磁场效应，所谓线圈的磁场效应就是线圈中的感生电流产生的交变磁场，它将加强或减弱永久磁铁的恒定磁场，这种现象将带来测量误差。所以在设计时，应使线圈的电流足够小，使线圈磁场产生的磁感应强度比磁铁在空气隙中长生的磁感应强度小得多。通常对磁电式传感器影响可以忽略。

### 7.2.5　温度影响

在磁电式传感器中，温度引起的误差是一个重要问题，必须加以计算。在图（7-4）中指示器流过的电流为

$$i = \frac{E}{R_i + R_L} \tag{7-6}$$

上式中，分子和分母都随温度而变，且变化方向相反，因为永久磁铁的磁感应强度随温度增加而减小，所以感应电动势 e 也随温度增加而减小，传感器的线圈电阻 R 的温度系数是正地，指示器的电阻 $R_L$ 也是正温度系数，它的数值与本身线圈电阻和附加电阻的比值有关。

当温度增加 t℃时，指示器流过电流可由下式计算

$$i' = \frac{e(1-\beta)t}{R_i(1+\alpha t) + R_L(1+\alpha_1)} \tag{7-7}$$

式中，$\beta$ 为磁铁磁感应强度的负温度系数；$\alpha$ 为线圈电阻的正温度系数；$\alpha_1$ 为指示器电阻的正温度系数。

温度误差的相对值 $\delta$ 用下式表示

$$\delta = \frac{i' - i}{i} \times 100\% \tag{7-8}$$

温度误差的补偿方法是采用热磁分路，这是利用某些磁性材料有急剧下降的 $B = f(t)$ 曲线（这些材料称为热磁合金，是一种未经充磁的永磁材料），如图 7-5 所示。利用热磁合金制的磁分路片搭在磁系统的两个极靴上，把气隙中的磁通分出一部分，也就是把磁通分出一部分-称为热磁分路。这时随着温度增加，分支到热磁分路的磁通即行减少，因而磁通分支到气隙的部分增加起来，这使 e 得数值增加，结果使电流 $I$ 增大，起到温度补偿作用。

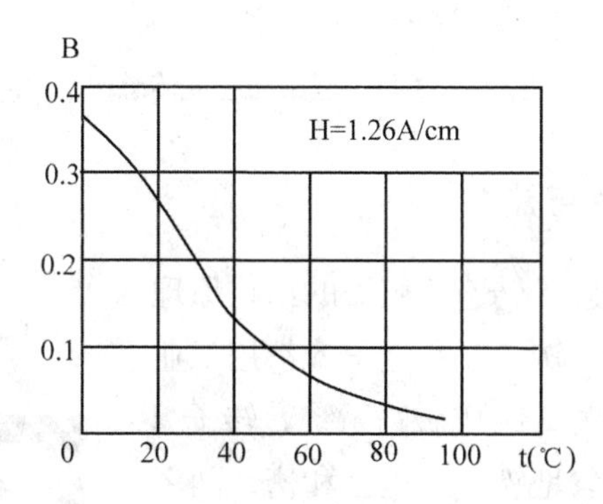


图 7-5　热磁合金的 B=$f$（$t$）曲线

## 7.3　磁电式传感器的应用

### 7.3.1　磁电感应式振动速度传感器

以 CD-1 型为例，它是一种绝对振动传感器，主要技术规格为：工作频率 10~500Hz；固有频率 12Hz；灵敏度 604mV s/cm；最大可测加速度 5g；可测振幅范围 0.1-1000μm；工作范围内阻 1.9kΩ；精度≤10%；外形尺寸 Φ45×160mm；重量 0.7kg。

它属于动圈式恒定磁通型，其结构原理如图 7-6 所示，永久磁铁 3 通过铝架 4 和圆筒型导磁材料制成的壳体 7 固定在一起，形成磁路系统，壳体还起屏蔽作用，磁路中有两个环形气隙，右气隙中放有工作线圈 6，左气隙中放有铜或铝制成的圆环形阻尼器 2。工作线圈和圆环形阻尼器用心轴 5 连在一起组成质量块，用圆形弹簧片 1 和 8 支撑在壳体上。使用时将传感器固定在被测振动物体上，永久磁铁、铝架和壳体一起随被测物体振动，由于质量块有一定质量，产生惯性力，而弹簧片又非常柔软，因此当振动频率远大于传感器固有频率时，线圈在磁路系统的环形气隙中相对永久磁铁运动，以振动物体的振动速度切割磁力线，产生感应电动势，通过引线 9 接到测量电路。同时良导体阻尼器也在磁路系统气隙中运动，感应产生涡流，形成系统的阻尼力，起衰减固有振动和扩展频率响应范围的作用。

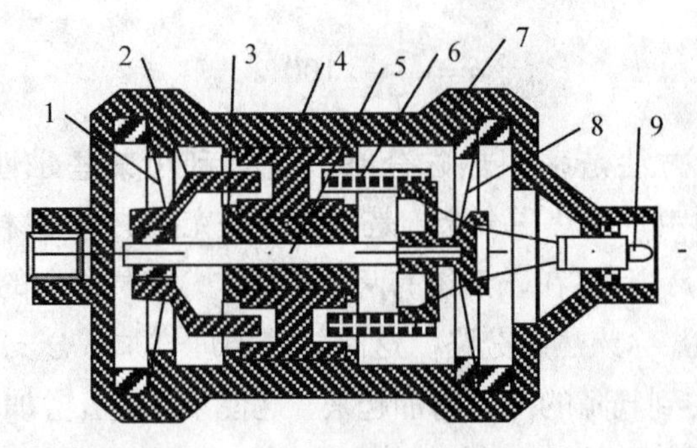


1、8－圆形弹簧片　2 － 圆环形阻尼器　3 － 永久磁铁

4－铝架　5－心轴　6－工作线圈　7－壳体　9－引线

图 7-6　CD-1 型振动速度传感器

### 7.3.2　磁电感应式转速传感器

图 7-7 是一种磁电感应式转速传感器的结构原理图。转子 2 与转轴 1 固紧。转子 2 和定子 5 都用工业纯铁制成，它们和永久磁铁 3 组成磁路系统。转子 2 和定子 5 的环形端面上均匀地铣了一些齿和槽，两者的齿和槽数对应相等。测量转速时，传感器的转轴 1 与被测物转轴相连接，因而带动转子 2 转动。转子 2 的齿与定子 5 的齿相对时，气隙最小，磁路系统的磁通最大。而齿与槽相对时，气隙最大，磁通最小。因此当定子 5 不动而转子 2 转动时，磁通就周期性地变化，从而在线圈中感应出近似正弦波的电压信号，其频率与转速成正比关系。

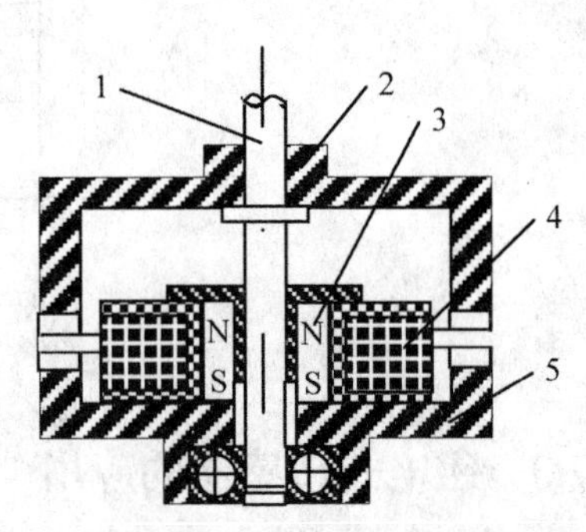


1－转轴　2－转子　3－永久磁铁

4－线圈　5－定子

图 7-7　磁电感应式转速传感器

磁电感应式传感器除了上述一些应用外，还可构成电磁流量计，用来测量具有一定电导率的液体流量。其优点为反应快、易于自动化和智能化，但结构较复杂。

## 思考题与习题

1. 磁电式传感器有哪几种类型?
2. 简述磁电式传感器用于振动和扭矩测量的原理。
3. 简述磁电式传感器测量振动速度的工作过程。
4. 磁电式传感器的误差及补偿方法是什么?
5. 简述磁电式传感器测量转速的工作过程。

# 第 8 章　压电传感器

压电传感器是一种典型的有源传感器。它是以某些介质的压电效应为基础，在外力作用下，在电介质的表面上产生电荷从而实现力—电荷转换，所以它能测量最终能变换为力的那些物理量。例如，压力、应力、加速度等。

## 8.1　压电效应和压电材料

### 8.1.1　压电效应

对于某些电介质，当沿着一定的方向对它施加力而使其变形时，内部就产生极化现象，同时在它的两个表面产生符号相反的电荷：当外力去掉后，又重新恢复不带电状态，这种现象称为压电效应。当作用力的方向改变时，电荷的极性也随着改变。若在电介质的极化方向上施加电场，这些电介质也会产生变形，这种现象称为逆压电效应（也称电致伸缩效应）。但逆压电效应与电致伸缩效应又有区别：一是电致伸缩效应的形变与外加电场的极性无关，而逆压电效应的形变却随外加电场的反向而改变符号（由伸长变为缩短，或相反）；二是所有的电介质都可以产生电致伸缩效应，而只有那些不具有对称中心的晶体，才可能产生逆压电效应。

具有压电效应的物质很多，如天然形成的石英晶体、人工制造的压电陶瓷等。现以石英晶体和压电陶瓷为例来说明压电现象。

#### 8.1.1.1　*石英晶体压电效应*

石英晶体是最常用的压电晶体。图 8-1（a）为天然结构的石英晶体理想外形，它是一个正六面体，在晶体学中可以把它用三根互相垂直的轴来表示图 8-1（b），其中纵向轴 Z 轴称为光轴；经过六面体棱线，并垂直于光轴的 X 轴称为电轴，与 X 轴和 Z 轴同时垂直的 Y 轴（垂直于正六面体的棱角）称为机械轴。把沿电轴 X 方向的力作用下产生电荷的压电效应称为“纵向压电效应”，而把沿机械轴 Y 方向的力作用下产生的压电效应称为“横向压电效应”，沿光轴 Z 方向受力时不产生压电效应。从晶体上沿轴线切下的一片平行六面体压电晶体切片，如图 8-1（c）所示。

当晶体在沿 X 轴的方向上受到压缩效应为 $\varepsilon_\tau$ 的作用时，晶片将产生厚度变形，并发生极化现象。在晶体的线性弹性范围内，极化强度 $\Omega$ 与应力 $\sigma_x$ 成正比，即

$$P_x = d_{11}\sigma_x = d_{11}\frac{F_x}{lb} \tag{8-1}$$

式中 $F_x$ 为沿晶体 X 方向施加的压缩力；$d_{11}$ 为压电系数。

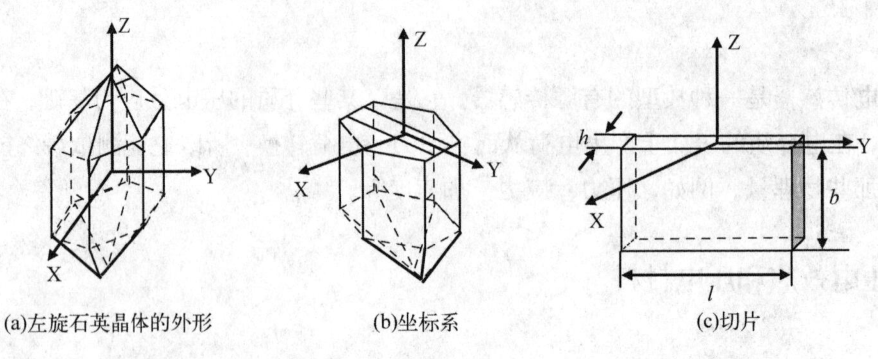


(a)左旋石英晶体的外形　　(b)坐标系　　(c)切片

图 8-1　石英晶体

当受力方向和变形不同时，压电系数也不同。石英晶体的 $d_{11} = 2.3\times10^{-12} C\cdot N^{-1}$;$l$、$b$ 分别为石英晶片的长度和宽度。

压电系数 $d$ 的下标 mn 的意义是：m 表示产生电荷面的轴向，n 表示施加作用力的轴向。在石英晶体中，下标 1 对应 X 轴，2 对应 Y 轴，3 对应 Z 轴。而极化强度 $P_x$ 等于晶片表面的电荷密度，即

$$P_x = \frac{q_x}{lb} \tag{8-2}$$

式中 $q_x$ 为垂直于 X 轴平面上的电荷。

把 $P_x$ 值代入（8-1）式得

$$q_x = d_{11}F_x \tag{8-3}$$

由式（8-3）看出，当晶片受到 X 向的压力作用时，$q_x$ 与作用力 $F_x$ 成正比，而与晶体的几何尺寸无关，电荷的极性如图 8-2（a）所示。在 X 轴方向施加压力时，左旋石英晶体的 X 轴正向带正电；如果作用力 $F_x$ 改为拉力时，则在垂直于 X 轴的平面上仍出现等量电荷，但极性相反，如图 8-2（b）。

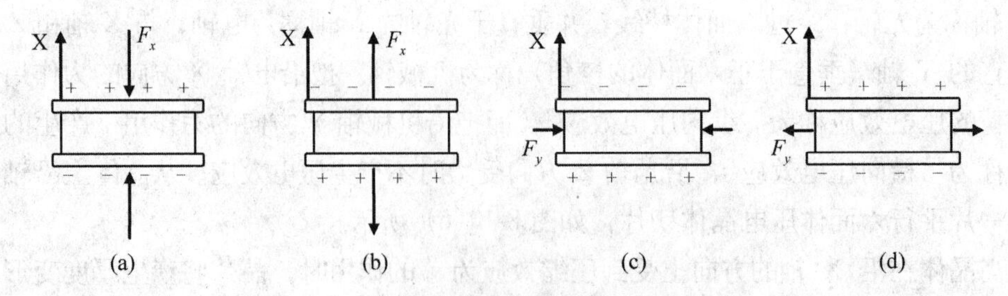


图 8-2　晶片上电荷极性与受力方向的关系

如果在同一晶片上作用力是沿着机械轴的方向，其电荷仍在与 X 轴垂直平面上出

现，其极性见图 8-2（c）、图 8-2（d），此时电荷的大小为

$$q_x = d_{12}\frac{lb}{bh}F_y = d_{12}\frac{l}{h}F_y \tag{8-4}$$

式中，$d_{12}$ 为石英晶体在 Y 轴方向上受力时的压电系数。

根据石英晶体的对称条件 $d_{12} = -d_{11}$，则式（8-4）为

$$q_x = -d_{11}\frac{l}{h}F_y \tag{8-5}$$

式中，h 为石英晶片的厚度。

负号表示沿 Y 轴的压缩力产生的电荷与沿 X 轴施加的压缩力产生的电荷极性相反。由式（8-5）可见，沿机械轴方向对晶片施加作用力时，产生的电荷量是与晶片的几何尺寸有关的。此外，压力晶体除有纵向电压效应、横向电压效应外，在切向应力作用下也会产生电荷。

#### 8.1.1.2　压电陶瓷的压电效应

压电陶瓷是一种常见的压电材料。它与石英晶体不同，石英晶体是单晶体，压电陶瓷是人工制造的多晶体压电材料。压电陶瓷在没有极化之前不具有压电现象，是非压电体。压电陶瓷经过极化处理后具有非常高的压电系数，为石英晶体的几百倍。如图 8-3（a）所示，压电陶瓷在极化面上受到垂直于它的均匀分布的作用力时（亦即作用力沿极化方向），则在这两个镀银极化面上分别出现正、负电荷。其电荷量 q 与力 F 成正比，比例系数为 $d_{33}$，亦即

$$q = d_{33}F \tag{8-6}$$

式中，$d_{33}$ 为纵向压电系数。

压电系数 d 的下标意义与石英晶体的相同，但在压电陶瓷中，通常把它的极化方向定为 Z 轴（下标 3），这是它的对称轴，在垂直于 Z 轴的平面上，任意选择的正交轴为 X 轴和 Y 轴，下标为 1 和 2，所以下标 1 和 2 是可以互易的。极化压电陶瓷的平面是各向同性的，对于压电常数，可用等式 $d_{32} = d_{31}$ 表示。它表明平行于极化轴（Z 轴）的电场，与沿着 Y 轴（下标 2）或 X 轴（下标 1）的轴向应力的作用关系是相同的。极化压电陶瓷受到如图 8-3（b）所示的均匀分布的作用力 F 时，在镀银的极化面上，分别出现正、负电荷 q。

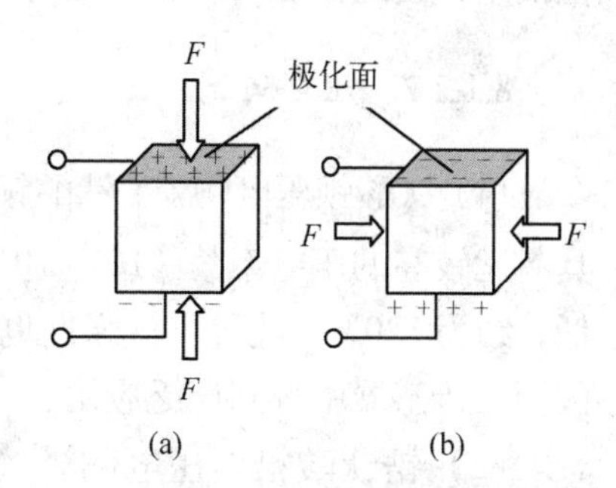


图 8-3　压电陶瓷压电原理图

$$q = \frac{-d_{32}FS_x}{S_y} = -\frac{d_{31}FS_x}{S_y} \tag{8-7}$$

式中$S_x$为极化面的面积；$S_y$为受力面的面积。

### 8.1.2 压电材料

压电材料可以分为压电晶体与压电陶瓷两大类。前者是单晶体，而后者为多晶体。

#### 8.1.2.1 压电晶体

（1）石英。石英即二氧化硅（$SiO_2$），压电效应就是在这种晶体中发现的，它是一种天然的晶体，现在已有高化学纯度和结构完善的人工培养的石英晶体。它的压电系数$d_{11}=2.3\times10^{-12}\,C\cdot N^{-1}$，在几百度的温度范围内，压电系数不随温度而变，到温度575℃时，石英完全丧失了压电性质，这是它的居里点。石英的熔点为1750℃，密度为$2.65\times10^3\,Kg/m^3$，有很大的机械强度和稳定的机械性质，因而曾被广泛地应用，但是由于它的压电系数比其他压电材料要低得多，因此逐渐为其他的压电材料所代替。

（2）水溶性压电晶体。最早发现的酒石酸钾钠（$NaKC_4H_4O_6\cdot 4H_2O$）,它有很大的压电系数$d_{11}=2.31\times10^{-9}\,C/N$,但是酒石酸钾钠易于受潮，机械强度低，电阻率也低，因此应用只限于在室温（<45℃）和温度低的环境下。

从酒石酸钾钠发现后，在人工育成水溶性晶体方面取得了很大的成就，育成了一系列水溶性压电晶体，并付诸实际应用。

（3）铌酸锂晶体。铌酸锂（$LiNbO_2$）是无色或浅黄色的单晶体。由于它是单晶体，所以时间稳定性远比多晶体的压电陶瓷为好。它是一种压电性能良好的电声换能材料，它的居里温度为1200℃左右，远比石英和压电陶瓷高，所以在耐高温的传感器上有广泛的前途。在机械性能方面各项异性很明显，与石英晶体相比，晶体很脆弱，而且热冲击性很差，因此在加工装配和使用中必须小心谨慎，避免用力过猛和急热急冷。

#### 8.1.2.2 压电陶瓷

（1）钛酸钡压电陶瓷。钛酸钡（$BaTiO_3$）是由$BaCO_3$和$TiO_2$两者在高温下合成的，具有比较高的压电系数（$107\times10^{-12}\,C/N$）和介电常数（1000~50000），但它的居里点较低，约为120℃，此外机械强度也不及石英。由于它的压电系数高（约为石英的50倍），因而在传感器中得到广泛应用。

（2）锆钛酸铅系压电陶瓷（PZT）。锆钛酸铅是$PbTiO_2$和$PbZrO_3$组成的固溶体$Pb(ZrTiO_3)$。它有较高的压电系数（$200\sim500\times10^{-12}\,C/N$）和居里点（300℃）以上，各项机电参数随温度、时间等外界条件的变化较小，是目前经常采用的一种压电材料。在锆钛酸铅的基本配方中掺入另外一些元素，可获得不同的PZT材料。

（3）铌酸盐系压电陶瓷。这种压电陶瓷是以铌酸钾（$KNbO_3$）和铌酸铅（$PbNbO_2$）为基础的。

铌酸铅具有很高的居里点（570℃），低的介电常数。在铌酸铅中用钡或锶替代一部分铅，可引起性能的根本变化，从而得到具有较高机械品质因素铌酸盐压电陶瓷。

铌酸钾是通过热压过程制成的，它的居里点也较高（480℃），特别适应于作 10~40MHz 的高频换能器。

近年来，铌酸盐系压电陶瓷在水生传感器方面受到了重视，由于它的性能比较稳定，适用于深海水听器。

（4）铌镁酸铅压电陶瓷（PMN）。铌镁酸铅压电陶瓷由 $Pb(Mg_{\frac{1}{3}}Nb_{\frac{2}{3}})O_3-PbTiO_3-PbZrO_3$ 三成份组成，它是在 $PbTiO_3-PbZrO_3$ 的基础上加上一定量的 $Pb(Mg_{\frac{1}{3}}Nb_{\frac{2}{3}})O_3$ 制成的，具有较高的压电系数（$800\sim900\times10^{-12}C/N$）和居里点，它能在压力大至 $7\times10Pa$ 时继续工作，因此可作为高温下的力传感器。表 8-1 给出了几种常用压电材料的主要参数。

表 8-1　几种常用压电材料的主要参数

| 材料 | 工作方式 | 相对介电常数 $\varepsilon_\tau$ | 压电系数 $\times10^{-12}$ (C•N-1) | 电阻率 $\times10^9$ ($\Omega$•m) | 密度 (kg•cm$^{-3}$) | 弹性模量$\times10^9$ (N•m$^{-2}$) | 最大安全应力$\times10^9$ (N•m$^{-2}$) | 最大安全湿度 (℃) | 安全湿度范围 (%) |
|---|---|---|---|---|---|---|---|---|---|
| 石英 | 厚度变形 | 4.5 | 2.3 | >1000 | 2.65 | 80 | 98 | 550 | 0~100 |
| | 长度变形 | 4.5 | 2.3 | >1000 | 2.65 | 80 | 98 | 550 | 0~100 |
| 钛酸钡 | 厚度变形 | 1200 | 140 | >100 | 5.5 | 110 | 80 | 70 | 0~100 |
| | 长度变形 | 1200 | 56 | >100 | 5.5 | 110 | 80 | 70 | 0~100 |
| | 体积变形 | 1200 | 28 | >100 | 5.5 | | | 70 | 0~100 |
| 锆钛酸铅 PZT5 | 厚度变形 | 1500 | 320 | >104 | 7.5 | 6.75 | | 250 | 0~100 |
| | 长度变形 | 1500 | 140 | >104 | 7.5 | 6.75 | | 250 | 0~100 |
| | 体积变形 | 1500 | 40 | >104 | 7.5 | | | 250 | 0~100 |
| PZT4 | 长度变形 | 1200 | 131 | >104 | 7.5 | 81.5 | | 250 | 0~100 |
| 铌铅化合物 330 | 厚度变形 | 900 | 80 | >104 | 6 | 92 | 20 | 270 | 0~100 |
| | 长度变形 | 900 | 32 | >100 | 6 | 92 | 20 | 270 | 0~100 |
| | 体积变形 | 900 | 10 | >100 | 6 | | | 270 | 0~100 |

## 8.2　压电元件的常用结构形式

为了提高压电传感器的灵敏度，压电材料通常将二片或二片以上组合在一起。

### 8.2.1　压电元件的串并联结构与特点

#### 8.2.1.1　压电元件的并联结构与特点

如图 8-4（a）中，负电荷集中在中间电极上，而正电荷出现在上下两边的电极上，这种接法称为并联。此时，相当于两个电容器并联。其总电容量 $C'$ 为单

片电容 C 的两倍，而输出电压$U'$等于单片机电压 U，极板上电荷量$q'$为单片电荷量 q 的两倍，即

$$C'=2C;\quad U'=U;\quad q'=2q$$

可见采用这种连接方式输出电荷大，本身电容也大，时间常数大，故宜于测量慢变信号，并且适用于以电荷为输出量的场合。

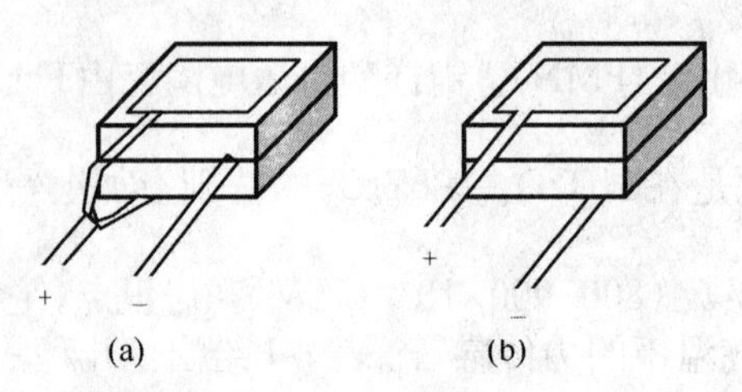


图 8-4　压电元件的串联和并联

8.2.1.2　压电元件的串联结构与特点

用图 8-4（b）的接法，正电荷集中在上极板，负电荷集中在下极板，而中间的极板上片产生的负电荷与下片产生的正电荷相互抵消，这种接法称为串联。此时，相当于两个电容器串联，总电荷量$q'$等于单片电荷 q，输出电压$U'$为单片电压 U 的两倍，总电容$C'$为单片电容 C 的一半，即

$$q'=q;\quad U'=2U;\quad C'=\frac{C}{2}$$

可见，这种连接方式输出电压大，本身电容小，故适用于以电压作为输出信号，并且测量电路输入阻抗很高的场合。

## 8.2.2　双片弯曲式压电传感器原理

在压电传感器中，一般利用压电材料的纵向压电效应的较多，这时所使用的压电材料大多做成圆片状，也有利用其横向压电效应，如图 8-5 所示的用压电陶瓷做成的双片弯曲式压电传感器就是利用横向压电效应的一种形式。在图 8-5（a）中，当自由端受力 F 时，它将产生形变，放大后的形变如图 8-5（b）所示。其中心面$oo'$的长度没有改变，中心面上的$aa'$被拉长了，而中心面下面的$bb'$被压而缩短了，可见上面的一块压电片被拉伸，下面的一块压电片被压缩，这时每片压电片产生的电荷和电压为

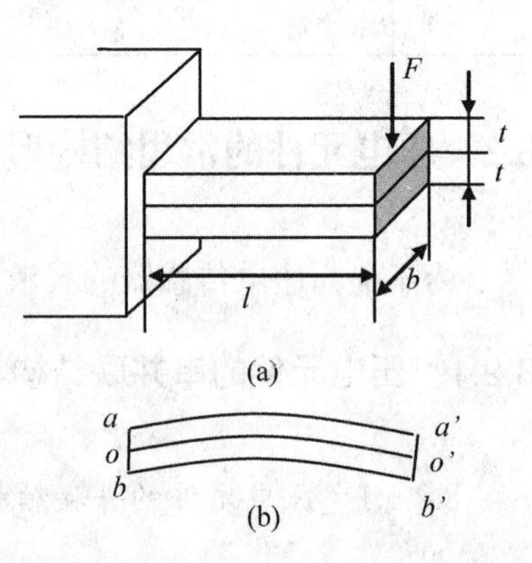


图 8-5　双片弯曲式压电传感器原理

$$q=\frac{3}{8}\frac{dl^3}{t^2}F \tag{8-8}$$

$$U=\frac{3}{8}g\frac{l}{bt}F \tag{8-9}$$

式中，$l$为压电片的悬臂长度；$b$为压电片的宽度；$t$为单片压电片的厚度；$d$为压电系数（描述电荷灵敏度）；$g$为压电系数（描述电压灵敏度）。

产生的电荷分布在$aa'$和$bb'$面上，利用这种形式制成的传感器有加速度传感器，测量表面光洁度的轮廓仪的测量头等。

## 8.3　压电传感器的测量电路

### 8.3.1　压电传感器的等效电路

当压电传感器的压电元件受到外力作用时，就会在受力纵向或横向的两个表面上分别聚集数量相等、极性相反的电荷。因此，压电传感器可以看作是一个静电荷发生器。而两极板聚集电荷，中间为绝缘体的压电元件，又可看作是一个电容器，其电容器$C_a$为

$$C_a=\frac{\varepsilon_0\varepsilon_r S}{d}=\frac{\varepsilon S}{d} \tag{8-10}$$

式中，S为压电片面积（$m^2$）；d为压电片厚度（m）；$\varepsilon$为压电晶体的介电常数（$F.m^{-1}$）；$\varepsilon_0$为真空介电常数（$\varepsilon_0=8.85\times10^{-12}F.m^{-1}$）；$\varepsilon_r$为压电材料的相对介电常数；$C_a$为压电元件的内部电容（F）。于是，可把压电传感器等效为一个电荷源与一个电容器并联的电荷源等效电路，如图8-6（a）所示。电容器上的开路电压$U_a$、电容$C_a$与压电效应所产生的电荷$q$三者的关系为

$$U_a=\frac{q}{C_a} \tag{8-11}$$

因此，也可以把压电传感器等效为一个电压源与一个电容器相串联的电压等效电路，如图8-6（b）所示。

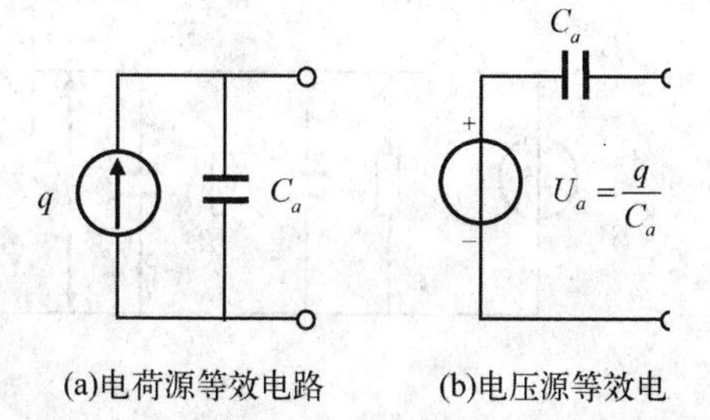

图8-6　压电传感器的等效电路

压电效应属于一种静电效应，压电元件受力所产生的电荷是非常微弱的。只有当外电路为开路（即负载电阻$R_i$为无穷大），压电传感器内部漏电阻$R_a$也无穷大时，压电效应所产生的电荷才能长期保持。若负载电阻$R_i$不是无穷大，则电路就要以时间常数$\tau=R_i\times C_a$按指数规律放电，当放电时间等于$(3\sim4)\tau$时，电压$U_a$趋近于零。这就给压电信号

（特别是缓慢变化信号）的测量带来了困难。为此，必须保持 $R_i$ 具有足够大的数值。所以，传感器的输出信号首先要由低噪声电缆引入高输入阻抗的前置放大器，然后可采用一般的放大、检波、显示电路或通过功率放大至记录器和数据处理装置。

如果考虑压电传感器的内部泄漏电阻（压电元件的绝缘电阻 $R_a$），并把前置放大器的输入电阻 $R_i$、输入电容 $C_i$ 以及低噪声电缆的电容 $C_c$ 包括进去，便可得到图 8-7 所示的完整等效电路。图中，一种是电荷等效电路，另一种是电压等效电路，这两种电路的形式虽然不同，其作用是等效的。

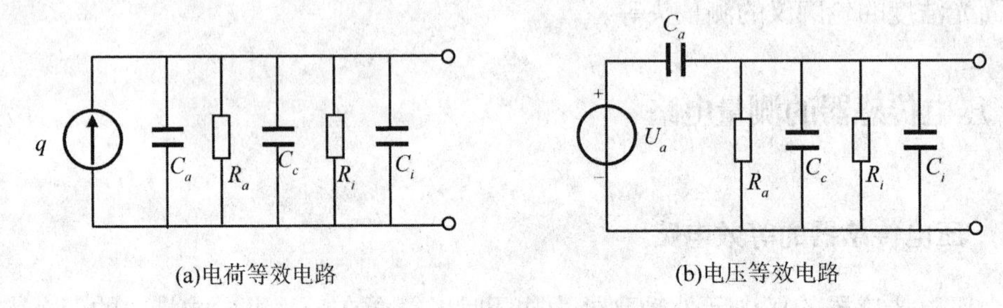


(a)电荷等效电路　(b)电压等效电路

图 8-7　压电传感器等效电路

## 8.3.2　压电传感器的测量电路

压电传感器本身的内阻抗很高，而输出的能量又非常微弱，因此使用压电传感器时它的负载电阻应有很大的数值，这样才能减小测量误差。因此，与压电传感器配合的测量电路通常是具有高输入阻抗的前置放大器。

压电传感器的前置放大器有两个作用：一是把压电传感器的高输出阻抗变换成低阻抗输出；二是放大压电传感器输出的微弱信号。根据压电传感器的工作原理也有两种形式：一是电压放大器，其输出电压与输入电压（传感器的输出电压）成正比；另一种是电荷放大器，其输出电压与输入电荷成正比。

### 8.3.2.1　电压放大器

压电传感器接到电压放大器的等效电路，如图 8-8(a)所示，其简化的等效电路如图 8-8(b)所示。

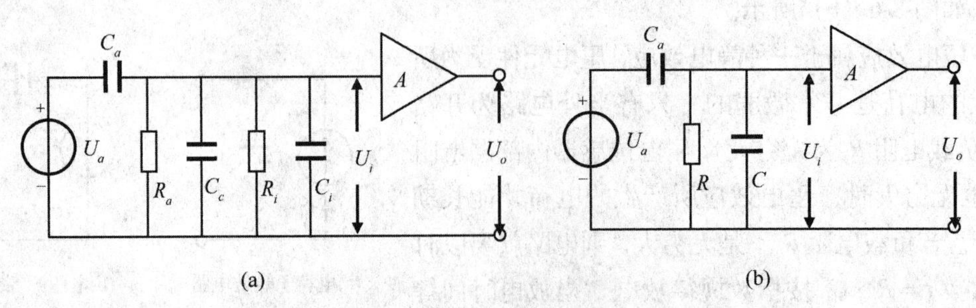


(a)　(b)

图 8-8　压电传感器接至电压放大器的等效电路

在图 8-8(b)中，等效电阻 R 为　　$R=\dfrac{R_a R_i}{R_a+R_i}$

等效电容 C 为　　$C=C_c+C_i$

而　　$U_a=\dfrac{q}{C_a}$

假设压电元件受到角频率为 $\omega$ 的力 $f$ 为

$$f=F_m\sin\omega t \tag{8-12}$$

式中 $F_m$ 为作用力的幅值。

又设压电元件为压电陶瓷材料，其压电系数为 $d$，则在外力作用下，压电元件电压值为

$$U_a=\frac{d\ F_m}{C_a}\sin\omega t \tag{8-13}$$

或

$$U_a=U_m\sin\omega t \tag{8-14}$$

式中 $U_m$ 为电压的幅值，$U_m=\dfrac{dF_m}{C_a}$。

由图 8-8(b)可得送入放大器的输入端电压 $U_i$，写成复数的形式得

$$U_i=df\frac{j\omega R}{1+j\omega R(C+C_a)} \tag{8-15}$$

$U_i$ 的幅值 $U_{im}$ 为

$$U_{im}=\frac{dF_m\omega R}{\sqrt{1+\omega^2R^2(C_a+C_c+C_i)^2}} \tag{8-16}$$

输出电压与作用力之间的相位差 $\phi$ 为

$$\phi=\frac{\pi}{2}-tg^{-1}[\omega(C_a+C_c+C_i)R] \tag{8-17}$$

令 $\tau=R(C_a+C_c+C_i)$, $\tau$ 为测量回路的时间常数，并令 $\omega_0=\dfrac{1}{\tau}$，则可得

$$U_{im}=\frac{dF_m\omega R}{\sqrt{1+(\omega/\omega_0)^2}}\approx\frac{dF_m}{C_a+C_c+C_i} \tag{8-18}$$

由上式可知，$\omega/\omega_0>>1$（即 $\omega\tau>>1$）时，即作用力变化频率与回路时间常数的乘积远大于 1 时，前置放大器的输入电压幅值 $U_{im}$ 与频率无关。由此说明，在测量回路时间常数一定的条件下，压电传感器高频相应很好，这是其优点之一。但是，当被测动态量变化缓慢，而测量回路时间常数又不大，则将使传感器的灵敏度下降。因此，为了扩

展传感器工作频带的低频端，就必须尽量提高测量回路的时间常数 $\tau$ 。根据电压灵敏度 $K_u$ 的定义，由式（8-16）得

$$K_u = \frac{U_{im}}{F_m} = \frac{d}{\sqrt{\frac{1}{(\omega R)^2} + (C_a + C_c + C_i)^2}} \tag{8-19}$$

因为 $\omega R >> 1$，故传感器的电压灵敏度近似为 $K_u \approx \frac{d}{C_a + C_c + C_i}$，由式（8-19）可以看出，传感器的电压灵敏度 $K_u$ 是与电容成反比的，增加回路的电容势必会使传感器的灵敏度下降。为此，常常通过提高测量回路电阻来增大时间常数。故常制成输入电阻很大的前置放大器，放大器输入电阻越大，测量回路的时间常数越大，传感器的低频响应也就越好。

由式（8-18）可见，当改变连接传感器与前置放大器的电缆长度时，$C_c$ 将改变，$U_{im}$ 也随着变化，从而使前置放大器的输出电压 $U_0 = KU_{im}$ 也发生变化（$K$ 为前置放大器增益）。因此，传感器与前置放大器组合系统的输出电压与电缆电容有关。在设计时，常常把电缆长度定为一常值，使用时如果要改变电缆的长度，就必须重新校正灵敏度值，否则由于电缆电容 $C_c$ 的改变，将会引起测量误差。

#### 8.3.2.2　电荷放大器

电荷放大器是一个具有深度电容负反馈的高增益运算放大器电路。当略去压电传感器的泄漏电阻 $R_a$、反馈电容的漏电阻 $R_f$ 以及放大器的输入电阻 $R_i$ 时，它的等效电路如图 8-9 所示。从电路分析角度来看，由于反馈的加入，将会引起输入电压 $U_i$ 的变化。而电路中电压的变化又可以等效为阻抗的变化（根据补偿定理）。因此，对于前置放大器的输入端来说，反馈的加入相当于改变了输入端的阻抗。根据密勒定理，可将反馈电容 $C_f$ 折算到输入端，其等效电容为（1-$K$）$C_f$，($K$ 为运算放大器的开环增益，$K$=-$A$，“-”表示放大器的输出与输入反相），该等效电容与电容 $C_a$、$C_c$ 和 $C_i$ 并联，于是放大器的输入电压 $U_i$ 为

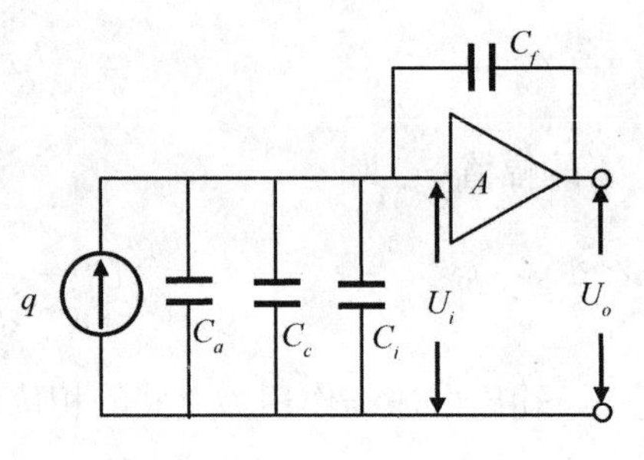

图 8-9　电荷放大器等效电路

$$U_i = \frac{q}{C_a + C_c + C_i + (1-k)C_f} = \frac{q}{C_a + C_c + C_i + (1+A)C_f}$$

输出电压 $U_0$ 为

$$U_0 = kU_i = \frac{-Aq}{C_a + C_c + C_i + (1+A)C_f} \tag{8-20}$$

当放大器增益 A>>1 时，$(1+A)C_f >> C_a + C_c + C_i$，上式简化为

$$U_O \approx -\frac{q}{C_f} \tag{8-21}$$

上式表明，式（8-21）所表示的是电荷放大器理想的情况，它的条件是放大器的输入电阻 $R_i$ 和反馈电容 $C_f$ 的漏电阻 $R_f$ 都趋于无穷大，而且 $(1+A)C_f >> C_a + C_c + C_i$。

通常，当（1+$A$）$C_f$大于 $C_a$+$C_c$+$C_i$ 十倍以上，即可以为传感器的输出灵敏度与电缆电容无关。但由于电缆的分布电容 $C_c$ 随着传输距离的增加而增大，因此在远距离传输时，需要考虑电缆电容 $C_c$ 对测量精度的影响。由此而产生的测量误差可由下式求得

$$\delta = \frac{-Aq/(1+A)C_f - \{-Aq/[C_a + C_c + (1+A)C_f]\}}{-Aq/(1+A)C_f} = \frac{C_a + C_c}{C_a + C_c + (1+A)C_f} \tag{8-22}$$

由上式可知，增大 $A$ 和 $C_f$均可提高测量精度，或者可在精度保持不变的情况下，增加连接电缆的允许长度，反馈电容 $C_f$的值也受放大器输出灵敏度的限制。在电荷放大器的实际电路中，考虑到被测物理量的不同量程，通常将反馈电容 $C_f$的电容量做成选择的，选择范围一般在 100~10000PF 之内。选用不同容量的反馈电容，可以改变前置级的输出大小。

实际的电荷放大器电路，通常在反馈电容的两端并联一个大的电阻 $R_f$（约为 $10^8 \sim 10^{10}\Omega$），其作用是提供直流反馈，减少放大器的零漂，使电荷放大器工作稳定。

电荷放大器的低频特性好，适当选取 $C_f$和 $R_f$，可使电荷放大器的低频截止频率几乎接近于零，这也是电荷放大器的一个显著优点。

电荷放大器虽然允许使用长电缆并具有较好的低频响应特性，但与电压放大器相比，它的价格较高，电路也较复杂，调整也困难，这是电荷放大器的不足之处。

## 8.4　压电传感器的应用

### 8.4.1　压电加速度传感器

压电加速度传感器是一种常用的加速度计。因其固有频率高，高频（几 kHz 至十几 kHz）响应好，如配以电荷放大器，低频特性也很好（可低至 0.3Hz）。压电加速度传感器的优点是体积好，重量轻，缺点是要经常校正灵敏度。

图 8-10 是一种压缩式压电加速度传感器结构原理图，图中压电元件由两片压电片组

成，采用并联接法，一根引线接至两压电片中间的金属片上，另一端直接与基座相连。压电片通常采用压电陶瓷制成。压电片上放一块重金属制成的质量块，用一弹簧压紧，对压电元件施加预负载。整个组件装在一个有厚度基座的金属壳体中，壳体和基座约占整个传感器重量的一半。

测量时，通过基座底部的螺孔将传感器与试件刚性固定在一起，传感器感受与试件相同频率的振动。由于弹簧的刚度很大、因此质量块也感受与试件相同的振动。质量块就有一正比于加速度的交变力作用在压电片上，由于压电效应，在压电片两个表面上就有电荷产生。传感器的输出电荷（或电压）与作用力成正比，亦即与试件的加速度成正比。

这种结构谐振频率高、频响范围宽、灵敏度高，而且结构中敏感元件（弹簧质量块和压电元件）不与外壳直接接触，受环境影响小。是目前应用得最多的结构形式之一。

压电加速度传感器的另一种结构形式是利用压电元件的切变效应，它的结构如图 8-11 所示，压电元件是一个压电陶瓷圆筒，它在组装前先在与圆筒轴向垂直的平面上图上预备电极，使圆筒沿轴向极化。极化后磨去预备电极，将套筒套在传感器底座的圆柱上；压电元件的外面再套惯性质量环。当传感器受到振动时，质量环的振动由于惯性有一滞后，这样在压电元件上出现剪切应力，产生剪切形变，从而在压电元件的内外表面上产生电荷，其电场方向垂直于极化方向。这种结构有很高的灵敏度，而且横向灵敏度小，因此其他方向的作用力造成的测量误差也很小。它有很高的固有频率、宽的频率响应范围，受环境的影响也比较小。

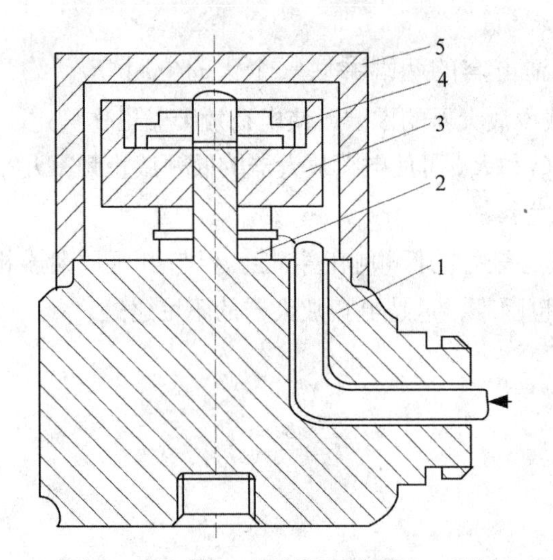


1－基座 2－压电片 3－质量块 4－弹簧 5－壳体

图 8-10 压缩式压电加速计结构图

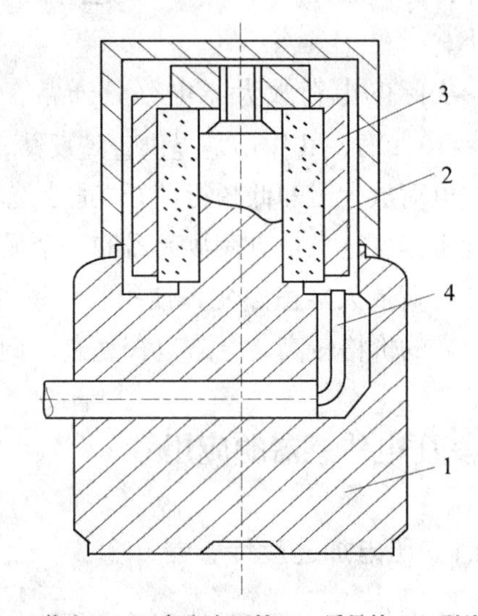


1－基座 2－压电陶瓷圆筒 3－质量块 4－引线

图 8-11 剪切型压电式加速计

在冲击测量中，因为加速度很大，应采用质量小的质量块。弯曲型加速度计由特殊的压电悬梁构成，如图 8-12 所示。它有很高的灵敏度和很低的频率响应。它主要用于医学上和其他低频响应的领域，如地壳和建筑物的振动等。

图 8-13 示出了差动式压电加速度传感器的结构简图，它有效的消除了横向效应。在测量加速度时，两组压电元件组成差动输出，而在横向效应作用时，它们是同相输出，因此相互抵消了，环境的影响也就大大消弱了。

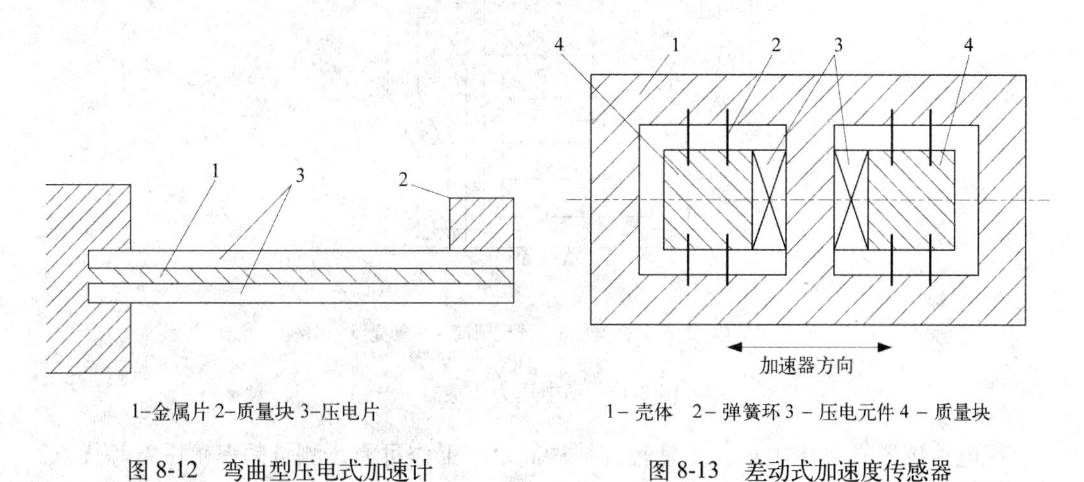


1–金属片 2–质量块 3–压电片

图 8-12　弯曲型压电式加速计

1－壳体　2－弹簧环 3－压电元件 4－质量块

图 8-13　差动式加速度传感器

### 8.4.2　压电压力传感器

压电压力传感器主要用于发动机内部燃烧压力的测量与真空度的测量。它既可用来测量大的压力，也可以用来测量微小的压力。

发动机上的压电压力传感器，其压电元件大都由一对石英晶片或数片石英叠堆组成，如图 8-14 所示。这种传感器实质上是由一刚度为 $k_1$ 的晶片和刚度为 $k_2$ 的预紧力弹簧组成。外力 $F$ 同时作用在晶体叠堆和弹簧上，晶体叠堆上的力为 $F_1$,弹簧上的预紧力为 $F_2$。设压缩变形为 $\Delta x$，则可得

$$F=F_1+F_2=(k_1+k_2)\Delta x \tag{8-23}$$

力的有效分量为

$$\frac{F_1}{F}=\frac{k_1}{k_1+k_2}=\frac{1}{1+\dfrac{k_2}{k_1}} \tag{8-24}$$

式（8-24）表明，$\frac{F_1}{F}$ 随着 $\frac{k_2}{k_1}$ 的减少而增加，也就是说，在晶片叠堆的刚度 $k_1$ 给定时，灵敏度随预紧力弹簧的变弱而增加。

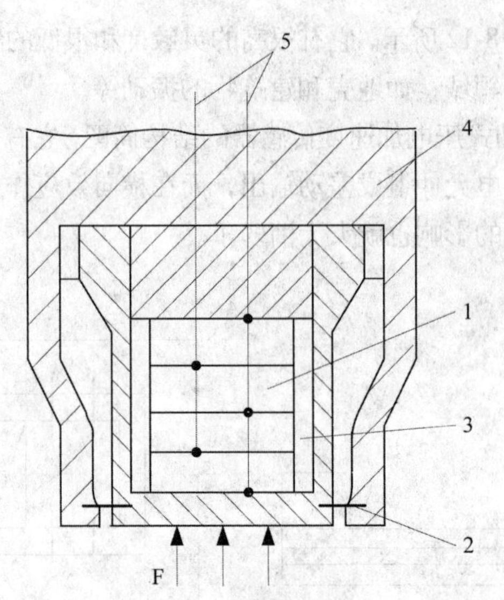

1–压电晶体　2–膜片弹簧　3 – 薄壁圆筒 4 – 外壳 5 – 引线

图 8-14　压电压力传感器

压电传感器具有体积小、重量轻、结构简单、工作可靠、测量频率范围宽等优点。合理的设计能使它有较强的抗干扰能力，所以是一种应用较为广泛的力传感器。但不能测量频率太低的被测量，特别是不能测量静态参数，因此，多用测量加速度和动态力或压力。

## 思考题与习题

1. 什么是压电效应？什么是逆压电效应？逆压电效应与电致伸缩效应的区别是什么？
2. 常用的压电材料有哪几类？各有什么特点？
3. 画出压电元件的两种等效电路。
4. 压电传感器适应于什么测量？不适应于什么测量？
5. 压电式加速度传感器的输出信号是什么？使用时需要什么样的测量电路？
6. 石英晶体 x、y、z 轴的名称及其特点是什么？
7. 简述压电陶瓷的结构及其特性。
8. 电荷放大器所要解决的核心问题是什么？试推导其输入输出关系。
9. 简述压电式加速度传感器的工作原理。

# 第9章　常用半导体传感器

利用半导体材料的各种物理效应，可以把被测物理量的变化转换为便于处理的电信号，从而制成各种半导体传感器。

霍尔传感器是一种工作原理基于霍尔效应的半导体磁电传感器。1879年美国物理学家霍尔首先在金属材料中发现了霍尔效应，但由于金属材料的霍尔效应太弱而没有得到应用。随着半导体技术的发展，开始用半导体材料制造霍尔元件，由于它的霍尔效应显著因而得到了应用和发展。同时随着材料科学和固体物理效应的不断发现，新型的半导体敏感元件不断发展，目前已有热敏、光敏、磁敏、气敏、湿敏等多种类型。半导体传感器的特点：①灵敏度高；②频率响应宽、响应速度高；③结构简单，小型，轻便、价廉、无触点；④可靠性高、寿命长；⑤便于实现集成和智能化等。由于该类传感器具有以上特点，因此，在检测技术中正得到日益广泛的应用。

制造半导体敏感元件的材料有：半导体陶瓷和单晶材料，这两种材料各有所长，互为补充。

## 9.1　霍尔传感器

### 9.1.1　霍尔元件的工作原理

#### 9.1.1.1　霍尔效应

图9-1给出了霍尔效应原理图，当金属或半导体薄片，若在它的两端通过控制电流$I$，并在薄片的垂直方向上施加磁感应强度为$B$的磁场，那么在垂直于电流和磁场的方向（即霍尔输出端之间）将产生电动势$U_H$（称霍尔电动势或霍尔电压）这种现象称为霍尔效应。根据霍尔效应制成的元件，称为霍尔元件，如图9-2所示。

#### 9.1.1.2　霍尔效应产生的原因及霍尔电场的建立

由于运动电荷受磁场中洛仑兹力作用的结果，是霍尔效应产生的原因。

假设在N型半导体薄片的控制电流端通过电流I，那么，半导体中的载流子（电子）将沿着和电流方向相反的方向运动，若在垂直于半导体薄片平面的方向上加以磁场B，则由于洛仑兹力$f_L$的作用，电子向一边偏转，并使该边积累电子，而另一边则积累正电荷，于是产生了电场。

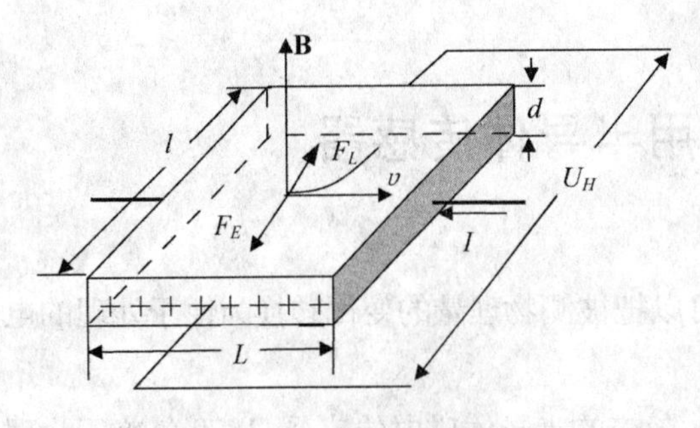


图 9-1　霍尔效应原理图

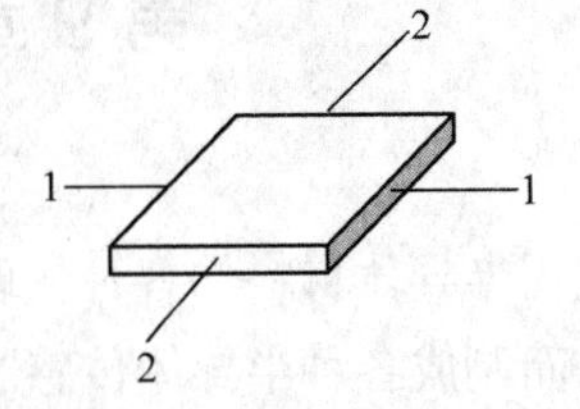


图 9-2　霍尔元件示意图

这个电场阻止运动电子的连续偏转。当电场作用在运动电子的电场 $f_E$ 与洛仑兹力 $f_L$ 相等时，电子的积累便达到动态平衡。这时，在薄片两横端面之间建立的电场成为霍尔电场 $E_H$，相应的电动势就称为霍尔电势 $U_H$，其大小可用下式表示：

$$U_H = \frac{R_H IB}{d}\ (\mathrm{V}) \tag{9-1}$$

式中 $R_H = 1/(ne)$，称为霍尔常数，其大小取决于导体载流子密度。

令：$K_H = R_H / d$

$$U_H = K_H IB \tag{9-2}$$

式中 $K_H$ 称为霍尔元件灵敏度，它表示在单位电流、单位磁场作用下，开路的霍尔电势输出值。它与元件的厚度成反比，降低厚度 $d$，可以提高灵敏度。但在考虑提高灵敏度的同时，必须兼顾元件的强度和内阻。

9.1.1.3　几点说明

（1）霍尔电动势的大小正比于控制电流 $I$ 和磁感应强度 $B$ 的乘积。

（2）$K_H$ 称为霍尔元件的灵敏度，它表征在单位磁感应强度和单位控制电流是输出霍尔电压大小的一个重要参数，一般要求它越大越好，霍尔元件的灵敏度与元件的性质和几何尺寸有关。

（3）元件的厚度 $d$ 对灵敏度的影响也很大，元件的厚度越薄，灵敏度越高。所以霍尔元件的厚度一般都比较薄。

（4）当控制电流的方向或磁场的方向改变时，输出电动势的方向也将改变。但当磁场与电流同时改变时，霍尔电动势并不改变原来的方向。

（5）由于建立霍尔电势所需的时间极短（约为 $10^{-12}$~$10^{-14}$s），因此霍尔元件的频率响应甚高（可达 $10^9\mathrm{H_Z}$ 以上）。

9.1.1.4　霍尔元件及基本电路

（1）材料：一般采用 N 型的锗、锑化铟和砷化铟等半导体单晶体材料制成。

（2）结构与组成：霍尔元件结构简单，它由霍尔片、引线和壳体三部分组成。

（3）符号与基本电路：图 9-3、图 9-4 分别给出了霍尔元件的符号及基本电路。

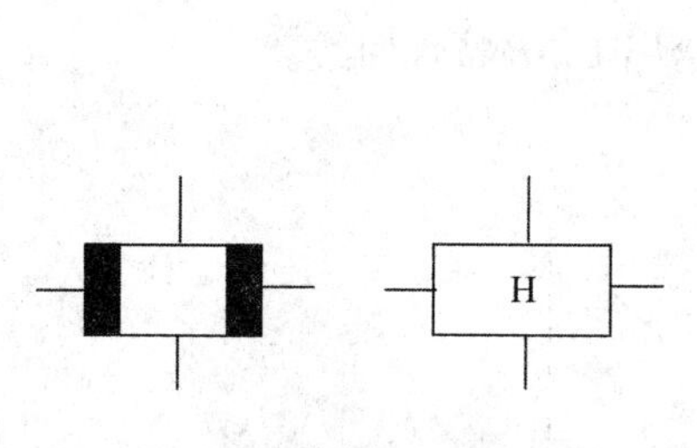


图 9-3　霍尔元件的符号

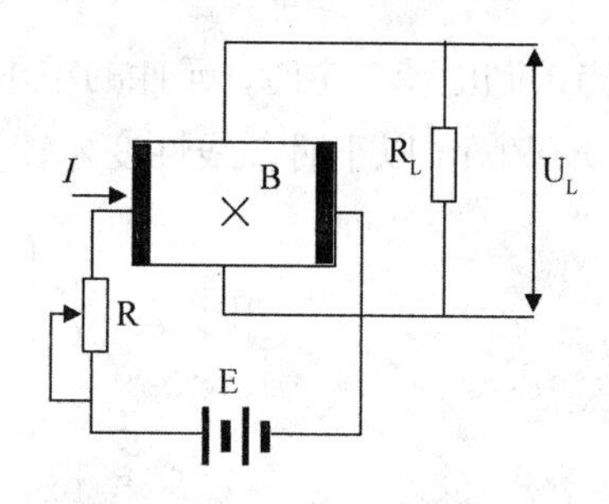


图 9-4　霍尔元件基本电路

## 9.1.2　霍尔元件的电磁特性

霍尔元件的电磁特性是指：①控制电流（直流或交流）与输出之间的关系；②霍尔输出（恒定或交变）与磁场之间的关系等特性。

9.1.2.1　$U_H$-I 特性

在磁场 B 和环境温度一定时，霍尔输出电动势 $U_H$ 与控制电流 I 之间呈线性关系，如图 9-5 所示。直线的斜率称为控制电流灵敏度，用 $K_I$ 表示，按照定义 $K_I$ 可写为

$$K_I = \left(\frac{U_H}{I}\right)_{B恒定} \tag{9-3}$$

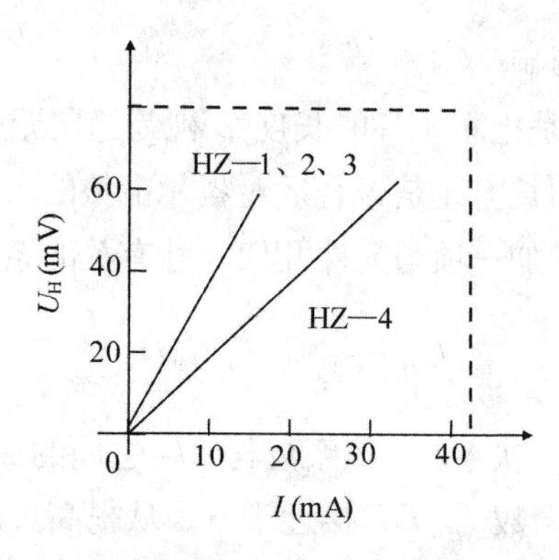


图 9-5　霍尔元件的 $U_H$-$I$ 特性曲线（$B$=0.3Wb/m²）

由式（9-3）和式（9-2）得到

$$K_I = K_H B \tag{9-4}$$

由式（9-4）知，霍尔的灵敏度 $K_H$ 越大，控制电流灵敏度 $K_I$ 也就越大。但灵敏度大的元件，其霍尔输出并不一定大。这是因为霍尔电势还与控制电流有关。因此，即使灵敏度较低的元件，如果在较大控制电流下工作，则同样可以得到较大的霍尔输出。

9.1.2.2　$U_H$-B 特性

当控制电流一定时，元件的霍尔输出随磁场的增加并不呈线性关系，只有当元件工作在 0.5Wb/m² 以下时，线性度才较好。图 9-6 给出 $U_H$-$B$ 特性曲线。

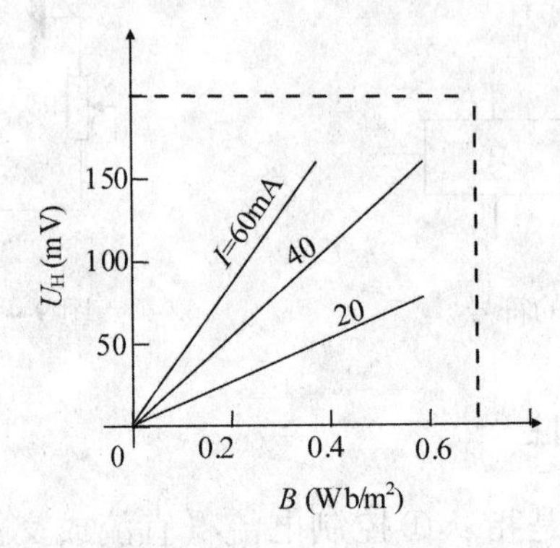


图 9-6　$U_H$-$B$ 特性曲线

## 9.1.3　误差分析及其补偿方法

霍尔传感器输入–输出关系比较简单，而且线性好，但是影响它的性能的因素及造成误差的因素很多，主要有以下几个方面。

9.1.3.1　元件的几何尺寸、电极接点的大小对性能的影响

（1）几何尺寸对性能影响。

在公式 $U_H=K_H IB$ 中，是把霍尔片的长度 $L$ 视为趋向无穷大，实际上霍尔片总有一定的长宽比 $L/l$，而元件的长宽比是否合适对霍尔电势的大小有着直接的关系。为此，在霍尔输出表达式中应该增加一项与元件几何尺寸有关的系数。这样就可写成

$$U_H = \frac{R_H}{d} IBf_H(L/l) \tag{9-5}$$

式中 $f_H(L/l)$ 为元件的形状系数。该系数与 $L/l$ 之间的关系如图 9-7 所示。由图可以看出，当 $L/l>2$ 时，形状系数 $f_H(L/l)$ 接近于 1。从提高灵敏度的角度，把 $L/l$ 选得越大越好。但在实际设计时，取 $L/l=2$ 已足够，因 $L/l$ 过大反而使输入功耗增加，以致降低元件的效率。

（2）电极大小对输出影响。

霍尔电极的大小对霍尔电势的输出影响如图 9-8 所示。图 9-8（a）为输出电极示意

图，图 9-8（b）为霍尔电极大小对霍尔电势输出的影响。对于理想元件的要求：控制电流端的电极是良好面接触；霍尔电极为点接触。实际上，霍尔电极有一定宽度 $S$，$S$ 对灵敏度和线性度有较大的影响。研究表明：当 $S/L<0.1$ 时，电极宽度的影响可忽略。

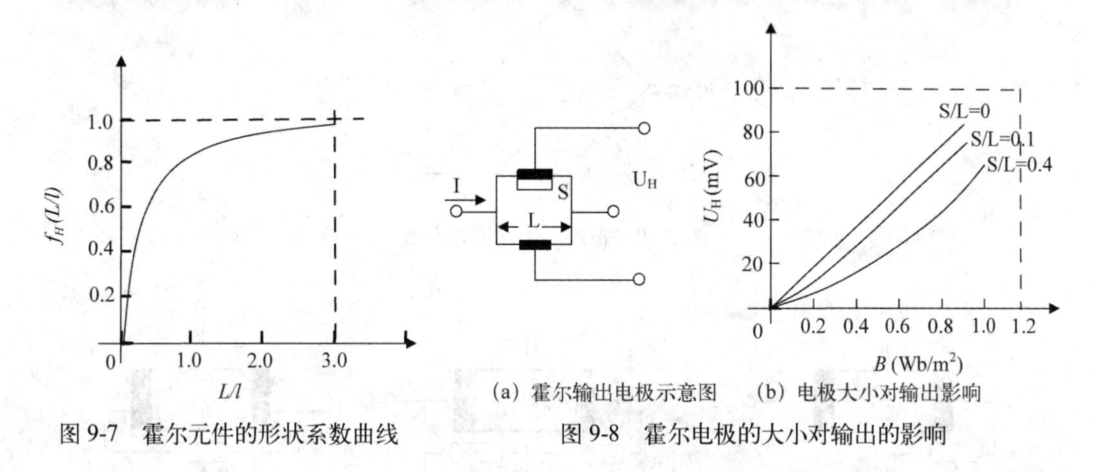


图 9-7　霍尔元件的形状系数曲线　　　图 9-8　霍尔电极的大小对输出的影响

9.1.3.2　零位误差及补偿

零位误差：霍尔元件不加控制电流或不加磁场时，而输出的霍尔电势称为零位误差。主要有以下四种：

（1）不等位电势 $U_0$。

图 9-9 给出了不等位电势产生示意图。不等位电势是一个主要的零位误差，产生不等位电势的主要原因：一是两个霍尔电势板在制作过程中并非绝对对称；二是电阻率不均匀；三是霍尔元件的厚度不均匀；四是控制电流极的端面接触不良。

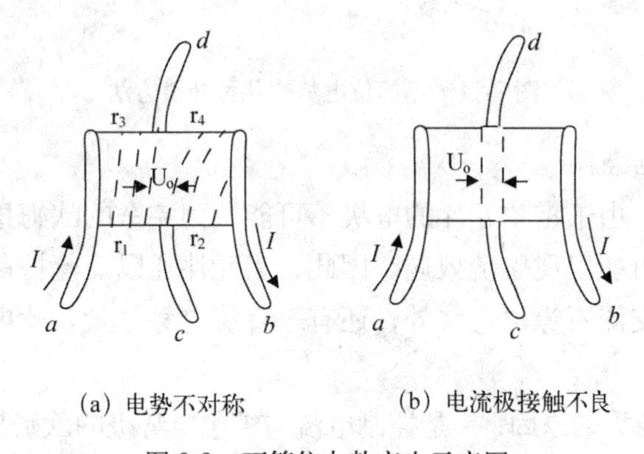


图 9-9　不等位电势产生示意图

分析不等位电势的方法：把霍尔元件等效为一个电桥，电桥的四个电阻分别为 $r_1$、$r_2$、$r_3$、$r_4$，如图 9-10 所示。当两个霍尔电势极在同一等位面上时，$r_1=r_2=r_3=r_4$，则电桥平衡 $U_0=0$；当霍尔电势极不在同一等位面上时[图 9-9（a）]，因 $r_3$ 减小、$r_4$ 增大，则电桥平衡被破坏，因此，输出电压 $U_0$ 不为 0。恢复电桥平衡办法是：增大 $r_2$ 或 $r_3$。如果确知霍尔电极偏离等位面的方向，就可以采用一些补偿的方法减小不等位电势。图 9-11 给出了不等位电势采用补偿线路进行补偿的方法。

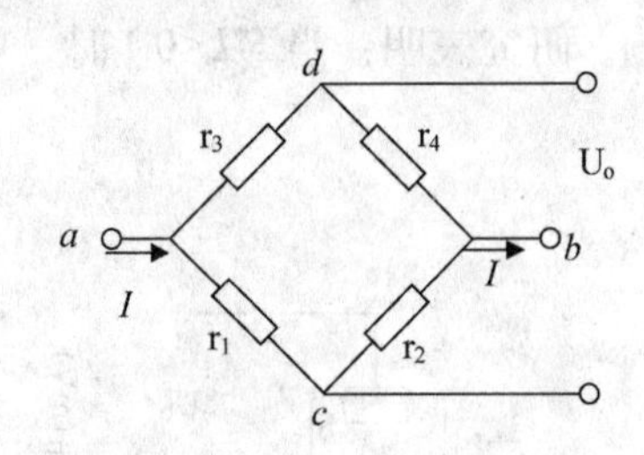


图 9-10　霍尔元件的等效电路

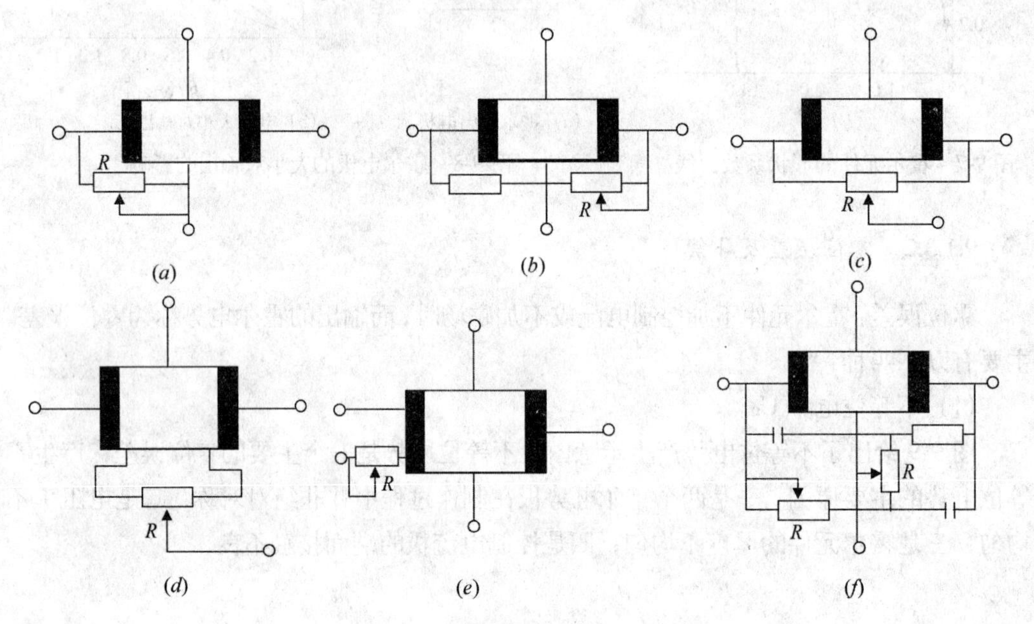


图 9-11　不等位电势的几种补偿方法

（2）寄生直流电势。

**寄生直流电势**：由于霍尔元件的电极不可能做到完全的欧姆接触，在控制电极板和霍尔电势板上都可能出现整流效应。因此，当元件通以交流控制电流（不加磁场）时，它的输出除了交流不等位电势外，还有一直流电势分量，此电势分量称为寄生直流电动势。

**产生寄生直流电势的原因**：一是控制电流与霍尔电势极的欧姆接触不良造成的整流效应；二是由于霍尔电势极的焊点大小不一致，两焊点的热容量不一致产生温差，造成直流附加电势。

**减小寄生直流电势的措施**：寄生直流电势是霍尔元件零位误差的一个组成部分，它的存在对于霍尔元件在交流情况下使用是有很大妨碍的，尤其是这个直流附加电势是随时间变化时，这将会导致输出漂移，为了减少寄生直流电势，在元件的制作和安装时，应尽量改善电极的欧姆接触性能和元件的散热条件。

(3) 感应零电势 $V_{i0}$。

当没有控制电流时，在交流或脉动磁场作用下产生的电势叫感应零电势 $V_{i0}$。大小与霍尔电极引线构成的感应面积 A 成正比，如图 9-12 (a) 所示。由电磁感应定律，

$$V_{i0} = -A\frac{dB}{dt} \tag{9-6}$$

式中 B 为感应强度。磁感应零电势补偿方法如图 9-12 (b)、图 9-12 (c)，使霍尔电势极引线围成的感应面积 A 所产生的感应电势互相抵消。

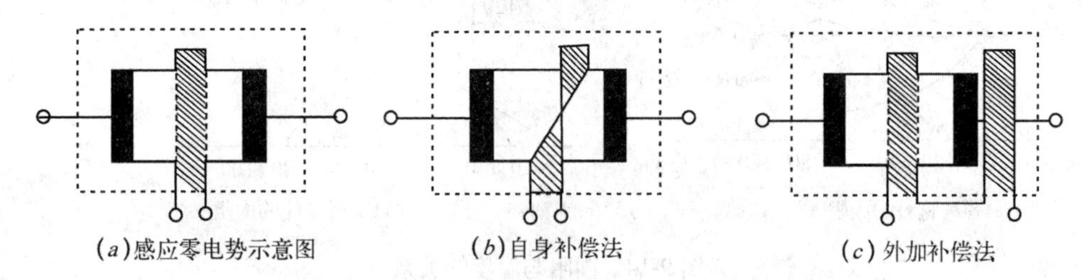

(a)感应零电势示意图　(b)自身补偿法　(c)外加补偿法

图 9-12　磁感应零电势及其补偿

(4) 自激场零电势。

**自激场**：当霍尔元件通以控制电流时，此电流就会产生磁场，这一磁场称为自激场。左右两半场相等，产生的电势方向相反而抵消，图 9-13 (a) 所示。

**自激场零电势**：实际应用时并非两半场相等，如图 8-13 (b) 分布量，因而有霍尔电势输出，这输出称为自激场零电势。

**克服自激场零电势措施**：只要在安装过程中，适当安排控制电流引线就可以消除自激场零电势。

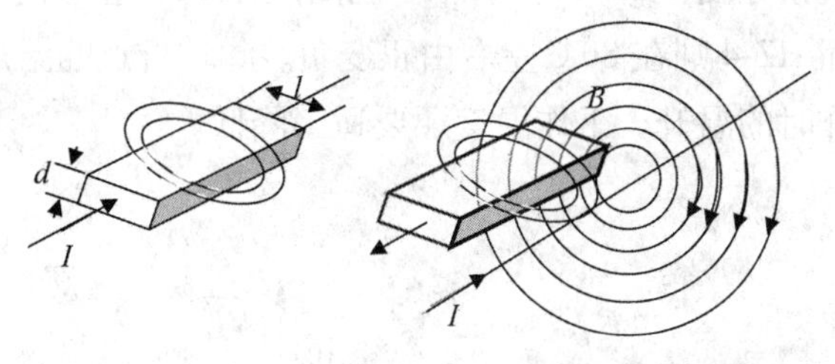


(a) 自激场的产生　(b) 实际应用元件的自激场

图 9-13　元件自激场电势示意图

### 9.1.3.3　霍尔元件的温度特性及补偿方法

霍尔元件与一般半导体器件一样，对温度的变化是很敏感的。这是因为半导体材料的电阻率、迁移率和载流子浓度等随温度变化的缘故。因此，霍尔元件的性能参数，如内阻、霍尔电动势等也随温度变化。

（1）温度对内阻影响。

**内阻定义**：霍尔元件控制电流两端之间的输入电阻和霍尔电势两输入端的输出电阻。霍尔元件的材料不同，内阻与温度的关系不同，内阻与温度的关系如图 9-14 所示。

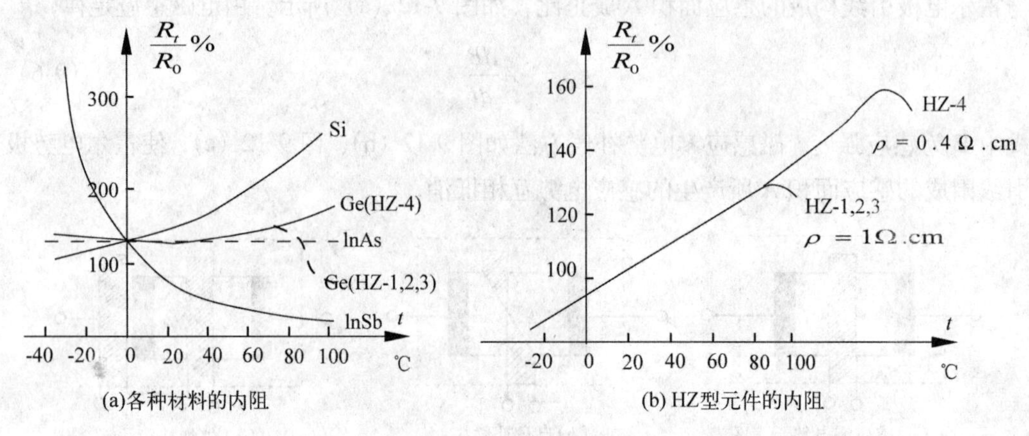


图 9-14　内阻与温度的关系

从图 9-14（a）中可以看出锑化铟温度最敏感，其温度系数最大，低温范围内尤其明显，其次是硅，砷化铟的温度系数最小。图 9-14（b）中比较了 HZ-1,2,3 和 HZ-4 型元件内阻与温度的关系。HZ-1,2,3 三种元件的温度系数在 80℃左右开始由正变负，而 HZ-4 在 120℃左右开始由正变负。

（2）温度对霍尔输出的影响。

图 9-15 给出了各种材料的霍尔输出随温度变化的情况。从图 9-15（a）中可以看出锑化铟变化最明显；硅的霍尔电势温度系数最小；其次是砷化铟和锗。HZ 型元件的霍尔输出电势与温度关系如图 9-15（b）所示。当温度在 50℃左右时，HZ-1,2,3 输出的温度系数由正变负，而 HZ-4 则在 80℃左右由正变负。此转折点的温度称为元件的临界温度。考虑到元件工作时的温升，工作温度还要适当降低。

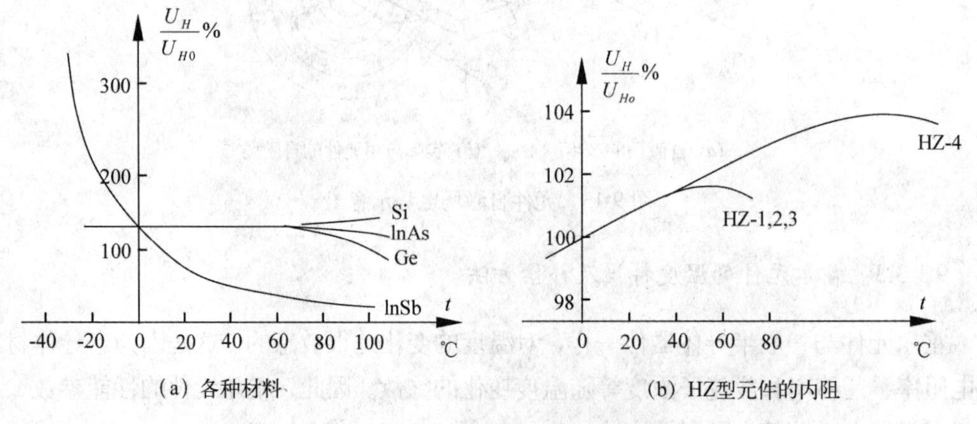


图 9-15　霍尔电势与温度的关系

（3）温度补偿。

为了减小霍尔的温度误差，除选用温度系数较小的元件（如砷化铟）或采用恒温措施外，用恒流源供电往往可以得到明显的效果。恒流源供电的作用是减小元件内阻随温度变化而引起的控制电流的变化。但采用恒流源供电还不能完全解决霍尔电势的稳定问题，因此，还必须结合其他补偿电路。图 9-16 所示是一种既简单，又有较好的补偿效果的补偿线路。在该线路中，控制电流极并联一个合适的补偿电阻 $r_0$，这个电阻起分流作用。当温度升高时，霍尔元件的内阻迅速增加，所以通过元件的电流减小，而通过补偿电阻 $r_0$ 的电流却增加，这样利用元件内阻的温度特性和一个补偿电阻就能自动调节通过霍尔元件的电流大小，从而起到补偿作用。

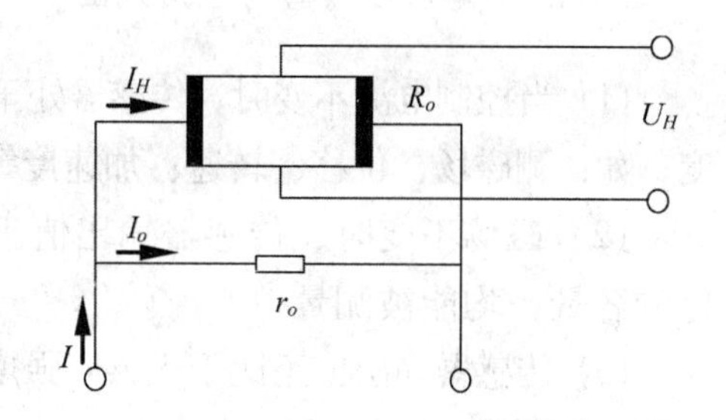


图 9-16　温度补偿线路

## 9.1.4　霍尔传感器的应用

### 9.1.4.1　霍尔元件的迭加联接

为获得较大的霍尔电势输出，提高霍尔输出灵敏度，采用输出迭加的联接方式，图 9-17 为霍尔元件输出的迭加连接图。

（1）直流供电。

直流供电时霍尔元件输出的迭加连接控制电流并联，如图 9-17（a）所示，$R_1$、$R_2$ 为可调电阻，调 $R_1$、$R_2$ 使两元件输出相等，c、d 为输出端输出为单元件 2 倍。

（2）交流供电。

控制电流串联，如图 9-17（b）所示，各元件输出端接至输出电压器各初级绕阻，变压器的次级便得到霍尔输出信号的迭加性。

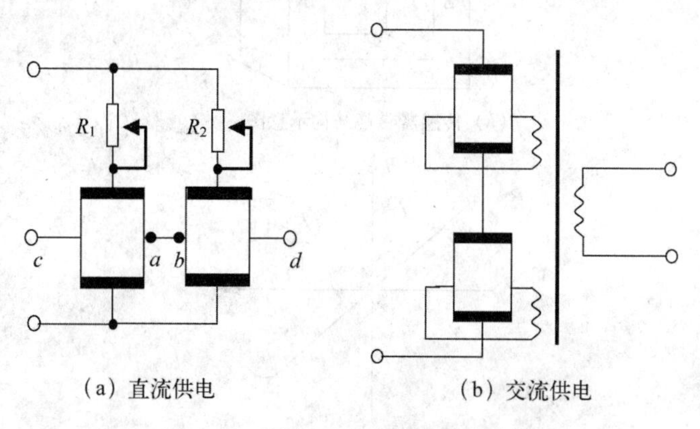


（a）直流供电　　（b）交流供电

图 9-17　霍尔元件输出的迭加连接

9.1.4.2　霍尔传感器的应用范围

(1) 当控制电流不变时，传感器处于非均匀磁场中，传感器的输出正比于磁感应强度，如：测磁场、位移、转速、加速度等。

(2) 磁场不变时、传感器输出值正比于控制电流值。所以，凡是转换成电流变化的各量，均能被测量。

(3) 传感器输出值正比于磁感应强度和控制电流之积，可用于乘法、功率等方面的计算和测量。

9.1.4.3　霍尔传感器应用举例

(1) 位移的测量。

图 9-18 (a) 是霍尔位移传感器的磁路结构示意图。在极性相反、磁场强度相同的两个磁钢的气隙中放置一块霍尔片，当霍尔片元件的控制电流 $I$ 不变时，霍尔电势 $U_H$ 与磁感应强度成正比。若磁场在一定范围内沿 $x$ 方向的变化梯度 $\frac{dB}{dx}$ 为一常数，如图 9-18 (b)，则当霍尔元件沿 $x$ 方向移动时，霍尔电势的变化为

$$\frac{dU_H}{dx}=K_H I\frac{dB}{dx}=K \tag{9-7}$$

式中，$k$ 为位移传感器输出灵敏度。将式 (9-7) 积分后便得

$$U_H=Kx \tag{9-8}$$

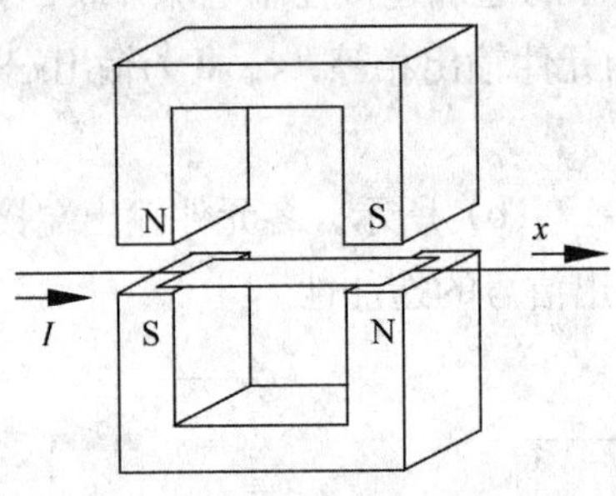


(a) 传感器磁路结构示意图

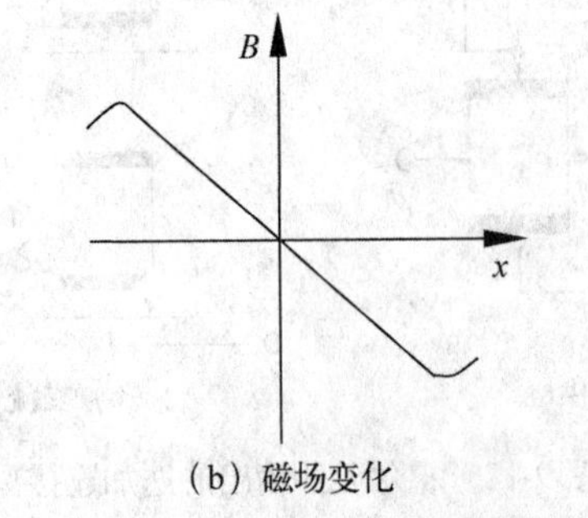


(b) 磁场变化

图 9-18　霍尔位移传感器的磁路结构示意图

由式（9-8）可知，霍尔电势与位移量 $x$ 成线性关系，霍尔电势的极性反应了元件位移的方向。实践证明，磁场梯度越大，灵敏度也就越高；磁场梯度越均匀，则输出线性度就越好。式（9-8）还说明了当霍尔元件位于磁钢中间位置时，即 $x=0$，霍尔电势 $U_H=0$。这是由于在此位置元件受到方向相反、大小相等的磁通作用的结果。基于霍尔效应制成的位移传感器一般可用来测量 1～2mm 的小位移，其特点是惯性小，响应速度快。利用这一原理可以测量其他非电量，如压力、压差、液位、流量等。

（2）压力的测量。

图 9-19 是霍尔压力传感器的测量原理图。作为压力敏感元件的弹簧管，其一端固定，另一端安装着霍尔元件，当输入压力增加时，弹簧管伸长，使处于恒定梯度磁场中的霍尔元件产生相应的位移。从霍尔元件的输出即可线性地反映出压力的大小。

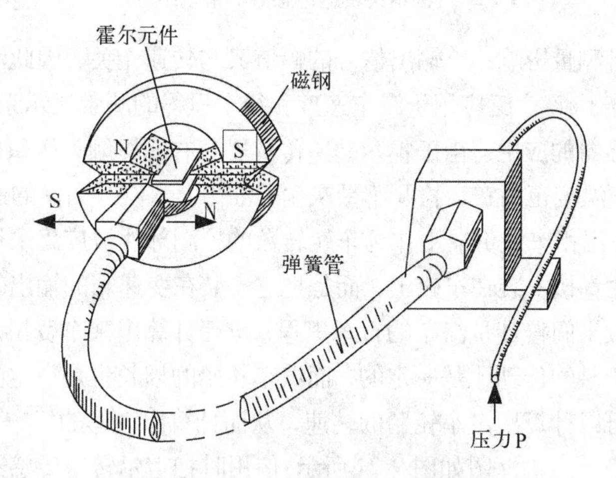


图 9-19　霍尔压力感器的测量原理图

（3）霍尔转速测量。

利用霍尔元件或霍尔集成电路不但可以构成霍尔式位移传感器，实现对微小位移的测量，而且还可利用霍尔元件或霍尔集成电路构成霍尔式转速传感器，实现对转速的测量。

**霍尔式转速传感器结构**：霍尔式转速传感器有多种结构形式，图 9-20 给出了几种常用的结构形式。

它通常由转盘、小铁磁及霍尔元件或霍尔集成传感器构成。当在圆盘上嵌装多块小磁铁时，相邻两块磁铁的极性要相反，如图 9-20（d）所示。

**霍尔式转速测量原理**：用霍尔转速传感器测量转速时，将输入轴与被测量轴相连。当被测转轴转动时，转盘及安装在上面的小磁铁随之一起转动。当转盘上的小磁铁经过固定在转盘附近的霍尔集成传感器时，便可在霍尔传感器中产生一个电脉冲，经测量电路检测出单位时间内的脉冲数，根据转盘上放置小磁铁的数量多少，便可计算出被测转速。还可确定出该转速传感器的分辨率。配上适当的电路就可构成数字式转速表，并且是非接触测量。

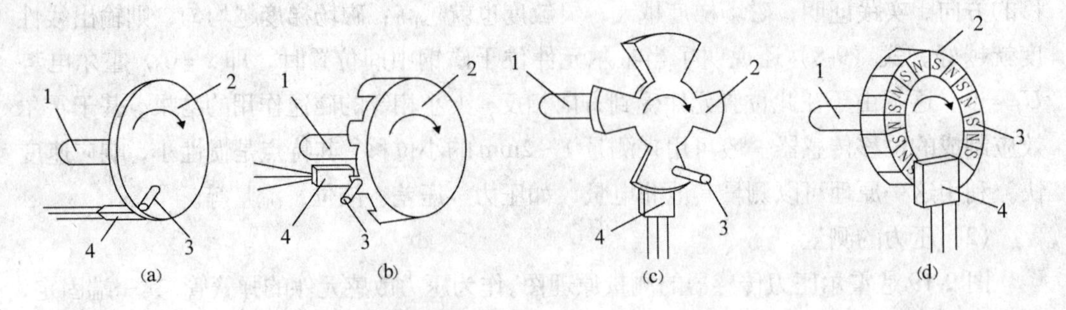


1–输入轴；2–转盘；3–小磁铁；4–霍尔传感器

图 9-20　霍尔式转速传感器的常用结构形式

这种转速表对测量影响小，输出信号的幅值又与转速无关，因此测量精度高，测速范围大致在 $1\sim10^4$ r/s，广泛应用于汽车速度和行车里程的测量显示系统中。

**霍尔转速传感器的应用：**由于霍尔转速传感器具有非接触，体积小，重量轻，耐振动，寿命长，工作温度范围宽，检测不受灰尘、油污、水汽等因素的影响和测量精度高等优点，因此，在出租车计价器上作为车轮转数的检测部件被广泛采用。但为了测量准确可靠，不是把它直接安装在车轮上，而是把它安装在变速箱的输出轴上，通过测量变速箱输出轴的转数来间接计量汽车的行车里程，进而计算出乘车费用。因为，汽车变速箱的输出轴到车轮轴的传动比是一定的，而汽车轮胎的周长也是一定的。测量出变速箱输出轴的转数就可以计算出汽车轮胎的转速，从而计算出汽车的行车里程。

出租车计价器的结构框图如图 9-21 所示。使用时把霍尔转速传感器安装在变速箱输出轴上。按下开始按钮，当汽车行走时，霍尔转速传感器把变速箱输出轴的转数信号送单片机，通过计算机编程，可使单片机根据变速箱输出轴与车轮轴的传动比和车轮胎的周长，自动计算出汽车的行车里程和乘车费用，并送给显示器进行显示。到达目的地后按下结束按钮，即可将乘车里程数和缴费数打印出来，实现乘车里程和缴费的自动结算。

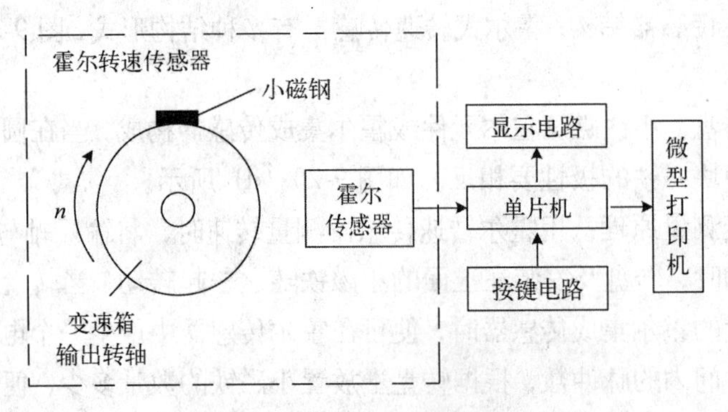


图 9-21　出租车计价器的结构框图

（4）计数装置。

UGN3501T具有较高的灵敏度，能感受到很小的磁场变化，利用这一特性可以制成一种钢球计数装置。本装置实际上是通过检测物体的有无来实现计数的。

用霍尔传感器检测有无物体时，要和永久磁铁一起使用。在分析磁系统时，有两种情况，一种是检测无磁性物体时要借助于接近装在被测物体上的磁铁来产生磁场；另一种是检测强磁性物体时可将磁铁固定并检测到因强磁性物体的接近而产生的磁场变化。霍尔传感器检测到磁场或磁场的变化时，便输出霍尔电压，从而实现检测有无物体的目的。

图9-22是一个应用霍尔传感器对钢球进行计数的装置及电路。因为钢球为强磁性物体，所以在装置中将永久磁铁固定。当有钢球滚过时，磁场就发生一次变化,传感器输出的霍尔电压也变化一次，这相当于输出一个脉冲。该脉冲信号经运算放大器μA741放大后，送入三极管2N5812的基极，三极管便导通一次。如在该三极管的集电极接上一个计数器，即可对滚过传感器的钢球进行计数。

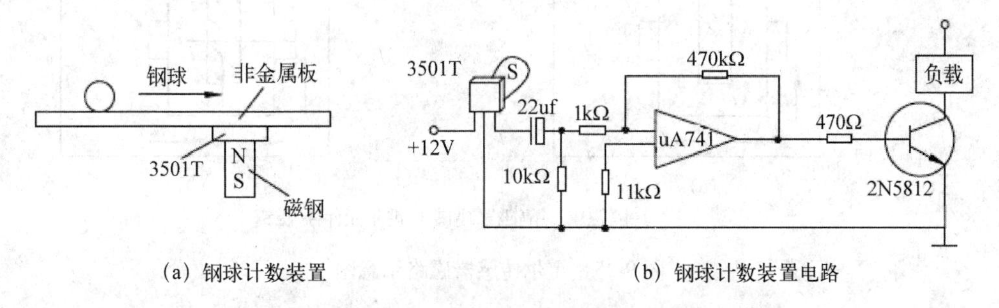


（a）钢球计数装置　　（b）钢球计数装置电路

图9-22　钢球计数装置及电路图

（5）霍尔接近开关。

利用开关型霍尔集成电路制作的接近开关具有结构简单、抗干扰能力强的特点，如图9-23所示。运动部件3上装有一块永久磁铁2，它的轴线与霍尔传感器1的轴线处在同一直线上。当磁铁随运动部件3移动到距传感器几毫米到十几毫米（此距离由设计确定）时，传感器的输出由高电平变为低电平，经驱动电路使继电器吸合或释放，运动部件停止移动。

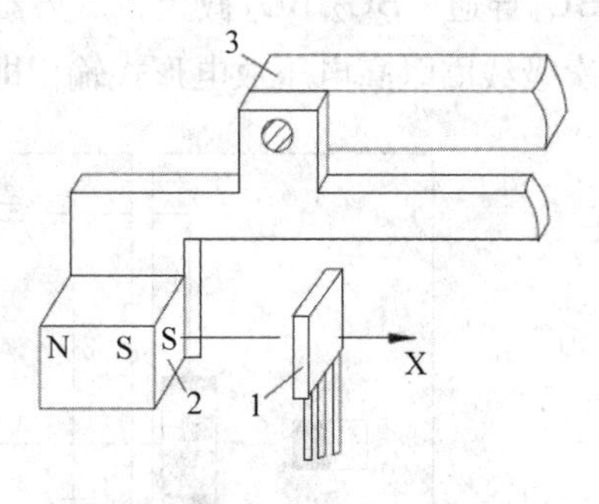


图9-23　霍尔式接近开关结构图

（6）角位移测量仪。

角位移测量仪其结构如图3-24所示。霍尔器件与被测物连动，而霍尔器件又在一个恒定的磁场中转动，于是霍尔电动势$U_H$就反应了转角$\theta$的变化。不过，这个变化是非线性的（$U_H$正比于$\sin\theta$），若要求$U_H$与$\theta$呈线性关系，必须采用特定形状的磁极。

(7) 汽车霍尔点火装置。

图 9-25 给出了霍尔传感器磁路示意图。将霍尔元件 3 固定在汽车分电器的白金座上，在分火点上装一个隔磁罩 1，罩的竖边根据汽车发动机的缸数，开出等间距的缺口 2，当缺口对准霍尔元件时，磁通通过霍尔器件而成闭合回路，所以电路导通，如图 9-25（a）所示，此时霍尔电路输出低电平小于或等于 0.4V；当罩边凸出部分挡在霍尔元件和磁体之间时，电路截止，如图 9-25（b）所示，霍尔电路输出高电平。

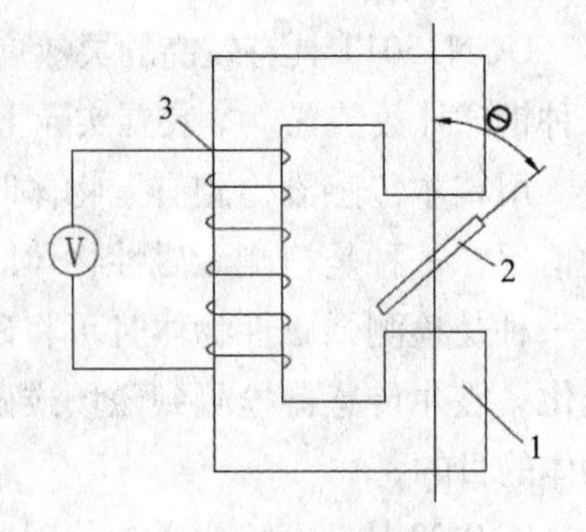

图 9-24　角位移测量仪其结构如

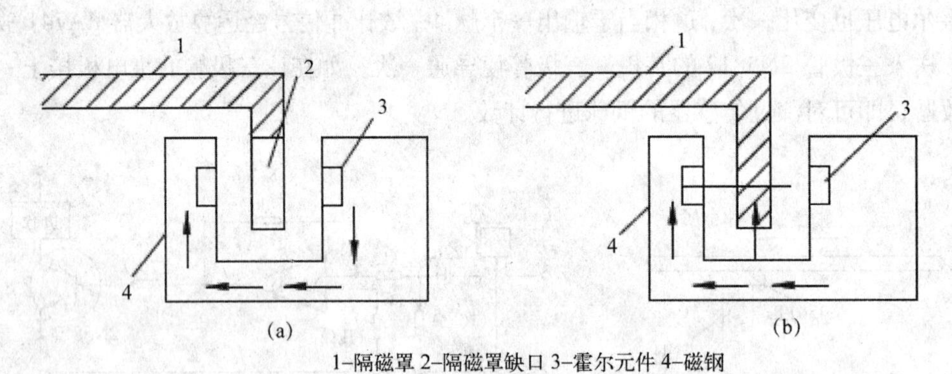

1–隔磁罩 2–隔磁罩缺口 3–霍尔元件 4–磁钢

图 9-25　霍尔传感器磁路示意图

图 9-26 是霍尔电子点火器原理图。在图 9-26 中，当霍尔传感器输出低电平时，$BG_1$ 截止，$BG_2$, $BG_3$ 导通，点火线圈的初级有一恒定电流通过。当霍尔传感器输出高电平时，$BG_1$ 导通，$BG_2$, $BG_3$ 截止，点火器的初级电流截断，此时储存在点火线圈中的能量，由次级线圈以高电压放电形式输出即放电点火。

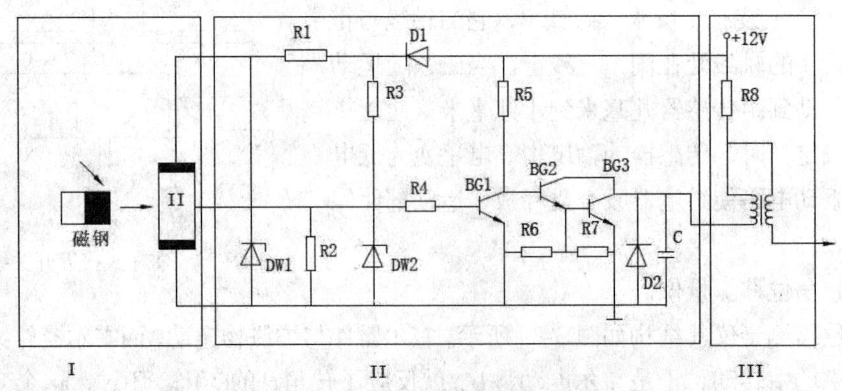

Ⅰ–带霍尔传感器的分电器　Ⅱ–开关放大器　Ⅲ–点火线圈

图 9-26　汽车霍尔电子点火器原理图

汽车霍尔电子点火器，由于它无触点、节油，能适用于恶劣的工作环境和各种车速，冷起动性能好等特点，目前已广泛采用。

### 9.1.5　霍尔元件的设计要点

#### 9.1.5.1　霍尔元件尺寸的考虑

（1）尺寸 $L$ 和 $l$ 的考虑。

如果要使霍尔效应强，必须使霍尔元件 $U_H$ 和传递系数 $k$ 增大（$k=\frac{U_H}{U_I}=\frac{\mu B\sin\alpha}{L/l}$，式中 $\mu$ 为迁移率），则必须 $L/l$ 减少，这就要求霍尔片的长度 $L$ 值减小，而宽度 $l$ 值增大。也就是要求提供霍尔电势的两个表面要做成点状，越小越好。而提供控制电流 $I$ 的两个表面尺寸越大越好，但此两个表面增大必对霍尔电势起短路作用，因此在设计和制作霍尔片时，$l$ 值不宜过大。

（2）$L/l$ 的确定。

经验表明：当取 $L/l\approx 2$ 时，霍尔电势可达最大值。

#### 9.1.5.2　霍尔元件材料的确定

（1）确定材料的依据。

由霍尔元件控制极的电阻率 $\rho=k_H/\mu$ 及 $K_H=\rho.\mu$ 知，若霍尔电势 $U_H$ 大，必须霍尔效应常数 $K_H$ 大，则必须使材料的电阻率 $\rho$ 和迁移率 $\mu$ 均大，但这一要求不是所有材料均能满足的。

对金属材料，电阻率 $\rho$ 低，但迁移率 $\mu$ 高；对绝缘体材料，电阻率 $\rho$ 高，但迁移率 $\mu$ 低；对半导体材料，电阻率 $\rho$ 和迁移率 $\mu$ 均高，因此，只有半导体材料才最适合作霍尔元件材料。

（2）制作霍尔元件的半导体材料。

常用的制作霍尔元件的半导体材料有：锗、硅、砷化铟、锑化铟等。

#### 9.1.5.3　霍尔片的结构

（1）霍尔片尺寸：国产霍尔元件尺寸一般 $L=4\text{mm}, l=2\text{mm}, d=0.1\text{mm}$。

（2）霍尔电极要求：沿长度 L 方向受力要小；电极两侧要对称，安置于正中位置。

（3）激励电极（控制板）：L/l=4/2。

（4）垂直磁场的两个表面：均为光滑。

（5）霍尔片封装：霍尔片一般需要用陶瓷或环氧树脂或硬橡胶进行封装。

## 9.2　气敏传感器

### 9.2.1　概述

半导体气敏传感器，是利用半导体气敏元件同气体接触，造成半导体性质变化，借此来检测特定气体的成分或测量其浓度的传感器总称。

早在20世纪30年代就已经发现氧化亚铜的电导率随水蒸气的吸附而发生变化，其后又发现许多其他金属氧化物也都具有气敏效应。这些金属氧化物简称半导磁。由于半导磁与半导体单晶相比具有工艺简单，价格低廉的优点，因此已经用它制作了多种具有使用价值的敏感元件。

$S_nO_2$半导体气敏元件与其他类型气敏元件相比，具有如下特点：一是气敏元件阻值随检测气体浓度具有指数变化关系。因此，这种器件非常适用于微量低浓度气体的检测；二是 $S_nO_2$ 材料的物理或化学稳定性较好，与其他类型气敏元件相比，$S_nO_2$ 气敏元件寿命长，稳定性好，耐腐蚀性强；三是 $S_nO_2$ 气敏元件对气体检测是可逆的，而且吸附时间短，可连续延长时间；四是元件结构简单、成本低、可靠性较好，机械性能良好；五是对气体检测不需要复杂的处理设备，待检测气体可通过元件电阻变化直接转变为电信号，且元件电阻率变化大，因此，信号处理不用高倍数放大电路就可实现。

### 9.2.2　$SnO_2$的基本性质

$SnO_2$是一种白色粉末，密度为6.16~7.02g/cm$^3$，熔点为1127℃，在更高温度下才能分解，沸点高于1900℃的金属氧化物。$SnO_2$不溶于水，能溶于热强酸和碱。$SnO_2$晶体结构是金红石型结构；具有正方晶系对称，其晶胞为体心正交平行六面体，体心和顶角由锡（Sn）离子占据。其晶胞结构如图9-27所示，晶格常数为a=0.475nm，c=0.319nm。

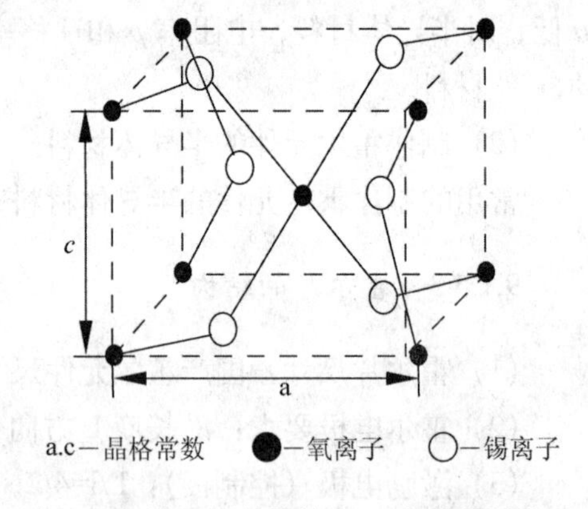


图9-27　金红石结构的$SnO_2$氧化物晶胞图

$SnO_2$的气敏效应是在多晶 $SnO_2$材料上发现的。经实验发现，$SnO_2$对多种气体具有气敏特性。用烧结法或制模法制备的多孔型 $SnO_2$半导体材料，其电导率随接触气体的种类而变化。一般吸附还原性气体时电导率升高，而吸附氧化性气体时其电导率降低。这种阻值变化情况如图9-28所示。

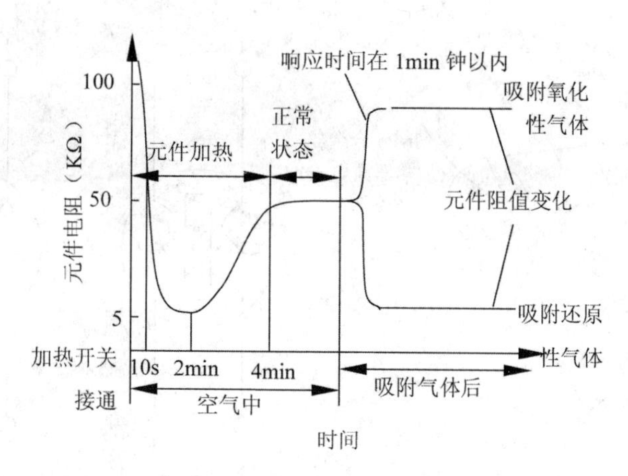


图 9-28　$SnO_2$气敏元件电阻与吸附气体关系

实验及理论分析表明，$SnO_2$的气敏效应受下列一些主要因素的影响：

（1）$SnO_2$ 结构组成对气敏效应的影响。$SnO_2$ 具有金红石型晶体结构，用于制作气敏元件的 $SnO_2$ 一般都是偏离化学计量比的，在 $SnO_2$ 中氧空位或锡间隙原子。这种结构缺陷直接影响气敏器件特征。一般地说，$SnO_2$ 中氧空位多，气敏效应明显。

（2）$SnO_2$ 中添加物对气敏效应的影响。实验证明，$SnO_2$ 的添加物质，对其气敏效应有明显影响。

（3）烧结温度和加热温度对气敏效应的影响。实验证明，制作元件的烧结温度和元件工作时的加热温度，对其气敏性能有明显影响。因此，利用元件这一特性可进行选择性检测。

## 9.2.3　$SnO_2$气敏元件的结构

$SnO_2$气敏元件主要有三种类型：烧结型、薄膜型和厚膜型。其中烧结型气敏元件是目前最成熟，应用最广泛的元件，这里仅对其结构加以介绍。

烧结型 $SnO_2$ 气敏元件是以多孔质陶瓷 $SnO_2$ 为基材（精度在 1μm 以下），添加不同物质，采用传统制陶方法，进行烧结。烧结时埋入测量电极和加热丝，制成管芯，最后将电极和加热丝引线焊在管座上，并罩覆于二层不锈钢网中而制作元件。这种元件主要用于检测还原性气体，可燃性气体和液体蒸汽。在元件工作时需加热到 300℃左右，按其加热方式可分为直热式和旁热式两种。

### 9.2.3.1　直热式 $SnO_2$ 气敏元件

直热式元件又称为内热式，这种元件的结构示意如图 9-29，元件管芯由三部分组成：$SnO_2$ 基体材料、加热丝、测量丝，它们都埋在 $SnO_2$ 基材内，工作时加热丝通电加热，测量丝用于测量元件的阻值。

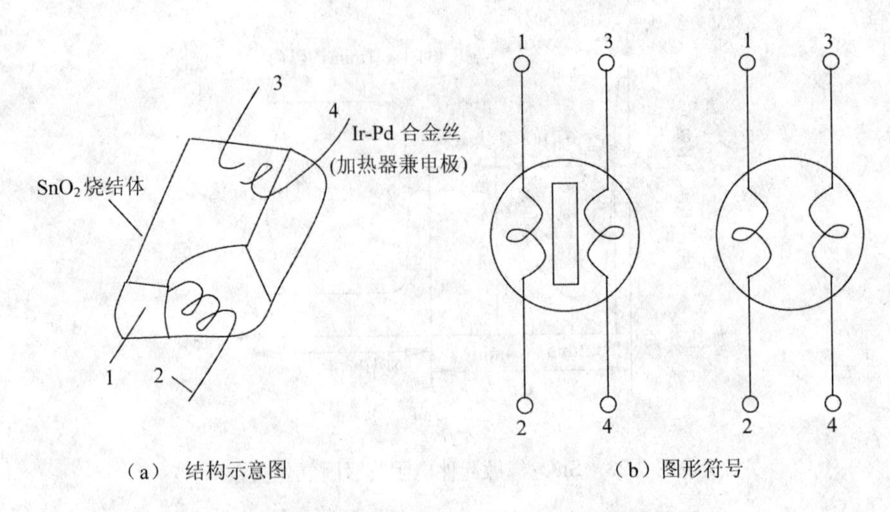


图 9-29　直热式气敏元件结构示意图及图形符号

这种类型元件的优点是：制作工艺简单、成本低、功耗小，可以在高回路电压下使用，可制成价格低廉的可燃气体泄漏报警器。国内 QN 型和 QM 型气敏元件，日本弗加罗 TGS#109 型气敏元件就是这种结构。

直热式气敏元件的缺点是热容量小，易受环境气流的影响；测量回路与加热回路间没有隔离，互相影响；加热丝在加热时和不加热状态下会产生涨缩，易造成与材料的接触不良。

### 9.2.3.2　旁热式 $SnO_2$ 气敏元件

这种元件的结构示意如图 9-30。其管芯增加了一个陶瓷管，在管内放进高阻加热丝，管外涂梳状金电极作测量极，在金电极外涂 $SnO_2$ 材料。

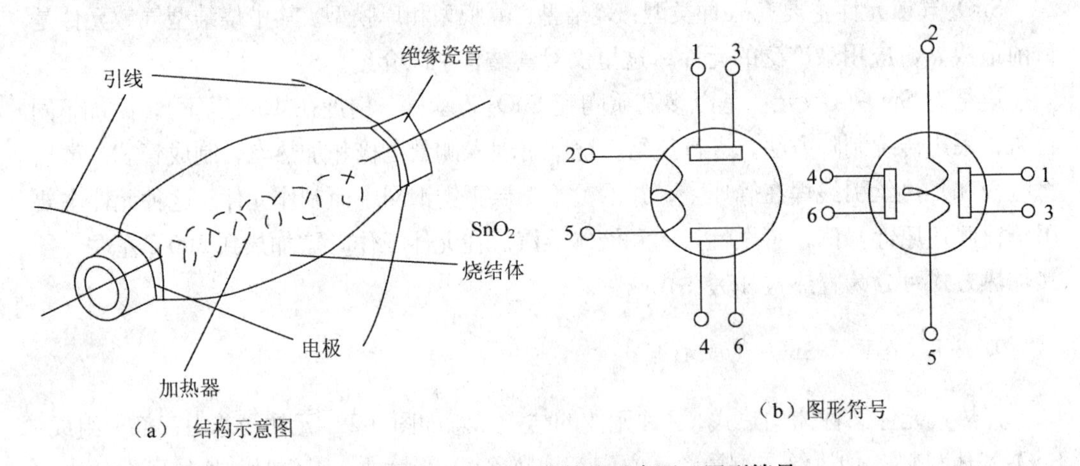


图 9-30　旁热式气敏元件结构示意图及图形符号

这种结构克服了直热式的缺点，其测量极与加热丝分开，加热丝不与气敏元件接触，避免了回路间的互相影响；元件热容量大，降低了环境气氛对元件加热温度的影响，并保持了材料结构的稳定性。所以。这种元件的稳定性，可靠性较直热式有所改进。目前国产 QM-N5 型气敏元件，日本弗加罗 TGS812、813 型气敏元件均采用这种结构。

### 9.2.4　$SnO_2$气敏元件的工作原理

现以烧结型 $SnO_2$ 气敏元件为例，解释 $SnO_2$ 半导体气敏元件的工作原理。烧结型 $SnO_2$气敏元件是表面电阻控制型元件。制作元件的气敏材料是多孔质 $SnO_2$烧结体。在晶体组成上，锡或氧往往偏离化学计量比。在晶体中如果氧不足，将出现两种情况：一是产生氧空位；另一种是产生锡间隙原子。但无论哪种情况，在禁带靠近导带的地方形成施主能级。这些施主能级上的电子，很容易激发到导带而参与导电。

烧结型 $SnO_2$气敏元件的气敏部分，就是这种 N 型 $SnO_2$材料晶粒形成的多孔质烧结体，其结合模型可用图 9-31 表示。

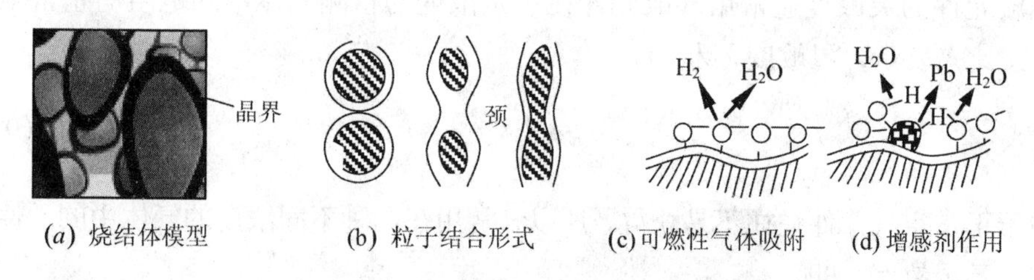


图 9-31　SnO2 烧结体对气体的敏感机理

这种结构的半导体，其晶粒接触界面存在电子热垒，其接触部（或颈部）电阻对元件电阻起支配作用。显然，这一电阻主要取决于热垒高度和接触部形状，即主要受表面状态和晶粒直径大小等的影响。

氧吸附在半导体表面时，吸附的氧分子从半导体表面获得电子，形成受主型表面能级，从而使表面带负电。

$$\frac{1}{2}O_2(\text{气})+ne\rightarrow O^{n-}_{\text{吸附}} \tag{9-9}$$

式中，$O^{n-}_{\text{吸附}}$ 表示吸附氧；e为电子电荷；$n$ 为电子个数由于氧吸附力很强。因此，$SnO_2$气敏元件在空气中放置时，其表面上总是会有吸附氧的，其吸附状态均是负电荷吸附状态。对 N 型半导体来说，形成电子热垒，使器件阻值升高。当 $SnO_2$气敏元件接触还原性气体如$H_2$、CO等时，被测气体则同吸附氧发生反应，如图 9-31（c）所示，减少了$O^{n-}_{\text{吸附}}$ 密度，降低了热垒高度，从而降低了器件阻值。在添加增感剂（如 Pd）的情况下，它可以起催化作用从而促进上述反应，提高了器件的灵敏度。增感剂作用如图 9-31（d）所示。

### 9.2.5　$SnO_2$主要性能参数

标志元件性能的主要参数有：

9.2.5.1　固有电阻 $R_0$ 和 $R_S$

固有电阻 $R_0$ 表示气敏元件在正常空气条件下（或洁净空气条件下）的阻值，又称正常电阻。工作电阻 $R_S$ 代表气敏元件在一定浓度的检测气体中的阻值。实验发现，元件工作电阻与各种检测气体浓度 C 都遵循共同规律，即具有如下关系

$$\log R_S = \mathrm{m} \log C + \mathrm{n} \tag{9-10}$$

式中 m、n 为常数，m 代表器件相对于气体浓度变化的敏感性，又称气体分离能，对于可燃性气体，$m$ 值为 1/2~1/3，$n$ 与检测气体灵敏度有关，随元件材料、气体种类而异，并随测试温度和材料中有无增感剂而有所不同。

9.2.5.2　灵敏度 $k$

气敏元件的灵敏度通常用气敏元件在一定浓度的检测气体中的电阻与正常空气中的电阻之比来表示，灵敏度 $k$ 为

$$k = \frac{R_S}{R_0} \tag{9-11}$$

由于正常空气条件往往不易获得，所以，常用在两种不同浓度的气体中的元件电阻之比来表示灵敏度，即

$$k = \frac{R_S(C_2)}{R_S(C_1)} a \tag{9-12}$$

式中，$R_S(C_1)$ 代表在检测气体浓度为 $C_1$ 的气体中的元件电阻；$R_S(C_2)$ 代表检测气体浓度为 $C_2$ 的气体中的元件电阻。

9.2.5.3　响应时间 $t_{rec}$

把从元件接触一定浓度的被测气体开始到其阻值达到该浓度下稳定阻值的时间，定义为响应时间，用 $t_{res}$ 表示。

9.2.5.4　恢复时间 $t_{rec}$

把气敏元件从脱离检测气体开始，到其阻值恢复到正常空气中阻值的时间，定义为恢复时间，用 $t_{rec}$ 表示。

实际上，常用气敏元件从接触或脱离检测气体开始，到阻值或阻值增量达到某一确定的时间。例如，气敏元件阻值增量由零变化到稳定增量的 63%所需的时间，定义为响应时间和恢复时间。

9.2.5.5　加势电阻 $R_H$ 和加热功率 $P_H$

为气敏元件提供工作温度的加热器电阻称为加热电阻，用 $R_H$ 表示。气敏元件正常

工作所需要的功率称为加热功率，用 $P_H$ 表示。

以上介绍了 $SnO_2$ 气敏器件常用的几个主要特性参数。图 9-32 为 $SnO_2$ 气敏元件基本测试电路。

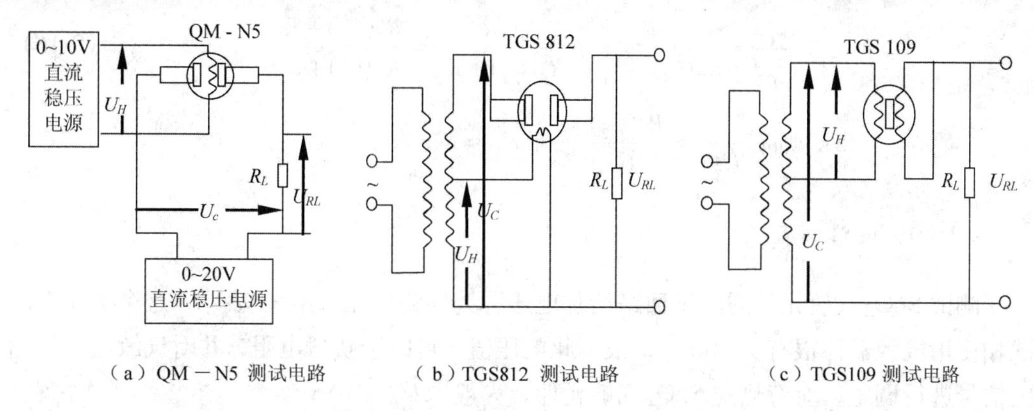


图 9-32　$SnO_2$ 气敏元件基本测试电路

#### 9.2.5.6　洁净空气中的电压 $U_0$

在洁净空气中，气敏元件负载电阻上的电压，定义为洁净空气中电压，用 $U_0$ 表示。$U_0$ 与 $R_0$ 的关系为

$$U_0=\frac{U_C R_L}{R_0+R_L} \text{或} R_0=\frac{U_C R_L}{U_0}-R_L \tag{9-13}$$

式中，$U_C$ 为测试回路电压；$R_L$ 为负载电阻。

#### 9.2.5.7　标定气体中电压 $U_{CS}$

$SnO_2$ 气敏元件在不同气体，不同浓度条件下，其阻值将相应发生变化。因此，为了给出元件的特性，一般总是在一定浓度的气体中进行测试标定，把这种气体称为标定气体。例如，QM-N5 气敏元件用 0.1%丁烷（空气稀释）为标定气体，TGS813 气敏元件用 0.1%甲烷（空气稀释）为标定气体等等。在标定气体中，气敏元件的负载电阻上电压的稳定值称为标定气体中电压，用 $U_{CS}$ 表示。显然，$U_{CS}$ 与元件工作电阻 $R_S$ 相关。

$$U_{CS}=\frac{U_C R_L}{R_S+R_L} \text{或} R_S=\frac{U_C R_L}{U_{CS}}-R_L \tag{9-14}$$

#### 9.2.5.8　电压比 $k_u$

电压比是表示气敏元件对气体的敏感特性，与气敏元件灵敏度相关。它的物理意义可按下式表示

$$K_U=\frac{U_{C1}}{U_{C2}} \tag{9-15}$$

式中，$U_{C1}$ 和 $U_{C2}$ 为气敏元件在接触浓度为 $C_1$ 和 $C_2$ 的标定气体时负载电阻上电压的稳定值。

有时用电压比表示气敏元件的灵敏度。实际上，由式（9-12）和式（9-14）可得

$$\frac{U_{C1}}{U_{C2}}=\frac{U_C R_L}{R_S(C_1)+R_L}\bigg/\frac{U_C R_L}{R_S(C_2)+R_L}=\frac{R_S(C_2)+R_L}{R_S(C_1)+R_L} \tag{9-16}$$

一般 $R_S >> R_L$，则有 $\frac{U_{C1}}{U_{C2}}\approx\frac{R_S(C_2)}{R_S(C_1)}$，即 $K_U \approx K$.

#### 9.2.5.9　回路电压 $U_C$

测试 $SnO_2$ 气敏元件的测试回路所加电压称为回路电压，用 $U_C$ 表示。这个电压对测试和使用气敏器件很有实用价值。根据此电压值，可以选负载电阻，并对气敏元件的输出信号进行调整。对旁热式 $SnO_2$ 气敏元件，一般取 $U_C$ =10V。

#### 9.2.5.10　基本测试电路

烧结型 $SnO_2$ 气敏元件基本测试电路如图 9-32 所示。图 9-32（a）为采用直流电压测试旁热式气敏元件电路，图 9-32（b）、（c）采用交流电压测试旁热式和直热式气敏元件电路。无论哪种电路，都必须包括两部分，即气敏元件的加热回路和测试回路。现以图 9-32（a）为例，说明其测试原理。

图 9-32（a）中，0~10V 直流稳压电流与元件加热器组成加热回路，稳压电源供给器件加热电压 $U_H$；0~20V 直流稳压电源与气敏元件及负载电阻组成温度回路，直流稳压电源供给测试回路电压 $U_C$，负载电阻 $R_L$ 兼作取样电阻。从测量回路可得到

$$I_C=\frac{U_C}{R_S+R_L} \tag{9-17}$$

式中，$I_C$ 为回路电流。负载电阻上的压降 $U_{RL}$ 为

$$U_{RL}=I_C R_L=\frac{U_C R_L}{R_S+R_L}\text{或}R_S=\frac{U_C R_L}{U_{RL}}-R_L \tag{9-18}$$

由式（9-18）可见，$U_{RL}$ 与气敏元件电阻 $R_S$ 具有对应关系，当 $R_S$ 降低时，$U_{RL}$ 增高，反之亦然。因此，测量 $R_L$ 上电压降，即可测得气敏器件电阻 $R_S$。

图 9-32（b）、（c）测试原理与图 9-32（a）相同，用直流法还是用交流法测试，不影响测试效果，可根据实际情况选用。

### 9.2.6　气敏传感器的应用

半导体气敏元件由于灵敏度高、响应时间和恢复时间短、使用寿命长和成本低等优点，所以得到了广泛的应用。目前，应用最广、最成熟的是烧结型气敏元件，主要是 $SnO_2$、ZnO 和 $\gamma-Fe_2O_3$ 等气敏元件。

这里以烧结型 $SnO_2$ 半导体气敏元件的应用为主，重点介绍了对可燃性气体、易燃和可燃性液体蒸汽泄漏的检测、报警和监控等方面的实际应用。

#### 9.2.6.1 半导体气敏元件的应用分类

半导体气敏器件的应用，按其用途可分为以下几种类型。

(1) 检漏仪或称探测器它是利用气敏元件的气敏特性，将其作为电路中的气-电转换元件，配以相应的电路、指示仪或声光显示部分而组成的气体探测仪器。这类仪器通常都要求有高灵敏度。

(2) 报警器。这类仪器是对泄漏气体达到危险限值时自动进行报警的仪器。

(3) 自动控制仪器。它是利用气敏元件的气敏特性实现电气设备自动控制的仪器。如电子灶烹调自动控制，换气扇自动换气控制等。

(4) 测试仪器。它是利用气敏元件对不同气体具有不同的元件电阻--气体浓度关系来测量、确定气体种类和浓度的。这种应用对气敏元件的性能要求较高，测试部分也要配以高精度测量电路。

气敏元件的应用，按其检测气体对象，尚可分为以下几种。

(1) 特定气体的检测。应用气敏元件对某种特定的单一成份的气体如甲烷、一氧化碳、氢气等进行检测。

(2) 混合气体的选择性检测。利用气敏元件对混合气体中的某一种气体进行检测。

(3) 环境气氛的检测。环境气氛经常发生变化，如某种气体含量的变化、温度的变化、湿度的变化等，都会引起环境气氛变化。利用气敏元件来检测每种变化就可测定气氛的状态。

#### 9.2.6.2 从气敏元件取出信号的种类

气敏元件在电路中是作为气-电转换器件而应用的。各种应用电路，都必须从气敏元件获得信号。

现将其信号取出类型介绍如下。

(1) 利用吸附平衡状态稳定值取出信号。气敏元件接触被检测气体后，气敏元件电阻将随气体种类和浓度而变化，最后达到平衡，元件电阻变为该气体浓度下的稳定值。利用这一特性，在元件电阻稳定后取出信号，设计电路。这是一种常用的取出信号的方法。

(2) 利用吸附平衡速度取出信号。气敏元件表面对气体吸附平衡速度，因气体不同而有差异，在不同时刻，元件电阻具有不同值。利用这一特性，在不同时刻取出信号，可以设计检测气体的电路。这也是气敏元件应用电路中常用的信号取出方法。

(3) 利用吸附平衡温度依存性取出信号。气敏元件表面对气体依附，强烈的依存于气敏元件的工作温度，每种气体都都特定的依存关系。利用这种特性，可以设计元件在不同工作温度下取出信号的应用电路，在混合气体中，对特定气体进行选择性检测。

#### 9.2.6.3　气敏元件输出信号处理方法

设计气敏元件应用电路时，其输出信号可以采用以下两种处理方法。

(1) 利用绝对值以洁净空气中气敏元件输出作为基准，把气敏元件在检测气体中的输出值作为直接利用的信号。如大部分气体泄漏报警器，都采用这种方法。

(2) 利用相对值这是以一个气敏元件的某一输出值作为基准，把在检测气体中的输出值与基准值的比值作为有用输出的处理方法。如电子灶和发酵机的自动控制，漏气探测零位调整等，都采用这种处理方法。

(3) 利用微分值当气敏元件信号输出取决于吸附平衡速度时，输出处理则可利用其输出微分办法。这也是一种常用的有效处理方法。

(4) 利用积分值这是应用气敏元件输出积分值的一种处理方法。

以上几种处理方法，如何选用，视应用电路的具体情况而定。

#### 9.2.6.4　气敏传感器在可燃性气体探测和检漏中的应用

目前，应用较多的是用 $SnO_2$ 气敏元件研制成的探测和检漏仪，其形式多样，广泛地用于天然气、煤气、液化石油气、一氧化碳、氢气、氨、氟利昂、烷类气体、醇类、醚类和酮类溶剂蒸汽等探测和检漏。应用这类仪器可直接探测上述气体的有无，还可以用于管道容器和通信电缆进行检漏。

下面简明地介绍几种实用电路。

(1) 袖珍式气体检漏仪。

利用半导体气敏元件可以用电池供电具有电路简单的特点，可研制出袖珍式检漏仪，其特点是：体积小、灵敏度高、使用方便。

图 9-33 是采用 QM-N5 型气体元件组成的简易袖珍式气体检漏仪原理图。该电路简单，集成化，仅用一块四与非门集成电路，可用镉镍电池供电，用压电蜂鸣器（HA）和发电二极管（VL）进行声光报警。气敏元件安装在探测杆端部探测时，它可从机内拉出。

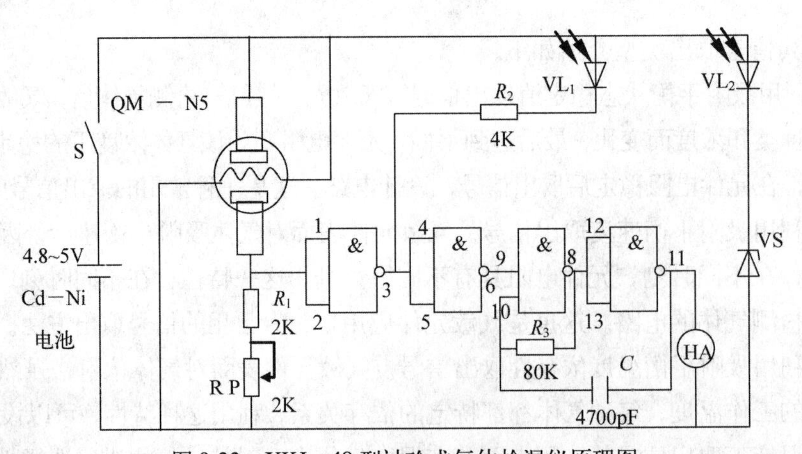


图 9-33　XKJ－48 型袖珍式气体检漏仪原理图

对检漏现场有防爆要求时，必须用防爆气体检漏仪进行检漏。与普通检漏仪不同的是，这种检漏仪壳体结构及有关部件要根据探测气体和防爆等级要求设计。采用QM-N5型气敏元件作气-电转换元件，用电子吸气泵进行气体取样，用指针式仪表指示气体浓度，由蜂鸣器发出报警声响。

（2）家用气体报警器。

随着气体、液体燃料在家庭、旅馆等广发应用，为防止其泄漏造成灾害事故，用半导体气敏元件设计制造的报警器，给人们带来了安全保障。这种报警器可根据使用气体种类安放于容易检测气体泄漏的地方，如丙烷、丁烷气体报警器，安放于气体源附近地地板上方20cm以内；甲烷和一氧化碳报警器，安放于气体源上方靠近天棚处。这样就可随时检测气体是否泄漏，一旦泄漏的气体达到危险浓度，便自动发出报警声响。

图9-34是一种最简单的家用气体报警器电路，气-电转换器件采用测试回路高电压的直热式气敏元件TGS109。当室内可燃气体增加时，由于气敏元件接触到可燃性气体而其阻值降低，这样流经回路的电流便增加，可直接驱动蜂鸣器报警。

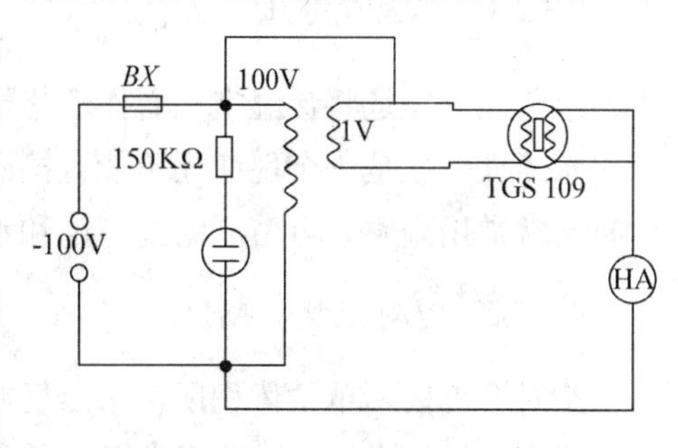

图9-34　简易家用气体报警器电路

设计报警器时，很重要的是如何确定开始报警的气体浓度，即设计报警器报警浓度下限。选低了，灵敏度高，容易产生误报；选高了，又容易造成漏报，起不到报警效果。一般情况下，对于丙烷、乙烷、甲烷等气体，都选定在其爆炸下限的十分之一。家庭用报警器，考虑到温度、湿度和电源电压变化的影响，开始报警浓度应有一变化范围，出厂前按标准条件调整好，以确保环境条件变化时，也不发生误报和漏报。

## 9.3　湿敏传感器

### 9.3.1　湿度测量的意义

与温度相比，湿度的测量和控制虽然落后得多，然而近代工农业生产甚至人类的生活环境，对湿度测量与控制的要求愈来愈严格，例如，温室作物栽培时的湿度若不加以合理控制，势必影响产量；空调房间不只是温度一个参数控制得好就令人感到舒适，实验表明，只有将相对湿度控制在40%～70%RH的状态下，再配合以适当的温度调节才能获得满意的效果。

所谓湿度，就是空气中所含有水蒸气的量，空气可分为干燥空气和潮湿空气两类。理想状态的干燥空气只含有约78%的氮气、21%的氧和约占1%的其他气体成分而不应含水蒸气。若将潮湿空气看成理想干燥空气与水蒸气的混合气体，那么，它就应当符合道尔顿分压定律，即潮湿空气的全压就等于该混合物中各种气体分压之和。所以，设法测得水蒸气的分压，也就等于测出了空气的湿度。

### 9.3.2　湿度的表示方法和单位

正确地测知湿度非常困难。首先，湿空气中的水蒸气现阶段还无法测量，因此，不得不根据物理定律和化学定律测量与湿度有关系的“二次参数”；其次，空气中的“杂质成分”对于湿度测量的影响极其复杂，而且水蒸气分压自身的变化也相当宽。

由于这些困难，长期以来人们只是从不同侧面，采用多种二次湿度参数来表征湿度的大小。

#### 9.3.2.1　水蒸气分压

水蒸气分压是将含湿空气看作理想气体混合物是水蒸气压数值。

水蒸气分压是一个现在还不能直接测出的量。但因换算相对湿度、饱和差等湿度参数时又常常用到它，可由“温度与饱和水蒸气压”查出。

#### 9.3.2.2　绝对湿度（AH）

绝对湿度表示单位体积所含水蒸气质量。绝对湿度单位一般采用 $g/m^3$。温度 $t$℃时，绝对湿度 AH 与该种含湿空气或气体所含水蒸气分压的关系

$$e=\frac{22.4\times 101.3\times (273+t)AH}{18.0\times 273} \tag{9-19}$$

水蒸气分压的单位是 Pa（1 标准大气压=760mmHg=$1.01325\times 10^5$Pa）。

式（9-19）虽是定义式，但因其分母与分子量纲不同，实用上相当不便，故一般用相对湿度混合比或比湿参数表示湿度。

#### 9.3.2.3　混合比

除去某气体中水蒸气，形成 1kg 干燥气体时，所清除的水蒸气量（或此量与 1kg 干燥气体的比）称为混合比。单位是 kg、g、mg 或 kg/kg、g/kg、mg/kg。

#### 9.3.2.4　比湿

1kg 含湿气体中所含水蒸气的质量称为比湿。单位一般用 kg、g、mg 表示，有时也用 kg/kg、g/kg、mg/kg 表示。

#### 9.3.2.5　饱和度

1kg 干燥气体中所含水蒸气量与同温度下 1kg 气体所能含的饱和水蒸气量之比叫做饱和度，一般用百分数表示。

#### 9.3.2.6　饱和差

气体的水蒸气分压与同温度下饱和水蒸气压的差，或者其绝对湿度与同温度时饱和状态的绝对湿度之差称为饱和差。

#### 9.3.2.7　相对湿度

气体的水蒸气分压与同温度下饱和水蒸气压的比值，或者其绝对湿度与同温度时饱和状态的绝对湿度的比值称为相对湿度。相对湿度一般用百分数表示，记作“%RH”。

#### 9.3.2.8　露点

保持压力一定而降低待测气体温度至某一数值时，待测气体中的水蒸气达到饱和状态开始结露或结霜，此时的湿度称为这种气体的露点或霜点（℃）。

### 9.3.3　湿度的测量方法及湿敏元件

长期以来，人们积累了许多测量湿度的方法。例如，有设法吸收试样气体所含水蒸气，然后再测出水蒸气质量的绝对测湿法；还有利用热力学原理的干湿球湿度计的相对湿度测量法和按毛发伸长来测量湿度的毛发湿度计法以及简易的露点计法等等。这些方法测湿方便，应用广泛。但是，它们体积大、对湿度变化响应缓慢、特别是需要目测和查表换算等，是它们的共同缺点。随着现代科学技术的发展，一方面对湿度的测量提出精度高、速度快的要求，另方面又要求把湿度转换成电信号，以适应自动检测、自动控制的要求。于是，相继开发出基于不同工作原理的湿敏元件。

湿敏元件可分两类：一是水分子亲和力型湿敏元件，它是利用水分子有较大的偶极矩，因而易于附着并渗入固体表面内的现象而制成的湿敏元件；另一类与水分子亲和力毫无关系，称为非水分子亲和力型湿敏元件，到目前为止，前者多于后者。

在湿度敏感元件发展过程中，金属氧化物半导体陶瓷材料由于具有较好的热稳定性及抗沾污的特点，因而相继出现了各种各样的烧结型半导体陶瓷湿度敏感元件。本节主要介绍这种湿敏元件。

### 9.3.4　烧结型半导体陶瓷湿敏元件

烧结型半导体陶瓷湿敏元件，由于具有使用寿命长，可在恶劣的条件下工作，可检测到 1%RH 的低湿状态、响应时间短、测量精度高、使用温度范围宽（低于 150℃）以及湿滞环差较小等优点，所以它在当前湿敏元件生产和应用中，占有很重要的位置。

#### 9.3.4.1　工作原理

烧结型半导体陶瓷材料，一般为多孔结构的多晶体，而且在其形成过程中伴随有半导化过程。半导体陶瓷多系金属氧化物材料，其半导化过程通常是通过调整配方，进行掺杂，或通过控制烧结气氛有意造成氧元素过剩或不足而得以实现的。半导化过程的结果，使晶粒中产生了大量的载流子——电子或空穴。这样一方面使晶粒体内的电阻率降低，另一方面又使晶粒之间的界面处形成界面势垒，致使界面处的载流子耗尽而出现耗尽层。因此，晶粒界面的电阻率将远大于晶粒体内的电阻率，而成为半导体陶瓷材料在通电状态下电阻的主要部分，湿敏半导体陶瓷材料正是由于水分子在其表面和晶粒界面间的吸收所引起的表面和晶粒界面处电阻率的变化，才具有湿敏特性的。大多数半导体陶瓷属于负感湿特性的半导体陶瓷，其阻体随环境（空气）湿度的增加而减小。

湿敏金属氧化物半导体陶瓷之所以具有负感湿特性，是由于水分子在陶瓷晶粒间界的吸附，可离解出大量导电的离子，这些离子在水吸附层中就如同电解质溶液中的电离子一样担负着电荷的运输，也就是说，电荷的载流子是离子。

在完全脱水的金属氧化物半导体陶瓷的晶粒表面上，裸露着正金属离子和负氧离子。水分子电离后，离解为正氢离子和负氢氧根离子。于是，在陶瓷晶粒的表面上就形成了负氢氧根离子和正金属离子以及氢离子与氧离子之间的第一层吸附化学吸附。

在上面已形成的化学吸附层中，吸附的水分子和由氢氧根离解出来的正氢离子，就以水合质子 $H_3O^+$的形式构成为导电的载流子。水分子在已完成第一层化学吸附之后，随之形成第二、第三层的物理吸附，同时使导电载流子 $H_3O^+$的浓度进一步增大。这些 $H_3O^+$在吸附水层中的导电行为，将同导电的电解质溶液中的导电离子的行为一样。在这种情况下，必将导致金属氧化物半导体陶瓷总阻值的下降，从而具有感湿特性。

金属氧化物半导体陶瓷材料，结构不甚致密、各晶粒之间带有一定的间隙，呈多孔毛细管状。因此，水分子可以通过陶瓷材料中的细孔，在各晶粒表面和晶粒间界上吸附，并在晶粒间界处凝聚。材料的细孔孔径越小，则水分子越容易凝聚，因此，这种凝聚现象就容易发生在各晶粒间界的颈部部位。晶粒间界的颈部接触电阻是陶瓷体整体电阻的主要部分，水分子在该部位的凝聚，其结果必将引起晶粒间界面处接触电阻明显的下降。当环境适度增加时，水分子将在整个晶粒表面上由于物理吸附而形成多层水分子层，从而在测量电极之间将存在一个均匀的电解质层，使材料的电阻率明显的降低。

#### 9.3.4.2　$MgCr_2O_4$-$TiO_2$ 半导体陶瓷湿度敏感元件

在众多的金属氧化物半导体陶瓷湿度敏感元件中，由日本松下公司于 1978 年研制成功的用 $MgCr_2O_4$-$TiO_2$ 固溶体组成的多孔性半导体陶瓷，是一种较好的感湿材料。利用它制得的湿敏元件，具有使用范围宽、湿度温度系数小、响应时间短、特别是在对其进行多次加热清洗之后性能仍较稳定等诸多优点。目前，国内也有此类产品“SM-1 型半导体湿敏元件”。

$MgCr_2O_4$-$TiO_2$ 半导体陶瓷具有多孔性结构，气孔量较大（其气孔率约为 25%～40%），气孔平均直径约在 100～300nm 范围内。因此，它具有良好的吸湿和脱湿特性，并能经得住热冲击。

由金属氧化物的晶体结构可知，$MgCr_2O_4$-$TiO_2$属于立方尖晶石型结构，按其导电机理属于 P 型半导体。$TiO_2$属于金红石型结构，属于 N 型半导体，因此，$MgCr_2O_4$-$TiO_2$属于复合型半导体陶瓷。只要适当选择二者成分的配比，完全可以获得感湿特性和温度特性均较理想的感湿材料。

$MgCr_2O_4$-$TiO_2$半导体陶瓷湿敏元件的结构，如图 9-35 所示。

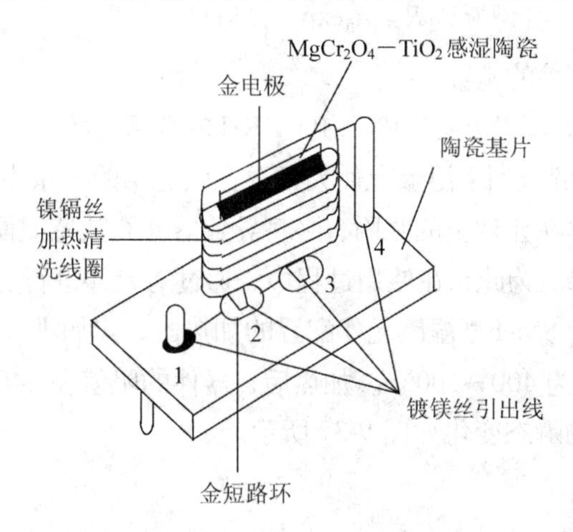


图 9-35　$MgCr_2O_4-TiO_2$湿敏元件结构示意图

在 4mm×5mm×0.3mm 的 $MgCr_2O_4$-$TiO_2$陶瓷片的两面，设置多孔金电极，并用掺金玻璃粉将引出线与金电极烧结在一起。在半导体陶瓷片的外面，安放一个由镍铬丝烧制而成的加热清洗线圈，以便对元件经常进行加热清洗，排除有害气氛对元件的污染。元件安装在一种高度致密的、疏水性的陶瓷底片上。为消除底座上测量电极 2 和 3 之间由于吸湿和沾污而引起的漏电。在电极 2 和 3 的四周设置了金短路环。图 9-35 中 1 和 4 为加热清洗线圈的引出线。

元件的生产，系采用一般的陶瓷器件生产工艺。首先用天然的 $MgCr_2O_4$-$TiO_2$（或者用 MgO 和 $Cr_2O_3$人工制备）和 $TiO_2$按适当的配比进行配料，放入球磨机中加水研磨约 24 小时，待其粒度符合要求后取出干燥。经压模成型再放入烧结炉中，在空气中用 1250～1300℃的高温烧结 2 小时左右。将烧结后所得的半导体陶瓷块，用金刚石切割机切割成 4mm×5mm×0.3mm 的薄片。在此元件芯片上用屏蔽印制技术涂敷金浆，将镍引线用掺金玻璃粉粘接在电极引出端上，在 850℃的温度下烧结。然后，把已有电极及电极引出线的芯片，通过焊接工艺与底座组装起来。配置上加热清洗线圈，经老化、检测、定标后，即可使用。

加热清洗圈是在 350～450℃的温度下工作。作用时，通电 30 秒～1 分钟，对芯片表面进行热处理，以消除由于诸如油及各种有机蒸气等的污染。这也是此类湿敏器件所具有的特点之一。

#### 9.3.4.3　$MgCr_2O_4$—$TiO_2$湿敏元件的性能

（1）元件的湿敏特性曲线：$MgCr_2O_4$—$TiO_2$半导体陶瓷湿敏元件的感湿特性曲线如图 9-36 所示。为了比较，在同一图中给出了 SM-I 型和松下-I 型、松下-Ⅱ型的感湿特性曲线。由图可知，SM-I 型和松下-Ⅱ型湿敏元件的值与环境相对湿度之间，呈现较理想的指数函数关系，即

$$R = R_0 \exp(\beta . RH) \tag{9-20}$$

式中 β 是与材料有关的常数。

元件的阻值变化，在环境湿度 1%～100%RH 的范围内为 $10^4$～$10^8\Omega$。

(2) 元件的加热清洗特性：湿敏元件大都要在较恶劣的气氛中工作，环境中的油雾、粉尘以及各种有害气体在元件上的吸附，必将导致器件有效感湿面积的减小，使元件感湿性能退化、精度下降。为此，在使用过程中，通过对元件进行加热清洗的方法恢复其对水汽的吸附能力。为 SM-I 型湿敏元件配置的加热器，其加热清洗电压为 9V、加热时间为 10s，加热温度约为 400～500℃。加热后，器件的阻值在 240s 后即恢复到初始值，其阻值在加热清洗时的瞬态变化如图 9-37 所示。

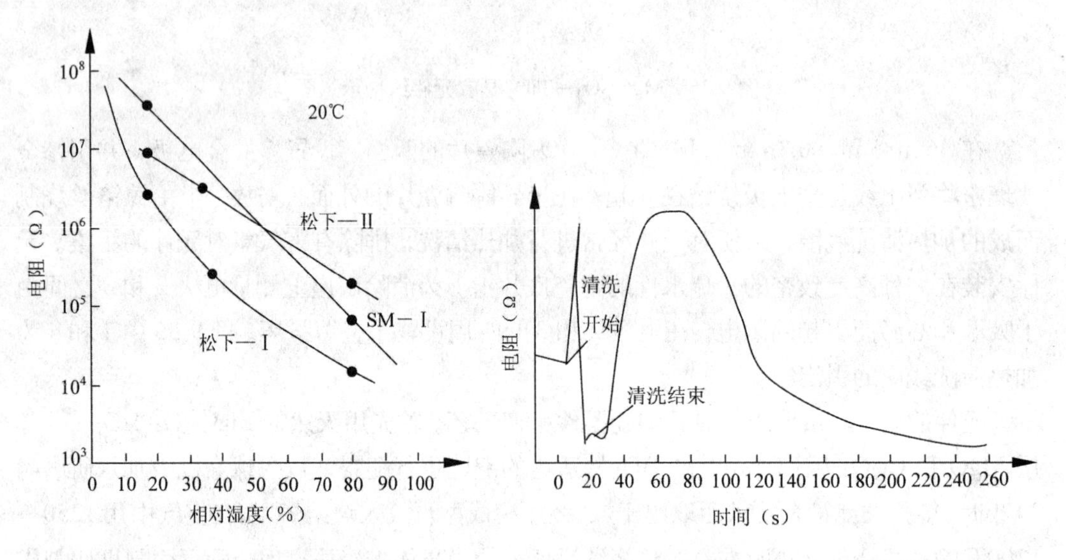


图 9-36　$MgCr_2O_4-TiO_2$湿敏元件的感湿特性曲线

图 9-37　加热清洁时 SM－Ⅰ型湿敏元件阻值的瞬态变化

### 9.3.5　湿敏传感器的应用

湿敏传感器广泛应用于各种场合的湿度检测、控制与报警。在军事、气象、农业、工业（特别是纺织、电子、食品工业）医疗、建筑以及家用电器等方面，湿敏传感器的应用必将日益扩大。

作为应用实例，湿敏传感器广泛用于自动气象站的遥测装置上，采用耗电量很小的

湿敏元件，可以由蓄电池供电长期自动工作，几乎不需要维护。

湿敏传感器还广泛用于仓库管理。为防止库中的食品、被服、武器弹药、金属材料以及仪器仪表等物品霉烂、生锈，必须设有自动去湿装置。有些物品如水果、种子、肉类等还需要在保证一定湿度的环境中。这些都需要自动湿度控制。一般自动湿度控制都利用湿度传感器的输出信号与一事先设定的标定值比较，实行有差调节。

## 思考题与习题

1. 什么是霍尔效应？写出霍尔电势的表示式、霍尔元件的符号、基本电路。
2. 霍尔元件的电磁特性主要指什么？
3. 影响霍尔传感器的性能的主要因素有哪些？
4. 零位误差包括哪些？补偿的方法是什么？
5. 为了获得较大霍尔电势输出，采用的迭加联接方式是什么？
6. $K_H$与$K_I$的意义是什么？
7. 说明霍尔传感器设计要点。
8. 温度变化对霍尔元件输出有什么影响？如何补偿？
9. 为了提高霍尔转速传感器的测量精度，应采取什么措施？
10. 何为湿度？湿度传感器可分为哪几种类型？
11. 何为半导体气敏传感器？半导体气敏元件何时研制成功的？
12. 半导体气敏元件按用途分哪几种类型？
13. 绘图分析汽车驾驶室挡风玻璃自动去湿装置原理。
14. 画出钢球计数装置的电路框图，叙述其工作过程。
15. 绘图说明汽车霍尔电子点火器的工作原理。

# 第 10 章　光电传感器

## 10.1　引言

光电检测技术是光学与电子学技术相结合而产生的一门新兴的检测技术。它是利用电子技术对光学信息进行检测，并进一步传递、存储、控制、计算和显示等。

光电检测装置的核心部分是光电传感器，光电检测与其他检测相比有以下测量优点：①非接触；②检测速度快，检测精度高；③高可靠性；④能够自动、连续地进行检测；⑤可以进行遥测；⑥结构简单等一系列特点。

测量范围：位移、振动、力、转矩、转速、压力、温度、流量、液位、湿度、液体浓度、成分、角度、表面粗糙度等。

应用前景：现代科学技术的检测以及机器人技术的开发都离不开光电检测技术。

## 10.2　光电检测系统的基本构成

### 10.2.1　光电检测系统的基本组成

一个完整的光电检测系统包括：信息的获得、变换、处理和显示等部分。具体说：一个光电检测系统由光电传感器、处理电路和显示控制等三个基本部分组成，如图 10-1 所示。

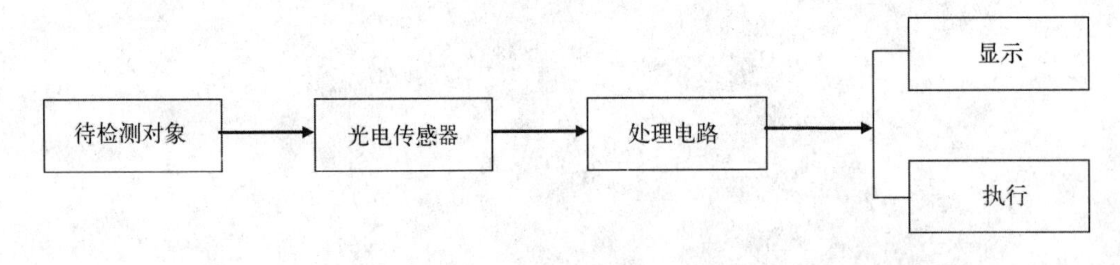


图 10-1　光电检测系统的基本组成

### 10.2.2　主要部分的作用

该光电检测系统中光电传感器是核心部分：它以光为媒介、以光电检测器件为手段、将各种待测量转换成电量（I、V、F），它将决定整个检测系统的灵敏度、精度、动态响应等。

处理电路的作用是将光电传感器的输出的微弱电信号进行放大、处理、运算等，以适应后续显示、控制或执行机构的要求，即处理电路的主要任务：一是实现对微弱信号的检测；二是实现对光源的稳定化。

### 10.2.3　光电传感器的组成

（1）组成：由光源、光学系统、光电探测器三部分组成，如图 10-2 所示。

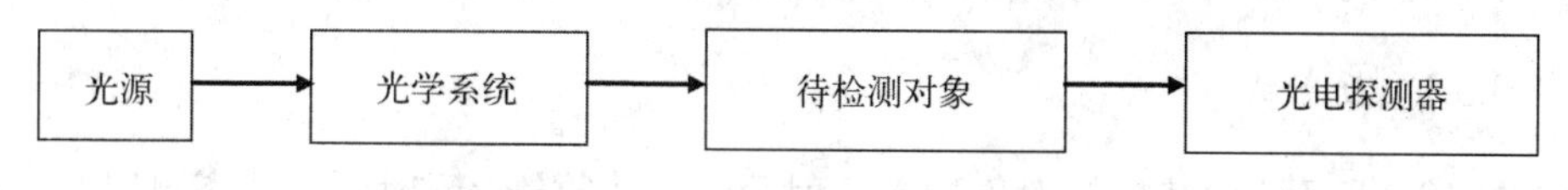


图 10-2　光电传感器构成图

（2）优点：非接触式检测；响应速度快，$10^{-1}$-$10^{-6}$s；测量时间范围宽；大量的相关应用。不仅对光，还能用于检测液面、位置、压力等方面。

（3）缺点：沾污影响大；外界干扰光影响大；使用温度范围小，不能用于高温。

## 10.3　光电检测的工作原理及基本结构型式

光电检测是以光信息的变换为基础，它有两种基本工作原理。一种是把待检测量变换为光信息量，另一种是把待检测量转换为光信息脉冲。

### 10.3.1　把待检测量变换为光信息量

光检测器是以光通量的大小反映检测量的大小。光电检测器的输出往往与入射到它的光敏面上的光通量成正比。所以光电检测器的光电流大小可以反映待测量的大小，探测器的输出正比于光敏面光通量。因此，光电流 I 是检测信息量 Q 值的函数。

$$I = f(Q) \tag{10-1}$$

式（10-1）是一种摸拟量的信息变换。需要说明以下几点：

（1）I 的大小与检测量信号的大小、光径强度、光学系统和光电探测器的性能有关。

（2）I 时 Q 的单值函数（需要光径发光稳定，光电探测器的特性稳定）。

（3）基于这种原理的光电探测器必须采取稳定化的措施。

### 10.3.2　把待检测量变换为光信息脉冲

这种变换是以光脉冲或条纹的多少来反映待测量的大小，光电探测器的输出为低电平和高电平两个状态组成的一系列脉冲数字信息。这里数字信息量 T 是待测信息量 Q 的函数。

$$T = f(Q) \tag{10-2}$$

式（10-2）是一种模/数信息转换。需要说明以下几点：

(1) 数字信息量只取决于光电通量的有无，而与光通量的大小无关。

(2) 只要有足够的光通量比区分“1”,“0”两个状态，光径和光电探测器即满足要求。

### 10.3.3 几种光电变换结构形式

基于上述式 (10-1)、式 (10-2) 的两种工作原理，可以组成几种光电变换结构形式。

#### 10.3.3.1 反射式

如图 10-3 所示，由待检测对象把光反射至光电接收器。反射面的状态可以呈光滑的镜面，也可以呈粗糙状。相应地，光的反射形式有镜面反射和漫反射之区别。他们反射的物理性质不相同，在光电检测技术中的应用机理也就不同。镜面反射的光按一定的方向反射，它往往被用来判断光信号的有无。测量转速就是一个典型的应用实例。如图 10-4 所示，轴转动一周，光电探测器 4 就获得一个由光电源 1 发出的反射光的脉冲，此脉冲数就反映了轴的转速。为了加强光在待检测物上的反射作用，往往在待检测物体上另加反射镜，图 10-4 中的小平面镜 3 就是为了增强反射性能。所谓漫反射是指一束平行光照射到某种表面上时，光向各个方向反射出去的现象。因此，在漫反射处某一位置上的光电探测器只能接收到部分反射光，接收到的光通量大小与产生漫反射表面材料的性质、表面粗糙度及表面缺陷等有关。根据这一原理用来检测物体表面的外观质量。

这种光反射式检测原理，除上述应用实例外，光电测距、激光制导、直至电视摄像等均属于此种原理。

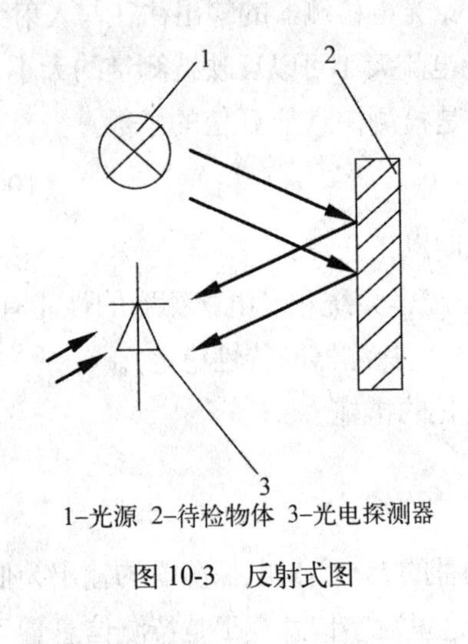

1–光源 2–待检物体 3–光电探测器

图 10-3　反射式图

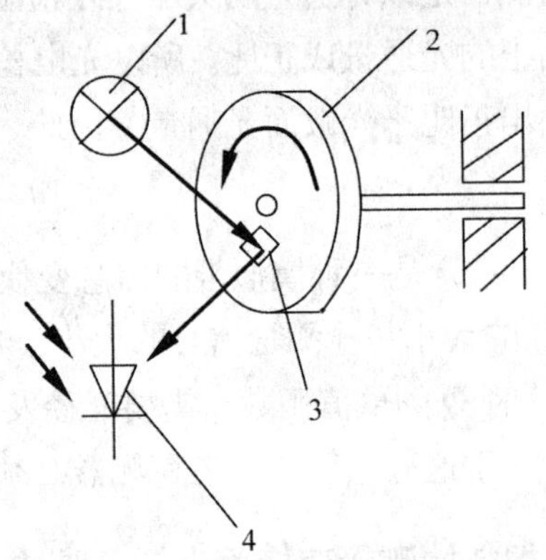

1–光源 2–转轴 3–小平面镜4–光电探测器

图 10-4　转速测量原理图

#### 10.3.3.2 透射式

光透过待检测物体，其中一部分光通量被待检测物吸收或散射，另一部分光通量透过待检测物体由光电探测器接受，如图 10-5 所示。被吸收或散射的光通量的数值决定于

待检测物体的性质。例如，光透过均匀介质时，光被吸收，其吸收或减弱的规律为

$$I= I_0\, e^{-\alpha d} \tag{10-3}$$

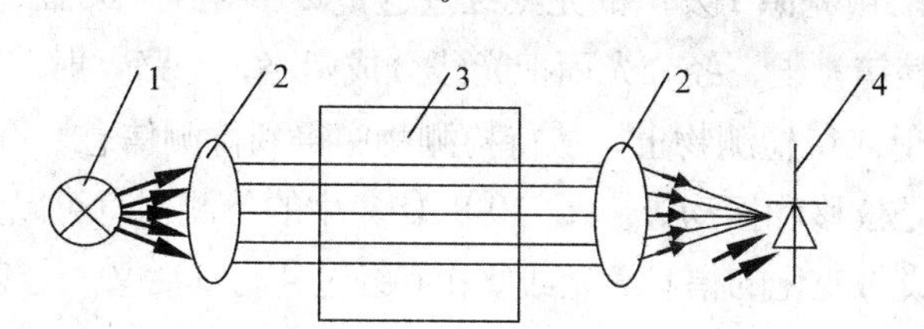

1–光源　2–透镜　3–待测物体　4–光电探测器

图 10-5　透射式

式中，$I_0$ 为入射到待检测物介质表面的光通量；$\alpha$ 为介质吸收系数，$d$ 为介质厚度。

液体或气体介质（待检测物）的厚度 d 为一定时，光电探测器上接收到的光通量 Q 仅与待检测介质的浓度有关（因吸收系数 $\alpha$ 与介质的浓度成正比）。

应用这种透射式结构，可以用于检测液体或气体的浓度、透明度或混浊度；检测透明容器的疵病；测量胶片的密度等。

#### 10.3.3.3　辐射式

如图 10-6 所示，待检测物体 1 本身就是辐射源，它发出的辐射能强弱与待检测物 1 的性质（例如温度的高低）有关，用光电探测器 3 检测其辐射量的大小，就能确定待测量的大小。辐射高温计、火警报警器、热成像仪等均应用了这种辐射式变换形式。

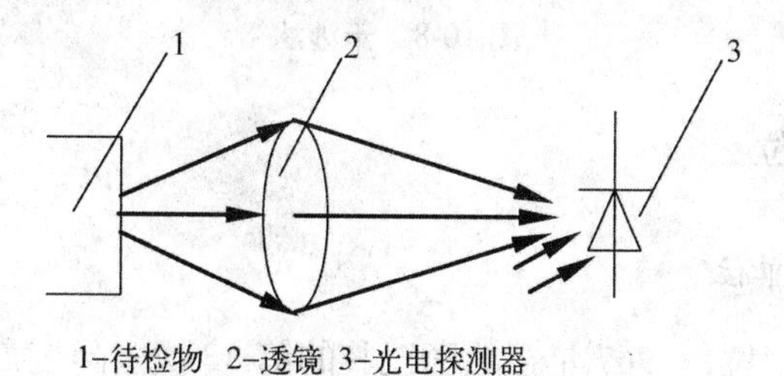

1–待检物　2–透镜　3–光电探测器

图 10-6　辐射式图

#### 10.3.3.4　遮挡式

待检测物遮挡部分或全部光束，或周期性地遮挡光束，如图 10-7 所示。根据被遮挡光同量的大小就可以确定待检测物的大小，或者待检测物的位移量；根据被遮挡光束的次数就可确定待测物体的个数，或者待测物的运动速度等，相应的可用于产品计数、光控开关以及防盗报警等。

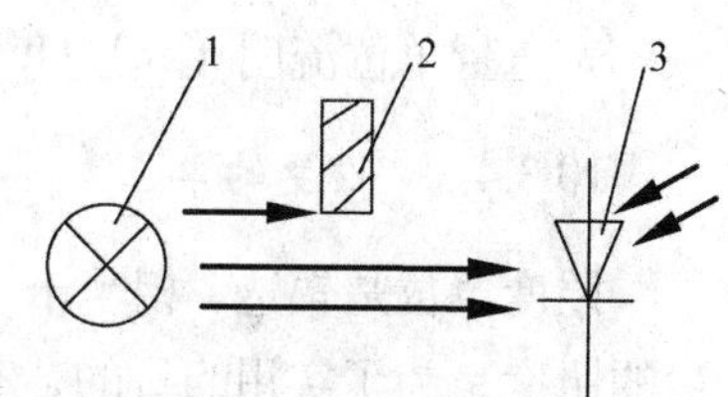

1–光源　2–待测物体　3–光电探测器

图 10-7　遮挡式

10.3.3.5　干涉式

如图 10-8 所示，由光源 1 发出的光线经过透镜 2 照射到分束器 3（它可以是半透明半反射的平面镜或棱镜）上，经分光面把光线分成两路，一路 *a* 射向平面反射镜 4 作为参考光，另一路 b 射向待检测物上，从待检测物中得到待测信息。例如，图 10-8（a）中的待测信息可以是位移和振动等。图 10-8（b）中的待测信息可以是待测物体折射率的变化，即浓度或成份变化的信息。光线 a 和 b 经过 4 与 5 后又一起射向光电探测器 6，在光电探测器上可检测到干涉条纹信号。

因此，干涉法可用于检测位移、振动、流体的浓度、折射率等。它的检测灵敏度和精度很高，动态范围亦大，但结构和检测电路复杂，成本亦高。

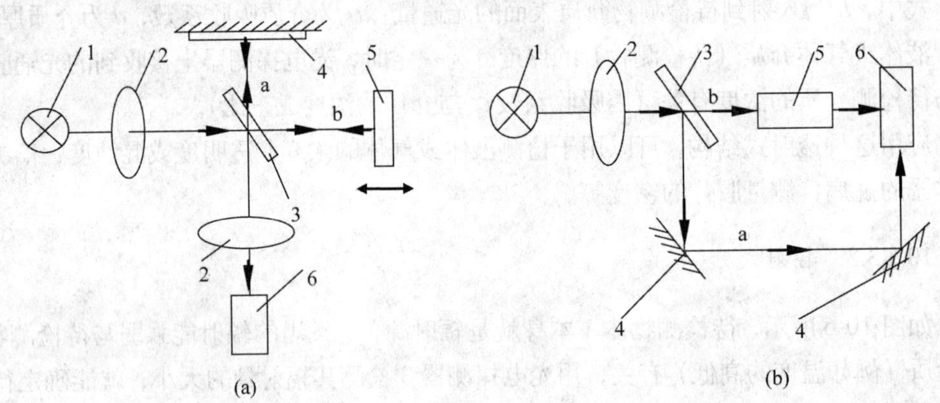


1–光源　2–透镜　3–分光器　4–反射镜　5–待测物体　6–光电探测器

图 10-8　干涉法

## 10.3.4　几个光学单位

10.3.4.1　光强度单位

光强度单位是坎德拉，1967 年在法国巴黎的第 13 次国际度量衡会议上规定，在铂的凝固点（约 2042 K）和气压为 101.325 帕斯卡下的绝对黑体，当其面积等于 1/600000 平方米时，沿着法线方向所发出的光的发光强度为发光强度单位，称为 1 坎德拉。

10.3.4.2　光通量的单位

光通量单位流明（lm）(lumen)，它是 1 坎德拉的光源发射到单位立体角的光通量。

10.3.4.3　照度的单位

照度单位是辐透，相当于 1 流明的光通量均匀的分布在 1 立方厘米的面积上时所产生的照度。为了实用的目的，有采用毫辐透和勤克斯等单位。

面发光的单位和照度单位相同。

1勤克斯相当于1流明的光通量均匀分布在1平方米的表面上所产生的照度。

1勤克斯（1X）$=10^{-4}$辐透$=10^{-1}$毫辐透。

10.3.4.4 亮度的单位

亮度的单位是熙提，1平方厘米表面沿着它的法线方向发出1坎德拉强度的那块面积的亮度。

10.3.4.5 光功当量

光功当量是为了获得1流明光通量引起感觉所必需的功率。

10.3.4.6 发光效率

发光效率为光功当量的倒数称为发光效率。

## 10.4 光电传感器

### 10.4.1 光电效应

光电传感器的理论基础是光电效应。光电效应一般分为外光电效应、内光电效应。内光电效应又可分为光电导效应和光生伏特效应。

10.4.1.1 光电效应

光可以被看作是由一连串具有一定能量的粒子（称为光子）所构成，每个光子具有的能量$M$正比于光的频率$\nu$，当光束投射到固体表面时，进入体内的光子如果直接与电子起作用（吸收、动量传递等），引起电子运动状态的改变，则固体的电学性质随之发生改变，这类现象统称为固体的光电效应。

（1）外光电效应。

在光线作用下，电子逸出物体表面向外发射的现象称为外光电效应，也叫光电发射效应。其中，向外发射的电子称为光电子，能产生光电效应的物质称为光电材料。

（2）内光电效应。

在光线作用下，物体内的电子不能逸出物体表面，而使物体电阻率发生改变或产生光生电动势的效应称为内光电效应。

**光电导效应**：在光线作用下，电子吸收光子能量后而引起物质电导率发生变化的现象称为光电导效应。

**光生伏特效应（阻挡层光电效应）**：在光线作用下，能使物体产生一定方向的电动势的现象。光电池、光敏晶体管等属于这类光电器件。

## 10.4.2 光电管

### 10.4.2.1 结构

光电管的结构如图 10-9 所示。在一个真空的玻璃泡内，装有两个电极：光电阴极，光电阳极。光电阴极有的是贴附在玻璃泡内壁，有的是涂在半圆筒形的金属片上，阴极对光敏感的一面是向内的，在阴极前装有单根金属丝或环状的阳极。

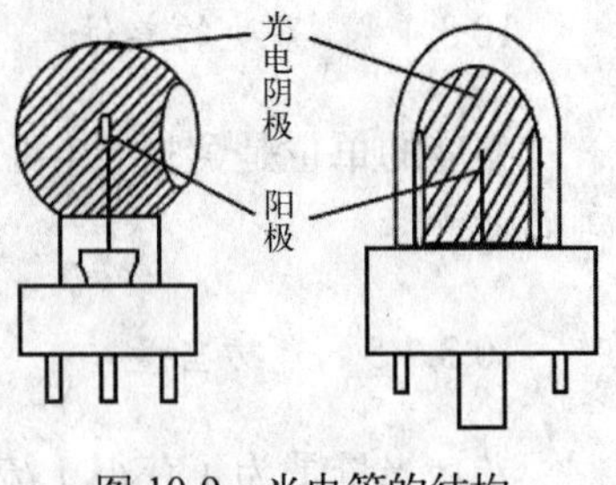


图 10-9 光电管的结构

### 10.4.2.2 原理

当阴极受到适当波长的光线照射时便发射电子，电子被带正电位的阳极所吸引，这样在光电管内就有电子流，在外电路中便产生了电流。

### 10.4.2.3 伏安特性

当光通量一定时，阳极电压与阳极电流的关系，称为光电管的伏安特性曲线。

(1) 真空光管的伏安特性。

如图 10-10 所示为真空光电管的伏安特性曲线。光电管的工作点应选在光电流与阳极电压无关的区域内，即曲线平坦部分。

(2) 充气光电管的伏安特性。

充气光电管的构造与真空光电管基本相同。不同之处在于在玻璃泡内充以少量的惰性气体，如氩、氖等。当光电极被光照射而发射电子时，光电子在趋向阳极的途中撞击惰性气体的原子，使其电离而使阳极电流急速增加，提高了光电管的灵敏度，如图 10-11 为充气光电管的伏安特性曲线。

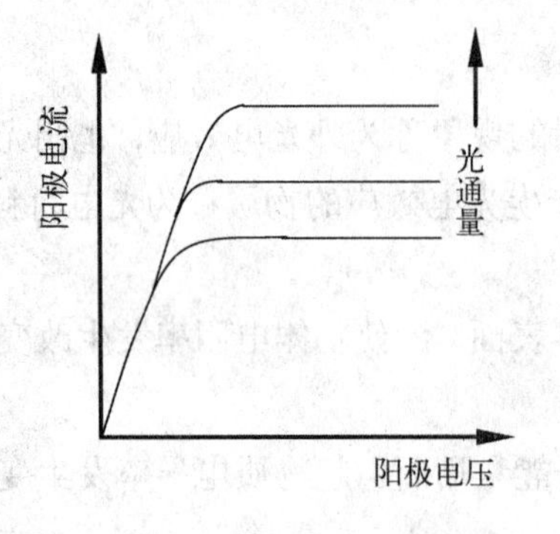

图 10-10 真空光电管的伏安特性

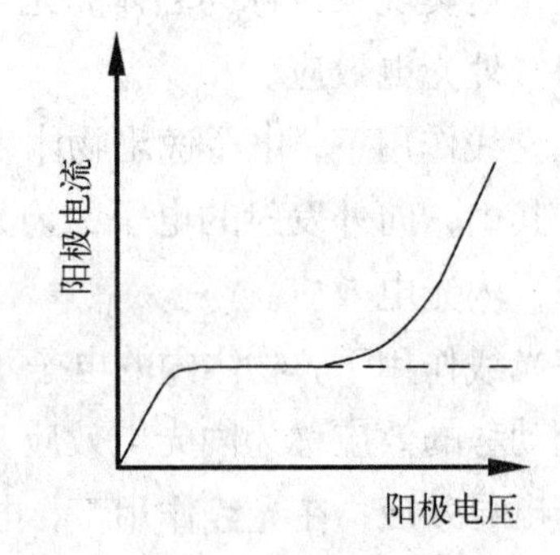


图 10-11 充气光电管的伏安特性

充气光电管特点：灵敏度高，但灵敏度随电压显著变化的稳定性、频率特性都比真空光电管的要差。

## 10.4.3　光电倍增管

### 10.4.3.1　光电倍增管构成

光电倍增管（Photo-Multiple Tube，PMT）是一种真空光电发射器件，它主要由光入射窗、一个光电阴极、电子光学系统、若干个倍增极和阳极等部分构成。图 10-12 给出了光电倍增管的工作原理示意图。

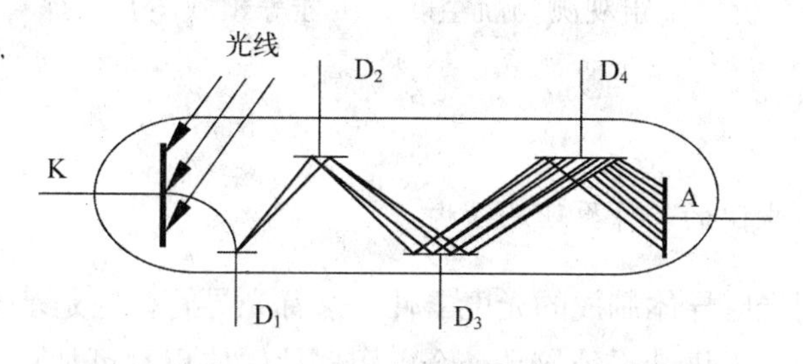


图 10-12　光电倍增管

### 10.4.3.2　光电倍增管的工作原理

当光线照射光电阴极 K 时，阴极吸收光能后发射出一些光电子，这些光电子首先打在第一倍增极 $D_1$ 上，由于 $D_1$ 电位高于 K，光电子轰击 $D_1$ 时的动能相当大，因此 $D_1$ 发射的二次电子数比光电子数多几倍。第一倍增极发射的二次电子打到电位比 $D_1$ 高的第二倍增极 $D_2$ 上，$D_2$ 发射的二次电子数增大几倍，这样逐级下去，最后一个倍增极所发射的二次电子数比从阴极 K 发射的光电子数增加几个数量级。如 11 个倍增极的光电子管 $D_{11}$ 发射的二次电子数约为光电子数的 $10^5 \sim 10^6$ 倍。最后一个倍增极所发射的二次电子被阳极 A 收集，形成信号电流。

### 10.4.3.3　光电倍增管的供电电路

图 10-13 给出了光电倍增管的供电电路。电路由 11 个电阻构成电阻链分压器，分别向 10 级倍增极提供极间供电电压 $U_{DD}$。

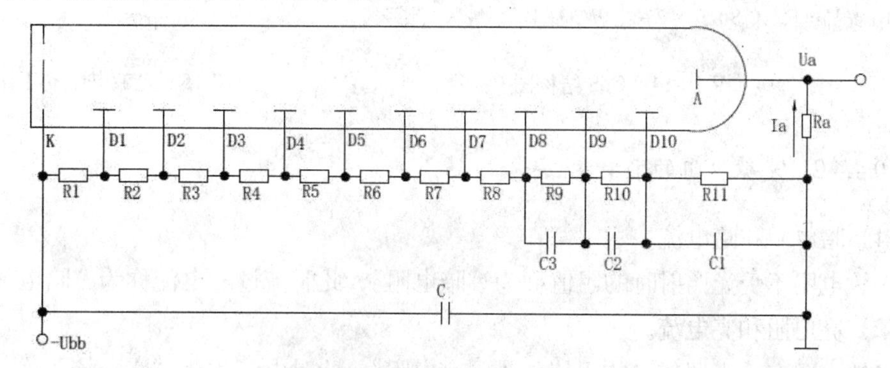


图 10-13　光电倍增管的供电电路

供电电压 $U_{DD}$ 直接影响二次电子发射系数 $\delta$，或管子的增益 $G$。因此，根据增益 $G$ 的要求来设计极间供电电压 $U_{DD}$ 与电源电压 $U_{bb}$。

#### 10.4.3.4 光电倍增管的应用

光电倍增管是一种将微弱信号转换为电信号的光电转换器件，因此，它主要应用于微弱光照的场合。目前已广泛地用于微弱荧光光谱探测、大气污染监测、生物及医学病理检测、地球地理分析、宇宙观测与航空航天工程等领域，并发挥着越来越大的作用。

### 10.4.4 光敏电阻

#### 10.4.4.1 光敏电阻的工作原理及结构

光敏电阻是用光电导体制成的光电器件，又称光导管，它是基于半导体内光电效应工作的。光敏电阻无极性，纯粹是一个电阻器件，使用时可加直流偏压，也可加交流电压。

光敏电阻的结构如图 10-14 所示。在坚固的金属外壳上安置绝缘陶瓷基板，基板上蒸镀或烧结上 $C_dS$ 光电导体材料，为了增大受光面积，将光电导做成梳状。这种梳状电极，由于在很近的电极之间有可能采用大的极板面积，所以提高了光敏电阻的灵敏度。

图 10-15 为光敏电阻的工作原理图。当光照时，电阻很小；无光照时，电阻很大。光照越强，电阻越小；光照停止，电阻又恢复原值。

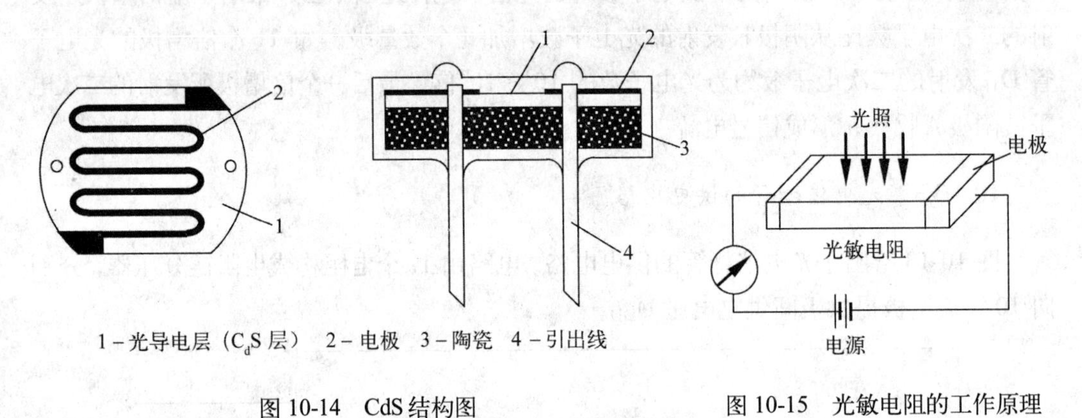


1 – 光导电层（$C_dS$ 层） 2 – 电极 3 – 陶瓷 4 – 引出线

图 10-14 CdS 结构图

图 10-15 光敏电阻的工作原理

#### 10.4.4.2 光敏电阻的主要参数

（1）暗电阻和暗电流。

光敏电阻不受光照射时的阻值称为“暗电阻”，此时流过的电流称为“暗电流”。

（2）亮电阻和亮电流。

光敏电阻在受光照射时的阻值称为“亮电阻”，此时电流称为“亮电流”。

（3）光电流。

亮电流与暗电流之差，称为光电流。

对于光敏电阻希望：暗电阻愈大愈好，而亮电阻越小越好。实际光敏电阻暗阻值一般兆欧数量级；亮阻值一般在几千欧以下。

10.4.4.3　光敏电阻的基本特性

（1）伏安特性。

在光敏电阻两端加电压与电流的关系曲线，称为光敏电阻的伏安特性。图10-16给出了硫化镉光敏电阻的伏安特性曲线。

由曲线知：

1）所加电压$U$越高，光电流$I$也越大，而且无饱和现象。

2）在给定的光照下，U-I曲线是一直线，说明电阻值与外加电压无关。

3）在给定的电压下，光电流的数值将随光照的增强而增加。

（2）光照特性。

光电流$I$和光通量$F$的关系曲线，称光照特性。图10-17给出了光敏电阻的光照特性曲线。不同的光敏电阻的光照特性是不同的。但在大多数情况下，曲线的形状类似。

光照特性是非线性的，不适宜做成线性的敏感器件，只能做开关量的光电传感器。

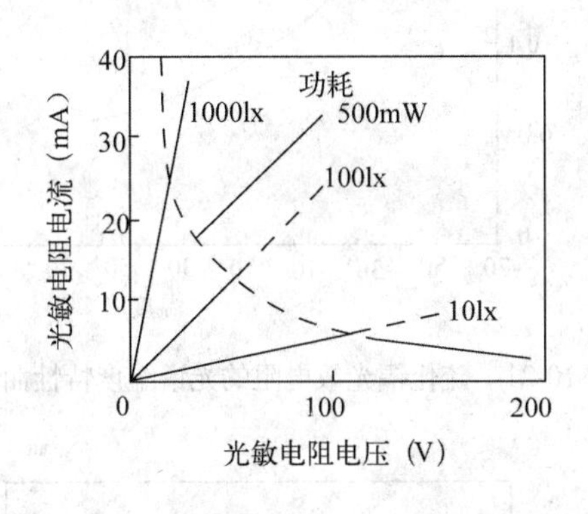


图10-16　硫化镉光敏电阻的伏安特性曲线

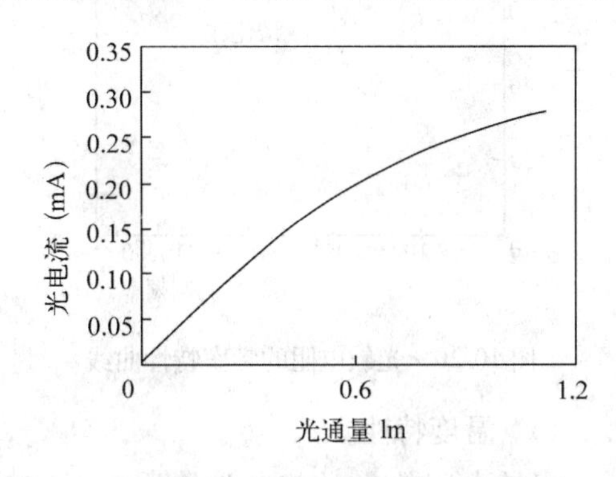


图10-17　光敏电阻的光照特性曲线

（3）光谱特性。

光敏电阻对不同波长的入射光，其相对灵敏度不同，图10-18给出了光敏电阻的光谱特性曲线。各种不同材料的光谱特性曲线相同。因为不同材料的峰值不同，所以在焊光敏电阻时，就应当把元件和光源电路结合起来考虑。

（4）响应时间和频率特性。

实践证明，光敏电阻受到脉冲光照时，光电流并不立刻上升到最大饱和值，而当光照去掉后，光电流也并不立刻下降到零。这说明光电流的变化对于光的变化，在时间上有一个滞后，这就是光电导的弛豫现象。它通常用响应时间$t$表示。响应时间又分为上

升时间 $t_1$ 和下降时间 $t_2$，图 10-19 给出了光敏电阻的时间响应曲线。

对于不同材料光敏电阻的频率特性不一样。相对灵敏度 *Kr* 与光强度变化、频率 *f* 间的关系曲线（图 10-20、图 10-21）。

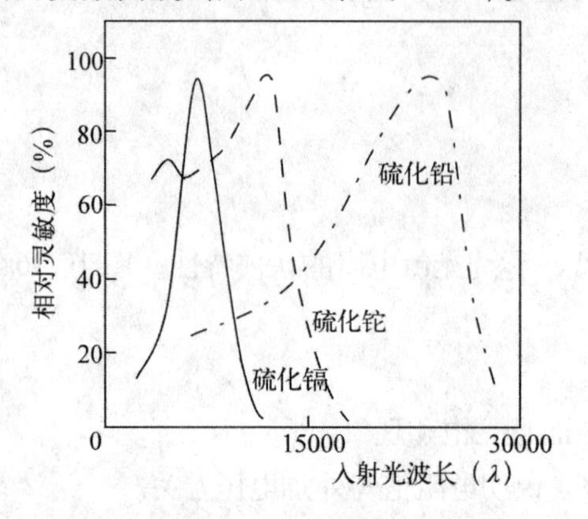


图 10-18　光敏电阻的光谱特性曲线

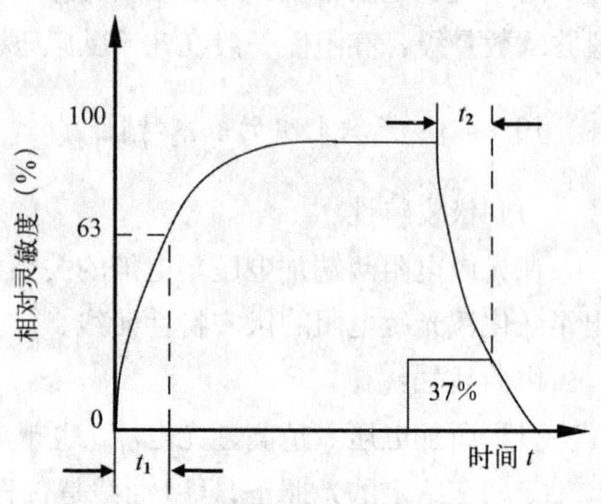


图 10-19　光敏电阻的时间响应曲线

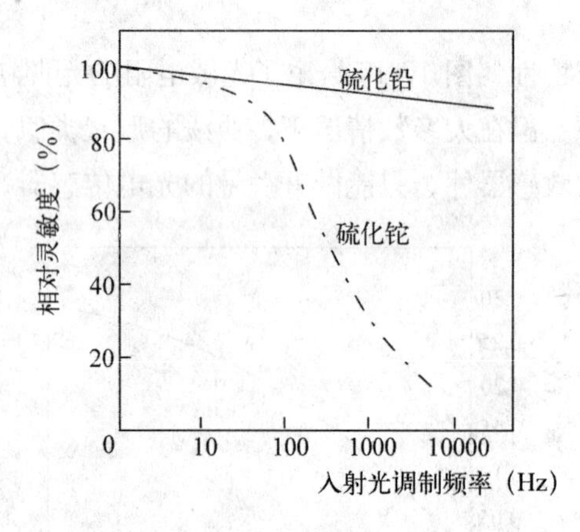


图 10-20　光敏电阻的频率特性曲线

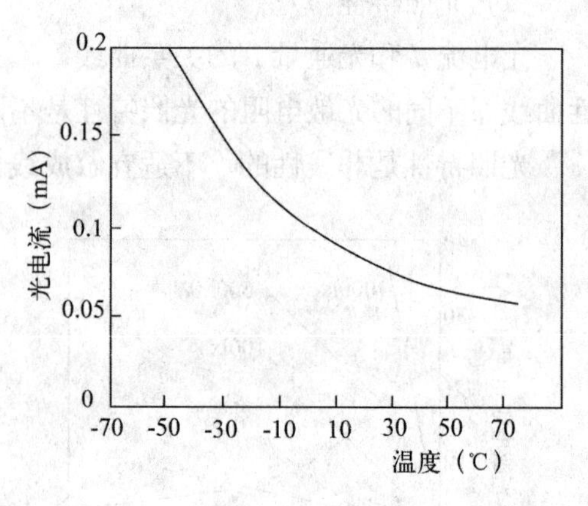


图 10-21　硫化镉光敏电阻的光谱温度特性曲线

（5）温度特性。

光敏电阻的光学与电学性质受温度的影响较大，随着温度的升高，它的暗阻，Kr 都下降。图 10-22 给出了硫化铅光敏电阻的光谱温度特性。

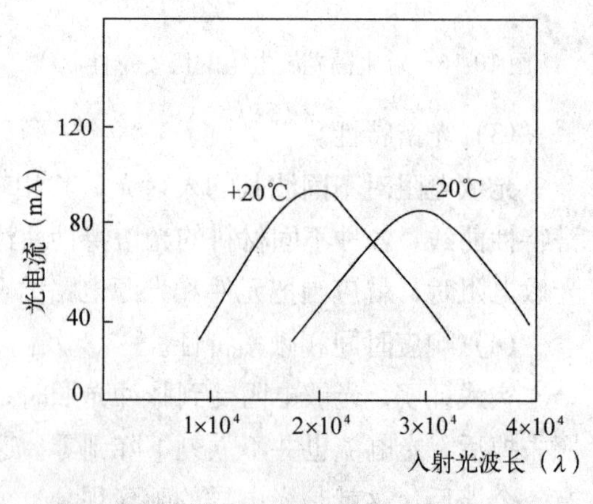


图 10-22　硫化铅光敏电阻的光谱温度特性

10.4.4.4　几种典型光敏电阻

（1）$C_dS$ 光敏电阻。

在可见光波段内灵敏度最高。峰值波长 520nm。主要应用于照相机的曝光表和电子快门。在光检测中可作为光桥、光位计、光检测器件中使用。

（2）$P_bS$ 光敏电阻。

在红外线波段最灵敏。光谱响应范围 1～3.5μm，峰值波长 2.4μm。

（3）$I_nS_b$ 光敏电阻。

适用范围：3～5μm 光谱，在室温工作长波限可达 7.5μm，峰值波长 6μm。

（4）HgCdTe 系列器件。

HgCdTe 系列器件是目前性能最优良最有前途的光电子等探测器，尤其是对 8～4μm 大气窗口波段的探测更为重要。常用探测器波长范围：8～14μm；3～5μm；1～3μm。

## 10.4.5　光敏二极管和光敏三极管

### 10.4.5.1　光敏二极管

（1）结构：光敏二极管结构和一般二极管结构相似，它的 PN 结装在管的顶部，可以直接受到光照射，如图 10-23。

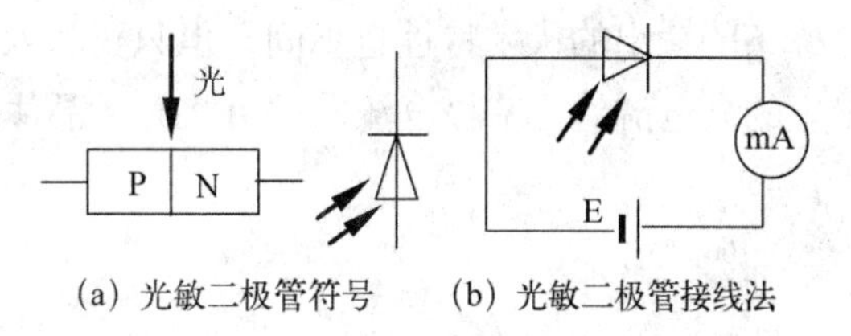


（a）光敏二极管符号　　（b）光敏二极管接线法

图 10-23　光敏二极管

（2）工作原理：光敏二极管在电路中一般处于反向工作状态，在无光照射时，反向电阻很大，反向电流很小，这反向电流也叫暗电流。当光照射电敏二极管时，光子打在 PN 结附近，使 PN 结附近产生光生电子——空穴时，它们在 PN 结处的内电场作用下作定向运动，形成光电流。可见，光敏二极管能将光信号转换为电信号输出。

### 10.4.5.2　光敏三极管

（1）结构：有 PNP、NPN 两种类型，与一般三极管很相似，如图 10-24 为光敏三极管的结构与符号，不同之处是光敏晶体管的基极往往不接引线。实际上许多光敏晶体管仅集电极和发射极两端有引线，尤其是硅平面光敏晶体管，因为其泄漏电流很小，因此一般不备基极外接点。

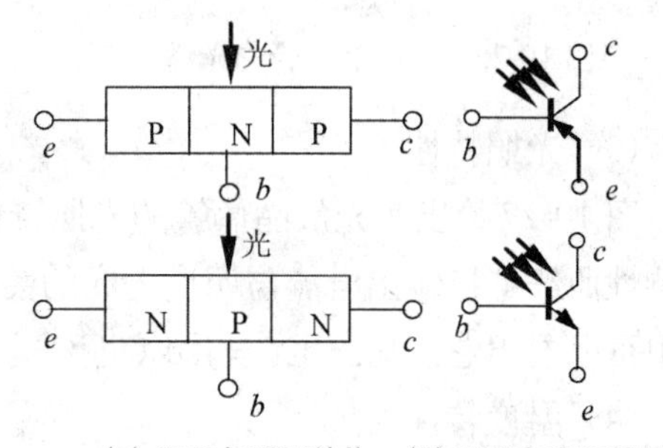


（a）PNP 与 NPN 结构　（b）PNP 与 NPN 符号

图 10-24　光敏三极管

（2）工作原理：（基极－集电极作为受光结）当光照射到 PN 结附近，使 PN 结附近产生光生电子－空穴对，它们在 PN 结处于内电场的作用下，做定向运动形成光电流。因此，PN 结的反向电流大大增加，由于光照射集电结，产生的光电流相当于三极管的基极电流，因此集电极电流是光电流的 β 倍。因此，光敏三极管比光敏二极管具有更高的灵敏度。

#### 10.4.5.3　光敏晶体管的基本特性

（1）光谱特性。

光敏晶体管的光谱特性是指在一定照度下，光敏管输出的相对灵敏度与入射波长之间的关系曲线。硅和锗光敏管的光谱特性曲线如图 10-25 所示。从图可以看出：硅管峰值波长 0.9μm 左右，锗管峰值波长 1.5μm 左右。由于锗管的暗电流大于硅管的暗电流，所以锗管的性能比硅管性能差。故在探测可见光或赤热物体时，用硅材料的光敏管比较好；而在红外光探测时，用锗材料的光敏管较为适宜。

（2）伏安特性。

图 10-26 所示为硅光敏晶体管在不同照度下的伏安特性曲线。由图可见，光敏晶体管的光电流比相同管型的二极管大上百倍。

对于一般晶体管在不同的基极电流时输出特性不同，对于光敏晶体管在不同照度 $E_e$ 下的输出的伏安特性也不同。但只要将入射光在发射极－基极之间的 PN 结附近所产生的光电流看作基极电流，就可将光敏晶体管看作一般的晶体管。

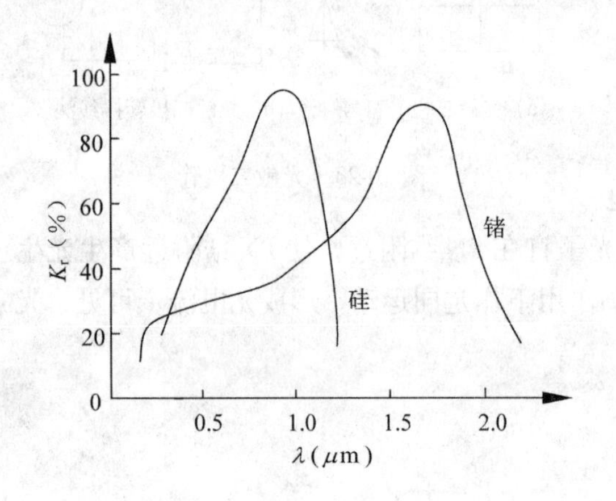


图 10-25　光敏晶体管的光谱特性

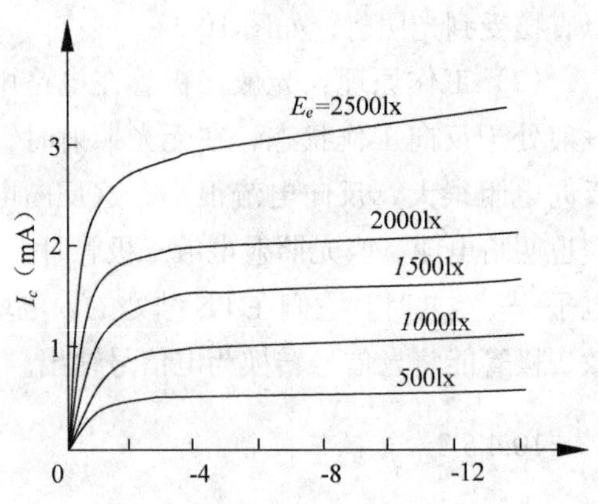


图 10-26　光敏晶体管的伏安特性

（3）光照特性。

图 10-27 给出了光敏晶体管的光照特性曲线。光照特性曲线是指输出电流与照度之间的关系曲线。从图中可以看出它们输出电流与照度近似为线性关系。

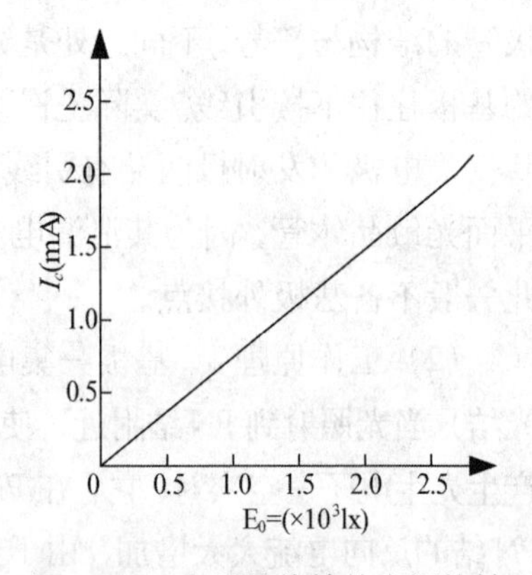


图 10-27　光敏晶体管的光照特性

（4）温度特性。

光敏晶体管的温度特性是指其暗电流及光电流与温度的关系，如图 10-28 光敏晶体管的温度特性曲线所示。由曲线知：温度变化对输出电流影响较小；暗电流随温度变化比很大，所以在应用时在线路上采取措施进行温度补偿。

（5）频率响应。

光敏晶体管的频率响应是指具有一定频率的调制光照射时，光敏管输出的光电流随频率的变化关系。如图10-29所示。

从试验表明：光敏晶体管可以看成一个非周期环节，而这一非周期环节，对于一般锗管，其时间常数约为$2\times10^{-4}$s，硅管的时间常数约为$10^{-5}$s。这一时间的延时称为光敏晶体管的时间常数。由此可知，当检测系统按要求快速时，须选择时间常数较小的光敏晶体管。

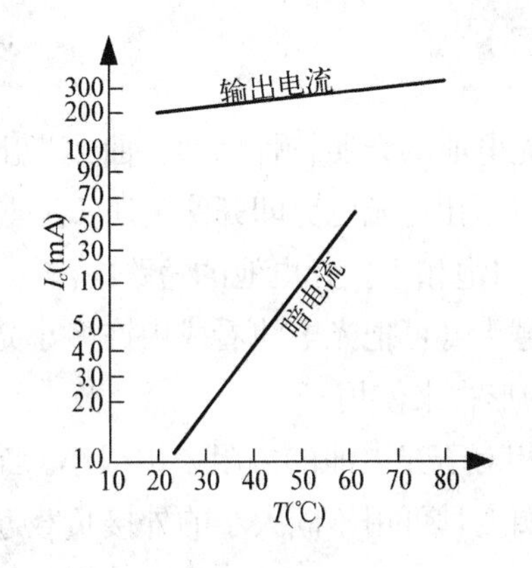

图10-28　锗光敏晶体管的温度特性

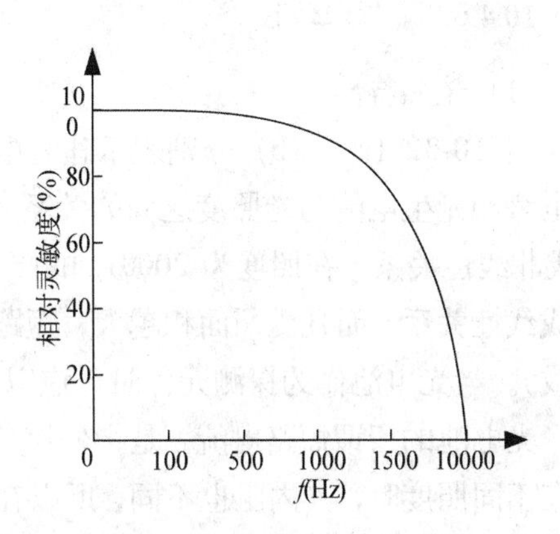

图10-29　光敏晶体管频率响应曲线

## 10.4.6　光电池

光电池的种类很多，如有硅光电池、硒光电池、硫化镉光电池、砷化镓光电池等。其中硅光电池最受重视，因为它有一系列优点，例如性能稳定；光谱范围宽；频率特性好；换能效率高；能耐高能辐射等。硒光电池比硅光电池价廉，它的光谱峰值位置在人的视觉范围内，因而应用在不少测量仪器上。下面着重介绍硅光电池和硒光电池。

### 10.4.6.1　光电池的结构及原理

图10-30为光电池的结构示意图。它通常是在N型衬底上制造一薄层P型层作为光照敏感面。当入射光子的能量足够大时，P型区每吸收一个光子就产生一对光生电子-空穴对，光生电子-空穴对的浓度从表面向内部迅速下降，形成由表及里扩散的自然趋势。PN结又称空间电荷区，它的内电场（N区带正电、P区带负电）使扩散到PN结附近的电子-空穴对分离，电子通过漂移运动被拉到N型区，空穴留在P区，所以N区带负电，P区带正电。如果光照是连续的，经短暂的时间（μs数量级），新的平衡状态建立后，PN结两侧就有一个稳定的光生电动势输出。光电池的联结电路及等效电路如图10-31所示。

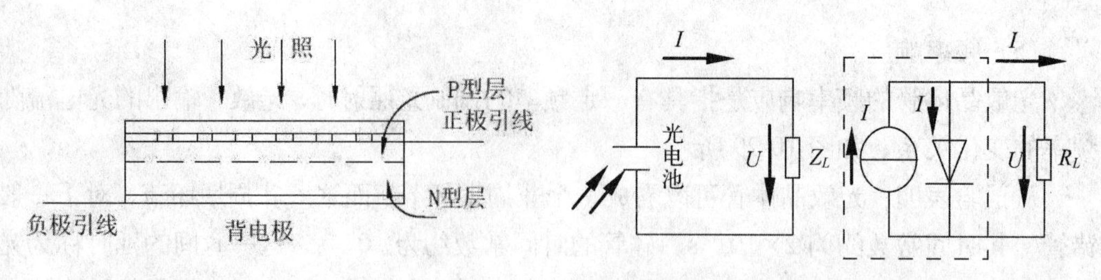


图 10-30　光电池的结构示意图　　图 10-31　光电池的联结电路及等效电路

#### 10.4.6.2　基本特性

（1）光照特性。

图 10-32（a）、（b）分别表示硅光电池和硒光电池的光照特性曲线，曲线指出了光生电势和光生电流与光照度之间的关系。由图可以看出，光电势即开路电压 $U_{OC}$ 与照度 E 成非线性关系，在照度为 2000lx 的照射下就趋向饱和了。光电池的短路电流 $I_{SC}$ 与照度成线性关系，而且受照面积越大，短路电流也越大（可把光电池看成由许多小光电池组成）。当光电池作为探测元件时，应以电流源的形式来使用。

光电池的所谓短路电流，是指外接负载电阻相对于光电池的内阻来讲很小。而光电池在不同照度时，其内阻也不同，所以在不同的照度时可用不同大小的外接负载近似地满足“短路”条件。

图 10-32（c）示出了硒光电池的光照特性与负载电阻的关系。硅光电池也有相似类型的关系。从图可看出，负载电阻 $R_L$ 越小，光电流与照度的线性关系越好，线性范围越广。所以光电池作为探测元件时，所用负载电阻的大小，应根据照度或光强而定，当照度较大时，为保证测量有线性关系，负载电阻应较小。

（2）光谱特性。

光电池的光谱特性决定于所用的材料。图 10-32（d）的曲线 1 和 2 分别表示硒和硅光电池的光谱特性。从曲线可以看出，硒光电池在可见光谱范围内有较高的灵敏度，峰值波长在 540nm 附近，它适宜于探测可见光。如果硒光电池与适当的滤光片配合，它的光谱灵敏度与人的眼睛很接近，可用它客观地决定照度。硅光电池可以应用的范围为 400~1100nm，峰值波长在 850nm 附近，因此，对色温为 2854K 的钨丝灯光源，能得到很好的光谱响应。光电池的光谱峰值位置不仅与制造光电池的材料有关，并且随使用温度的不同而有所移动。

（3）伏安特性。

受光面积为 $1cm^2$ 的硅光电池的伏安特性见图 10-32（c）。图中还画出负载电阻 $R_L$ 为 0.5、1、3kΩ 的负载线。

图 10-32（c）的光照特性与负载电阻的关系亦可用图 10-32（e）解释。负载电阻短接或很小时，负载线垂直或接近于垂直，它与伏安特性的交点为等距离，电流正比与照度，数值也较大。负载电阻增大时，交点的距离不等，例如 3kΩ。这条负载线与伏安

特性的交点相互间距离不等，即电流不与照度成正比。

光电池的积分灵敏度由光通量为 1lm 所能产生的短路电流决定。硅光电池的灵敏度为 6~8mA/1m，硒光电池的灵敏度为 0.5mA/1m，因而硅光电池的灵敏度比硒高。硅光电池的开路电压在 0.45~0.6V 之间，硒光电池比硅略微高一些。

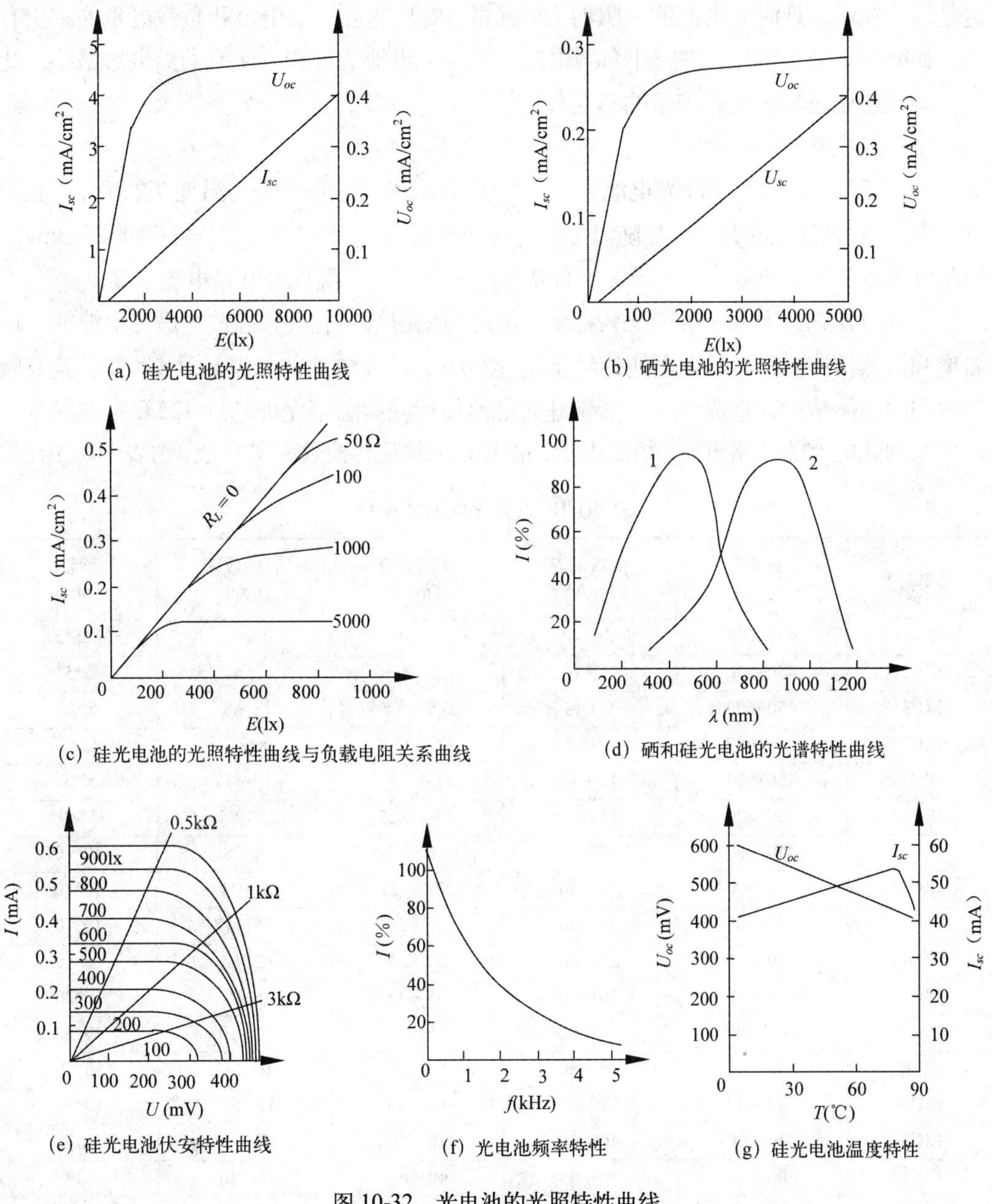


图 10-32　光电池的光照特性曲线

（4）频率特性。

光电池的 PN 结或阻挡层的面积大，极间电容大，因此频率特性较差。图 10-32（f）

中曲线 1 为硒光电池的频率特性，它是在负载电阻为 1MΩ 时绘出的，负载电阻越大，电容的旁路作用越显著，频率特性高频部分的下降越厉害。因此，它不适宜于探测交变光量。硅光电池的频率特性要好一些，如图 10-32（f）中的曲线 2，在光照较强和负载电阻较小的情况下，它的截止频率最高可达 10~30kHz。在光照低时频率特性要变差，这是因为在低照度时光电池的内阻增大的缘故。响应速度与结电容和负载电阻的乘积有关。如欲改变频率特性，需减小负载电阻或减小光电池的面积，使它的结电容减小。此外，响应速度还与少数载流子的寿命和扩散时间等有关。

（5）温度特性。

图 10-32（g）示出了硅光电池的开路电压 $U_{OC}$ 和短路电流 $I_{SC}$ 与温度 $T$ 的关系。由图可以看出，硅光电池的开路电压随温度的升高而降低（温度每升高 1℃，电压下降 2~3mv）。短路电流随着温度升高，开始增大，当温度大于 70℃时，温度升高，电流下降。

光电池在强光光照下性能比较稳定，但还与使用情况有关，应该考虑光电池的工作温度和散热措施。如果硒光电池的结温超过 50℃，硅光电池的结温超过 200℃，就要破坏它们的晶体结构，造成损坏。通常硅光电池使用的结温不允许超过 125℃。

系列光电池的开路电压、短路电流、输出电流以及转换效率等参数，由表 10-1 给出。

表 10-1　系列光电池的参数

| 参量 数值 型号 | 开路电压（mv） | 短路电流（mA） | 输出电流（mA） | 转换效率（%） | 面积（$mm^2$） |
|---|---|---|---|---|---|
| IRC11 | 450~600 | 2－4 | | >6 | 205*5 |
| IRC21 | 450~600 | 4－8 | | >6 | 5*5 |
| IRC31 | 450~600 | 9－15 | 6.5－8.5 | 6－8 | 5*10 |
| IRC32 | 450~600 | 9－15 | 8.6－11.3 | 8－10 | 5*10 |
| IRC33 | 450~600 | 12－15 | 11.4－15 | 10－12 | 5*10 |
| IRC34 | 450~600 | 12－15 | 15－17.5 | 12 以上 | 5*10 |
| IRC41 | 450~600 | 18－30 | 17.6－22.5 | 6－8 | 10*10 |
| IRC42 | 500~600 | 18－30 | 22.5－27 | 8－10 | 10*10 |
| IRC43 | 550~600 | 23－30 | 27－30 | 10－12 | 10*10 |
| IRC44 | 550~600 | 27－30 | 27－35 | 12 以上 | 10*10 |
| IRC51 | 450~600 | 36－60 | 35－45 | 6－8 | 10*20 |
| IRC52 | 500~600 | 36－60 | 45－54 | 8－10 | 10*20 |
| IRC53 | 550~600 | 45－60 | 54－60 | 10－12 | 10*20 |
| IRC54 | 550~600 | 54－60 | 54－60 | 12 以上 | 10*20 |
| IRC61 | 450~600 | 40－65 | 30－40 | 6－8 | φ17 |
| IRC62 | 500~600 | 40－65 | 40－51 | 8－10 | φ17 |
| IRC63 | 550~600 | 51－65 | 51－61 | 10－12 | φ17 |
| IRC64 | 550~600 | 61－65 | 61－65 | 12 以上 | φ17 |
| IRC76 | 450~600 | 72－120 | 54－120 | >6 | 20*20 |
| IRC81 | 450~600 | 88－140 | 66－85 | 6－8 | φ25 |

续

| 参量 数值 型号 | 开路电压（mv） | 短路电流（mA） | 输出电流（mA） | 转换效率（%） | 面积（$mm^2$） |
|---|---|---|---|---|---|
| IRC82 | 500~600 | 88－140 | 86－110 | 8－10 | φ25 |
| IRC83 | 550~600 | 110－140 | 110－132 | 10－12 | φ25 |
| IRC84 | 550~600 | 132－140 | 132－140 | 12 以上 | φ25 |
| IRC91 | 450~600 | 18－30 | 13.5－40 | >6 | 5*20 |
| IRC101 | 450~600 | 173－188 | 130－288 | >6 | φ35 |

【注】① 测试条件：在室温 30℃下，入射辐照度 Ee=100mw/$cm^2$，输出电压为 400mV 下测得。
② 范围：0.4~1.1μm，峰值波长：0.8~0.9μm；响应时间:$10^{-3}$~$10^{-6}$S；使用温度-55℃～+125℃。
③ 2DR 型参量分类均与 ICR 型相同。

## 10.4.7 半导体光电位置敏感器件

半导体光电位置敏感器件（Position Sensitive Detector 简称 PSD）是一种对其感光平面上入射点位置敏感的器件，即当入射光点落在器件感光面的不同位置时，将对应输出不同的电信号，通过对此输出信号的处理，即可确定入射光点在器件感光面上的位置。PSD 可分为一维 PSD 和二维 PSD。一维 PSD 可以测定光电的一维位置坐标，而二维 PSD 可以检测出光点的平面二维位置坐标。

### 10.4.7.1 PSD 的构造及工作原理

PSD 的基本结构仍为一 P-N 结结构，其工作原理是基于横向光电效应，横向光电效应是由肖特基（Schottky）在 1930 年首先发现的。

若有一轻掺杂的 N 型半导体和一重掺杂的 $P^+$型半导体构成 $P^+$N 结，当内部载流子扩散和漂移达到平衡位置时，就建立了一个方向由 N 区指向 P 区的结电场。当有光照射 PN 结时，半导体吸收光子后激发出电子-空穴对，在结电场的作用下使空穴进入 $P^+$区，而使电子进入 N 区，从而产生了结电容，就是一般说的内光电效应。但是，如果入射光仅集中照射在 PN 结光敏面上的某一点 A 点。如图 10-33 所示，则光生电子和空穴亦将集中在 A 点。由于 $P^+$区的掺杂浓度远大于 N 区，因此，进入 $P^+$区的空穴由 A 点迅速扩散到整个 $P^+$区，即 $P^+$区可以近似地为等电位。而由于 N 区的电导率较低，进入 N 区的电子将仍集中在 A 点，从而在 PN 结的横向形成不平衡电势，该不平衡电势将空穴拉回了 N 区，从而在 PN 结横向建立了一个横向电场，这就是横向光电效应。

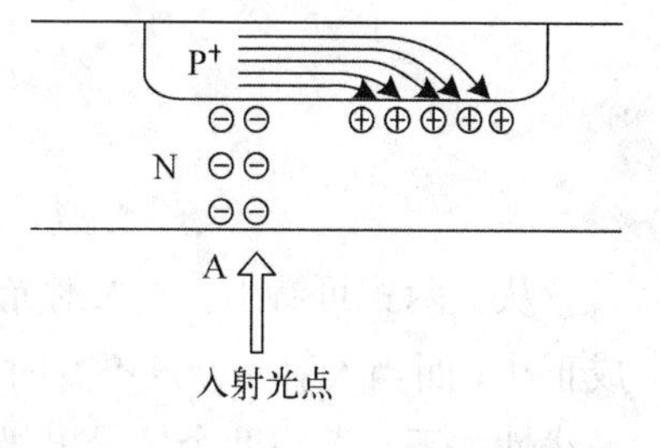

图 10-33　PSD 的横向光电效应

实用的 PSD 为 PIN 三层结构，其截面如图 10-34（a）所示。表面 P 层为感光层，两边各有一信号输出。底层的公共电极是用来加反偏电压的。当入射点照射到 PSD 光敏面上的某一点时，假设产生的光生电流 $I_0$。由于在入射点到信号电极间存在横向电势，若在两个信号电极上接上负载电阻，光电流将分别流向两个信号电极，从而从信号电极

上分别得到光电流 $I_1$ 和 $I_2$。显然，$I_1$ 和 $I_2$ 之和等于总的光生电流 $I_0$，而 $I_1$ 和 $I_2$ 的分流关系取决于入射光点位置到两个信号电极间的等效电阻 $R_1$ 和 $R_2$，如果表 PSD 面层的电阻是均匀的，则 PSD 的等效电阻为图 10-34（b）所示的电路，由于 $R_{sh}$ 很大，而 $C_j$ 很小，故等效电路可简化为图 10-34（c）的形式，其中 $R_1$ 和 $R_2$ 的值取决于入射光点的位置，假设负载电阻 $R_L$ 阻值相当于 $R_1$、$R_2$ 可以忽略，则

$$\frac{I_1}{I_2}=\frac{R_2}{R_1}=\frac{L-x}{L+x} \tag{10-4}$$

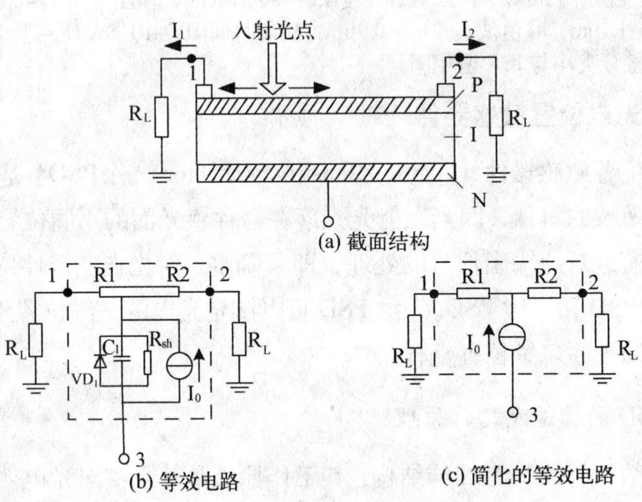


(a) 截面结构　(b) 等效电路　(c) 简化的等效电路

图 10-34　PSD 的结构及等效电路

式中，$L$ 为 PSD 中点到信号电极间的距离；$x$ 为入射光点距 PSD 中点的距离。式（10-4）表明。两个信号电极的输出光电流之比为入射光点到该电极间距离之比的倒数。将 $I_0=I_1+I_2$ 与式中（10-4）联立得

$$I_1=I_0\frac{L-x}{2L} \tag{10-5}$$

$$I_2=I_0\frac{L+x}{2L} \tag{10-6}$$

从上两式可看出，当入射光点位置固定时，PSD 的单个电极输出电流与入射光强度成正比。而当入射光强度不变时，单个电极的输出电流与入射光点距 PSD 中心的距离 $x$ 呈线性关系，若将两个信号电极的输出电流检出后作如下处理

$$P_x=\frac{I_2-I_1}{I_2+I_1}=\frac{x}{L} \tag{10-7}$$

则得到的结果只是与光点的位置坐标 $x$ 有关，而与入射光强度无关，此时，PSD 就成为仅对入射光点位置敏感的器件。$P_x$ 称为一维 PSD 的位置输出信号。

### 10.4.7.2　PSD的种类及特性

PSD可以分为一维PSD和二维PSD两类：

（1）一维PSD。

一维PSD的结构及等效电路如图10-35所示，其中$VD_j$为理想的二极管，$C_j$为结电容、$R_{SK}$为并联电阻，$R_P$为感光层（P层）的等效电阻。一维PSD的输出与入射光点位置之间的关系如图10-36所示，其中$x_1$、$x_2$分别表示信号电极的输出信号（光电流），$x$为入射光点的位置坐标。

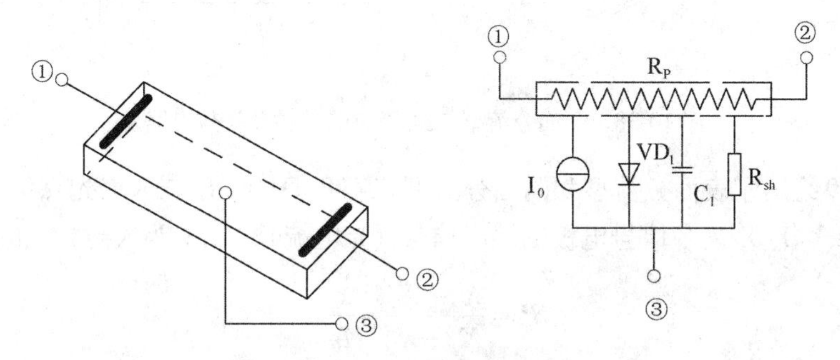


图10-35　一维PSD的结构及等效电路

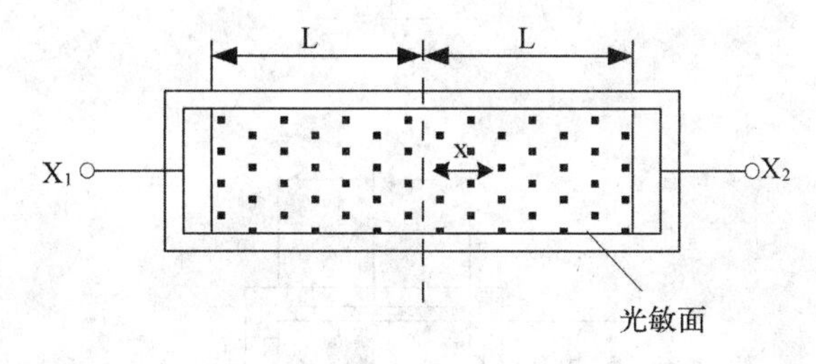


图10-36　一维PSD输出与入射光点位置之间的关系

（2）二维PSD。

二维PSD根据其电极结构的不同又可以分为表面流型PSD和两面分流型PSD。表面分流型二维PSD在感光层表面四周有两对相互垂直的电极，这两对电极在同一平面上，其结构及等效电路如图10-37所示。

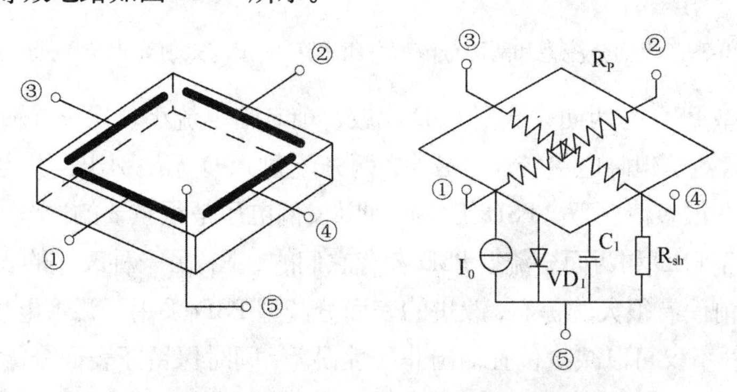


图10-37　表面分流型二维PSD的结构及等效电路

两面分流型 PSD 的两对相互垂直的电极分布在 PSD 的上下两侧，光电流分别在两侧分流流向两对信号电极，其结构及等效电路如图 10-38 所示。

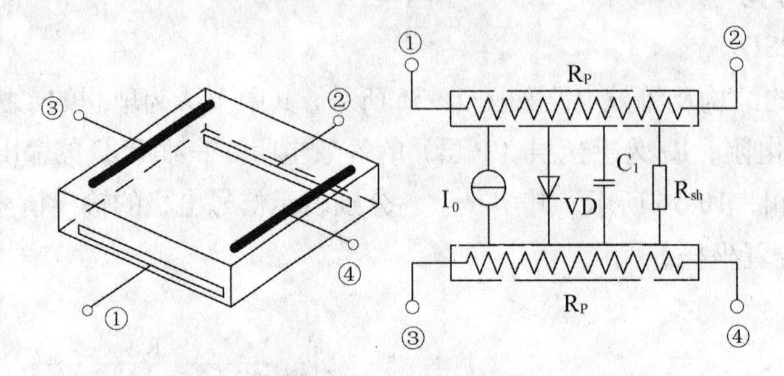


图 10-38　两面分流型二维 PSD 的结构及等效电路

图 10-39 给出了表面分流型和两面分流型二维 PSD 的输出与入射光点位置之间的关系。其中，$X_1$,$X_2$,$Y_1$,$Y_2$ 为各信号电极的输出信号（光电流），$x$ , $y$ 为入射光点的位置坐标。

$$P_x=\frac{X_2-X_1}{X_2+X_1}=\frac{x}{L} \tag{10-8}$$

$$P_y=\frac{Y_2-Y_1}{Y_2+Y_1}=\frac{y}{L} \tag{10-9}$$

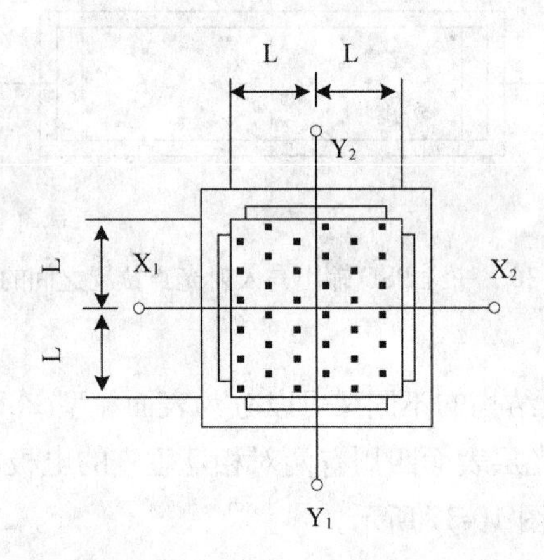


图 10-39　表面分流型和两面分流型二维 PSD 输出与入射光点位置间的关系

表面分流型 PSD 与两面分流型 PSD 比较，前者暗电流小，但位置输出非线性误差大，而后者线性好，但暗电流较大，另外，两分流型 PSD 无法引出公共电极而较难加上反偏电压，而在很多情况下，PSD 工作时加以反偏电压是很重要的。

表面分流型 PSD 和两面分流型 PSD 各有它们的缺陷，另一种改进的表面分流型 PSD 的综合性能比前面有很大的提高，改进的表面分流型 PSD 采用了弧形电极，信号在对角线上引出。这样不仅可以减少位置输出非线性误差，同时保留了表面分流型 PSD 暗电流小，加反偏电压容易的优点。改进的表面分流型的 PSD 结构等效电路如图 10-40 所示，其输出信号与光点位置之间的关系如图 10-41 所示。

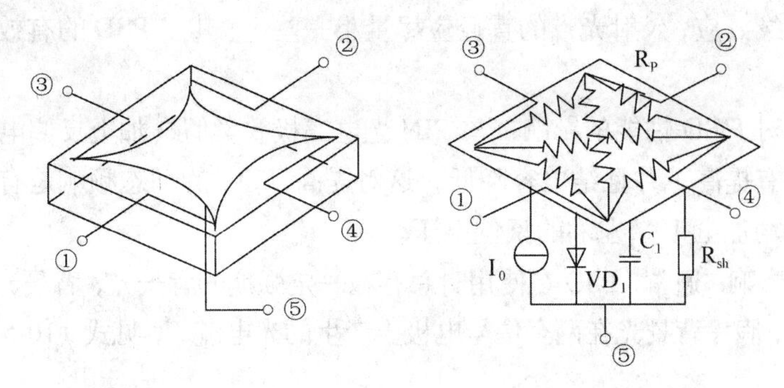


图 10-40　改进的表面分流型二维 PSD 的结构及等效电路

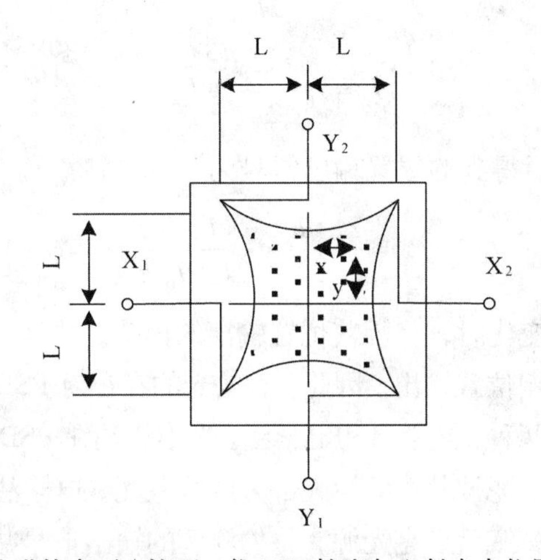


图 10-41　改进的表面分流型二维 PSD 输出与入射光点位置之间的关系

#### 10.4.7.3　使用情况对 PSD 性能的影响

PSD 除了固有的特性以外，使用情况及外加参数亦对其性能有所影响，下面对这些因素作一简单的分析。

**入射光对 PSD 性能的影响：**从理论上讲，入射光点的强度和尺寸大小对位置输出均无关。但当入射光点强度增大时，信号电极的输出光电流亦增大，有利于提高信噪比，从而提高器件的位置分辨率。当然，入射光点强度也不能太大，以免引起器件饱和。此外，在选择光源时，应尽量选用与 PSD 光谱响应有良好匹配的光源，以充分利用光源发出的光能。

根据的 PSD 工作原理，PSD 的位置输出只与入射光点的“重心”位置有关，而与光点尺寸的大小无关，这给 PSD 的使用提供了很大的方便。但当光点位置接近有效感光面边缘时，一部分光就要落到感光面之外，使落在有效感光面内的光点的“重心”位置偏离实际光点的“重心”位置，从而使输出产生误差。光点越靠近边缘，误差就越大。显然，入射光点的尺寸越大，边缘效应就越严重，从而缩小了器件实际可使用的感光面范围。因此，尽管当入射光点全部落在器件有效感光面内时，位置输出与光点大小无关，但为了减少边缘效应，入射光点的直径应尽量小一些，尤其当PSD的有效感光尺寸较小时，更应注意。

**反偏电压对PSD性能的影响**：与PIN光电二极管类似，加上反偏电压后，PSD的感光灵敏度略有提高，并且结电容降低，这对提高 PSD 的动态频响是有利的。因此，PSD在使用时均加上10V左右的反偏电压。

**背景光的影响**：通常，PSD在使用时总存在一定强度的背景光，背景光的存在将会影响器件的性能。假设背景光在两个信号电极上产生的光电流$I'$，见式（10-5）（10-6）变为

$$I_1 = I_0\frac{L-x}{2L} + I' \tag{10-10}$$

$$I_2 = I_0\frac{L+x}{2L} + I' \tag{10-11}$$

经式（10-7）处理后得到的位置输出信号为

$$P_X = \frac{I_2 - I_1}{I_2 + I_1} = \frac{I_0}{2I' + I_0}\frac{x}{L} \tag{10-12}$$

显然，当背景光强变化时，将因其位置输出的误差。并且，当背景光较强时，信号光电强度的变化也将影响位置输出。因此，背景光的存在对PSD的使用是很不利的。消除背景光影响的方法有两种：光学法和电学法。光学法是在PSD感光面上加上一透过波长与信号电源匹配的干涉滤波片，滤掉大部分的背景光。电学法可以检测出信号光源灯灭时的背景光强的大小，然后点亮光源，将检测到的输出信号减去背景光的成分。或者可以将光源以某一固定的频率调制成脉冲光，对输出信号用锁相放大器进行同步检波，滤去背景光成分，再进行式（10-7）的处理，得到位置输出信号。

**使用环境温度的影响**：温度上升会引起器件的暗电流增大，温度每上升1摄氏度，暗电流就要增加1.15倍。暗电流的存在不仅要带来误差和噪声，而且具有类似背景光产生的不利效应。采用光源调制，锁相放大解调的方式同样可以滤去暗电流的影响。

此外，温度变化对PSD的光谱响应灵敏度在长波长时亦有所影响，图10-42是除了光谱灵敏度随温度变化的曲线。

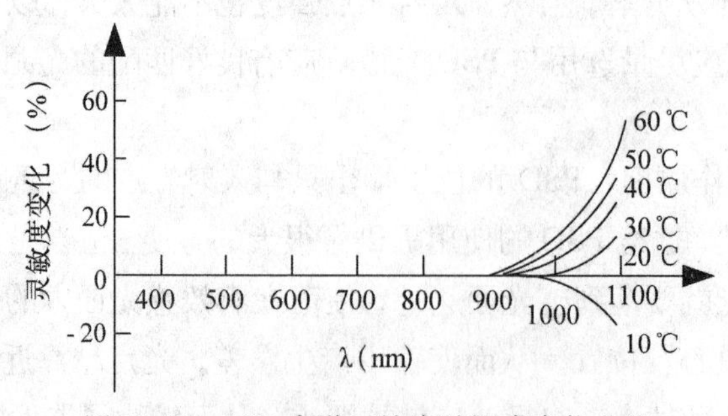


图10-42　PSD光谱灵敏度随温度变化曲线

#### 10.4.7.4　PSD的处理电路设计

图10-43、图10-44、图10-45、图10-46给出了一维PSD及二维PSD的实用信号处理电路。其中每个电路都主要包括前置放大（光电流-电压转换）、加法器、减法器、除法器等几个部分。其中对于两面分流型二维PSD，由于没有公共电极引出，反偏电压是通过底面信号电极加上去的。同时，由于其暗电流较大，所以在处理电路中加入了调零电路。

如果采用脉冲调制光源，则在前置放大电路之后还需加入滤波、检波等电路。

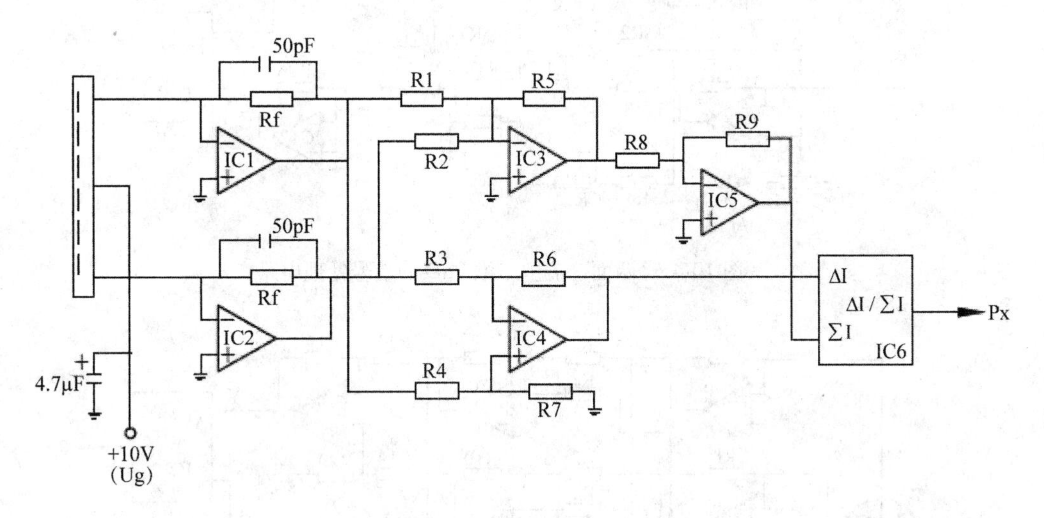


图10-43　一维PSD的信号处理电路

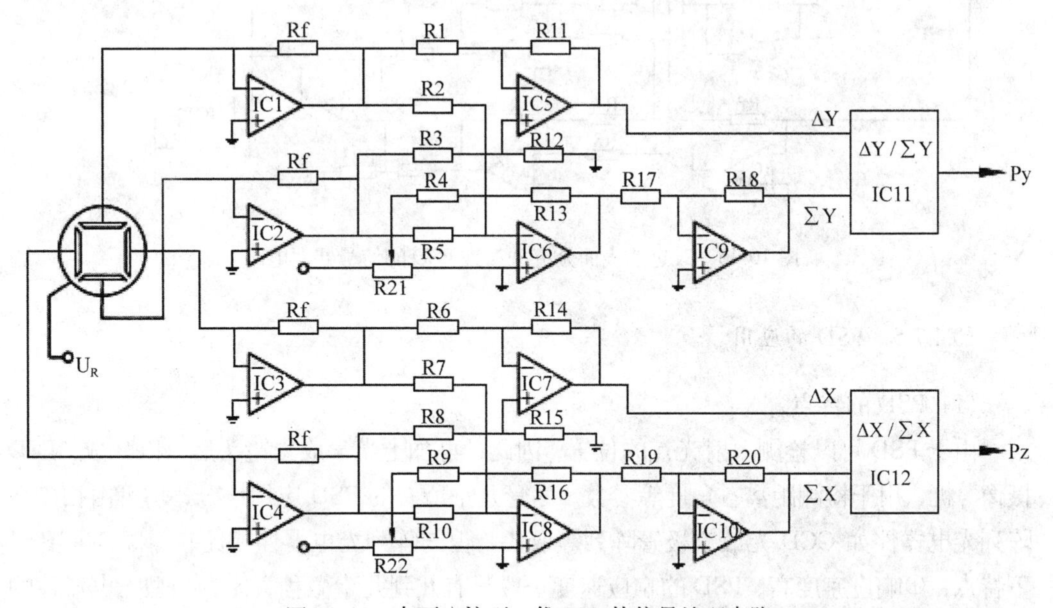


图10-44　表面分流型二维PSD的信号处理电路

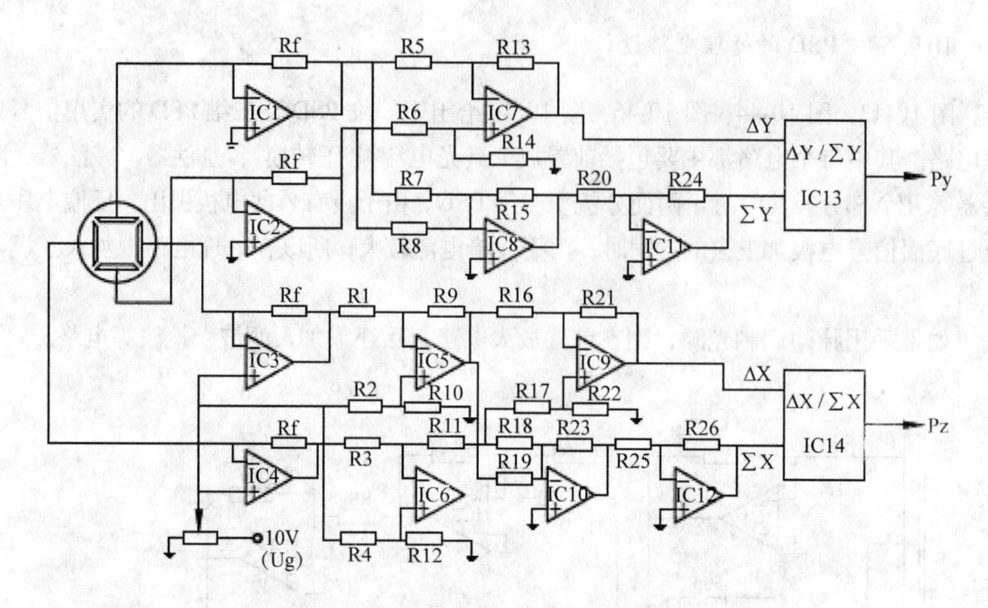


图 10-45　两面分流型二维 PSD 的信号处理电路

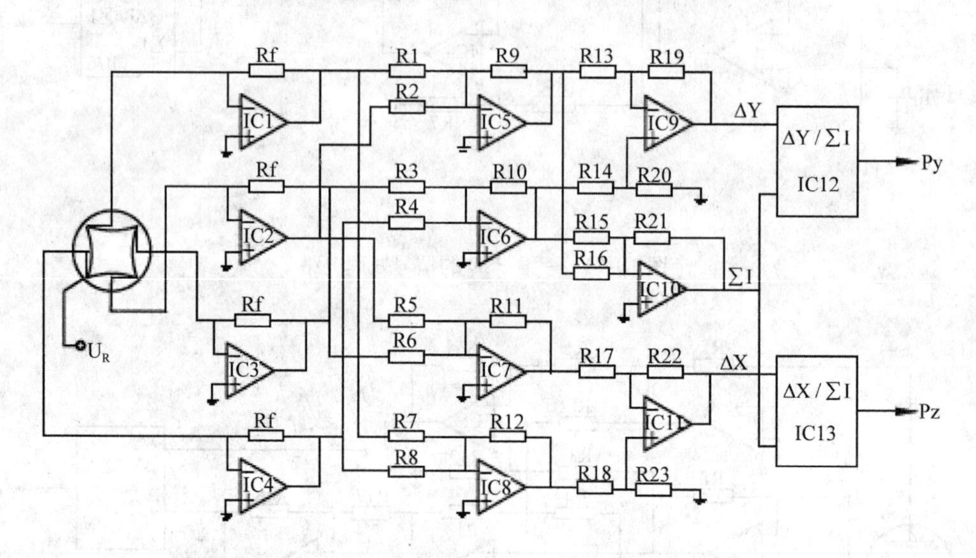


图 10-46　改进的表面分流型二维 PSD 的信号处理电路

10.4.7.5　PSD 的应用

(1) PSD 的特点。

由于 PSD 可以检测入射光点的位置，因此，再加上光学成象镜头后可以构成“PSD 摄像”机，用于检测距离、角度等参数。尽管几乎所有的 PSD 应用场合，均可由扫描型阵列光电器件如 CCD 光敏二极管阵列等取代，但与阵列光电器件相比较，PSD 具有以下特点：①响应速度高。PSD 的响应速度一般只有几到几十微秒，比扫描型光电器件的响应速度要高的多。②位置分辨率高。扫描光电阵列器件的分辨率受到象元尺寸的限制，而PSD为模拟输出，显然更以达到更高的分辨率。③位置输出与光点强度及尺寸无关，只与其重心位置有关。这一特点使得在PSD使用时无需苛求复杂的光学聚焦系统。④可同时检测入射光点的强度及位置。将输出信号进行一定的运算处理后可获得位置输出信号，而将所有信号电极的输出相加后得到与入射光强度成正比的输出。当然光电阵列器件也可以同时完成这两个参数的检测。⑤信号检测方便，价格相对比光电阵列器件要便宜得多。

由于PSD具有上述特点，因此，在许多场合应用，PSD比光电阵列器件更有生命力。

(2) 距离的检测。

应用进PSD行距离的测量是利用了光学三角测距的原理。如图10-47所示，光源发出的光经透镜 $L_1$ 聚焦后投射向待测体，反射光由透镜聚 $L_2$ 焦到一维 PSD 上。若透镜 $L_1$ 和 $L_2$ 的中心距离为 $b$，透镜 $L_2$ 到PSD表面之间的距离（即透镜 $L_2$ 的焦距）为 $f$，聚焦在PSD表面的光点距离透镜 $L_2$ 中心的距离为 $x$，则根据相似三角形的性质，待测距离 $D$ 为

$$D = \frac{bf}{x} \tag{10-13}$$

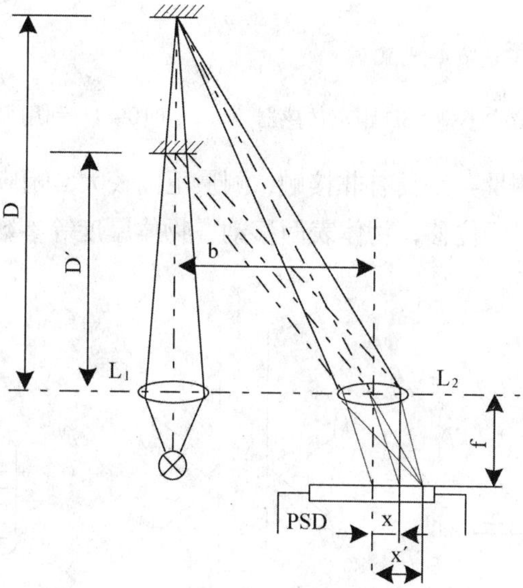

图10-47　PSD测距原理

因此，只要由PSD测出光点位置坐标x值，即可测出待测物体的距离。

通常，为了减少待测表面倾斜等因素引起的误差，实际的PSD测距系统往往在光源的两边对称放置两个一维PSD。但这样的系统有一个缺点，即当待测距离变化范围很小时，$x$ 的变化亦很小。为了保证系统的检测灵敏度和分辨率，必须加大PSD和光源之间的距离 $b$，这样会使探头结构尺寸加大。为了缩小探头的体积，可采用10-48所示的结

构。在透镜前加一圆筒形反射镜面。从待测体表面反射回来的光镜圆筒反射镜反射后仍由透镜成象到光源两侧的两个 PSD 上。如果没有圆筒反射镜，则反射光将成象在虚线所示的 $PSD_2$'处。显然，加上圆筒形反射镜后，探头的尺寸大为减少了。但这种结构有一个缺点，光源发出的光有一部分经反射镜面和透镜散射后会直接射向 PSD，从而造成较大的背景光，影响了检测精度。

另一种小型化的探头结构是采用组合透镜系统，如图 10-49 所示。这种结构在尺寸上比图 10-48 的结构要大一些，但检测精度较之提高。

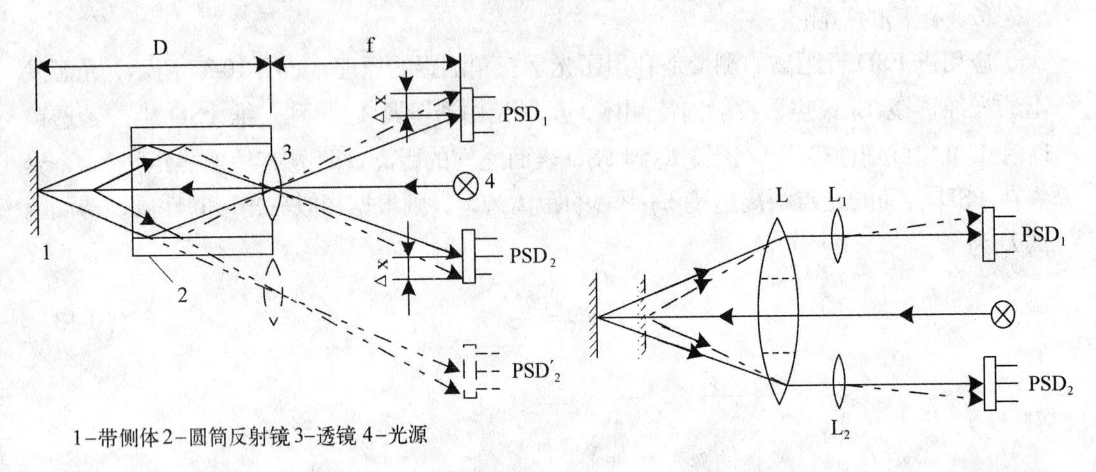


图 10-48　加上圆筒反射镜的小型 PSD 距离传感器　　图 10-49　利用组合透镜的 PSD 距离传感器

PSD 构成的距离测量系统具有非接触、测量范围较大、响应速度较快、精度高等优点，它可以广泛地应用于位移，物体表面移动、物体厚度等参数的检测。图 10-50 示出了几个典型的应用例子。

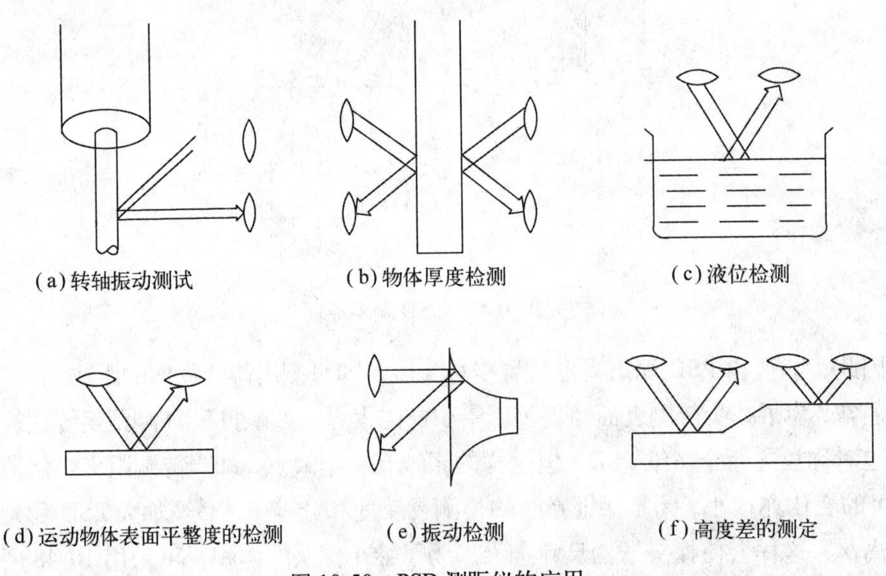


图 10-50　PSD 测距仪的应用

（3）角位移的检测。

利用一维 PSD 可以构成角位移传感器，图 10-51 示出了 PSD 角位移传感器的结构。感受角位移的转轴与一不透光的圆柱形套筒相连，套筒内部装有垂直放置的长条形光源。套筒壁上开有螺旋形的狭槽，套筒外面装有垂直装置的 PSD。套筒内的光透过狭槽成为光点照射到 PSD 上。当转轴带动套筒旋转时，透过狭槽缝口射到 PSD 上的光点沿垂直方向移动。由 PSD 检测出光点的移动距离及方向即可检测出角位移的大小和方向。PSD 角位移传感器具有结构简单、响应速度高等优点。

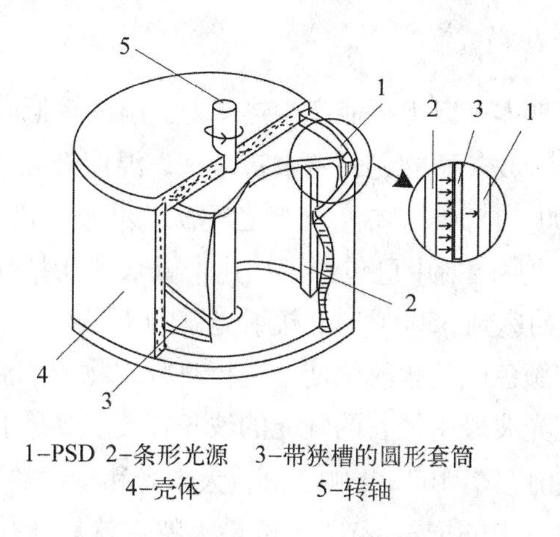


1–PSD 2–条形光源　3–带狭槽的圆形套筒
4–壳体　　　　5–转轴

图 10-51　PSD 角位移传感器的结构

（4）液体浓度的测量。

不同浓度的液体具有不同的折射率，利用该原理可以构成液体浓度的测量系统。图 10-52 示出了采用 PSD 的海水盐分浓度的测量系统。光源发出的 0.85μm 的红外线经光纤导向观察室，再经过盛有标准参比溶液的光室后由反射镜、物镜聚焦到 PSD 表面。当待测海水盐分浓度发生变化时，使其折射率与标准参比溶液的折射率差发生变化，从而使透过光室的光线发生偏转，用 PSD 测出这一偏移量，便可测出海水盐分的浓度。该系统测量范围为 0~0.4%，精度±0.2%。

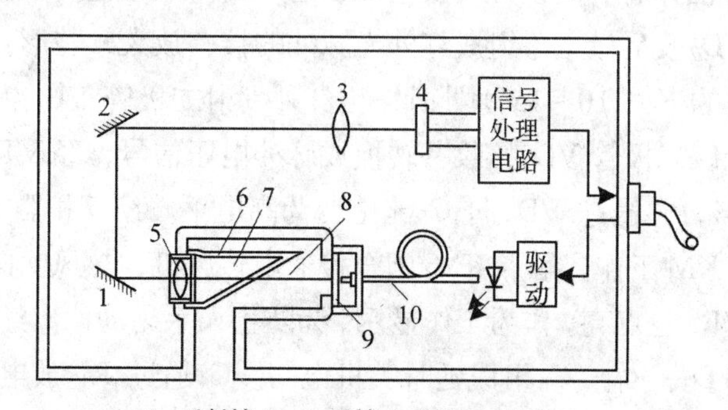


1、2–反射镜 3、5–透镜 4–PSD 6–光室
7–标准参比溶液 8–观察室 9–关窗 10–光纤

图 10-52　海水盐分含量的检测系统

### 10.4.8 红外传感器

凡是存在于自然界的物体，例如人体、火焰甚至于冰都会放射出红外线，只是其发射的红外线的波长不同而已。人体的温度为36～37℃，所放射的红外线波长为9～10μm（属于远红外线区）；加热到400～700℃的物体，其放射出的红外线波长为3～5μm（属于中红外线区）。红外线传感器可以检测到这些物体发射出的红外线，用于测量、成像或控制。

#### 10.4.8.1 红外辐射知识

任何物体在开氏温度零度以上都能产生热辐射。温度较低时，辐射的是不可见的红外光，随着温度的升高，波长短的光开始丰富起来。温度升高到500℃时，开始辐射一部分暗红色的光。从500～1500℃，辐射光颜色逐次为红色→橙色→黄色→蓝色→白色。也就是说，在1500℃时的热辐射中已包含了从几十微米到0.4μm甚至更短波长的连续光谱。如果温度再升高，如达到5500℃时，辐射光谱的上限已超过蓝色、紫色，进入紫外线区域。因此测量光的颜色以及辐射强度，可粗略判定物体的温度。

红外辐射是比可见光波段中最长的红光的波长还要长，介于红光与无线电波微波之间的电磁波，其波长范围在$7\times10^{-7}$～1㎜之间。太阳光和物体的热辐射都包括红外辐射，其波长范围及在电磁波谱中的位置。红外光的最大特点就是具有光热效应，能辐射热量，它是光谱中的最大光热效应区。红外光与所有电磁波一样，具有反射、折射、干涉、吸收等性质。红外光在介质中传播会产生衰减，红外光在金属中传播衰减很大，但红外辐射能透过大部分半导体和一些塑料，大部分液体对红外辐射吸收非常大。气体对他的吸收程度各不相同，大气层对不同波长的红外光存在不同的吸收带。

#### 10.4.8.2 红外传感器应用举例

红外自动干手器是一个用六个反相器CD4096组成的红外控制电路，如图10-53所示。反相器$F_1$、$F_2$，晶体管$VT_1$及红外发射二极管$VL_1$等组成红外光脉冲信号发射电路。红外光敏二极管$VD_2$及后续电路组成红外光脉冲的接、放大、整形、滤波及开关电路。当将手放在干手器的下方10～15㎝处时，由红外发射二极管$VL_1$发射的红外光线经人手反射后被红外光敏二极管$VD_2$接收并转换成脉冲电压信号，经$VT_2$、$VT_3$放大，再经反相器$F_3$、$F_4$整形，并通过$VD_3$向$C_6$充电变为高电平，经反相器$F_5$变为低电平，使$VT_4$导通，继电器KM工作，触点$KM_1$闭合接通电热风机，热风吹向手部。与此同时，红外发射二极管VL5也点亮，作为工作显示。为防止人手晃动偏离红外光线而使电路不能连续工作，由$VD_3$、$R_{12}$、$C_6$组成延时关机电路。$C_6$通过$R_{12}$放电需一段时间，在手晃动时仍保持高电平，使吹热风工作状态不变，延迟时间为3s。

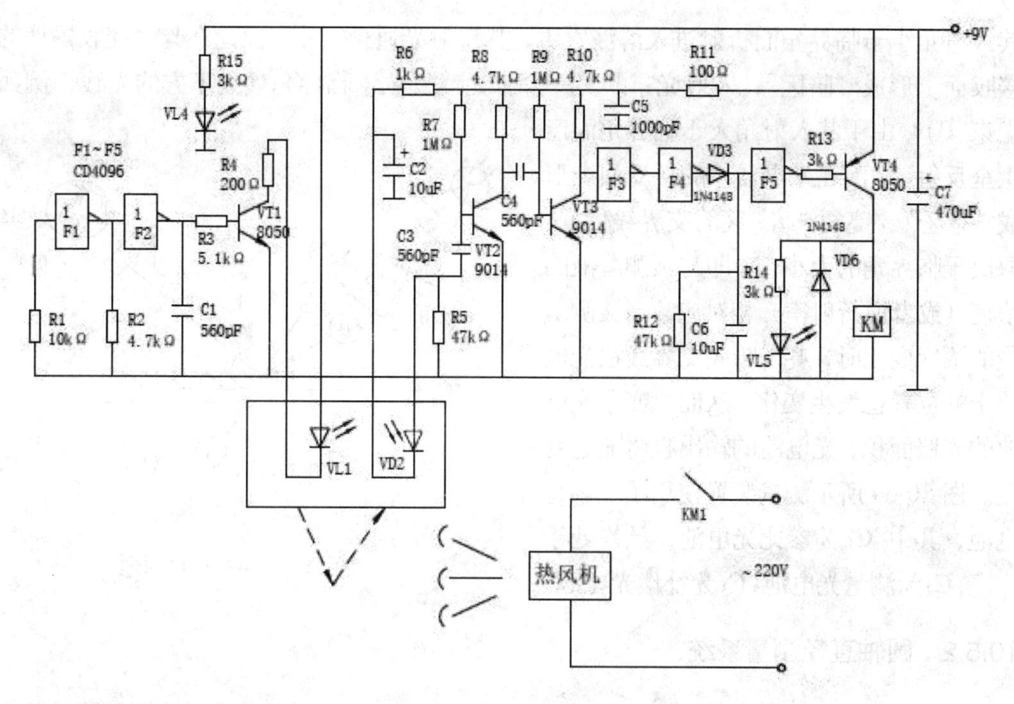


图 10-53　红外自动干手器电路

## 10.5　光电传感器应用举例

光电传感器在工业检测技术中应用非常广泛。下面介绍几种在工业中应用较为广泛的光电传感器。

### 10.5.1　光电折光仪应用

折光仪是根据被测溶液浓度与折射率的关系进行测量的。根据全反射原理，当光线从光密介质（折射率为 $n$）向光疏介质（折射率为 $n' < n$）入射时，随着入射角的增大，反射光线的强度逐渐增强，而折射光线的强度则逐渐减弱。当入射角大于由下式决定的 $\phi_c$ 时，即

$$\phi_C = \sin^{-1}\frac{n'}{n} \tag{10-14}$$

所有入射光在两介质分界面处被全部反射到光密介质，$\phi_c$ 称为临界角。而许多溶液的折射率取决于溶液的浓度，临界角 $\phi_c$ 也就随着溶液浓度的变化而变化。利用测量临界角的方法间接测量溶液浓度的原理如图 10-54 所示。如图从光源 1 发出的光线被透镜 2 准直成平行光束，然后又被透镜 3 聚焦在棱镜 4 与生产溶液（待测浓度的溶液）的交界面上。该入射光束中的一部分光线（位于临界角虚线上方的光线，例如光束 A)，由于

其入射角小于临界角而折射进入溶液之中，其反射光通量很小，因此在光电接收器件的接收面上形成“暗区”；入射光束的另一部分光线（位于临界角虚线下方的光线，例如光束 B），由于其入射角大于临界角而产生全反射，从而在光电器件的接受面上形成“亮区”。“亮”、“暗”区的交界线位置，取决于临界角的大小，亦即与被测溶液的浓度（或者说折射率）相对应。当被测溶液的浓度变化时，亮、暗区交界线在光电池上的位置也发生变化，从而改变了光电池的光照面积，光电池的输出也将随之变化。图 10-54 所示测量装置使用了三块光电池，其中 $C_1$ 为参比光电池，始终处于亮区；$C_2$ 为测量光电池；$C_3$ 为补偿光电池。

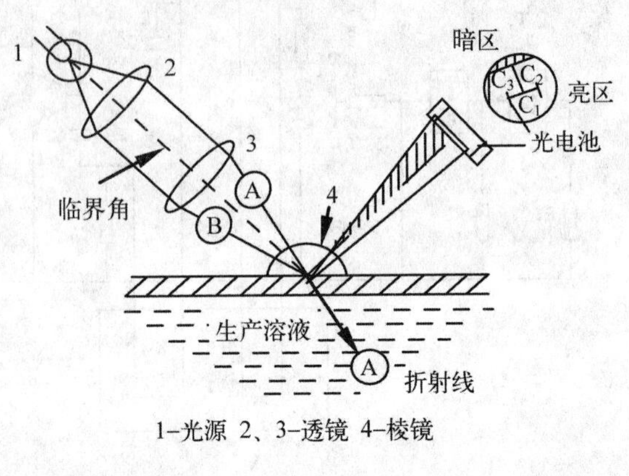


1–光源 2、3–透镜 4–棱镜

图 10-54　光电折射仪原理

### 10.5.2　圆轴直径测量系统

利用投影法测量物体的尺寸如图 10-55（a）所示。图中利用了投影法测量圆轴的直径，光源发出的光经透镜后成为平行光，当待测物体尺寸不同时，使得到达探测器的光强发生变化，根据探测器的输出信号大小，即可测定待测物体的尺寸。图 10-55（b）所示的为两个光源及探测器构成的大尺寸零件的尺寸检测系统。

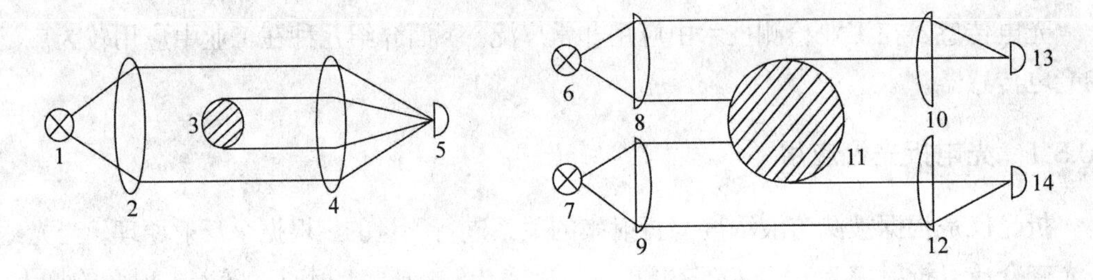


图 10-55　投影法圆轴直径测量系统

### 10.5.3　透明物体厚度的光电检测

根据光的吸收定律：

$$I = I_0 e^{-\alpha d} \tag{10-15}$$

式中，$I$ 为透过物体的单色光强度；$I_0$ 为射到物体上的单色光强度；$d$ 为物体的厚度；$\alpha$ 为光的吸收系数，由物体的性质和投射光的波长决定。

在光源稳定不变和同样种类的被测物体情况下，$I_0$，$\alpha$ 均视为常数，这时 $I$ 与 $d$ 成指数关系。即 I 的变化只与被测物体的厚度有关。透明薄膜厚度检测系统如图 10-56 所示。

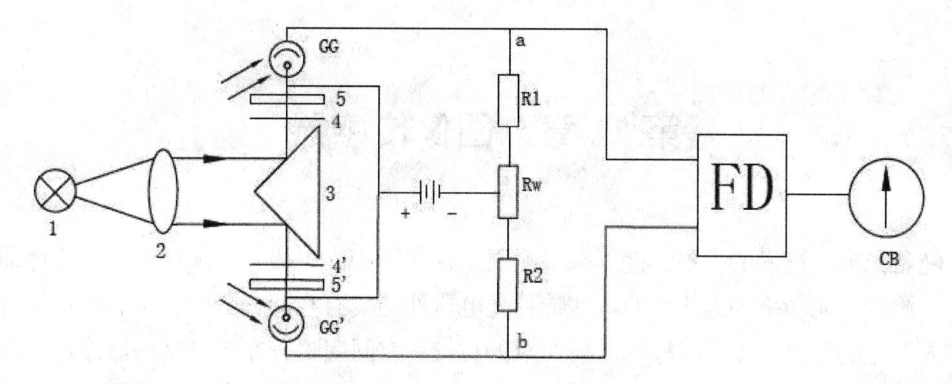


图 10-56　透明薄膜厚度检测系统

光源为紫外光源（因为透明物质对紫外光源的吸收较强，即对紫外线有较强的衰减作用）。图中透过参比薄膜的光强度不变。透过被测薄膜的光强度及光电管 GG'的光电流随薄膜的厚度 4' 的变化转化成电桥对角线 a, b 两端的电压变化。

当 $d_{测}=d_0$时，调整电位器 $R_W \rightarrow U_{ab}=0$；

当 $d>d_0$时，设 a，b 两端输出一个正电压；

则当 $d<d_0$时，设 a，b 两端输出一个负电压。

输出电压的幅度电厚度差的绝对值 $|\triangle d|=|d-d_0|$ 决定。此电压经过输入阻抗较高的放大器 FD 放大后，由测量或记录仪表 CB 显示或记录，从而可测出被测薄膜的厚度。

## 思考题与习题

1. 光电传感器的特点是什么？光电传感器组成是什么？光电传感器检测的范围是什么？

2. 光学系统的作用是什么？光电探测器件的作用是什么？

3. 光电检测技术的主要内容指什么？光电检测技术的应用前景是什么？

4. 光电检测系统的基本组成是什么？

5. 光电检测系统的核心是什么？其作用是什么？

6.检测系统的灵敏度、精度、动态响应由什么决定？

7. 光电检测系统中处理电路主要解决哪两个问题？

8. 光电倍增管的工作原理是什么？

9. 光敏电阻的工作原理是什么？主要参数指什么？基本特性包括哪些？

10. 硅光电池、硒光电池的特点是什么？

11. 分析使用投影法测量物体尺寸的原理。

12. 叙述光电折射仪的工作过程。

13. 叙述透明薄膜厚度检测系统的工作过程。

# 第 11 章　图像传感器

随着光电子技术的发展，近年来又涌现了许多新型光电器件。常规的光电器件通常只能检测辐射光功率的大小，而这些特种光电器件还具有空间分辨的能力，即不仅可以检测入射光的强度，还可以检测入射光点的位置，空间明暗分布等。这些器件在工程检测，机器人视觉，摄像等方面具有重要的用途。本章将着重介绍光电二极管阵列、光电三极管阵列，电荷耦合器件（CCD）的工作原理，CCD 图像及应用。

## 11.1　光电二极管及光电三极管阵列

### 11.1.1　光电二极管阵列的结构和工作原理

光电二极管阵列是重要的图像传感器之一，可以用于自动控制，非接触尺寸检测和传真摄像等方面。所谓光电二极管阵列就是将许多光电二极管以线列或面阵的形式集成在一个芯片上，用来同时检测入射光在各点的光强度，并将转变成电信号。为了取出这些光电信号，需要配上扫描输出和放大等电路，或者用混合集成的方法，将它们组成完整的摄像器件。

光电二极管阵列的工作方式与单个二极管有所不同因为阵列中每个光电二极管的有效面积很小，通常小于 100×100μ ㎡，因此，为了提高探测灵敏度。需要采用所谓的积分方式。电荷的积分是利用光电二极管的自身的结电容，光电信号的取出是通过图 11-1 所示的几步实现的。作为准备，首先闭合开关 $S$，如图 11-1（a），光电二极管处于反偏，电荷储存在耗尽层的结电容上，相当于对结电容反向充电。由于光电流 $I_L$ 及暗电流 $I_d$ 很小，充电过程达到稳定时，PN 结上的电压基本接近电源电压 $U_C$。然后，打开开关 S 图 11-1（b），此时，由于光照产生电子－空穴对而使结电容缓慢放电。电子–空穴对产生的速率与入射光强度成正比，故结电容亦以相同的速率放电。因此，在固定的时间 $\tau$ 内，储存电荷移走的数量 $Q_\tau$ 与入射光强度成正比，这段时间称为光积分时间。光积分结束时，结电容上的电压降为 $U_{C\tau}$，其值为

$$U_{c\tau}=U_c-\frac{Q_\tau}{C_J} \tag{11-1}$$

式中，$C_J$ 为结电容。

光积分结束后，再次合上开关 $S$ 图 11-1（c），二极管再次被充电至 $U_C$，再充电电流流经负载电阻所产生的压降即为光电信号。这种提取光电信号的方法实际上是监视结电容经光照放电后恢复初始条件时所补充的电荷量，故称之为再充电取样法。重复图

11-1（b）、（c）两步，即可不断地从负载电阻上得到光电输出信号，从而使阵列中的每一个光电二极管能连续地进行摄像。图 11-2 给出了结电容上的电压和负载上的输出信号电压随时间变化的曲线。显然，输出信号脉冲峰值为

$$U_{R\max} = U_C - U_{c\tau} = Q_\tau / C_J \quad (11\text{-}2)$$

当积分时间固定时，Qτ 与入射光通量成正比，故输出脉冲峰值亦与入射光通量成正比。

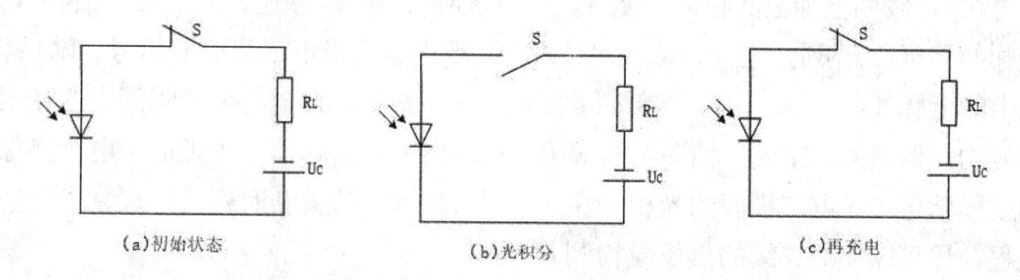


图 11-1　光电二极管阵列的工作原理

在实际的光电二极管阵列中，开关采用 MOS 场效应管，在其栅极加上时钟脉冲，就可以控制其导通或截止。由于 MOS 场效应晶体管的结电容和导通电阻的影响，实际的输出脉冲信号峰值电压比式（11-2）给出的值略小。

再充电提取光电信号的另一种方法是直接检测光电二极管结电容上的电压，其单元电路如图 11-3 所示，这里，采用了与反馈电容 $C_f$ 相并联的电荷积分放大器代替了负载电阻。当 MOS 管 V 导通时，输出端通过放大器对光电二极管再充电，根据反相放大器的原理，放大器的输出电压为

$$u_0 = \frac{Q_\tau}{C_f} = u_{CD} \quad (11\text{-}3)$$

式中，$U_{CD}$ 为光电二极管结电容上的电压。

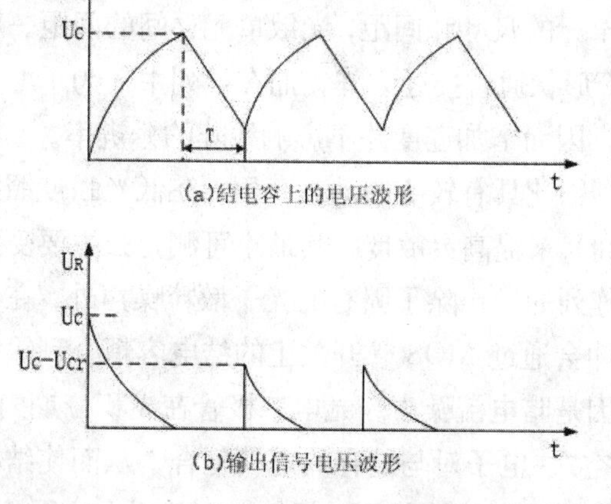


图 11-2　光电二极管阵列的输出信号

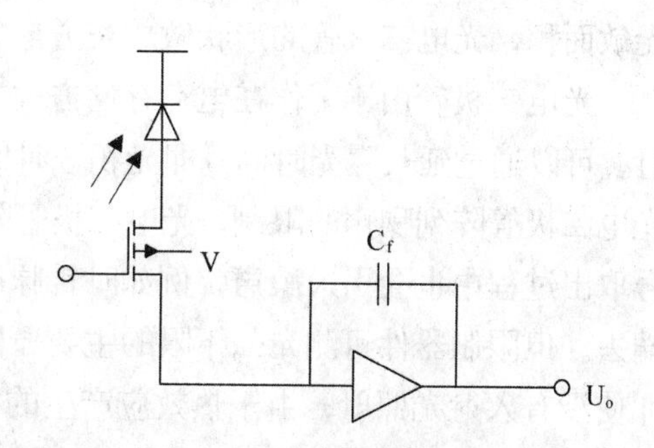


图 11-3　光电二极管阵列的信号检测单元电路

当然，这里忽略了 MOS 管的内阻和放大器输入端的分布电容的影响。一个光电二极管阵列中包含有多到数千个光电二极管，因此，在应用中，必须以一定次序将各个光电二极管的光电信号逐一取出来，这就是扫描输出。图 11-4 示出了面阵器件扫描输出结构的一个例子。以一定的时序分别在各 $X$ 线和 $Y$ 线上加上低脉冲，分别选通 $X$ 线和 $Y$ 线上的 MOS 管开关，就可以逐一将各光电二极管的信号取出。例如，要对 $X_m$ 行、$Y_n$ 列上的光电二极管进行信号读取，可先在 $X_m$ 行线上加上低脉冲，使该行的 MOS 管 $V_2$ 导通，再在 $Y_n$ 线列上加上低脉冲，使 $Y_n$ 列上的 MOS 管 $V_1$ 导通，读取信号后将 $Y_n$ 列上的低脉冲移至 $Y_{n+1}$ 列。这样，依次可读取 $X_m$ 行上所有光电二极管的信号，随后将 $X_m$ 行线上的低脉冲移至 $X_{m+1}$ 行，继续读取下一行的信号，直至将整个阵列中的光电二极管信号均读取出来，完成一帧图像的输出。从输出端得到的信号为类似于电视摄像机输出的视频信号。光电二极管的光积分在 $X$ 线上的 MOS 管关断时进行。反复进行上述扫描过程，尽可以完成连续的摄像或检测。

用于驱动 MOS 管的行脉冲和列脉冲时序，如图 11-5 所示，这些时钟脉冲通常由移位寄存器提供。

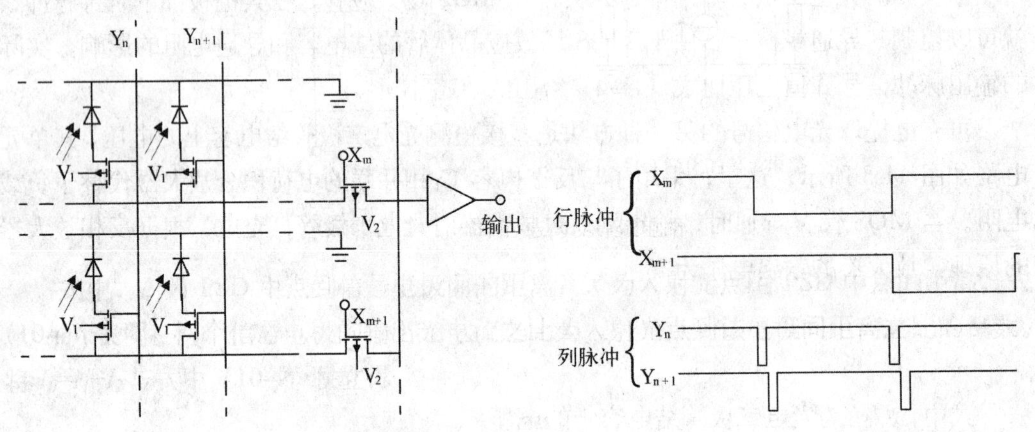


图 11-4　二维面阵光电二极管的扫描输出结构　　图 11-5　行线和列线上的扫描脉冲波形

光电二极管阵列的图像分辨率于光敏单元的尺寸和间距，光敏单元之间的间距一般在 2.5~12.5μm 之间。面阵中的光电二极管形状通常接近方阵，而在线列中，为了增大光敏面积，光电二极管的形状做成长方形，因而增加宽度并不影响线阵的分辨率。

光电二极管由于工作在电荷存储方式，因此具有较宽的动态范围，在低光强度照射时，可以通过延长曝光时间（即光积分时间）来提高灵敏度。其最小可测光强主要受到光电二极管阵列噪声的限制。光电二极管阵列的噪声除了固有的光子散粒噪声外，在信号取出过程中也会引入噪声，例如时钟脉冲会通过 MOS 管开关上的结电容耦合到输出端去。但限制器件可测光强下限的主要原因是暗电流噪声。光电二极管在光积分期内，即使没有入射光照射，由于热效应产生的空穴–电子对与储存的电荷复合，从而使结电容缓慢地放电。这种电流称为暗电流。显然，暗电流随积分时间的增加而增大。因此，当入射光很微弱时，如果积分时间过长，信号将会被暗电流所淹没。

暗电流与光电二极管的尺寸、偏压、硅的体内特性和生产工艺有关。暗电流随光电二极管周长的变化比随光电二极管面积的变化强烈得多，而信号光电流与面积成正比，所以随着光电二极管面积的缩小，信号电流比暗电流减小得更快，即信号电流与暗电流之比随着光电二极管的面积缩小而变差，因而尺寸小的光电二极管阵列的低光强检测能力也相应降低。另外，降低温度是降低暗电流的一种有效的办法，温度每降低 10°C，暗电流大约可降低一半。

光电二极管阵列的可测光强上限取决于器件允许使用的最高时钟频率。最高时钟频率也确定了器件的最短积分时间。如果在器件最短可用积分时间内，由于入射光照过强，使光电二极管的结电容完全放电，这就称为绝对饱和。

对于固定的积分时间来说，光电二极管阵列的动态范围取决于噪声电和饱和电平之比。在充电取样的典型的范围为 $10^2$，即 40dB。如果积分时间随入射光强度不同而改变，则达到极限值之间的动态范围可达 $10^3$~$10^6$，即 60~120dB.

### 11.1.2　光电三极管阵列的结构及工作原理

光电三极管亦可工作于电荷储存模式，与光电二极管一样，可集成在一起组成阵列，与之类似，光电三极管阵列也需要有驱动取样电路来读取光电信号。

普通光电三极管工作于积分模式时的工作电路及电压波形如图 11-6 所示，其工作原理为：当取样脉冲加到集电极时，对 BC 结势垒电容 $C_{BC}$ 充电。当脉冲过去时，集电极为低电平，充在 $C_{BC}$ 上的电荷将与 $C_{BE}$ 分摊，使两个 PN 结均处于反偏。在电荷作此再分布时，将有电流流过负载 $R_L$，故在输出端出现了一个小的负脉冲。此时，如果有光照射，因两个 PN 结都处于反偏，B、C 结上的光电二极管产生的光生载流子，将使两个电容放电，所放的电量正比于光生电流对时间的积分。这段时间称为积分时间。当下一个取样脉冲到来，给 $C_{BC}$ 再充电时，在 $R_L$ 两端将输出一脉冲信号，信号的幅度正比于 $C_{BC}$ 上所放掉的电荷总量，该电荷总量包括由光生电流 $C_{BC}$ 放掉的电荷量、$C_{BC}$ 分摊给 $C_{BE}$ 的电荷量及反向 PN 结的漏电流（或称暗电流）引起的放电电荷。

与一般的晶体管集成电路的工艺一样，但发射机光电三极管阵列需作隔离扩散，工序较多，成品率及集成均受限制。另一种结构的光电三极管阵列称为双发射光电三极管阵列，这种阵列的特点在于不需要隔离扩散，工艺简单，因而集成度和成品率可以进一步提高。此外，这种结构还减少了寄生电容。

双发射极光电三极管的单元电路及工作原理示于图 11-7 中，当 $E_2$ 加上读出斜脉冲时，可以在 $E_1$ 上将信号读出。在分析时，把 $E_2$、B 结看成一个电容，当 $U_{E2}$ 电位发生瞬变时，B 的电位随着增减，$E_2$B 结的电容起着耦合电容的作用。

当 $U_{E2}$ 从 $t_1$ 的值降到 $t_2$ 的零值时，$E_2$B 结的电容使 B 的电位也随之下降同样的幅度。此时，B 的电位变成负值，在 $t_2$ 到 $t_3$ 这段时间，由于光照，产生的光电载流子将使基区

(P 区)的电位升高。换言之，在读出终了时已对各结电容进行了充电，在 $t_2$时均为反偏。在 $t_2$~$t_3$期间内光照产生的电流不断使结电容放电，这段时间即为积分时间。从 $t_3$起又开始读出，B 的电位随 $U_{E2}$上升而上升。从 $t_3$到电位上升到零的时间称为延时时间 $t_d$，当 BE 结变为正向偏压时，便有一信号输出。到 $t_4$时，B 的电位最高，输出信号达到峰值，此后随电流的输出，B 电位下降，最后当电流降到零时，B 电位也降到零，同时完成再充电。

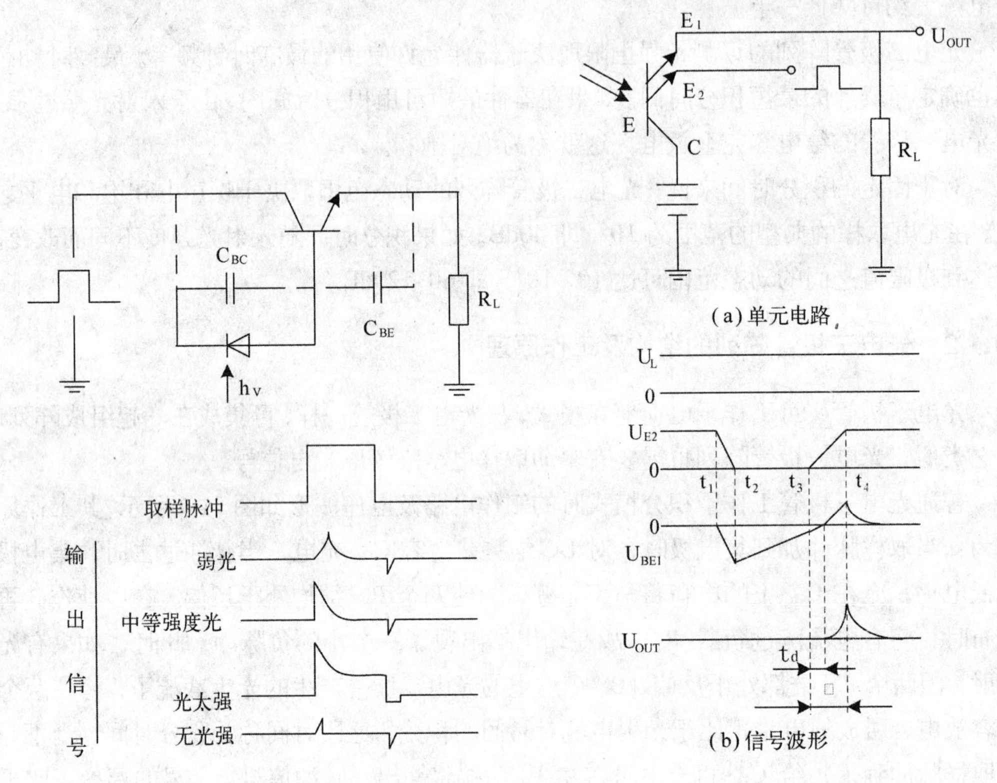


图 11-6　光电三极管的积分工作模式

图 11-7　双发射结光电三极管阵列单元电路及工作原理

当照射光很强或积分时间太长时，使 B 电位在 $t_3$之前升到零，这种情况称为饱和状态，此时 $t_d$ 等于零，输出信号也达到了饱和值。积分期间可释放的电荷量为 $t=t_1$时，$BE_2$ 结所储存的电荷 $Q_P$，其饱和值为 $Q_{PS}$

$$Q_{ps}=C_{E2}\,U_{E2} \tag{11-4}$$

当 $Q_P<Q_{PS}$时，输出信号的峰值可近似表示为

$$U_P=\frac{Q_P}{C_{E2}+C_C}-U_D \tag{11-5}$$

式中，$U_D$约等于 $0.7V$。

输出信号的大小主要由 $E_2$上所充的电荷量所决定，图 11-8 为饱和输出信号峰值 $U_{PS}$

与激励斜脉冲上升时间 $\tau$ 的关系曲线，它以光电三极管的放大倍数 $\beta_0$ 为变量。由图可见，在陡的阶跃脉冲驱动下，$U_{PS}$ 随 $\beta_0$ 的增加而增加，但很快趋于饱和，所以，工作在积分模式的阵列与普通的光电三极管不一样，它并不需大的 $\beta_0$ 来增加灵敏度，而是靠提高量子效率来增加灵敏度。显然，$E_2$ 面积大，$C_{E2}$ 也大，$Q_{PS}$ 就大，输出信号的饱和值就大。因此，若需求光电三极管阵列有大的动态范围，应将 $E_2$ 的面积做大一些。

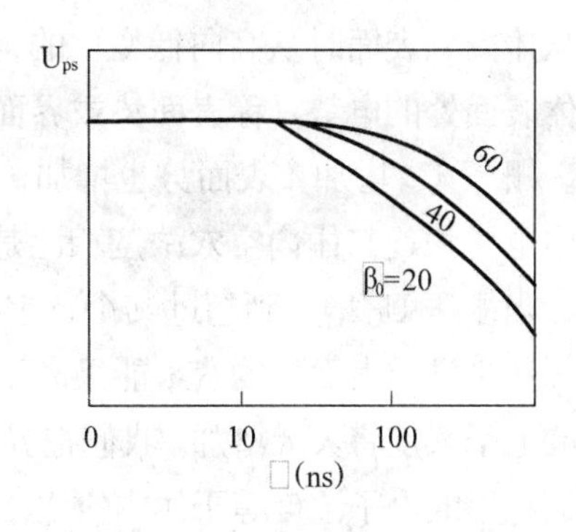


图 11-8　饱和信号峰值电压 $U_{PS}$ 与 t 的关系

## 11.2　电荷耦合器件及图像传感器

电荷耦合器件（简称 CCD）的发明始于 1969 年，在其后几年中发展迅速，并得到了广泛的应用。CCD 并不是一种新发明的器件，它可以说是电 MOS 容器的一种新的说法。在适当次序的时钟控制下，CCD 能够使电荷量有控制地穿过半导体的衬底而实现电荷的转移。利用这个机理便可实现多种的电子功能，在作为光敏器件是可用于图像的传感，即成为固体摄像器件。此外 CCD，还可作为信息处理和信息存储器件。

### 11.2.1　电荷耦合器件的工作原理及结构

#### 11.2.1.1　金属-氧化物-半导体材料（MOS）电容

CCD 是由按照一定规律排列的 MOS 电容阵列组成的。其中金属为 MOS 结构上的电极，称为“栅极”（此栅极材料不使用金属而使用能够透过一定波长范围的光的多晶硅薄膜）。半导体作为底电极，俗称“衬底”。两电极之间夹一层绝缘体，构成电容，如图 11-9 所示，这种电容器具有一般电容器所没有的一些特性，MOS 的工作原理就是基于这些特性。因此，在介绍的 MOS 工作原理之前，先简单介绍一下 MOS 电容的特性。

当 MOS 电容的极板上无外加电压时，在理想情况下，半导体从体内到表面处处是电中性的，因而能带（代表电子的能量）从表面到内部是平的，这就是平带条件。所谓理想情况主要是忽略氧化层中的电荷及界面态电荷（一般均为正电荷），且三层之间没有电荷交换。图 11-10(a)为平带条件下的能带图。

若在金属电极上相对于半导体加上正电压 $U_G$，当 $U_G$ 较小时，P 型半导体表面的多数截流子空穴受到金属中正电荷的排斥、从而离开表面而留下电离的受主杂质离子，在半导体表面层中形成带负电荷的耗尽层。此时，称 MOS 电容器处于耗尽状态。由于半导体内电位相对于金属为负，在半导体内部的电子能量高。因此，在耗尽层中电子的能量从体内到表面时从高向低变化的，能量呈弯曲形状，如图 11-10(b)所示。由于此时半导体表面处的电势（称表面势或界面势）比内部高，故若附近有电子存在，将移向表面处。栅压 $U_G$ 增加，表面势也增加，表面积聚的电子浓度也增加。但在耗尽状态，耗尽区中电子浓度与体内空穴浓度相比是可以忽略不计的。

当栅压 $U_G$ 增大到超过某个特定电压 $U_{th}$ 时，表面势进一步增加，能带进一步向下弯曲，使半导体表面处的费米能级高于禁带中央能级,见图 11-10(c)。此时，半导体表面聚焦的电子浓度将大大增加。我们把界面上的电子层称为反型层。特定电压 $U_{th}$ 是指半导体表面积累的电子浓度等于体内空穴浓度时的栅压，通常把 $U_{th}$ 称为 MOS 管的开启电压。

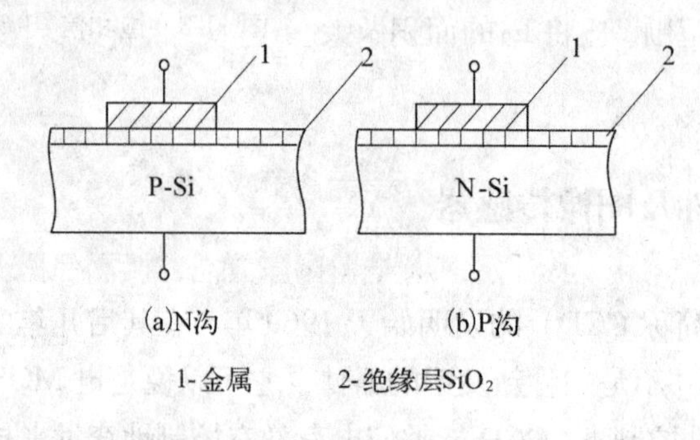


图 11-9　MOS 电容的结构

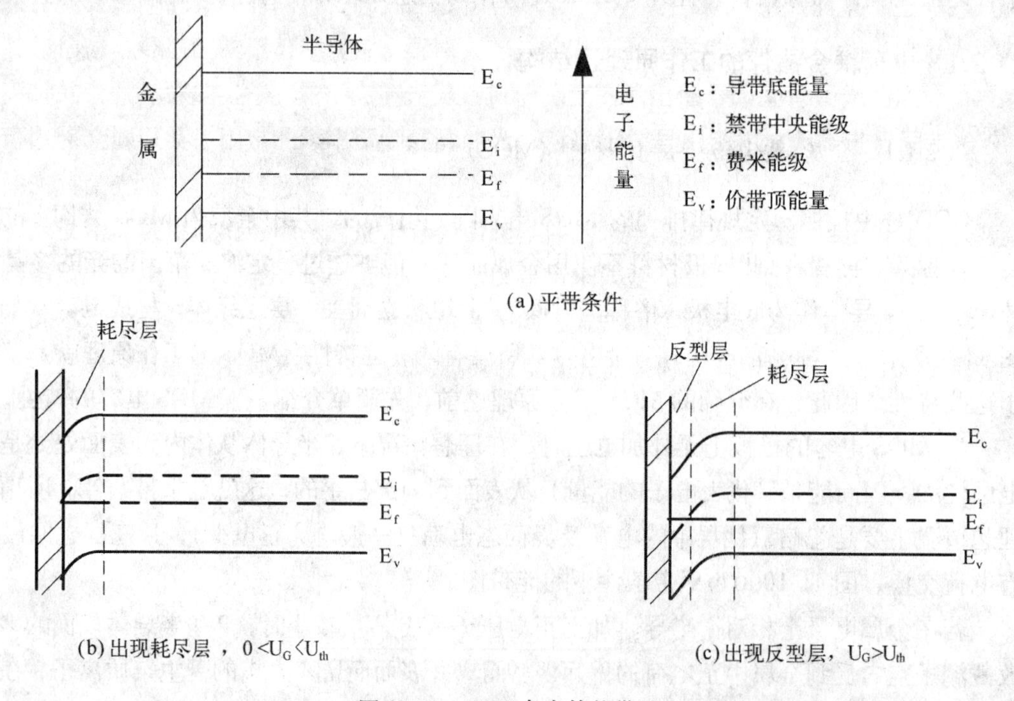


图 11-10　MOS 电容的能带图

从上面的分析可知，当MOS电容器栅压$U_G$大于开启电压$U_{th}$时，由于表面势升高，如果周围存在电子，将迅速地积聚到电极下的半导体表面处。由于电子在那里的势能较低，我们可以形象地说，半导体表面形成了对于电子的势阱。习惯上，可以把势阱想象成为一个容器，把聚焦在里面的电子想象成容器中的液体，如图 11-11 所示。势阱积累电子的容量取决于势阱的“深度”，而表面势的大小近似于外加栅压$U_G$成正比。

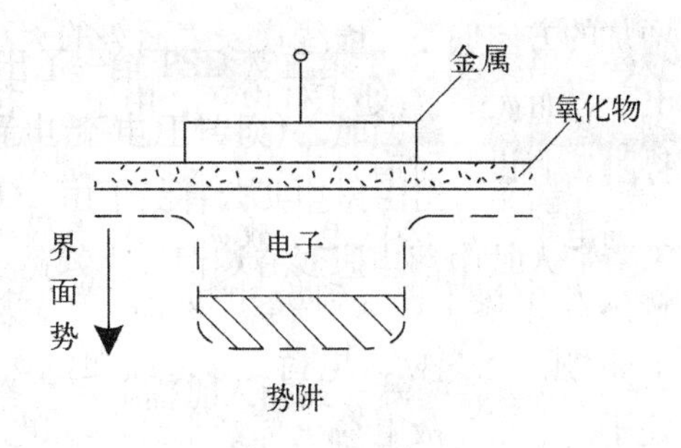


图 11-11　有信号电荷的势阱

如果在形成势阱时，没有外来的信号电荷，则势阱中或势阱附近由于热效应产生的电子将积聚到势阱中，逐渐填满势阱。通常，这个过程是非常缓慢的。因此，如果加上阶跃的栅压$U_G>U_{th}$，则在短期内，如果没有外来的电子充填，半导体就处于非平衡状态。此时称为深耗尽。上面提到的势阱就是指深耗尽条件下的表面上势。所谓的势阱填满，是指电子在半导体表面堆积后使表面势下降。

#### 11.2.1.2　电荷耦合器件CCD的工作原理

(1) 电荷的定向移动：CCD的基本功能是具有存储与转移信息电荷的能力，故又称它为动态移位寄存器。为了实现信号电荷的位移，首先必须使 MOS 电容阵列的排列足够紧密，以致相邻MOS电容的势阱相互沟通，即相互耦合。通常相邻的MOS电容电极间隙必须小于 3μm，甚至小至 0.2μm以下。其次根据加在MOS电容上的电压愈高，产生的势阱愈深的原理。通过控制相邻 MOS 电容栅极电压高低来调节势阱深浅，使信号电荷由势阱浅的地方流向势阱深处。还必须指出在 CCD 中电荷的转移必须按照确定的方向。为此，在MOS阵列上所加的各路电压脉冲、时钟脉冲，必须严格满足相位要求，使得在任何时刻势阱的变化总是朝着一个方向。例如，电荷是向右转移，则任何时刻，当存在信号的势阱抬起时，在它右边的势阱总比它左边的深，这样就保证了电荷始终朝向右边转移。

为了实现这种定向转移，在 CCD的MOS阵列上划分以及各相邻的MOS电荷唯一单元的无限循环结构。每一单元为一位，将每一位中对应位置上的电容栅极分别连到各自共同电极上，此共同电极称为相线。例如把 MOS 线列电容划分为相邻的三个为一单位，其中第 1、4、7…等电容的栅极连接到同一根相线上，第 2、5、8…连接到第二根共同相线，第 3、6、9…则连接到第三根共同相线。显然，一位 CCD 中包含的电容个数即为的 CCD 相数。每相电极连接的电容个数一般来说即为 CCD 的位数。通常 CCD 有二相、三相、四相等几种结构，它们所施加的时钟脉冲的相位差分别为 120°及 90°。当这种时序脉冲加到 CCD的无限循环结构上时，将实现信号电荷的定向转移。

图 11-12 所示为三相 CCD 中的两位。如果在每一位的三个电极都加上图 11-12(a)所

示的脉冲电压，则可以实现电荷的转移。其工作过程如图 11-12(b)所示。图中取表面势增加的方向向下，虚线代表表面势的大小，斜线部分表示电荷包。在 $t=t_1$ 时，$\phi_1$ 处于高电平，而 $\phi_2$、$\phi_3$ 处于低电平，由于 $\phi_1$ 电极上的栅压大于开启电压，故在 $\phi_1$ 电极上形成势阱，假设此时有外来电荷注入，则电荷将积聚到 $\phi_1$ 电极下。当 $t=t_2$ 时，$\phi_1$、$\phi_2$ 同时为高电平，$\phi_3$ 为低电平故 $\phi_1$、$\phi_2$ 电极下都形成势阱，由于两个电极都靠的很近，电荷就从 $\phi_1$ 电极下耦合到 $\phi_2$ 电极下。当 $t=t_3$ 时，$\phi_1$ 上的栅极小于 $\phi_2$ 上的栅压，故 $\phi_1$ 电极下的势阱变“浅”，电荷更多地流向电 $\phi_2$ 极下。当 $t=t_4$ 时，$\phi_1$、$\phi_2$ 都为低电平，只有 $\phi_2$ 处于高电平，故电荷全部聚集到 $\phi_2$ 的电极下，实现了电荷从电极 $\phi_1$ 到 $\phi_2$ 下的转移，经过同样的过程，因此，在 CCD 时钟脉冲的控制下，势阱的位置可以定向移动，信号电荷也就随之转移，CCD 就是这样工作的。

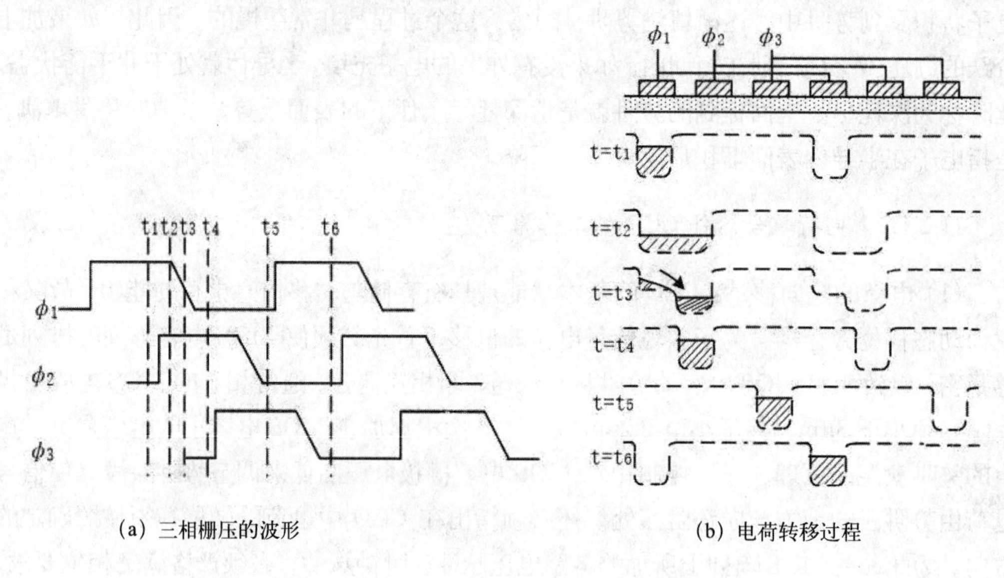


(a) 三相栅压的波形　　(b) 电荷转移过程

图 11-12　CCD 的工作原理

在 CCD 中电荷的转移，除了有上述的确定方向外，还必须沿着确定的路线。电荷转移的通道称为沟道。有 N 沟道和 P 沟道。N 沟道的信号电荷为电子，P 沟道的信息为空穴；前者的时钟脉冲为正极性，后者为负极性。由于空穴的迁徙率低，所以 P 沟道 CCD 不大被采用。

(2) 电荷的注入：CCD 中的信号电荷可以通过光注入和电注入两种方式得到。CCD 在用作图像传感时，信号电荷由光生载流子得到，即光注入。当光照射半导体时，如果光子的能量大于半导体的禁带宽度，则光子被吸收后会产生电子-空穴对，当 CCD 的电极加有栅压时，由光照产生的电子被收集在电极下的势阱中，而空穴被赶出衬底。电极下收集的电荷大小取决于照射光的强度和照射的时间。CCD 在用作信号处理或存储器件时，电荷输入采用电注入。所谓电注入就是 CCD 通过输入结构对信号电压或电流进行采样，将信号电压或电流转换为信号电荷。常用的输入结构是采用一个输入二极管、一个或几个控制输入栅来实现电输入。

（3）电荷的检测-信号输出结构：CCD 的输出结构的作用是将 CCD 中的信号电荷变成电流或电压输出，以检测信号电荷的大小。图 11-13(a)所示的为一种简单的输出结构，它由输出栅 $G_0$、输出反偏二极管、复位管 $V_1$ 和输出跟随器 $V_2$ 组成，这些元器件均集成在 CCD 芯片上。$V_1$、$V_2$ 为 MOS 场效应管晶体管。其中 MOS 管的栅电容起到对电荷积分的作用。该电容的工作原理是这样的：当在复位管栅极上加一正脉冲时，$V_1$ 导通，其漏极直流偏压 $U_{RD}$ 点。当 $V_1$ 截止后，$\phi_3$ 变为低电平时，信号电荷被送到 A 点的电容上，使 A 点的电位降低。输出栅 $G_0$ 上可以加上直流偏压，以使电荷通过。A 点的电压变化可以从跟随器 $V_2$ 的源极测出。A 点的电压变化量 $\Delta U_A$ 与输 CCD 出的电荷量的关系为

$$\Delta U_A = \frac{Q}{C_A} \tag{11-6}$$

式中,$C_A$ 为 A 点的等效电容，为 MOS 管电容和输出二极管电容之和；$Q$ 为输出电荷量。

由于 MOS 管 $V_2$ 为源极跟随器，其电压增益为

$$A_U = \frac{g_m R_S}{1 - g_m R_s} \tag{11-7}$$

式中,$g_m$ 为 MOS 场效应晶体管 $V_2$ 的跨导。故输出信号与电荷量的关系为

$$\Delta U = \frac{Q}{C_A} . \frac{g_m . R_S}{1 + g_m R_S} \tag{11-8}$$

若要检测下一个电荷包，则必须在复位管 $V_1$ 的栅极再加一正脉冲，使 A 点的电位恢复。因此，检测一个电荷包，在输出端就得到一个负脉冲，该负脉冲的幅度正比于电荷包的大小，这相当于信号电荷对输出脉冲幅度进行调制，所以，在连续检测从 CCD 中转移来的信号电荷包时，输出为脉冲调幅信号。

图 11-13（b）给出的输出波形中还包含有与复位脉冲同步的正脉冲，这是由于复位脉冲

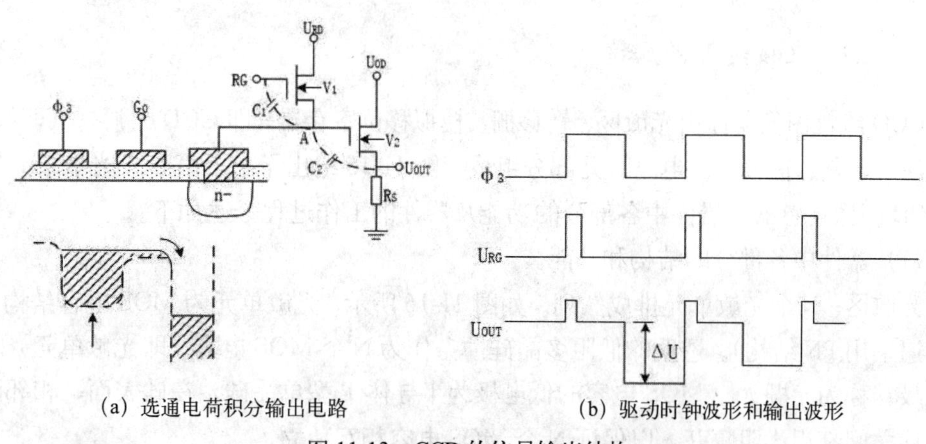


（a）选通电荷积分输出电路　　　　（b）驱动时钟波形和输出波形

图 11-13　CCD 的信号输出结构

通过寄生电容 $C_1$、$C_2$ 耦合到输出端的结果。为消除复位脉冲引入的干扰可采用如图 11-14 所示的相关双取样检测方法。其中 $Q_1$ 为钳位开关，$Q_2$ 为采样开关，控制 $Q_1$、$Q_2$ 分别在 $t_1$、$t_3$、$t_5$ 和 $t_2$、$t_4$、$t_6$ 时刻接通，则可以得到与电荷成正比的输出波形，而滤去了复位脉冲的噪声。

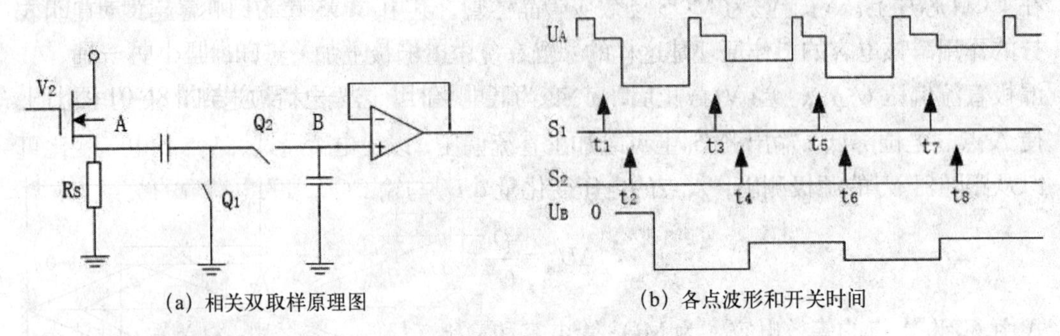


(a) 相关双取样原理图　　(b) 各点波形和开关时间

图 11-14　相关双取样原理图

## 11.2.2　CCD 图像传感器

### 11.2.2.1　CCD 图像传感器的原理

CCD 传感器是利用 CCD 的光电转换和电荷转移的双重功能。当一定波长的入射光照射 CCD 时，若 CCD 的电极下形成势阱，则光生少数载流子就积聚到势阱中，其数目与光照时间和光照强度成正比。利用时钟控制将 CCD 的每一位下的光生电荷依次转移出来，分别从同一个输出电路上检测出，则可以得到幅度与各光生电荷成正比的电脉冲序列，从而将照射在 CCD 上的光学图像转换成了电信号“图像”。由于 CCD 能实现低噪声的电荷转移，并且所有的光生电荷都通过一个输出电路检测，具有良好的一致性，因此，对图像的传感具有优越的性能。

CCD 图像传感器可以分为线列和面阵两大类，它们各具有不同的结构和用途。

### 11.2.2.2　CCD 线性图像器件

CCD 线性图像器件由光敏区、转移栅、模拟移位寄存器（即 CCD）、胖零（即偏置）电荷注入电路、信号读出电路等几部分组成。图 11-15 给出了一个由 N 个光敏单元的线列 CCD 图像传感器，器件中各部分的功能及器件的工作过程分述如下。

(1) 器件中各部分的结构和功能。

**光敏区**：N 个光敏单元排成一列。如图 11-16 所示，光敏单元为 MOS 电容结构（目前普遍采用 PN 结构）。透明的低阻多晶硅薄条作为 N 个 MOS 电容（即光敏单元）的共同电极，称为光栅 $\phi_P$。MOS 电容的低电极为半导体 P 型单晶硅，在硅表面，相邻两光敏元件之间都用沟阻隔开，以保证 N 个 MOS 电容相互独立。

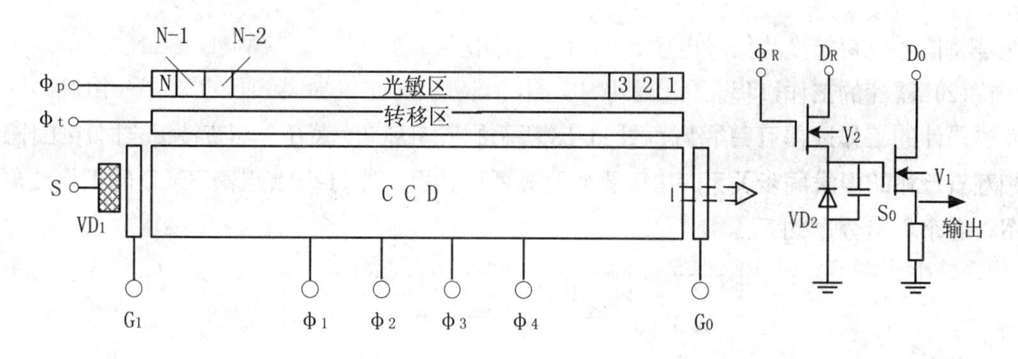


图 11-15　线列 CCD 图象器件

器件其余部分的栅极也为多晶硅栅，但为避免非光敏区“感光”，除光栅外，器件的所有栅区均以铝层覆盖，以实现光屏蔽。

**转移栅 $\phi_t$**：转移栅 $\phi_t$ 与光栅 $\phi_P$ 一样，也是狭长的一条，位于光栅和 CCD 之间，它是用来控制光敏单元势阱中的信号电荷向 CCD 中转移。

**模拟移位寄存器（即 CCD）**：前面已提到过，CCD 有两相、三相、四相几种结构，现以四相结构为例进行讨论。一、三相为转移相；二、四相为存储相。在排列上，N 位 CCD 与 N 个光敏单元一一对齐，最靠近输出端的那位 CCD 称为第一位，对应的光敏单元为第一光敏单元，依此类推。各光敏单元通向的 CCD 各转移沟道之间有沟阻隔开，而且只能通向每位 CCD 中的某一个相，如图 11-17 所示。只能通向每位 CCD 的第二相，这样可防止各信号电荷包转移时可能引起的混淆。

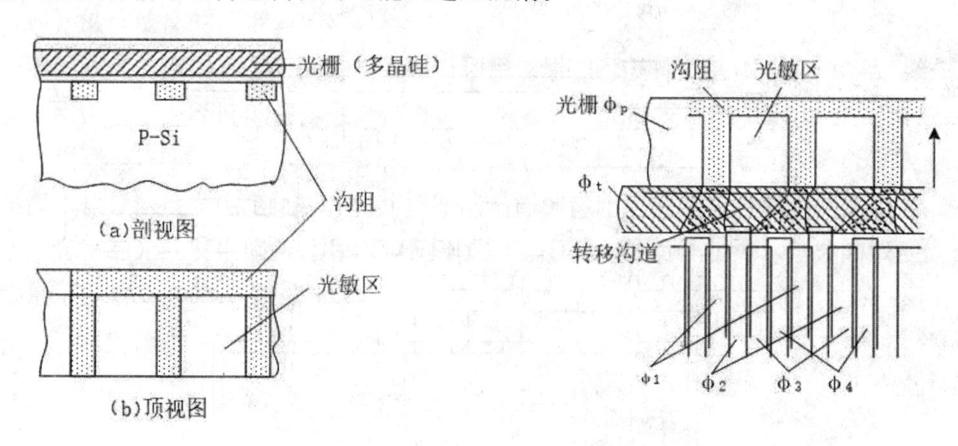


图 11-16　MOS 型光敏单元结构图　　　　图 11-17　转移沟道

**偏置电荷电路**：由输入二极管 $V_{D1}$（通称为源）和输入栅 $G_i$ 组的偏置电荷注入回路。用来注入“胖零”信号，以减少界面态的影响，提高转移效率。

**输出栅 $G_0$**：输出栅工作在直流偏置电压状态，起着交流旁路作用，用来屏蔽时钟脉冲对输出信号的干扰。

**输出电路**：CCD 输出电路由放大管 $V_1$、复位管 $V_2$、输出二极管 $V_{D2}$ 组成，它的功能是将信号电荷转换为信号电压，然后进行输出。

（2）器件的工作过程。

器件的工作过程可归纳为如图 11-18 所示的五个环节。这五个环节按一定时序工作，相互有严格的要求同步关系，并且是个无限循环过程。图 11-19 给出了 CCD 的工作波形图，各个环节分述如下：

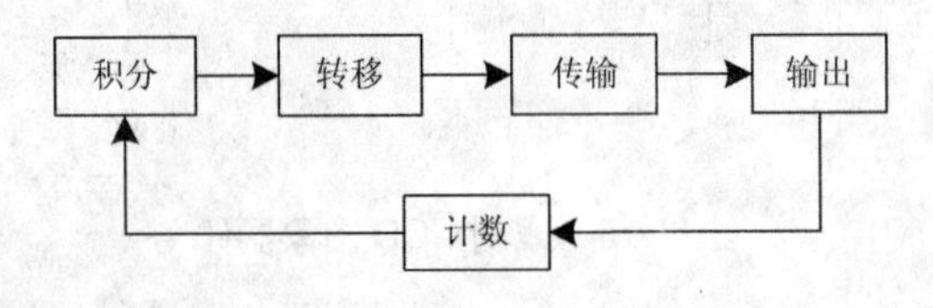


图 11-18　器件工作过程图

**积分**：如图 11-19 所示，在有效积分时间里，光栅 $\phi_P$ 处于高电平，每个光敏单元下形成势阱。入射在光敏区的光子在硅表面一定深度范围激发电子－空穴对。空穴在光栅电场作用下，被驱赶到半导体体内；光生电子被积累在光敏单元势阱中。积累在各光敏单元势阱中电子多少，即电荷包多少，与入射在该光敏单元上的光强成正比，与积分时间也成正比。所以，经过一定时间积分后，光敏区就因“感光”而形成一个电信号“图像”，它与“景物”相对应。

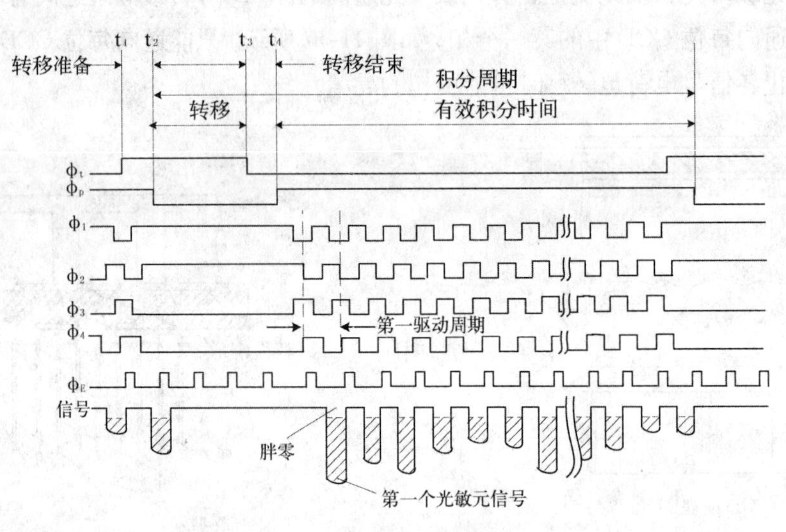


图 11-19　器件工作波形

**转移**：转移过程就是将 N 个光信号电荷包并行移到所对应的那位 CCD 中。为了避免转移中可能引起的信号损失或混淆，光栅 $\phi_P$、转移栅 $\phi_t$ 及四 CCD 相驱动脉冲电压的变化应遵照一定的时序。

转移过程可分解为如图 11-19 所示的三个阶段：转移准备-转移-转移结束。**转移准备**阶段是从时间 $t_1$ 开始，当计数器达到预置值时，计数器的回零脉冲转移栅由 $\phi_1$ 低电平以形成势垒，等待光信号电荷包到来；$\phi_3$、$\phi_4$ 相停在低电平，以隔开相邻的 CCD。

**转移阶段**到时间 $t_2$，随光栅 $\phi_P$ 电压下降，光敏单元势阱抬升时，N 个信号电荷同时转移到对应位 CCD 的第二相中。**转移结束**到时间 $t_3$，转移栅 $\phi_t$ 电压由高变低-关闭转移沟道，转移结束后，到 $t_4$，光栅 $\phi_P$ 电压由低变高重新开始新一行的积分，以此同时，CCD 开始传送刚刚转移过来的信号。

**传输**：信号的传输是在 $t_4$ 之后开始的。N 个信号电荷依次沿着 CCD 串行传输。每驱动一个周期，各信号电荷包输出端方向转移一位。第一个驱动周期输出的为第一个光敏单元信号电荷包；第二个驱动周期传输为第二个光敏单元信号电荷包；依此类推，第 N 个驱动周期输出的为第 N 个光敏信号电荷包。

**计数**：计数器用来记录驱动周期的个数。由于每一个驱动周期读出一个信号电荷包，所以只要驱动 N 个周期就完成了全部信号的传输和读出。但考虑到“行回扫”时间的需要，应该过驱动几次。所以，计数器的值不是定为 N，而是定为 N+m。*m* 为过驱动次数，通常取 10 以上，也可按需要而定。每当计数到预置值时，表示前一行的 N 个信号已经全部读完，新一行的信号已经准备就绪，计数器产生一个脉冲，出发产生转移栅 $\phi_t$、光栅 $\phi_P$ 脉冲，从而开始新的一行的“转移”、“传输”。计数器重新从零开始计数。

**输出**：输出电路的功能在于将信号电荷转换位信号电压，并进行输出。以上介绍的是单边传输结构的 CCD 线性图像器件。此外，还有双边传输结构的 CCD 线列图像器件，如图 11-20 所示。它与单边传输结构的工作原理相仿，但性能略有差别。在同样光敏单元数情况下，双边转移次数为单边的一半，故总的转移效率双边比单边高；光敏单元之间的最小中心距也可比单边的小一半，双边传输唯一的缺点是两边输出总有一定的不对称。

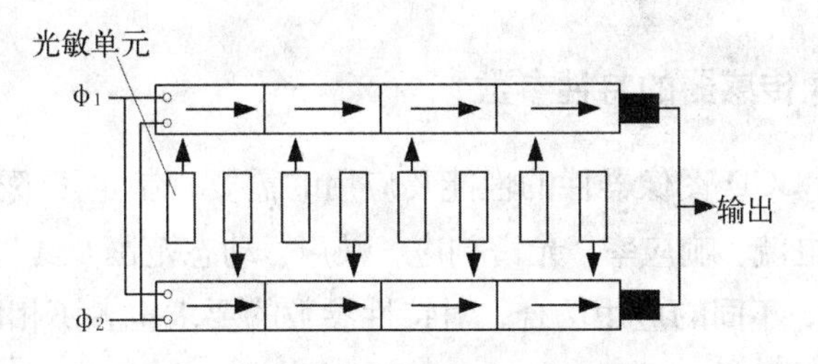


图 11-20　双边传输 CCD 线列图像器件

### 11.2.2.3　CCD 面阵图像器件

面阵图像器件的感光单元呈二维矩阵排列，组成感光区。面阵图像器件能够检测二维的平面图像。由于传输和读出的结构方式不同，面阵图像器件有许多种类型。常见的传输方式有行输出、帧输出和行间传输三种。

行输出（LT）面阵 CCD 的结构如图 11-21(a)所示，它由行选址电路、光敏区、输出寄存器（即普通结构的 CCD）组成。当感光区光积分结束后，由行选址电路分别一行行地将信号电荷通过输出寄存器转移到输出端，行输出的缺点是需要的时钟电路（即行选址电路）比较复杂，并且在电荷传输转移过程中，光积分还在进行，会产生“托行”，因此，这种结构采用较少。

帧传输（FT）的结构如图 11-21(b)所示，它有感光区、暂存区、输出寄存器组成。工作时，在感光区光积分结束后，先将信号电荷从感光区迅速转移到暂存区，暂存区表面具有不透光的覆盖层。然后再从暂存区一行一行地将信号电荷通过输出寄存器转移到输出端，这种结构的时钟要求比较简单，它对"拖影"问题比传输有所改善，但同样是存在的。

行间传输（ILT）的结构如图 11-21(c)所示，感光区和暂存区行行排列。在感光区结束光积分后同时将每列信号电荷逐列通过输出寄存器转移到输出端。行间传输结构是有良好的图象抗混淆性能，即图像不存在"拖影"，但不透光的暂存转移区降低了器件的收光效率，并且，这种结构不适宜光从背面照射。

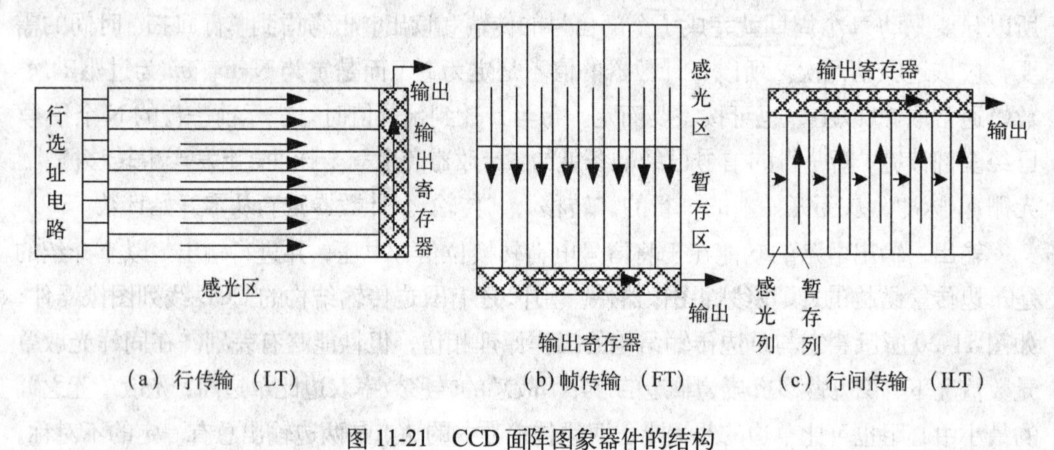


图 11-21 CCD 面阵图象器件的结构

## 11.2.3 CCD 图像传感器的特性参数

为了全面评价 CCD 图像器件的性能及应用的需要，制定了下列特征参数，转移效率、不均匀度、暗电流、响应率、光谱响应、噪声、动态范围及线性度、调制传递函数、功耗及分辨能力等，不同的应用场合，对特性参数的要求也各不相同。先把主要特征参数分述如下。

### 11.2.3.1 转移效率

CCD 中电荷包从一个势阱转移到另一个势阱时会产生损耗。假设原始电荷量为 $Q_0$，在一次转移中，有 $Q_1$ 的电荷正确转移到下一个势阱，则转移效率定义为

$$\eta=\frac{Q_1}{Q_0} \tag{11-9}$$

并定义转移损耗（或称失效率）$\varepsilon$ 为

$$\varepsilon=1-\eta \tag{11-10}$$

当信号电荷转移 N 个电极后的电荷量 $Q_N$ 时，则总效率为

$$\frac{Q_N}{Q_0}=\eta^N=(1-\varepsilon)^N \tag{11-11}$$

转移效率对 CCD 的各种应用都十分重要。假设转移效率为 99%，则经过 100 个电极传递后，将仅剩下 37%的电荷，而在实际 CCD 应用中，信号电荷往往需要成百上千的转移，因此要求转移效率必须达到 99.99%~99.999%.

转移效率与表面态有关，表面沟道 CCD 的信号电荷沿表面传输，受界面态的俘获，转移效率最多能达到 99.99%。而体内沟道 CCD 的信号电荷沿体内传输，避开了界面态的影响，最高转移效率可达 99.999%。为了减少俘获损耗，CCD 可以采用所谓"胖零"的工作方式，即在信号外注入一定的背景电荷，让它填充陷阱能级，以减少信号由电荷的转移损失。一般"胖零"背景电荷为满阱电荷的 10%~15%时可获得较好的效果。当然采用"胖零"工作方式时，信号处理能力就下降了。

还必须指出，转移损失，并不是部分信号电荷的消失，而是损失的那部分信号在时间上的滞后。因此，转移损失所带来的结果，不仅仅是信号的衰减，更有害的是滞后的那部分电荷，叠加到后面的信号包中，引起信号的失真。

#### 11.2.3.2　暗电流

CCD 图像器件在既无光注入又无电注入情况下的输出信号称为暗电流。

暗电流的根本起因在于半导体的热激发，首先是由于耗尽层内产生负荷中心的热激发；其次是耗尽层边缘的少数载流子（电子）热扩散；第三是由于界面上所产生中心的热激发。其中第一因素是主要的。

由于工艺过程不完善及材料不均匀等因素的影响，CCD 中暗电流密度的分布是不均匀的。所以，通常以平均暗电流的密度来表征暗电流的大小。一般 CCD 的平均暗电流密度为每平方厘米几到几十纳安。

#### 11.2.3.3　噪声

CCD 的噪声源可归纳为三类，它们是散粒噪声、转移噪声及热噪声。

（1）**散粒噪声**：光子的散粒噪声是 CCD 图像所固有的。它起源于光子流的随机性，决定了器件的噪声极限值，但它不会限制期间的动态范围。

（2）**转移噪声**：转移损失及界面态俘获是引起转移噪声的根本原因。转移噪声具有积累性和相关性两个特点。所谓积累性是指转移噪声是在转移过程中逐次积累起来的，转移噪声的均方值与转移次数成正比所谓相关性是指相邻电荷的转移噪声是相关的。

（3）**热噪声**：它是信号电荷注入及检出时产生。信号电荷注入回路及信号电荷检出时的复位回路均可等效为 RC 回路，从而造成热噪声。

#### 11.2.3.4　分辨能力

分辨能力是指图像传感器分辨图像细节的能力，它是图像传感器的重要参数。任何图像的光强在空间的明暗变化成分，其明暗变化的频率（即每毫米中“线对”）称为空间频率。CCD 的分辨能力取决于其感光单元之间的间距。如果把 CCD 在某一方向上每毫米中的感光单元称为空间采样频率，则根据奈奎斯特采样定理，一个图像传感器能够分辨的最高空间频率 $f_m$ 等于它的空间采样频率 $f_0$ 的一半，即

$$f_m = \frac{1}{2} f_0 \tag{11-12}$$

一个确定空间频率的物像投射在成像器上，其输出将是随时间变化的波形，它的振幅称为调制深度，如图 11-22（a）、（b）所示。在像光强振幅恒定的条件下，可以测出调制深度与象空间频率之间的关系曲线，如图 11-22（c）所示。调制深度用它在零空间频率下的值进行归一化后得到的无量纲的关系式为调制传递函数（MTF）。从图 11-22（c）中可以看出，CCD 的调制传递函数在高频时发生衰减。

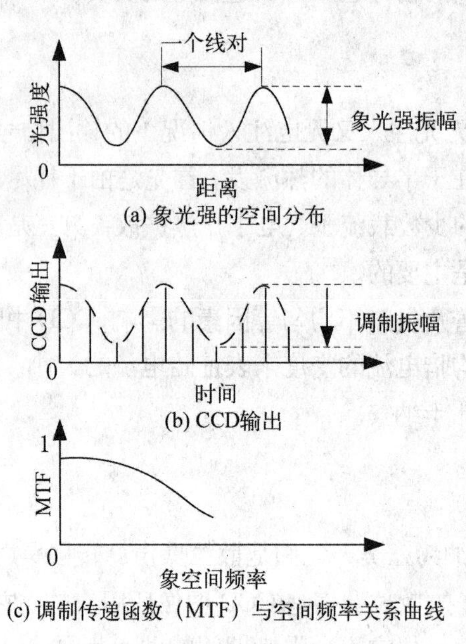

(a) 象光强的空间分布

(b) CCD输出

(c) 调制传递函数（MTF）与空间频率关系曲线

图 11-22　分辨能力分析曲线

#### 11.2.3.5　动态范围与线性度

CCD 图像器动态范围的上限决定于光敏单元满势阱信号容量，下限决定于图像器能分辨的最小信号，即等效噪声信号。故 CCD 图像器的动态范围的定义为

$$动态范围=\frac{光敏单元满阱信号}{等效噪声信号} \tag{11-13}$$

等效噪声信号是指 CCD 正常工作条件下，无光信号时的总噪声。等效噪声信号可用噪声的峰-峰值，也可用方均根值。通常噪声的峰-峰值为方均根值的 6 倍，故用两种数值算得的动态范围也相差 6 倍，通常 CCD 图像器光敏信号的满阱容量约为 $10^6 \sim 10^7$ 电子，方均根总噪声约 $10^3$ 电子数量级，故动态范围在 $10^3 \sim 10^4$ 数量级，即 60~80dB。

线性度是指照射光强与产生的信号电荷之间的线性程度。CCD 在用作光探测器时，线性是一个很重要的性能指标。通常在弱信号及接近满阱信号时，线性度比较差。在弱信号时，器件噪声影响很大，信噪比低，引起一定离散性；在接近满阱时，由于光敏单元下耗尽区变窄，使量子效率下降，所以使线性度变差。而在动态范围的中间区域，非线性度基本为零。

#### 11.2.3.6　均匀性

均匀性是指 CCD 各感光单元对强度相应的一致性。在 CCD 图像器件用于测量领域时，均匀性是决定测量精度的一个重要参数。CCD 器件的均匀性主要取决于硅材料的质量、加工工艺、感光单元有效面积的一致性等因素。

## 11.3　CCD 应用举例

光电阵列器件包括光电二极管阵列，光电三极管阵列和 CCD 成像器件。它们都具有图像传感功能，可广泛的应用于摄像，信号检测等领域。对于光敏阵列器件有线阵和面阵两种，线阵列能传感一维的图像，面阵列则能感受二维的平面图像，它们各具有不同的用途，下面举例说明其应用。

### 11.3.1　尺寸检测

在自动化生产线上，经常需要进行物体尺寸的在线检测。如零件的尺寸检验，轧钢厂钢板宽度的在线检测和控制等。利用光电阵列器件，即可实现物体尺寸的高精度非接触检测。

#### 11.3.1.1　微小尺寸的检测

微小尺寸的检测通常用于微隙，细丝或小孔的尺寸检测。如，在游丝轧制的精密器械加工中，要求对游丝的厚度进行精密的在线检测和控制。在游丝的厚度通常只有 10~200μm。

对微小尺寸的检测一般采用激光衍射的方法。当激光照射细丝或小孔时，会产生衍射图像，用阵列光电器件对衍射图像进行接收，测出暗纹的间距，即可计算出细丝或小孔的尺寸。

对于细丝尺寸检测的结构如图 11-23 所示。由于 He-Ne 激光器具有良好的单色性和方向性，当激光照射到细丝时，满足远场条件，在 $L<<\alpha^2/\lambda$ 时，就会得到夫琅和费衍射图像，由夫琅和费衍射理论及互补定理可推导出衍射图像暗纹的间距 $d$ 为

$$d=\frac{L\lambda}{a} \tag{11-14}$$

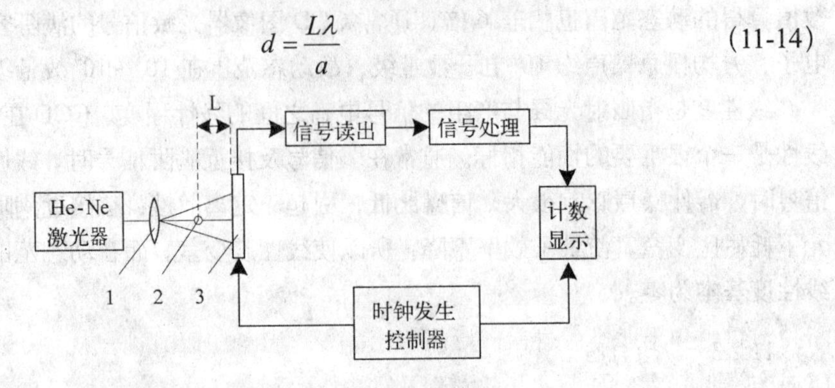


1–透镜　2–细丝截面　3–线列光敏器件

图 11-23　细丝直径检测系统结构

式中，$L$ 为细丝到接收光敏阵列器件的距离；$\lambda$ 为入射激光波长；$a$ 为被测细丝直径。用线列光电器件将衍射光强信号转换为脉冲信号，根据两个幅值为极小值之间的脉冲数 $N$ 和线列光电器件单元的间距 $l$，即可算出 $d$ 为

$$d=Nl \tag{11-15}$$

根据式（11-14）可知，被测细丝的直径 $a$ 为

$$a=\frac{L\lambda}{d}=\frac{L\lambda}{Nl} \tag{11-16}$$

由于各种光电阵列器件都存在噪声，在噪声影响下，输出信号在衍射图像暗纹峰值附近有一定的失真，从而影响检测精度。

利用上述原理也可以检测到小孔的直径，所不同的是激光在透过小孔时，得到夫琅和费衍射图像为环状条纹，用线列光电器件检测出衍射图像暗纹的间距，即可求出小孔的直径。CCD 线列成像器件的测量范围一般为 10~500μm，精度可达几百纳米量级左右。

11.3.1.2　小尺寸的检测

所谓小尺寸的检测是指待测物体尺寸可与光电阵列器件的尺寸相比拟的场合。小尺寸物体检测的系统结构如图 11-24 所示。宽度为 $W$ 的待测物体被放在左边，由图示以简单透镜代表的光学系统将物体成像在线阵列光电器件上。光电阵列中被物象遮住部分和受到光照部分的光敏单元输出应有显著的区别，可以把它们的输出看成“0”，“1”信号。通过对输出为“0”的信号进行计数，即可检测出物象的宽度。假设物象覆盖的光敏单元有 $N$ 个，光敏单元的间距为 $l$，则物象宽度

$$W'=Nl \tag{11-17}$$

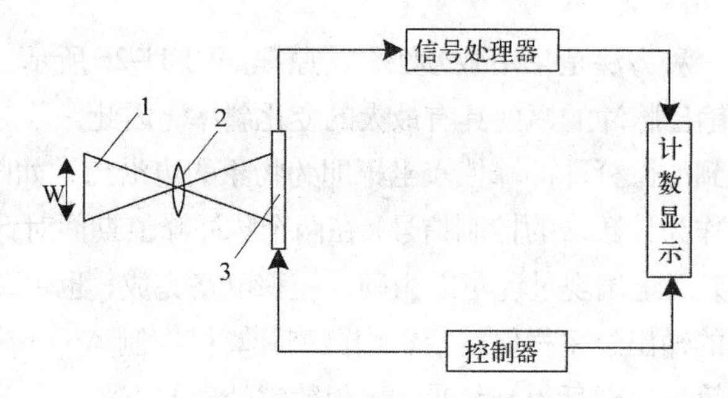


1–待测物体　2–成像透镜　3–线列器件

图 11-24　小尺寸物体宽度的检测系统

如果光学成像系统的放大率为 K，则被测物体的实际宽度为

$$W = \frac{W'}{K} = \frac{Nl}{K} \tag{11-18}$$

当成像比 $K$>1 时，可以减少由于阵列器件分辨率带来的误差，但此时，光电阵列器件能够测量的物体最大尺寸将要减小。

在实际应用时，信号的检测并没有这样方便，因为在物象边缘明暗交界处，实际光强是连续变化的，而不是理想的阶跃跳跃。加上光电阵列器件的调制传递函数在高频（图像的空间频率）处要衰减。因此，阵列器件输出信号的包络线有一定的梯度，而不是阶跃信号，图 11-25（b）。要求出物像的正确边沿位置，必须对输出信号进行适当的处理。处理方法如图 11-25（a）所示。先将输出的脉冲调幅信号经低通滤波后得到信号的包络线，再将滤波器的输出送入比较器与适当的参考电平相比较，使输出为标准的“0”、“1”信号。将该信号作为计数器的控制信号，在低电平器件对计数脉冲进行计数，便可由计数脉冲当量和所计数值计算出被测物象的宽度 $W'$。这种测量方法的信号处理可全部用硬件实现。

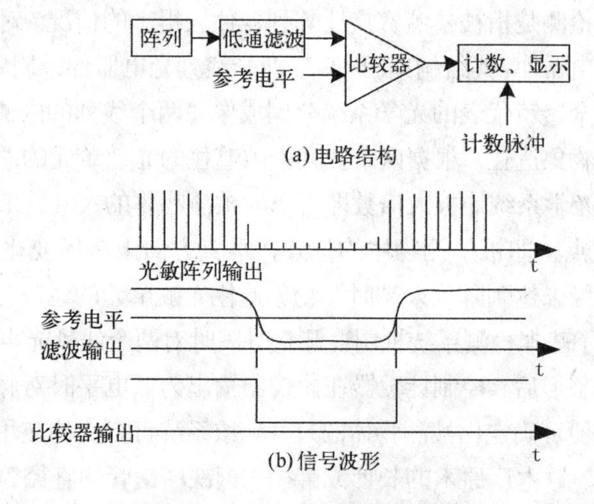


图 11-25　比较整形法测量原理

信号处理的另一种方法是采用微分法，其原理如图 11-26 所示。因为在被测对象的真实边沿处，器件输出脉冲的幅度具有最大的变化斜率，因此，若对低通滤波的输出进行微分处理，则得到的微分脉冲峰值点坐标即为物象的边沿点，如图 11-26（b）所示。用这两个微分脉冲作为计数器的控制信号，在两个脉冲峰值期间对计数脉冲进行计数即可测出物象的宽度。以上出现过程可以由硬件模拟电路完成，也可以用数字信号处理的方法完成。将阵列的输出经采样保持后，由微型计算机控制 A/D 转换器进行同步采样，将采得的数据由计算机处理后得到结果。采用数字处理的方法可以省去滤波、微分等模拟环节，使检测精度和可靠性得到提高，并且还可以方便的实现控制功能，但采用数字处理后，实时性要受到一定的影响。

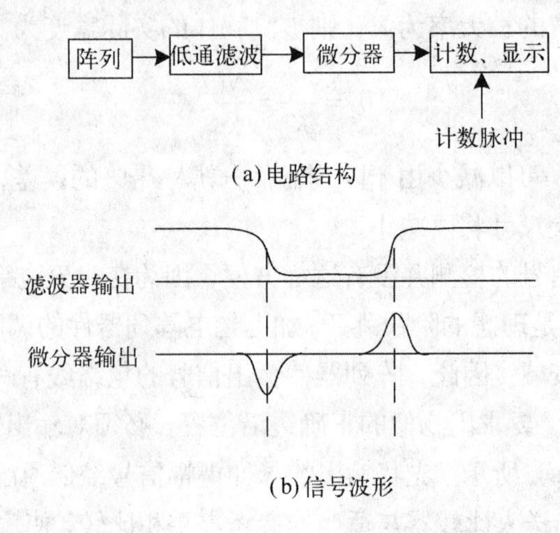


图 11-26　微分法测量原理

11.3.1.3　大尺寸的检测

所谓大尺寸的检测是指被检测宽度比阵列器件大得多的情况。对于大尺寸物体的检测可采用两线列光电器件，其结构见图 11-27 两个线列光电器件以固定的距离分开放置，被测物体同通过两个透镜代表的光学系统分别成像在两个线列的内侧，线列的外侧将有一部分光敏单元被物象遮住。根据两个线列中被遮住的光敏单元的总数、两线列的尺寸及放置位置距离，光学系统的放大倍数即可求的被测物体的尺寸。采用两个线列器件进行检测还有一个优点，即被检测物体的位置在垂直方向上有所变化时不会影响测量精度。因此只要光边缘未达到阵列末端时，物象遮住光敏单元的总数是不变的。

图 11-28 示出了基本检测系统框图。测量时同时对两个线列光电器件进行扫描，将输出信号进行滤波整形后，控制计数器在比较器输出为低电平时对脉冲计数，根据两个计数器的计数之和便可确定出被测物体的尺寸。该系统可广泛的应用于许多场合，例如轧钢厂钢板的宽度、锯木厂原木的长度或直径、钢铁厂钢管的直径等在线检测或其他物体的定位等。

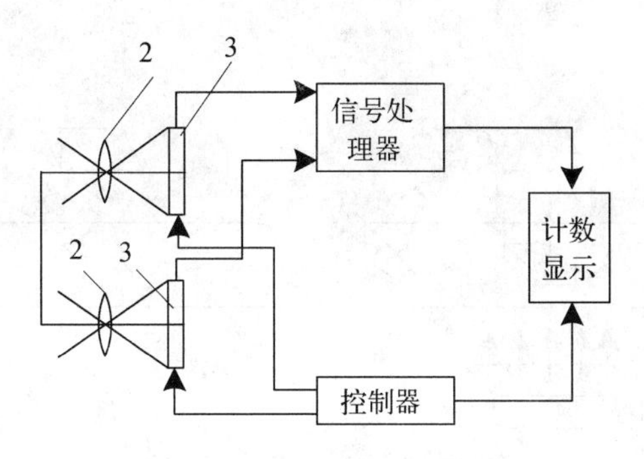


1–被测体　2–透镜　3–线列光敏器件

图 11-27　大尺寸物体的宽度检测系统

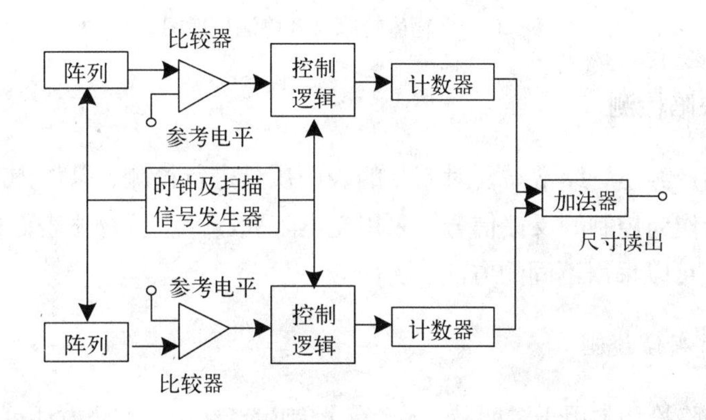


图 11-28　大尺寸宽度检测系统

#### 11.3.1.4　物体轮廓尺寸的检测

阵列器件除了可以测量物体的一维尺寸外，还可以用于检测物体的形状、面积等参数，以实现对物体形状识别或轮廓尺寸校验。轮廓尺寸的检测方法有两种：一种是投影法，如图 11-29（a）所示。光源发出的平行光透过透明的传送带照射所测物体，将物体轮廓投影在光电阵列器件上，对阵列器件的输出信号进行处理后即可得到被测物体的形状和尺寸。另一种检测方法是成像法，如图 11-29（b）所示。通过成像系统将被测工件成像在光电阵列上，同样可以检测出物体的尺寸和形状。投影法特点是图像清晰，信噪比高，但需要设计一个产生平行光源，成像法不需要专门光源，但被测物要有一定的辉度，并且需要设计成像光学系统。

用于轮廓尺寸检测的光电阵列器件可以是线列，也可以用面阵。在用线列器件时，传送带必须以恒定速度传送工件，并向阵列器件提供同步检测信号，由线列器件一行一行地扫描到物体完全经过后得到一幅完整的图像输出。采用面阵器件时，只需进行一次“曝光”。并且，只要物象不超出面阵的边缘，则检测精度不受物体与阵列器件之间相对位置的影响。因此，采用面阵器件时不仅可以提高检测速度，而且检测精度也比用线列器件高得多。

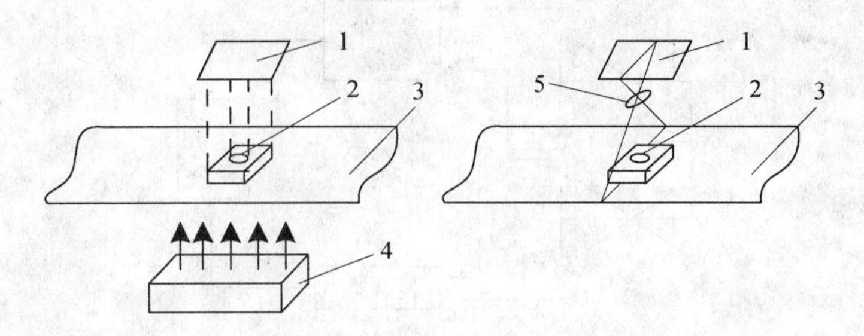


1-光电阵列器件　2-被测物体　3-传送带　4-照明光源　5-成像系统

(a) 投影法　　(b) 成像法

图 11-29　物体轮廓尺寸检测原理图

## 11.3.2　表面缺陷检测

在自动化生产线上，经常需要对产品的表面质量进行检测，以作为产品质量检测的一个方面，或者作为控制的反馈信号。采用光电阵列器件进行物体表面检测时，根据不同的检测对象，可以采用不同的方法。

### 11.3.2.1　透射法检测

透明体的缺陷检测常用于透明胶、玻璃等控制生产线中。检测方法可用透射法，如图 11-30 所示。它类似于物体轮廓尺寸的检测，用一平行光源照射被测物体，透射光由带成像系统的线列光电器件接收，当被测物体以一定速度经过时，线列进行连续的扫描。若被测物体中存在气泡，针孔成夹杂物时，线列的输出将会出现"毛刺"或尖峰信号，采用微型计算机对数据进行适当的处理即可进行质量检测或发出控制信号。该方法可以应用于非透明体如磁带上的针孔检测。

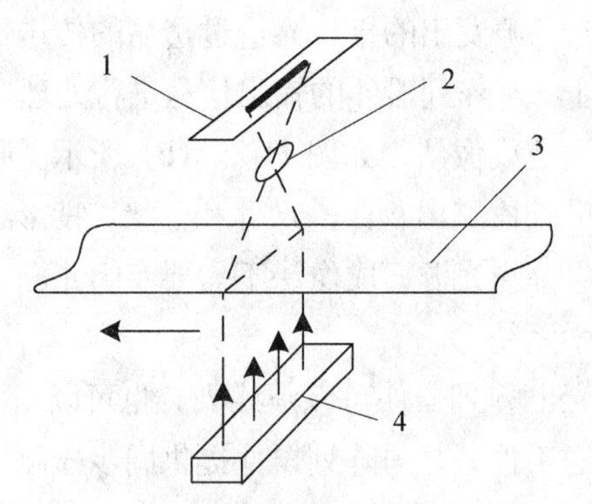


1-线列光电器件　2-成像透镜　3-被测物体　4-光

图 11-30　透明体的缺陷检测

#### 11.3.2.2　反射法检测

反射法进行表面缺陷检测的结构如图 11-31 所示。光源发出的光照射被测表面，反射光经成像系统成像到光敏器件上。被测体表面若存在划痕或疵点将由阵列器件检出。若检测环境有足够的亮度。则也可不用光源照明，直接用成像系统将被测物体表面成像在光电阵列上。图 11-32 示出了用成像法检测零件的表面质量的系统结构，用两个线列器件同时监视一对零件。假设在两个零件表面的同样位置不可能出现相同的疵点，则可以将两个输出的阵列进行比较，若两个阵列的输出出现明显的不同，则说明这两个零件中至少有一个零件表面存在疵点。实际应用中，可将两个阵列的输出用比较器比较，若比较器的输出超过某一阈值，则说明被检测的一对零件中至少有一表面质量不符合要求。

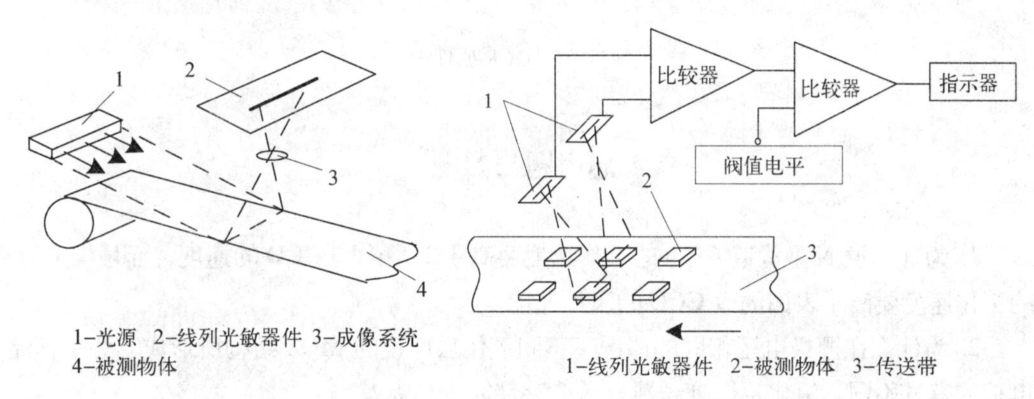


图 11-31　表面缺陷的反射检测光　　　　图 11-32　零件表面的质量检测

在需要照明的检测场合，理想的光源是发光均匀的直流光源，但直流光源需要大功率的直流电源。因此也可采用交流供电的钨光源来代替直流光源，应在阵列的输出信号后加上滤波器，以滤掉 50Hz 的光强变化。

表面缺陷检测系统的分辨率取决于缺陷与背景之间的反差及成像系统的分辨率和阵列象元的间距。假设缺陷周围图像间有明显的反差，则一般要求缺陷图像应至少覆盖两个光敏单元。例如，要检出铝带上的划痕或疤痕，能否检出取决于划痕与周围金属的镜面反射特性的差异程度。如果要检出的最小宽度为 0.4mm，成像系统放大系统放大率为 2 倍，则要求阵列器件的光敏单元间距应小于 0.1mm。

### 11.3.3　图像传感器在光学文字识别中的应用

图像传感器还可用作光学文字识别装置的“读取头”。光学文字识别装置（OCR）的光源可用卤素灯。光源与透镜间设置红外滤光片以消除红外光影响。每次扫描时间为 300$U_{PS}$s，因此，可作到高速文字识别。图 11-33 是 OCR 的原理图。经 A/D 转换后的二进制信号通过特别滤光片后，文字更加清晰。下一步骤是把文字逐个断切出来。这些称为前处理。前处理后，以固定方式对各个文字进行特征抽取。最后将抽取所得特征与预先置入的诸文字特征相比较，以判断与识别输入的文字。

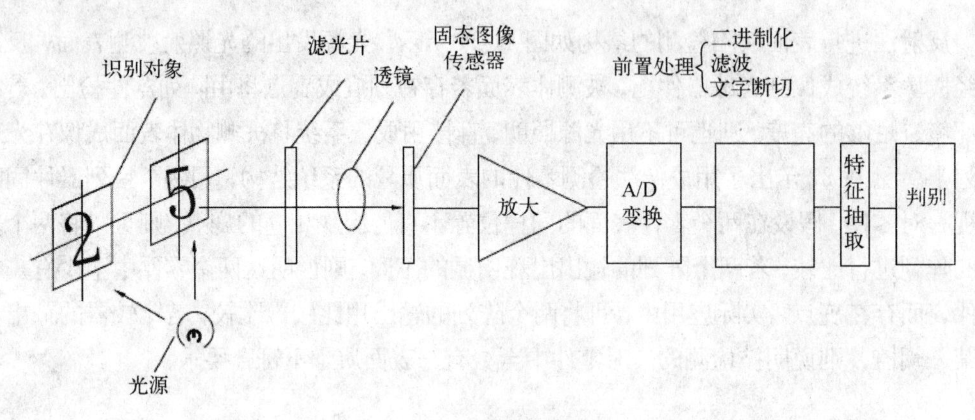


图 11-33　OCR 原理图

## 思考题与习题

1. 为什么说 N 型沟道 CCD 的工作速度要高于 P 型沟道 CCD 的速度，而埋沟 CCD 的工作速度要高于表面沟道 CCD 的工作速度？

2. 为什么在栅极电压相同的情况下不同氧化层厚度的 MOS 结构所形成的势阱存储电荷的容量不同，氧化层厚度越薄电荷的存储容量越大？

3. 为什么三相线阵 CCD 必须在三项交叠脉冲的作用下才能进行定向转移？

4. 为什么要引入胖零电荷？胖零电荷属于暗电流吗？能通过对 CCD 器件制冷消除胖零电荷吗？

5. 为什么线阵 CCD 的光敏列阵与移位寄存器分别设置并用转移栅隔开？试说明存储于光敏列阵中的信号电荷是如何通过双沟道器件的转移沟道转移出来形成时序信号的。

6. 试说明帧转移型面阵 CCD 的信号电荷是如何从像敏区转移出来成为视频信号的。

7. 在 CMOS 图像传感器中的像元信号是通过什么方式传输出去的？CMOS 图像传感器的地址译码器的作用是什么？

8. CMOS 图像传感器能够像线阵 CCD 那样只输出一行信号吗？若能，试说明怎样实现。

9. CMOS 图像传感器与 CCD 图像传感器的主要区别是什么？

# 第 12 章　光导纤维传感器

随着激光器和低损耗光导纤维等光学部件的显著进步，“光纤敏感元件”（fiber-optic sensor)在现代测试技术中的出现，为非接触、高速度、高精度测试手段的光测技术获得了飞跃发展。本章主要阐述光纤传感器的基本原理，机械量、过程机械量、电磁量、生物医学等方面的典型光纤传感检测技术。

## 12.1　光导纤维传感器概述

光导纤维传感器，是科技工作者应用光纤通信和集成光学技术成就并加以发展的结晶。它为现代传感技术之一，其发展异常迅速，显现出巨大的开发潜力。

### 12.1.1　光纤传感器的特点

由于光纤具有径细、量轻、透光性、电绝缘性、无感应性、带宽等诸多优点。所以，由它制作的光纤传感器具有一些常规传感器无可比拟的优点。例如，光纤传感器具有不受电磁场干扰、传输信号安全、可实现非接触测量，可做成光纤传光型和光纤敏感型的各式各样的传感器。因而它具有高灵敏度、高精度、高速度、高密度、适应各种恶劣环境下使用以及非接触、非破坏和使用简便等优点。

光纤传感器以上的诸特点基于光波是短波长的电磁波，根据光的波动理论，光可以产生干涉、衍射、偏振、反射、折射等现象，光的这些特性和光纤结合起来便可以做成各式各样的传感器。

利用光的干涉、分光现象可实现高精度、高灵敏度检测，如光纤干涉仪，光纤陀螺；利用光纤的传光特性可达到高速度和高精确度的测量，如光纤光谱分析仪；利用光的直线性、反射和遮光现象，可实现专用化及低成本（如对位移、压力、温度等测量的传感器）。利用光纤的对电无感应、无放电现象、绝缘性高、化学稳定性高等优点，可做成环境使用性强的传感器，如以高电压、大电流为测量对象的电力传感器。

### 12.1.2　光纤传感器的分类

光纤传感器按其工作原理分为两大类：

#### 12.1.2.1　功能性光纤传感器

功能性光纤传感器（Function fiber sensor, FF 型）亦可为传感型光纤传感器。在这类传感器中，光纤不仅起传光作用，而且还利用光纤在外界因素（如压力、温度、电场、磁场……）作用下，使其传光特性发生变化以实现传感测量。

12.1.2.2　非功能型光纤传感器

非功能型光纤传感器（Non-function fiber sensor,NFF)亦可称传光型光纤传感器，在这类传感器中，光纤仅作为传光的媒介，必需在光纤端面加装其他敏感元件才能构成传感器。NFF 型传感器又可分为两种：一种是把敏感元件置于发送、接收光导纤维中间，在被测对象作用下，或使敏感元件遮断光路，或使敏感元件的（光）穿透率发生某种变化。这样，受光的光敏元件所接收的光通量便成为被测对象调制后的信号；另一种是在光导纤维终端设置"敏感元件+发光元件"的组合体，敏感元件感知被测对象并将其转变为电信号后输出给发光元件（如发光二极管），最终以发光元件的光强度作为测量所得信息。上述 FF 型 NFF 型的传感器，其示意图见图 12-1。

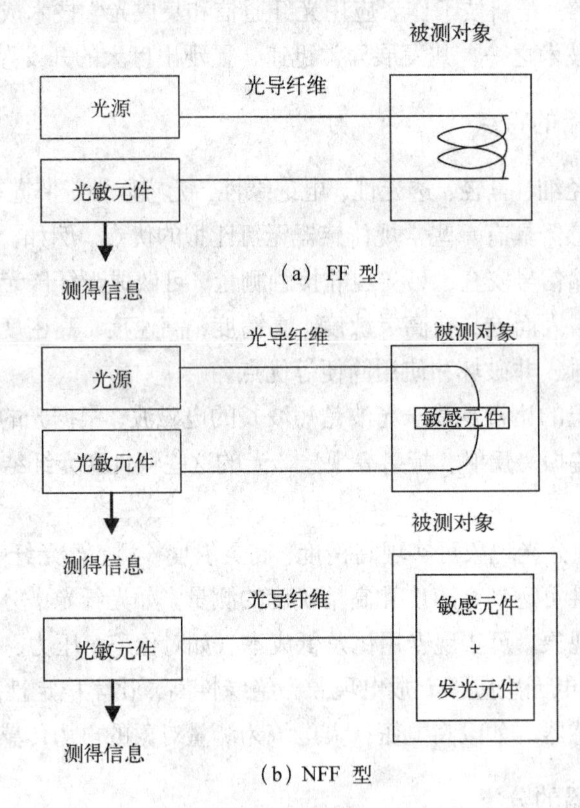


图 12-1　光导纤维传感器分类

## 12.1.3　光纤在测量上的应用

光纤作为新型的通信介质，已经得到了广泛的发展和应用。随着光纤理论和工艺水平的提高，各式各样的光纤传感器相继问世。如位移、速度、加速度、流量、压力、温度、转动、电压、电流、磁场等各种物理量的检测元件相继得到应用。光纤器件在工业检测中应用日益成熟，这一新技术的影响已十分明显，它作为一类新型的传感器会得到更加广泛的应用。表 11-1 概况了光纤在各种测量上的应用。表中的应用情况虽然只是取自有关资料的报道，但由此可见光纤检测技术有巨大的应用潜力。

### 12.1.4　光纤检测元件的发展及其动向

光纤传感器的应用正处于飞速发展时期。光纤传感器检测技术的要素是：光源；光的传送、转换；电子信号处理等。现就其关键元件及发展动向作一简单的介绍。

#### 12.1.4.1　光导纤维

光通信用低损耗光纤的迅速发展，促进了光纤传感器技术的发展。现实用的有单模、多模光纤、偏光光纤、塑料光纤、中空光纤及光纤束等。利用单模光纤制成的高灵敏度光纤传感器，使测量对象更加多样化。

#### 12.1.4.2　半导体激光器

半导体激光器的发展，使其成为光纤传感器的主要光源。其优点：可实现小型、轻量与集成化；激振量子能量大；输出功率易于控制；容易激振；容易使振动频率同步及进行控制；价廉等。

#### 12.1.4.3　耦合器

光结合与光分离是利用光技术的一个难点，但随着光通信用的光纤耦合器、定向耦合器、微型透镜、光纤融合等技术的发展，必将促使光纤传感技术的发展。

#### 12.1.4.4　光转换器

光纤传感器的心脏-光转换器（物理、化学量→光信号）在大力发展。例如，对 FF 型传感器，研制专用于测量技术的特殊光纤，其中有：用于磁场测量的法拉第材料利用费尔德常数很大的 FR5（常磁性)系玻璃，YIG 系特殊结晶等高性能材料拉制成的光纤。电场传感器用的鲍格鲁斯（pockles）型材料用 BSO 结晶体、BGO 结晶体等。

#### 12.1.4.5　开发光-电混合型传感器

这种传感器内部设有 A/D 变换和频率变换，将输出信号变换成光数字信息进行传送。这里需解决的问题则是内部的变换、放大、电/光转换回路的电力供给和功耗。

#### 12.1.4.6　开发集成光学

在 1996 年由 Milier 提出“集成光学”这一术语，它是基于薄膜能够传输光频波段的电磁能，故其诞生主要受微波工程和薄膜光学这两个不同学科的推动和影响，半导体也起了特殊作用。在不断利用各种材料的光学特性和光学现象来开发光纤传感器的基础上引入光集成回路，以达到信号处理一体化和器件小型化，这与电气回路相结合便构成了有效的光电器件。

光纤传感技术已得到越来越多的应用，其前景是十分美好的。将新型的光纤技术更好地和传统的测量技术有机地结合起来，发挥光纤的优点，从而提供新的测量手段；加强基本元器件（传感用特殊光纤和专用有源与无源器件）的研制和生产；加强有关的光电技术（干涉型检测技术、弱光信号检测技术）的研究；深入进行光纤传感机理的理论和实验研究，并不断利用其他新兴光学学科，交叉发展；开展新型传感机理和方案的研究等等；皆是光纤传感技术的发展动向。

## 12.2　光纤传感器元件

### 12.2.1　光纤

#### 12.2.1.1　光纤的结构及分类

（1）光纤结构。

最简单的光纤由圆柱形的二氧化硅玻璃光纤芯和包层构成，其横断面可由图 12-2 所示。它是纤芯、包层、涂覆层及套塑（可统称外包层）组成。

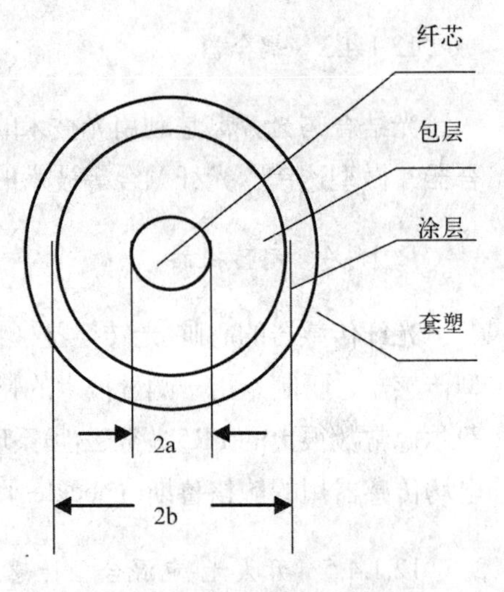


图 12-2　光纤的横断面构造

纤芯位于光纤的中心部位。它的主要成份是高纯度的 $SiO_2$，其纯度要高达 99.99999%。其余成份为掺入的少量掺杂剂，如五氧化二磷（$P_2O_5$）和二氧化锗（$GeO_2$）。掺杂剂的作用是提高纤芯的折射率。纤芯的直径一般为 5~50μm。包层也是含有少量掺杂剂的，掺杂剂有氟化硼，这些掺杂剂的作用是降低包层的折射率。包层的直径（含纤芯）2b 为 125μm。包层的外面涂敷一层很薄的涂层以增强光纤的机械强度。目前，涂层材料一般为环氧树脂或硅橡胶。涂层之外的套塑（多用尼龙或聚乙烯），其作用也是加强光纤的机械强度。

（2）光纤分类。

1）根据折射率分布分类。

阶跃型光纤（SI-Step index fiber）：这种光纤芯部和包层的折射率都为一常数，在其界面处呈阶跃式变化，如图 12-3（a）所示。其中，$n_1$ 为纤芯的折射率，均匀分布；$n_2$ 为包层的折射率，也呈均匀分布，一般 $n_1$ 略高于 $n_2$(如 $n_1$=1.51，$n_2$=1.50，$n$=$n_1$−$n_2$=0.01)。

渐变性光纤(GI-Graded index fiber)：渐变性光纤又称为梯度型光纤。这种光纤的折射率在包层部分是均匀分布的，即 $n_2$ 仍为一常数；但在芯部，其折射率由轴心向外逐渐减少，在芯的轴心处具有最大值 $n_1$，如图 12-3（b）所示。或者说，渐变性光纤芯部折射率是其半径 r 的函数 n(r)。

2）根据传输模式分类。

多模光纤(M M-Multi-mode fiber)：当光纤中传输的模式是多个时，则称为多模光纤。多模光纤剖面折射率的分布，有阶跃型的，也有渐变型的。前者称为阶跃型多模光纤，后者称为渐变型多模光纤。

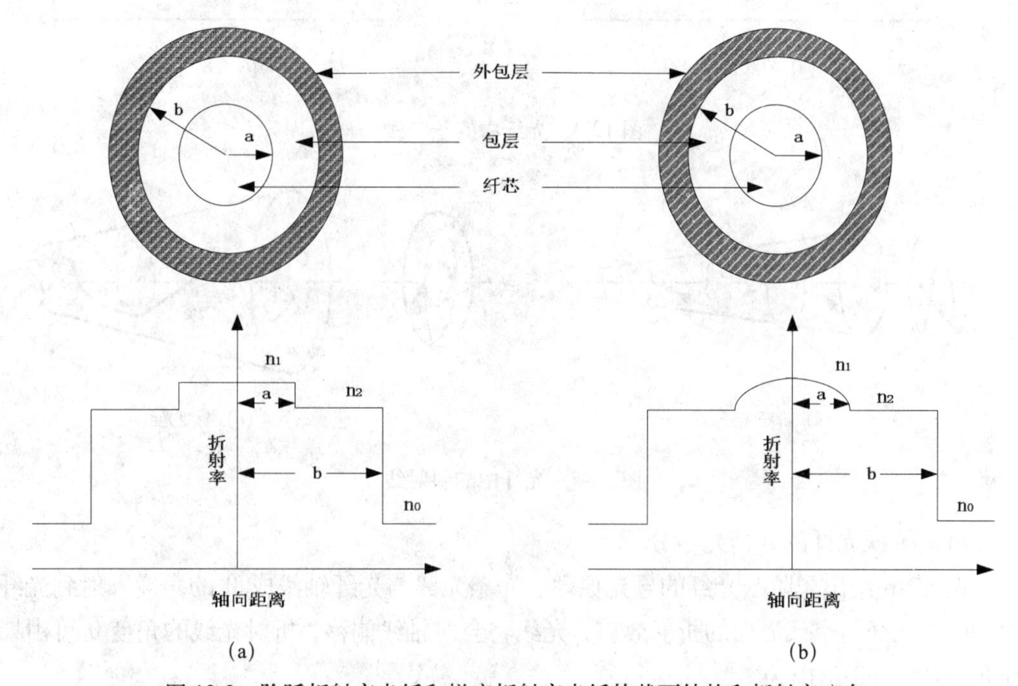


图 12-3　阶跃折射率光纤和梯度折射率光纤的截面结构和折射率分布

单模光纤(SM-Single-mode fiber)：光纤中只传输一个模式的光波时，这种光纤称为单模光纤。实现单模传输的光纤，要求其芯径 $2a$ 很小，通常 $2a$=5~10μm。芯径如此小的光纤，由于工艺上的问题，其折射率的分布只能是均匀的。因此，单模光纤剖面折射率的分布属于阶跃型的。

#### 12.2.1.2　光纤几何光学分析

光纤的导光原理基于光的全反射定律。其导光特性可用几何光学的方法来描述，尽管几何光学分析具有近似性，但在纤芯芯径 $a$ 远比波长 $\lambda$ 大的情况还是很合适的。当 $a$ 与 $\lambda$ 较为接近时，则需要采用波动光学分析法。

在讨论光纤的几何光学分析之前，首先介绍光纤中的射线概念。在光纤中可存在两种不同形式的光射线：子午线和斜射线。子午线为通过光纤轴心平面（称子午面）的射线，如图 12-4 所示。如果光线不通过光纤的轴心平面，则称这些光线为斜射线。这时，光线是呈斜折线或螺旋形式前进的，如图 12-5 所示。

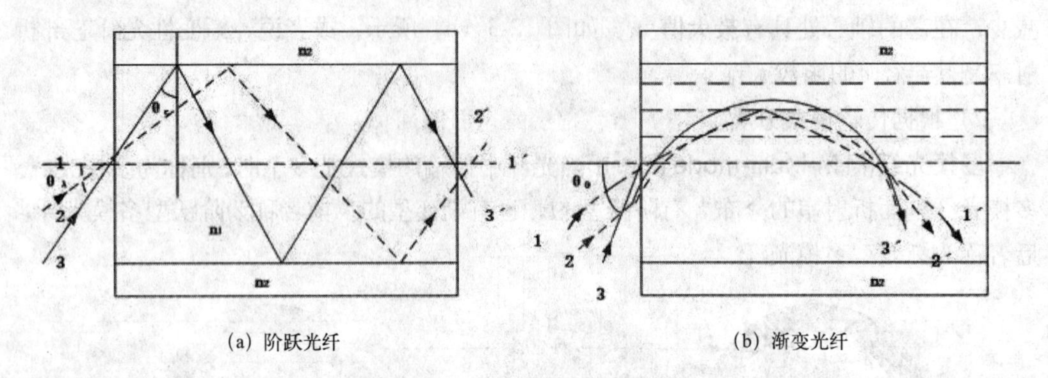


图 12-4　光纤中的子午线

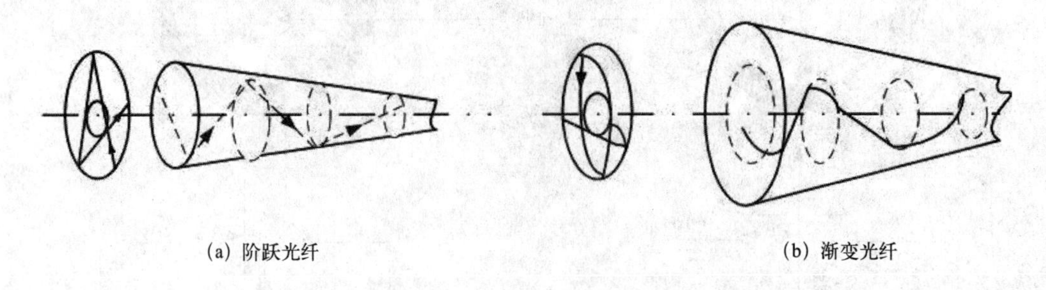


图 12-5　光纤中的斜射线

(1) 阶跃光纤的几何光学分析。

图 12-6 给出了阶跃光纤的导光原理。一条光线与光纤轴线成 $\theta_r$的角度入射到光纤中，由于光纤与空气界面的折射效应，光线将会向轴线偏移，折射光线的角度 $\theta_r$可由斯涅尔定律(Snell)给出为

$$n_0 \sin\theta_t = n_1 \sin\theta_r \qquad (12\text{-}1)$$

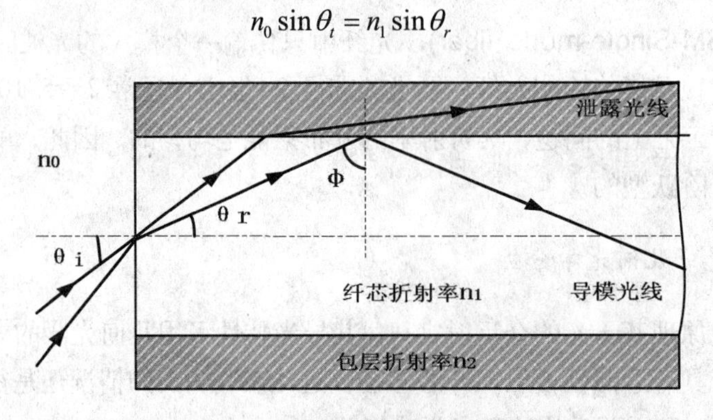


图 12-6　阶跃折射率光纤的导光原理

式中，$n_1$，$n_0$分别为纤芯和空气的折射率。折射光线将会沿与光纤轴线成 $\theta_r$ 角的方向入射到纤芯与包层的界面上，如果入射角大于由下式定义的临界角（设包层的折射率为 $n_2$, 且 $n_1>n_2$）

$$\sin\phi_c = \frac{n_2}{n_1} \tag{12-2}$$

则光线将会在纤芯与包层界面上发生全反射，当全反射的光线再次入射到纤芯与包层的分界面时，它被再次全反射回纤芯中。这样，所有满足的光纤都会限制在纤芯中而向前传播，这就是光纤传光的基本原理。

由式（12-1）和（12-2）可求出能限制在纤芯内的光线与光线轴线的最大入射角 $\theta_{imax}$，即

$$n_0 \sin\theta_{i\max} = n_1 \cos\phi_c = (n_1^{\ 2} - n_2^{\ 2})^{\frac{1}{2}} \tag{12-3}$$

式中，$n_0\sin\theta_{imax}$称为光纤的数值孔径(Numeral Apeture)，简记 NA，它表征了光纤的收光能力。一般情况下 $n_1 \approx n_2$，此时，数值孔径可近似表示为

$$NA = n_1 \cdot (2\Delta)^{\frac{1}{2}},\ \Delta = \frac{(n_1 - n_2)}{n_1} \tag{12-4}$$

式中，Δ 是纤芯与包层折射率的相对变化，称为相对折射率差。由此可见，Δ 似乎越大，光纤的收光效果越好，但实际应用的光纤，其 Δ 值是不大的，因而光纤的数值孔径也并不大。这是因为 Δ 太大的光纤会产生较为严重的“模间色散”（图 12-7）。

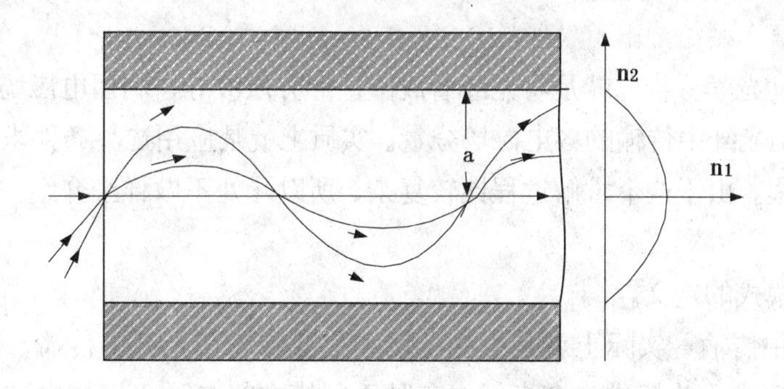


图 12–7　梯度折射率光纤中光线的传播情况

（2）梯度光纤的几何光学分析。

梯度光纤的纤芯折射率不是一个常数，而是由纤芯中心的最大值 $n_1$，逐渐减少到纤芯与包层界面上的最小值 $n_2$。为分析方便，将光纤纤芯的折射率分布写成

$$n(r) = \begin{cases} n_1\left[1 - \Delta(\frac{r}{a})^{\alpha}\right]^{\frac{1}{2}} & R < a \\ n_2 & r \geqslant a \end{cases} \tag{12-5}$$

式中，参数 $\alpha$ 决定了折射率的分布情况。当 $\alpha=2$ 时，叫做平方律折射指数分布。

由于该类光纤纤芯的折射率随 $r$ 而变，所以子午线就不再是直线而是曲线。其光线传播情况可由图 12-7 所示。

在旁轴近似的情况下，旁轴光线的轨迹方程为

$$\frac{d^2r}{dz^2}=\frac{1}{n}\cdot\frac{dn}{dr} \tag{12-6}$$

式中，z 是光线的轴向距离。由式（12-5），在 r<α，α=2 的情况下，方程（12-6）成为一简谐振动方程且具有通解

$$r=r_0\cos(pz)+(r_o'/p)\cdot\sin(pz) \tag{12-7}$$

式中，$p=(2n_1\Delta/\alpha^2)^{\frac{1}{2}}$，$r_0$ 和 $r'_0$ 为入射光线的位置和方向。方程表明：所有光线在传播距离 $z=2m\pi/p$（m 为整数）时，都回复到入射时的位置和方向。所以这类光纤具有自聚焦作用，称为自聚焦光纤。同时，所有光线的轴向速度相等，因此就不再出现“横间色散”。当然，该结论只是在旁轴近似和几何光学近似下才成立，实际的光纤总是存在一定的色散。

#### 12.2.1.3　光纤的波动光学分析

在“2”分析中，采用了几何光学的射线理论。当光纤直径小到与入射光波长接近时，用射线理论得到的结果是不合适的，此时必须采用波动理论才能得到比较精确的结果。

光纤的波动光学分析，就是将光纤看成圆柱形介质波导，利用电磁场理论（麦克斯韦方程组）求出光纤中传输的各电磁场分量。实质上就是应用边界条件求解柱坐标系麦氏方程组的过程。由于这个求解过程比较复杂，所以此处不做详细介绍，只引用有关的几个基本概念。

（1）传播模式的定义。

光在光纤中传输，实际上就是交变电场和交变磁场在光纤中传播，在传输中电磁场的不同分布形式称为模式。在光纤中各种不同模式的名称仍沿用电磁场理论中的标准称谓。

1）TEmn 模：在轴向只有磁场分量，而横截面上只有 $E\phi$，$E_r$ 这种模式又称为横电波，记为 TEmn 模，其中，m,n 均为常数，分别表示 $\phi$ 方向和 r 方向的波节数。

2）TMmn 模：在轴向只有电场分量 $E_2$，而横截面上只有磁场分量 $H\phi$，$H_r$ 这种模式又称为横磁波，记为 TMmn 模。

3）HEmn 模和 EHmn 模：若在横向既有电场分量又有磁场分量，则称为混合模。当电场分量占优势而磁场分量较弱时，混合模记为 EHmn 模。反之，则记为 HEmn 模。

通常，将能够约束在光纤纤芯中传输的所有电磁波模式统称为导模或芯模。它携带光纤传输的信号能量。另外还有泄漏模和辐射模。

（2）传播常数 β。

传播常数 β 为电磁波在 z 方向的传播常数，它决定了电磁波在 z 方向的传播速度。每一个模式都有一个唯一的传播常数 β 与之对应，因此在多模光纤中，各个模式的传播速度也不一样。β 可表示为：$\beta = k_0 \cdot n_1 \cos\theta_1 = (2\pi / \lambda_0) \cdot n_1 \cos\theta_1$

式中，$\theta_1$ 为光波传播方向与 z 轴（光纤芯轴）的夹角。

（3）归一化频率 V（或称 V 参数）。

解满足光纤边界条件的麦克斯韦方程组，令方程解的系数行列式为零，可得到满足方程有解的特征方程，在该特征方程中，定义：

$$v = \frac{2\pi}{\lambda_0} \cdot a\sqrt{{n_1}^2 - {n_2}^2} \tag{12-8}$$

称为归一化频率或 V 参数。

V 参数是光纤传输特性的一个重要参数，由它可决定光纤的截止条件或单模传输的条件。例如，对于阶跃光纤，能成为单模光纤的条件是

$$V = \frac{2\pi}{\lambda_0} \cdot a\sqrt{{n_1}^2 - {n_2}^2} < 2.405 \tag{12-9}$$

因此，当入射光波长确定，纤芯折射率 $n_1$ 确定后，即可定出满足单模光纤条件的最大纤芯半径或最大相对折射率差 Δ（或包层折射率 $n_2$），单模光纤只支持被叫做“基模”的单一模式 HE11，这种光纤的设计使得所有较高的模式在工作波长上都被截止。

#### 12.2.1.4　光纤的损耗与色散

（1）光纤的传输损耗。

光在光纤传输过程中，由于种种原因将会产生损耗。不同波长的光在光纤中的传输损耗是不同的。损耗的程度可用衰减率来衡量。

**1）衰减率定义**：假设光纤的入射光强为 $I_0$，经过 1000m 传输后强度下降到 $I_1$，则衰减率定义为

$$\text{衰减率} = -10lg\frac{I_1}{I_0} \quad (\text{dB/km}) \tag{12-10}$$

**2）引起传输损耗的原因。**

**第一种为材料吸收**。它是由光纤材料中的金属杂质如铁、铜、铬、镍的电子能级及进入光纤芯及包层的氢氧根离子的振动能级对光能的吸收所引起的。

**第二种为散射损耗**。散射损耗主要包括由于光纤介质密度起伏引起的瑞利散射，由于温度引起的动态密度起伏引起的布里渊散射及由于原子振动和旋转能级的吸收和再辐射所引起的拉曼散射。

第三种为弯曲损耗。这种损耗产生的原因已在前面分析中做过解释。

（2）光纤的色散特性。

光纤色散是由于光纤所传信号不同频率成分或不同模式成分的群速不同，而引起传输信号畸变的一种物理现象。对光纤色散的表示，常用“时延差”来描述，即在光纤中，不同速度的信号传过同样的距离会有不同的时延，从而产生时延差。时延差越大，色散越严重。

**1）光纤的色散的说明**

光纤的色散指的是光纤中传输的各部分光之间存在的速度差，具体在性能上体现为脉冲展宽。即若有一窄脉冲光输入光纤，由于光纤中存在色散各部分光的传输速度不一样，因此，经过一定距离的传输后，达到终点的时间各不相同。这样使原先脉冲光的脉冲宽度在出射端展宽了，脉冲展宽的程度即反映了光纤色散的大小。

**2）引起光纤色散的原因**

模式色散：在阶梯折射率多模光纤中由于各导入模的传播速度不一样，从而引起的色散称为模式色散。

材料色散又称颜色色散：它的产生是因为光波在介质中的传播速度是波长的函数。光纤的色散越大，所能传输的调制信号带宽就越窄，即传输信号的容量越小。

### 12.2.2　光源和光探测器

#### 12.2.2.1　光的辐射和光吸收

光是从实物中发射出来的，是以电磁波传播的物质，它可以被物质吸收。光的吸收和发射是与物质原子、分子内部能量状态的改变相联系的。当系统由高能级向低能级转变时，将发射光子；相反，将吸收光子。这些转变过程都是按一定的规律进行。爱因斯坦指出这里存在着三种不同的基本过程，即：自发辐射、受激吸收和受激辐射。特别是受激辐射，它是激发光发生的物理基础。系统的最低能级称为基态，高能级称为受激态。图 12-8 给出了原子的二能级系统这三个过程的示意图。

处于高能级的粒子是不稳定的，它将自发地向低能级跃迁。在跃迁过程中，发射出一个能量为 $h\nu$ 的光子。这个过程并不是因为受外界的影响而完全是自发产生的，因而称为自发辐射。发射的光子能量为两个能级的能量之差：

$$h\nu=E_2-E_1$$

发射光子频率为：

$$\nu=(E_2-E_1)/h$$

式中，h=6.62×10$^{-27}$尔格.秒，为普朗克常数，这种自发辐射过程如图 12-8 (a) 所示。

在光子激发下，原子可吸收光子的能量从低能级跃迁到较高能级上去，这个过程叫做受激吸收。如图 12-8 (b) 所示，有一原子原来处于低能级 $E_1$，在一个频率 $\nu=(E_2-E_1)/h$ 的外来光子的照射下，它便吸收该光子的能量而跃迁到 $E_2$ 能级上去。受激吸收过程的特点是：这个过程不是自发产生的，必须在外来光子的刺激下才会产生。外来的光子的能量要等于原子的跃迁能级差，即频率 $\nu=(E_2-E_1)/h$。所以，这种吸收也叫做共振吸收。

如图 12-8（c）所示，有一处于高能级的原子，当一个频率 $\nu=(E_2-E_1)/h$ 的光子趋近它时，原子受到该光子的刺激，也可以从高能级跃迁到低能级，同时放出一个能量为 $h\nu=E_2-E_1$，频率为 $\nu=(E_2-E_1)/h$ 的光子。该过程是在外来光子的激发下产生的，因而叫做受激辐射。受激过程中发射出来的光子与激发它的光子不仅频率相同，且相位、偏振方向、传播方向都相同，故称它们为全同光子。这种因受激而产生的光子与激发它的光子相叠加而使光强增大，这就使入射光得到了放大。受激辐射引起光的放大是产生激光的基本概念。

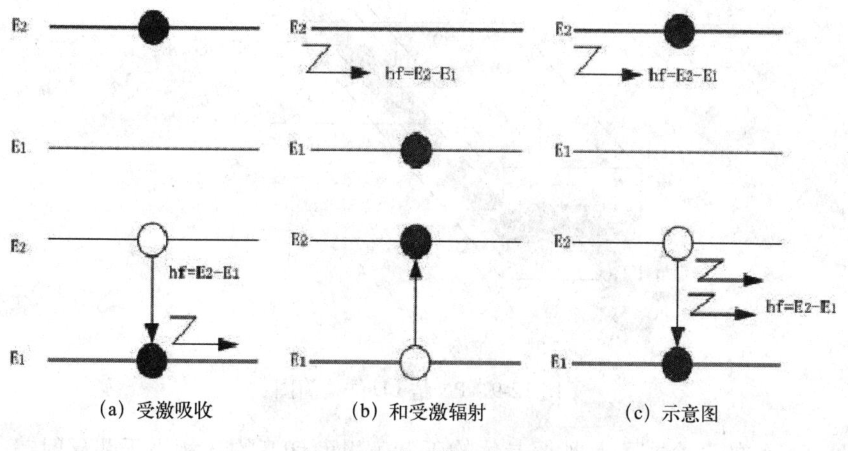


（a）受激吸收　（b）和受激辐射　（c）示意图

图 12-8　原子的自发辐射

对于半导体材料，由于固体的晶格化结构，大量电子的共有化运动使电子的能级重叠而成为能带结构。上述的三个过程便发生在半导体材料的导带和价带之间的电子的跃迁，$E_1$对应于其价带顶的能量，$E_2$对应于其导带低的能量，这两个能量只差 $E_2-E_1$ 便是半导体材料的禁带宽度 $E_g$。由上述分析可见，半导体的发光过程可以通过自发辐射和受激辐射这两个过程而进行。在自发辐射中，产生的光子具有随机的方向，相位和偏振态彼此无关，出射光为非相干光，半导体发光二极管正是利用了这种发光机理。在受激辐射中，出射光为相干光，半导体激光器正是利用此原理而制成。对半导体的受激吸收，跃迁到高能态（导带）的电子，如果在外加电场作用下，会产生光生电流，半导体光电探测器的工作正是基于此原理。

在正常情况下，低能态上的电子比高能态上的电子多，因此，为实现光放大效应，必须使得高能态上的电子数大于低能态上的电子数，这就是所谓的“粒子数反转”。处于正向偏置下的 PN 结，由于非平衡载流子的注入，这些非平衡载流子可以通过自发辐射或受激辐射复合而发出光能，此即下面要讨论的半导体光源在正向偏置下的发光机理。

### 12.2.2.2　半导体激光器（LD）的结构原理

由激光理论可知，任何激光器都要具备激活介质、激励能源和谐振腔三个基本部分。利用激励能，使激活介质内部的一种粒子在某些能级间实现粒子数反转分布，这是形成激光的前提。谐振腔则是形成稳定振荡的必要条件。另外，还必须使光在谐振腔内来回一次所获得的增益等于或大于所遭受到的各种损耗，即满足阈值条件，这是激光形成的决定性条件。

半导体激光器结构，核心是 PN 结，图 12-9 示出 GaAs 激光器结构。PN 结由 $P^+$-GaAs 和 $n^+$-GaAs 构成，激光由 PN 结区发出，因此 PN 结区也叫激活区（有源区）。

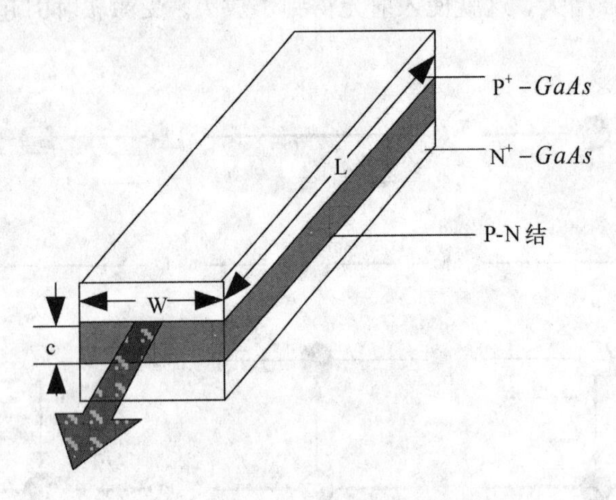


图 12-9　PN 结 LD 结构简图

此处 PN 结的两个端面是按照晶体的天然解里面切开的，相当于两反射镜，构成法卜里-珀罗（F-P）腔。由半导体物理的 PN 结理论可知，当 PN 结在正向偏置下，外加电压就是电泵浦源，电子流不断注入 PN 结，使 PN 结的载流子失去平衡而处于粒子数反转状态。当那些高能级上的电子向低能级跃迁时，电子空穴自发复合发出光子，产生自发辐射。自发辐射光子在时间上、方向上各不相同，大部分光子会很快穿过 PN 结射到体外，少数光子沿 PN 结平面平行穿行就可能引发受激辐射，在 PN 结两端间来回振荡，反复引发受激光子使光束得到增强。当满足振荡条件时，就可得到激光。当然，光子每次穿行中，增益要大于 1，为此需克服各种损耗。所以，足够强的外加电场（以便注入足够多的载流子）是实现粒子数反转的条件，亦即可要把电流提高到阈值以上，阈值电流（或阈值电流密度）是激光器的一个重要指标。

目前，半导体激光器所用的半导体材料多为Ⅲ-Ⅴ族化合物半导体及合金，如：GaAs，$Al_xGa_{1-x}As$，InP，$In_{1-x}Ga_xAs_yP_{1-y}$ 等。根据所需的发光波长，可选择不同的材料构成 PN 结。例如，GaAs 的发射波长为 0.87 μm，在 1.3～1.6 μm 波段上，采用的基本半导体材料是 InP。根据构成 PN 结所用的半导体材料的种类，PN 结可分为以下类型：

同质结。由两种相同的半导体材料构成的结。例如上面图 12-9 所示的 GaAs 激光器。

异质结。由两种不同的半导体材料构成的 PN 结。它又可分为单异质结合双异质结，它们的结构示意如图 12-10。根据形成异质结的两种材料的导电类型，异质结又可分为反型异质结和同型异质结。反型异质结是由导电类型相反的两种不同材料形成的，同型异质结是由导电类型相同的两种不同材料形成的。由双异质结的能带结构特点可知，该种激光器能够更好地限制载流子和光波在作用区，所以是一种普通应用的半导体激光器结构。

半导体激光器的工作特性。半导体激光器的工作特性主要是它的伏安特性、阀值特性（阀值电流 $I_{th}$ 或阀值电流密度 $J_{th}$）、输出功率的 P-I 曲线、光谱特性、响应时间特性等。

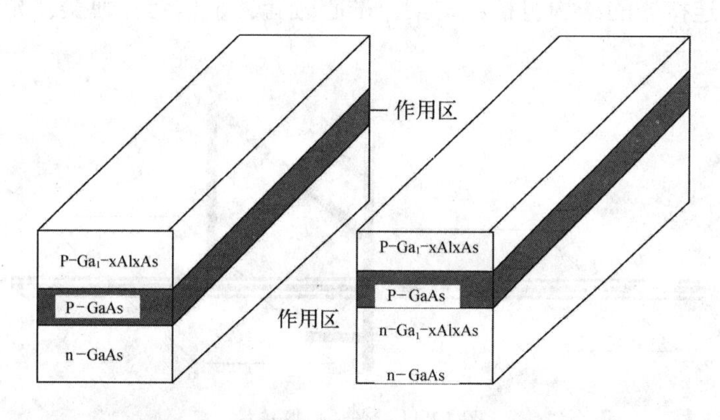


图 12-10　异质结半导体激光器的结构示意图

12.2.2.3　发光二极管

发光二极管的结构与 LD 的结构基本相似，只不过是 PN 结的两个端面不构成光谐振腔，其发射光是非相干光。当给发光二极管的 PN 结加正向电压时，外加电场将削弱内建电场，使空间电荷区变窄，载流子的扩散运动加强。由于电子的迁移率远大于空穴的迁移率，因此电子由 N 区扩散到 P 区载流子扩散运动的主体。由半导体的能带理论可知，当导带中的电子与价带中的空穴复合时，电子由高能级跃迁到低能级，电子将多余的能量以发射光子的形式释放出来，产生电致发光现象，这就是 LED 的发光机理。

12.2.2.4　探测器

光纤传感检测系统所用的光探测器，多为光电二极管和雪崩光电二极管，其详细内容可参见“光电传感器”一章，在此不作赘述。

## 12.2.3 光纤的连接和耦合

光纤与半导体发光器件和光探测器件的互连，以及光纤间的连接及固定，其插入损耗是应注意的一个问题。

### 12.2.3.1 光纤与光纤之间的连接

（1）**固定连接**：固定连接最常见的方法是焊接，将要连接的两根光纤的端面对在一起，用专用的光纤焊接机中的高温电火花将两根光纤熔接在一起。

两根光纤在焊接好后，应在外面套上玻璃套管并用胶封好，以保护焊接接头。

（2）**光纤连接器**：为了使光纤连接接头能很方便地进行反复装拆，目前已研制出了许多种结构的适用于单模光纤，多模光纤，塑料光纤及多芯光缆的光纤连接器。

单根光纤连接器的结构包括：支架、准心轴套、金属套、弹簧、光纤心线、光纤护套。

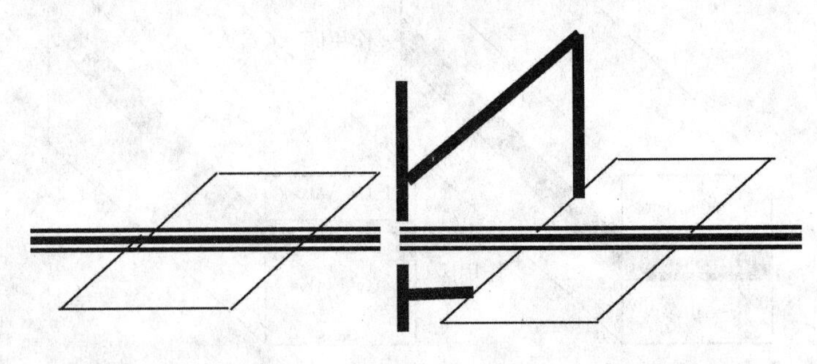

图 12-11 光纤焊接连接

### 12.2.3.2 光纤与光源的耦合

在光纤中使用最多的光源为半导体激光器 LD（Laser Diode）和半导体发光二极管 LED。光纤与这类光源的耦合方法一般有直接耦合和透镜耦合两种。

耦合结构也分：固定耦合、可拆接的耦合。

(1) 光纤与半导体激光器 LD 的耦合。

1）直接耦合（最简单的方法）。

图 12-12 给出了光源与光纤的直接耦合。这种直接耦合方式，由于 LD 的出射光在水平方向发散角 $\theta_{//}$ 约为 10°~30°，而垂直方向发射角 $\theta_{\perp}$ 约为 30°~60°，故其发射光斑为一椭圆形，如图 12-13 所示。

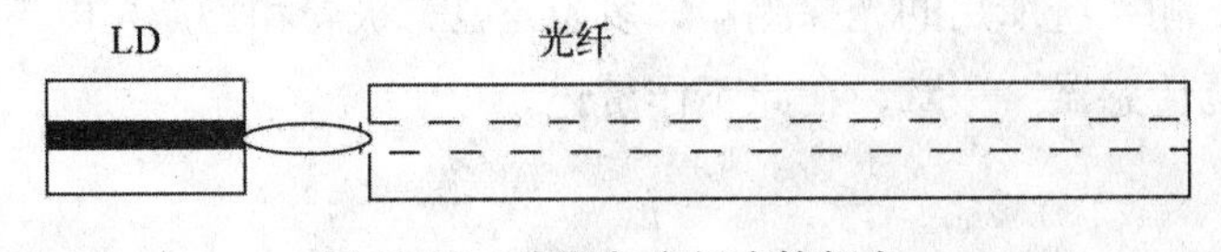


图 12-12 光源与光纤直接耦合

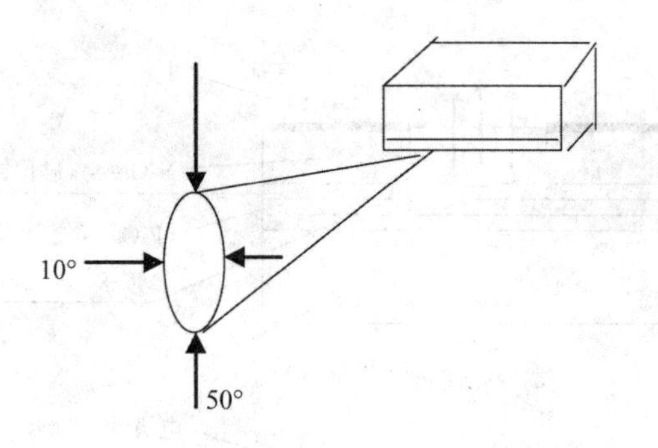


图12-13　半导体激光器输出光束

不允许将光纤端面与LD直接接触。即中间有一定间距，加上折射率匹配的胶或液体，因此，使LD发射的光斑有所扩大。以上的这两种因素都将使LD发射的光有一部分不能进入光纤中，所以直接耦合的效率较低，一般耦合损耗达5-7dB，这种耦合光能损失比较大。

2）透镜耦合。这种耦合是利用透镜的聚光功能提高耦合效率，如图12-14给出了透镜耦合方式。图12-14（a）给出了光源与透镜直接耦合方式；图12-14（b）给出了端部透镜耦合方式；图12-14（c）给出了自聚焦透镜耦合；图12-14（d）组合透镜耦合。

图12-14（a）、（b）两种耦合可使耦合损耗降低到1dB和2dB。图12-14（c）、（d）中，在LD和光纤之间外加透镜耦合，使用了自聚透镜和圆柱透镜。圆柱透镜的作用：是压缩LD在垂直方的发射角，拿出射光斑近似地为圆形。自聚透镜作用：相当于一焦距很短的凸透镜，起到对LD光束聚焦的作用。采用组合透镜耦合时，损耗可降低为0.7 dB。

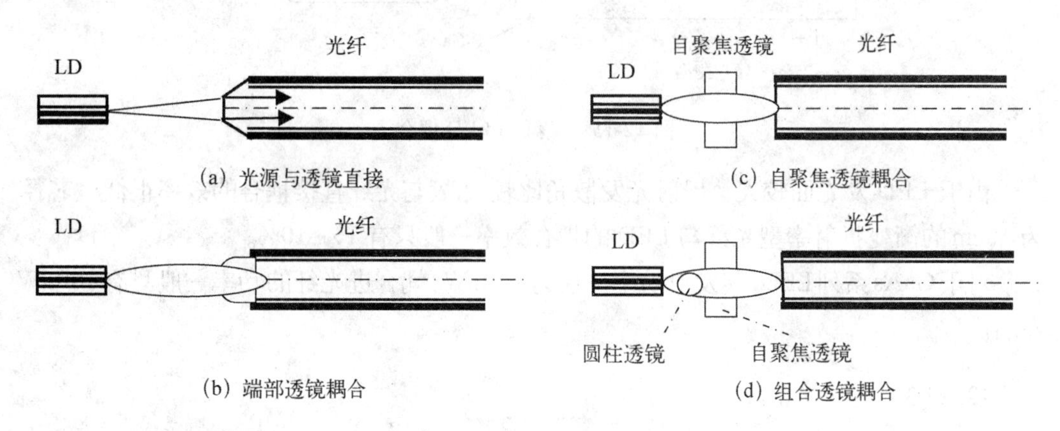


图12-14　透镜耦合方式

（2）光纤与半导体发光二极管LED的耦合。

LED的结构主要有鲍洛斯型和端面发光型，如图12-15（a）、（b）所示。端面发光型的LED与光纤耦合的方法与LD相似，鲍洛斯型LED与光纤直接耦合方式如图12-15（c）。

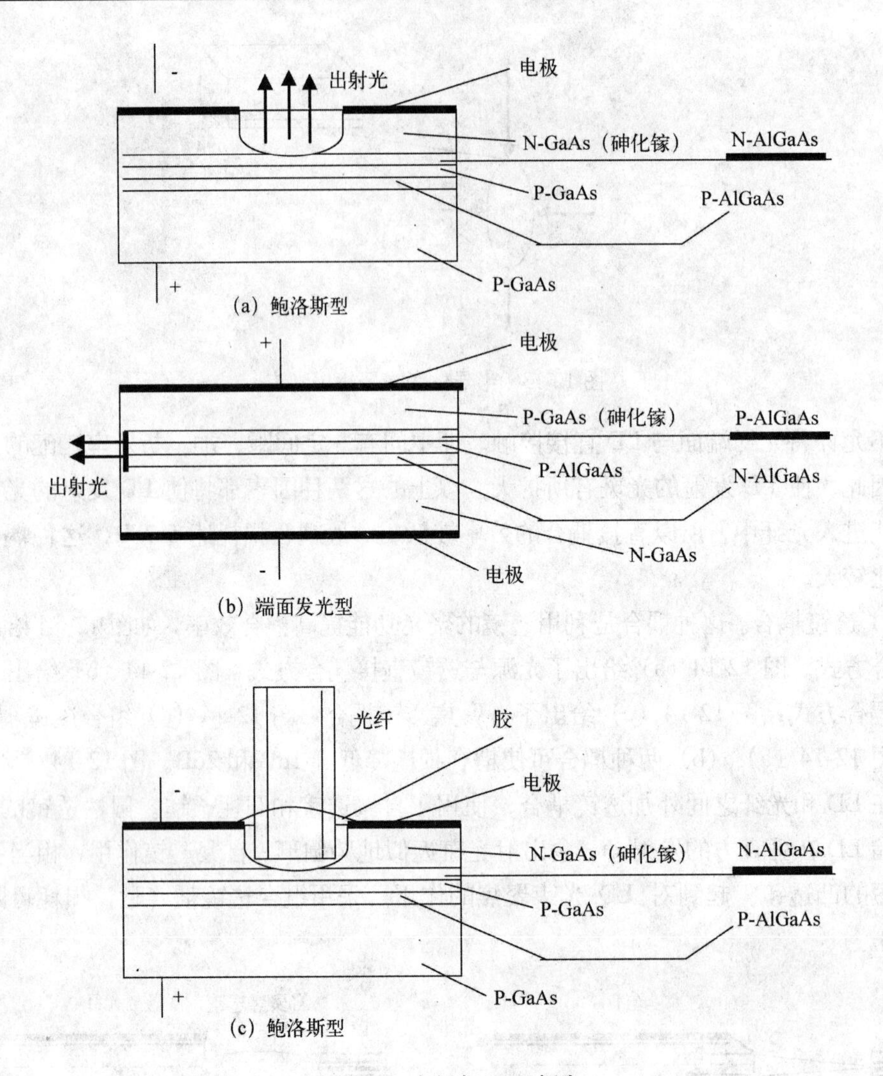


图 12-15　光纤与 LED 耦合

由于 LED 发光面较大，出射光发散角比较大,故与光纤直接耦合的效率很低。芯径为 50um 的渐变折射率型光纤与 LED 的耦合效率一般只有 1%~10%。

对于 GaAs 系列 LED，其发射功率一般为 1-5mW，耦合进光纤的功率一般只有 100μW 左右。

### 12.2.3.3　光纤耦合器

**（1）光纤耦合器作用。**

将一光纤中的光耦合进多根光纤或将多根光纤的光耦合进一根光纤中。光分配器是将一根光纤中的光耦合进多根光纤；光结合器是将多根光纤的光耦合进一根光纤中。

**（2）常见的光纤耦合器。**

常见光纤耦合器分两种：X 形光纤耦合；Y 形光纤耦合器。如图 12-16 给出了 X、

Y 形光纤耦合器。

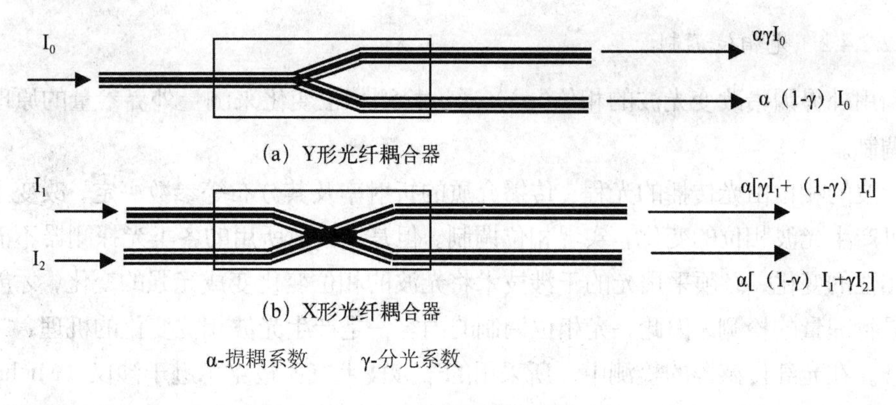


图 12-16　X、Y 形光纤耦合器

（3）光纤耦合器的制作方法。

1）熔融法：将两根光纤并排用高温电火花熔融烧结在一起。这种方法制成的耦合器特点：损耗小，适用于制作单模光纤耦合器；缺点是分光比较难控制。

2）蚀刻法：将两根光纤的外套去掉后绞扭在一起，用化学试剂腐蚀掉一部分包层后用折射率匹配的胶将其固化好。

3）研磨抛光法：将光纤的外套去掉后固定在具有弧形槽的石英基片中，研磨石英基片，直到露出光纤芯，并进行抛光。将两块抛光好的基片合在一起，用折射率匹配的胶粘接在一起，固化后即可。

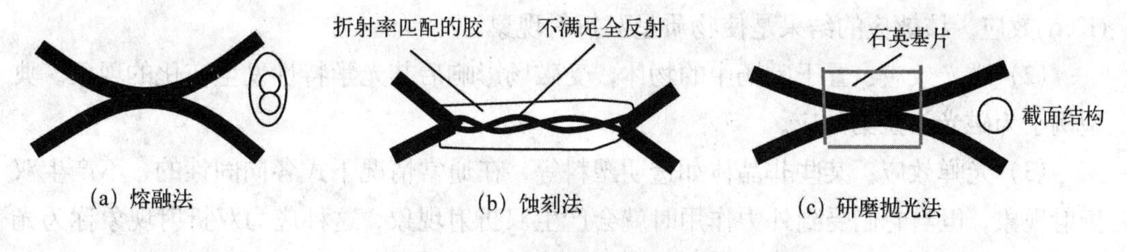


图 12-17　光纤耦合器制作方法

## 12.2.4　光纤传感器检测系统的光调制方式

光纤传感器的基本工作原理就是利用被传感的物理量对光纤中传输的光进行调制，其调制方式有以下几种。

### 12.2.4.1　光强度调制

光强度调制是以光的强度（$|E_0|^2$）作为调制对象，利用外界因素改变光的强度，通过测量光强的变化来测得外界物理量。其特点是技术简单、可靠。光强度调制的几种基本方式：辐射式（待测物体所辐射出的功率、光频分布及温度等参数）；反射式（待测物体的反射光）；遮挡式（待测物体部分地或全部地遮挡或扫过入射光）；透射式（光穿

透待测物体或经光栅、磁盘等光学变换装置）。

#### 12.2.4.2　光相位调制

利用外界因素改变光波的相位($\phi$)，通过检测相位变化来测量外界参量的原理称为相位调制。

光波的相位由光传播的光程、传播介质的折射率及其分布等参数决定，改变上述参数即可产生光波相位的变化，实现相位调制。但是，目前所用的各类光探测器不能感知光波相位的变化，必须采用光的干涉技术将光波的相位变化变成光强的变化，才能实现对外界物理量的检测。因此，光相位调制的内容一是产生光波相位变化的机理；二是光的干涉。在光纤传感器的检测中，所采用的干涉技术有：迈克尔逊干涉仪（Michlson)、法卜里-珀罗干涉仪（Fabry-Belot)、马赫-曾德尔干涉仪（Mach-Zehnder)、萨格纳克干涉仪（Sagnac）等。

#### 12.2.4.3　光的偏振调制

利用外界因素（应力、磁场、电场等）可以改变特定光学媒质的传光特性，调制从中通过的光的偏振状态（矢量的方向等)。由光的偏振状态的变化可检测出相应的外界带测量。

该种调制方式基于偏振光的各类物理效应。

（1）电光效应：物质的光学特性受外界电场影响而发生变化的现象。典型的有：物质的折射率变化与所加电场之间成一次方关系的鲍格鲁斯效应和成二次方关系的克尔(Kerr)效应。该效应的结果是使物质呈双折射现象。

（2）磁光效应：置于磁场中的物体，受磁场影响后其光学特性发生变化的现象。典型例子为磁光法拉第效应。

（3）光弹效应：某些非晶体如透明塑料等，在通常情况下式各向同性的，不产生双折射现象。但当它们受到外力作用时就会产生双折射现象，这种应力双折射现象称为光弹效应。

#### 12.2.4.4　光的频率和光的波长调制

利用外界因素改变光的频率($\nu$)或光的波长($\lambda$)，通过检测光的频率或光的波长变化来测量外界物质量的原理，称为光的频率和波长调制。

光的频率调制，基于光学的多普勒频移。它指由于观测者和运动目标的相对运动，使观测者接受到的光波频率产生变化的现象，也称为多普勒效应。

波长的调制方法有：利用热色物体的颜色变化进行波长调制；利用磷光（荧光）光谱的变化进行波长调制；利用黑体辐射进行波长调制；利用滤光器参数的变化进行波长调制等。

## 12.3　机械量光纤传感器

直接或间接对光纤的传光特性进行诸如光强、相位或偏振状态等调制，可以制作多种多样的机械量光纤传感器，在位移、振动、压力、应变、扭矩、加速度、角度、转速等测量方面得到了日益广泛的应用。光纤实现的机械量检测虽然繁多，但很多机械量传感机理由基本相似性。因此，本节仅以典型的传感器为例，重点介绍其传感机理。

### 12.3.1　传感方式

位移、应力、应变、压力、扭矩和加速度等机械量的传感方式(即光纤传感器的光调制方式）可分为光强调制型和相位调制型（干涉型）两类。某些形式的光偏振调制型也可计入光强调制型（如光弹偏振调制光纤传感器）。光强度调制型又可分为传输、反射和微弯曲等传感方式。

#### 12.3.1.1　传输敏感元件

传输敏感元件的作用是依赖于遮断、变暗机理，换言之，敏感元件影响从光源传输到接收器的光通量。实质上，它是一种对被测物理量的模拟及开关测量。这种传输型检测方式可以产生按距离改变的信号。

图 12-18 说明了光源发出的光通过光纤传输过程中，光探测器接收的光强信号如何随两段光纤的径向轴向相对位移而变化的。径向位移系统中，当接收光纤和发送光纤相对位移等于光纤直径时，接收光强信号近似为零；相对位移为零时，接收光强最大。可见径向位移的测量范围受光纤直径的限制，但检测灵敏度很高。轴向位移与此相反，它的测量范围大，但灵敏度降低。

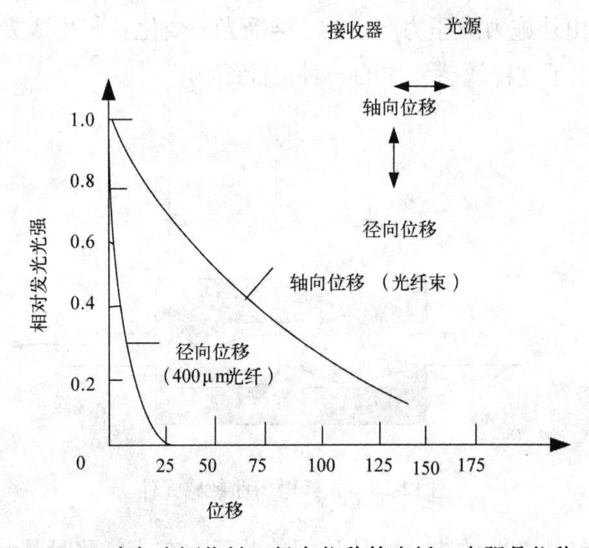


图 12-18　一束与光源作轴，径向位移的光纤，光强是位移函数

#### 12.3.1.2　反射型敏感元件

反射型光纤敏感元件一般是由入射光传输光纤和反射光收集光纤制成一光纤束。在反射体检测端，光纤束中的入射光纤和接受光纤可作为无规则排列或半圆型排列。从光源传来的入射光在反射体上反射，由接受光纤收集，最后传输到光探测器检测光强变化。它能用来检测反射体的存在和测定反射体表面与检测头间的距离。

图 12-19 曲线说明了反射光强与反射面和敏感元件端面间距的关系曲线。从曲线斜率比较可以看出，无规则排列光纤探头比半圆形排列具有较高的灵敏度，但动态范围小。

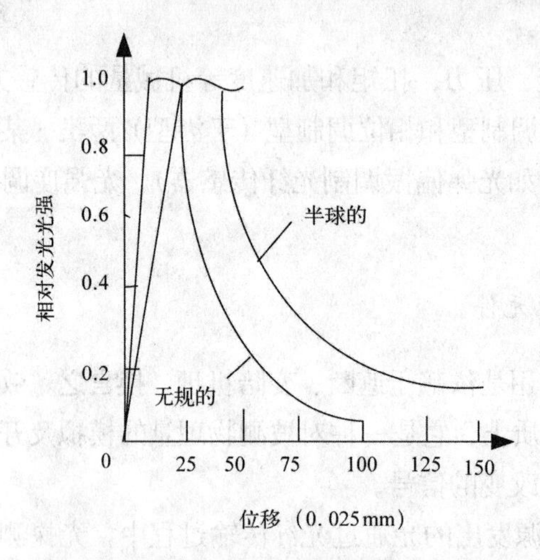


图 12-19　反射光强与距离函数典型曲线

#### 12.3.1.3　微弯曲型敏感元件

当光纤存在微弯曲时，光纤芯中传导的光就在包层中产生一定的逸出散射损耗。如果光纤的微弯曲是由外施力或压力产生的，接受光强变化就与生成光纤变形的激发现象有关。图 12-20 给出了这种敏感元件的一种可能结构。

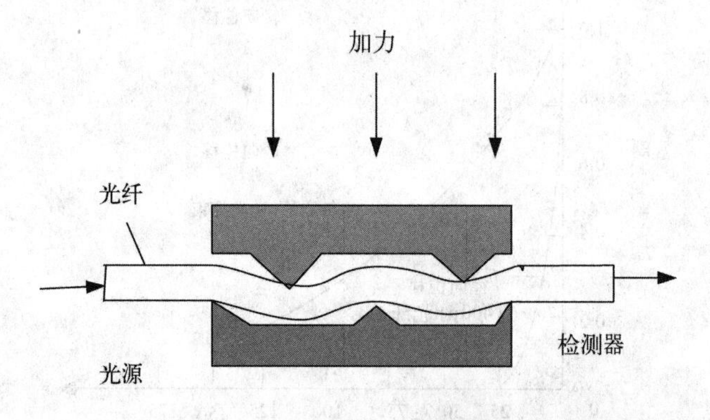


图 12-20　光纤微弯曲敏感元件

光强与生成光纤微弯曲的夹具的位移间的关系，在小位移时是线性的。对大位移，这个关系是非线性的，但实现测量的动态范围大。这类元件的优点是：测量的精度高，成本低，而且光路可以安全密封，不受尘埃等因素的影响。

12.3.1.4　干涉型敏感元件

光纤可以作为光学干涉仪的量干涉光路，实现多种物理量的测量。在实际设计中，一般选用激光器作光源，单模光纤作参考光路和传感光路。基本工作原理是：把激光光速分为两路，分别射入参考光纤和敏感光纤，最后两光束结合在一起进行检测和分析。

干涉型光纤传感器的灵敏度极高，但其成本较高，而且单模光纤系统和相位信号的电子学处理系统较复杂，对大多数工业上的应用有一定的局限性。

以上是机械量光纤传感器的基本情况和概念，下面我们将反射性光强调制位移传感器和相位调制型光纤传感器为例，对其传感机理给予详细的论述。

## 12.3.2　反射型光纤位移传感器

反射型位移传感器为非功能（NFF）光纤传感器，具有结构简单、灵敏度高、稳定性好、易于实现等特点，是最早用光纤进行位移检测的一种传感器。

12.3.2.1　位移传感机理

如图 12-21 所示，光从光源耦合到输入光纤射向被测物体，再从反射回输出光纤，光强由探测器检测。现设此两光纤皆为阶跃型光纤，两者间距为 $d$，每根光纤线径为 $2a$，数值孔径为 $NA$，光纤与被测物体的距离为 $b$，这时接收光纤所接收的光强等效于输入光纤像所发出的光强，如图 12-22（a）所示。由图，此时

$$\mathrm{tg}\theta=\frac{d}{2b} \tag{12-11}$$

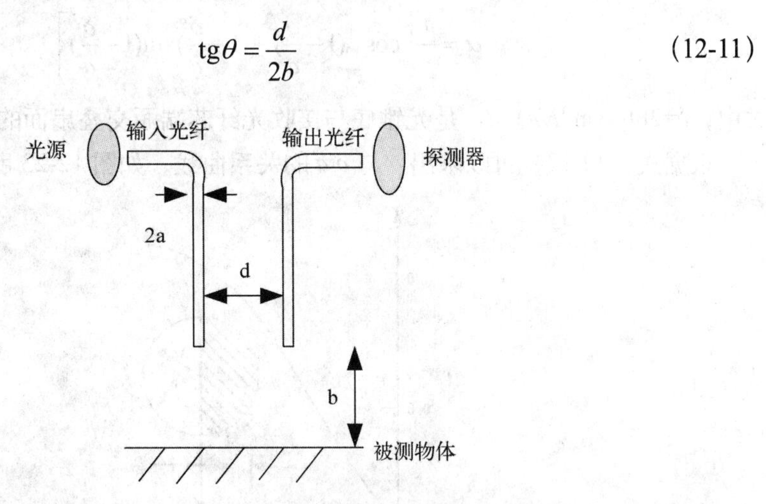


图 12-21　位移传感示意图

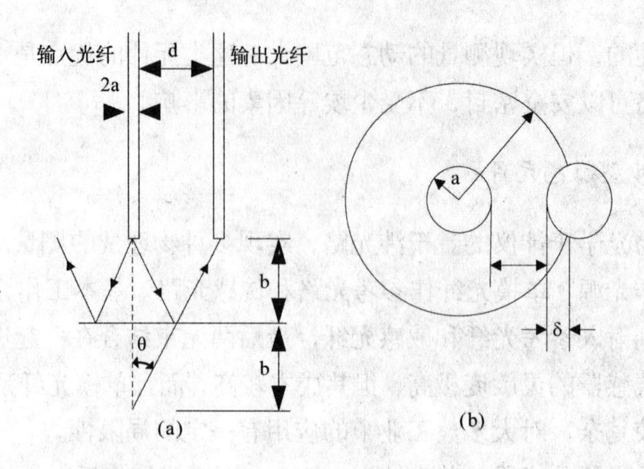


图 12-22　光纤耦合示意图

由于 $\theta=\sin^{-1}NA$，所以式（12-11）可写为

$$b=\frac{d}{2\mathrm{tg}(\sin^{-1}NA)} \tag{12-12}$$

显然，当 $b<d/2\mathrm{tg}(\sin^{-1}NA)$时，即接受光纤位于光纤像的光锥之外，两光纤的耦合为零，无反射光进入接受光纤；当 $b\geq(d+2a)/2\mathrm{tg}(\sin^{-1}NA)$时，即接受光纤位于光锥之内，两光纤的耦合最强，接受光强达最大值，$d$ 的最大检测范围为 $a/\mathrm{tg}(\sin^{-1}NA)$。

若要定量地计算光耦合系数，就必须计算出输入光纤像的发光椎体与接受光纤端面的交叠面积，如图 12-22（b）所示。由于接受光纤芯径很小，常把光锥边缘与接收光纤芯交界弧线看成直线（如图中虚线所示）。对交叠面进行简单的几何分析，可得到交叠面积与光纤端面积之比，即

$$\alpha=\frac{1}{\pi}\left[\cos^{-1}(1-\frac{\delta}{a})-(1-\frac{\delta}{a})\sin(1-\frac{\delta}{a})\right] \tag{12-13}$$

式中，$\delta=2b\mathrm{tg}(\sin^{-1}NA)-d$；是光锥底与接收光纤芯端面交叠扇面的高。

根据式（12-13）可以求出 $\alpha$ 与 $\delta/a$ 的关系曲线，如图 12-23 所示。

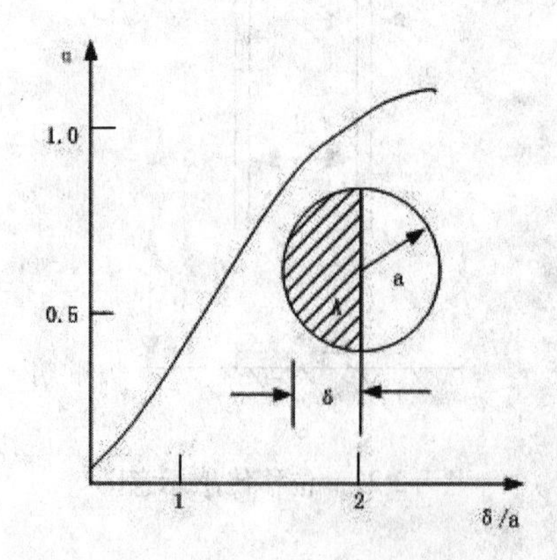


图 12-23　d 与 δ/a 的关系曲线

假定反射面无光吸收，两光纤的光功率耦合效率 $F$ 为交叠面积与光锥底面积之比，即

$$F=\frac{\alpha\pi a^2}{\pi\left[2b\text{tg}(\sin^{-1}NA)\right]}=\alpha\left[\frac{a}{2b\text{tg}(\sin^{-1}NA)}\right]^2 \tag{12-14}$$

根据此式可以求出反射式位移 b 与光功率耦合效率 F 的关系曲线。

图 12-24 的 F 与 b 的关系曲线是在纤芯芯径 2a=200μm，NA=0.5，间距 d=100μm 条件下作出的。最大耦合效率 $F_{max}$=7.2%发生在 b=320μm 处。最大灵敏度 A 点斜率最大，此点对应的 b=200μm。

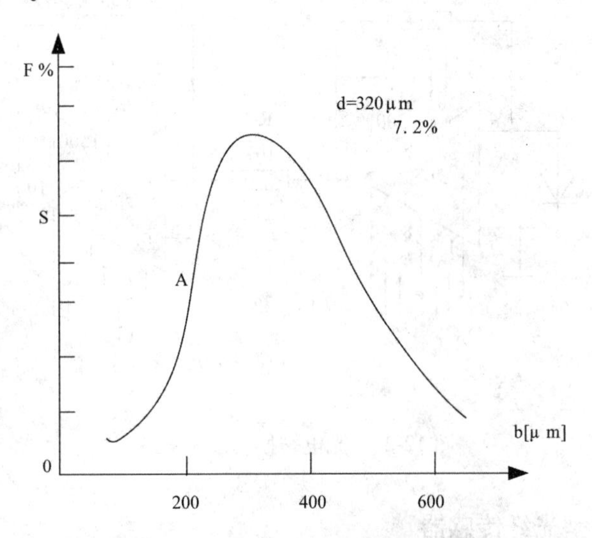


图 12-24　$F$ 与 $b$ 的关系曲线

12.3.2.2　检测系统

若将该检测系统设计成为一微机测试系统，其方框可由图 12-25 所示。光源采用激光器，光纤传感器输出与位移 $b$ 成函数关系的光强信号。光强信号经光电转换、放大、A/D 转换后输入单片机，再由单片机处理后将测量结果显示打印出来。单片机对光强与位移特性曲线进行线性处理，以便提高测量精度。

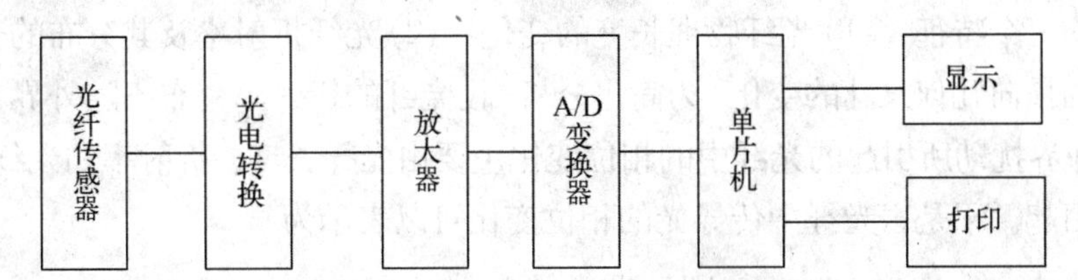


图 12-25　检测系统组成框图

该检测系统中光电转换及放大电路如图 12-26 所示。该电路由两片 F7650 组成，前部分为一 I/V 变换器。PIN 二极管把光信号转换为电信号作为 I/V 转换器的输入，该转

换器要具有极高的输入阻抗，以及极地的失调电压，否则难以检测微弱的电流信号。由图 12-26 可见，$R_L$越大，$I/V$ 转换效率越高，但是 $R_L$过大，会使放大器产生自激，一般 $R_L$不大于 1MΩ。图中的 $R_L$上并联一个电容是为了进行超前校正。外接电容 $C_A$、$C_B$对 F7650 的性能影响很大，应选用漏电小的涤纶电容。为保持电源一电压转换稳定，电阻 $R_L$、$R_1$、$R_2$应选用温度系数小的精密电阻（0.1%）。若输出电压 $V_0$由交流噪声，则可加以一级低通滤波器。

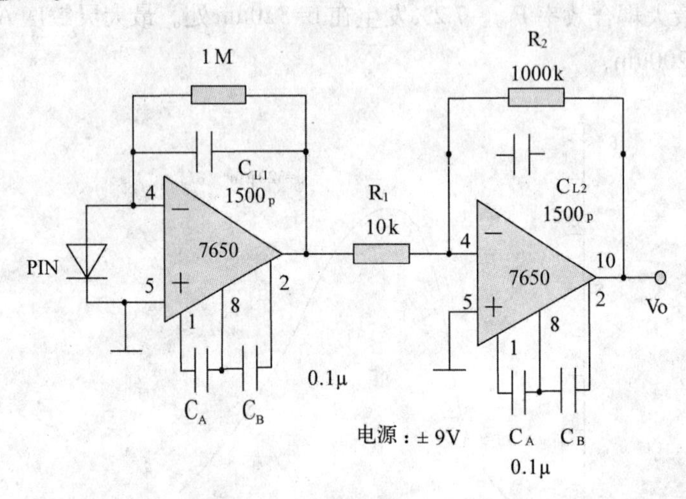


图 12-26　光电转换及放大电路

## 12.3.3　相位调制型光纤传感器

相位调制型光纤传感技术是利用将被测物理量转换为光纤中传导光的相位调制，再通过光纤干涉仪解调出此位相调制，并由光电探测器和信号处理系统给出被测物理量测试结果的技术。

12.3.3.1　光纤相位调制原理

光沿着长度为 $L$、折射率为 $n$ 的单模光纤传输时，它所产生的相移可由式 $\varphi=2\pi nL/\lambda_0$ 表示，式中 $\lambda_0$为光在真空中的波长。由此可见，在光纤中传导的光，其相位变化取决于光纤波导的三个特征：(1) 光纤物理长度的变化；(2) 光纤折射率及其分布的变化；(3) 光纤波导的横向几何尺寸的变化。为简化分析，设光纤的折射率分布不随外界参数变化，这样，由外界扰动所引起的光纤中的相位变化主要由光纤长度、折射率和光纤波导尺寸的变化所引起。于是，光纤中传导光的相位变化可以表示为

$$\Delta\phi = \Delta\phi_L + \Delta\phi_n + \Delta\phi_d \tag{12-15}$$

式中，$\Delta\varphi_L$ 为光纤长度变化时产生的相位变化；$\Delta\varphi_n$ 为光纤折射率变化产生的相位变化；$\Delta\varphi_d$ 为光纤的波导尺寸变化产生的相位变化。

由光波通过长度为 L 的光纤其总相位的公式 $\varphi=\beta L$，可得到单纯由光纤长度变化 $\Delta L$

时对传导光的相位影响为

$$\Delta\phi_L = \beta\Delta L \tag{12-16}$$

式中，β 为光在光线中传输的纵向传播常数。

而由折射率变化 Δn 对相位所引起的影响为

$$\Delta\phi_n = \beta L\Delta n \tag{12-17}$$

由光纤波导尺寸变化所引起的相位变化则比较复杂，若从简单的几何考虑出发，则可表示为

$$\Delta\phi_d = L\frac{\partial\beta}{\partial d}\cdot\Delta d \tag{12-18}$$

式中，$\frac{\partial\beta}{\partial d}$ 表示光纤尺寸变化对光纤波导中传播模的传播常数的影响，它与波导的具体结构有关，详细分析可参考有关文献。

由上述讨论，综合（12-16）、(12-17)、(12-18)式可得到光纤中传导光的相位变化为

$$\Delta\phi = \beta\cdot\Delta L + \beta L\cdot\Delta n + L\frac{\partial\beta}{\partial d}\cdot\Delta d \tag{12-19}$$

上式中，ΔL 产生的因素有：沿光纤的纵向应变、热膨胀、通过泊松比产生的膨胀。可通过由温度变化、光弹效应而引起。光纤波导的几何尺寸可由径向应变，纵向应变通过泊松比产生的影响以及热膨胀而产生。在相位调制型光纤传感器中，被测参量通过直接或间接的关系通过上述因素引起光相位的调制。再次，我们分析光纤受压力作用的情况。

光纤受压力作用影响时，所引起的光相位调制比较复杂，可认为主要由两种效应引起调制作用。一是光压力作用而产生应变，使光纤几何尺寸改变，从而对光相位进行调制。其中可认为纵向应变（引起光纤长度变化）是主要因素，而横向应变（引起光纤直径变化）影响较弱，可以忽略。二是压力应变作用所引起的光纤中的光弹效应，使光纤折射率变化，从而对光相位进行调制。

由弹性力学只是可写出静态条件下的应力-应变关系：

$$\begin{cases}\varepsilon_x = \dfrac{1}{E}\left[S_x - \sigma(S_y + S_z)\right]\\ \varepsilon_y = \dfrac{1}{E}\left[S_y - \sigma(S_y + S_z)\right]\\ \varepsilon_z = \dfrac{1}{E}\left[S_z - \sigma(S_y + S_z)\right]\end{cases} \tag{12-20}$$

式中，$S_x$，$S_y$，$S_z$ 为沿 x，y，z 三个方向的应力分量；E 为杨氏弹性模量，$\sigma$ 为泊松比。

对于各向同性的均匀介质，介质受到某一方向（如沿 z 轴方向）的应力作用时，将在该方向产生应变；同时由材料的泊松比关系，在与该应力的垂直方向上也产生相应的应变。对于光纤受压力场作用时，光纤中的应变分布是圆对称的，此时有 $\varepsilon_y=\varepsilon_x=\varepsilon_r$，可

称为径向应变，而 $\varepsilon_z$ 则为纵向应变。当沿光纤传输轴的纵向应变力 $S_z$=0 时，则由径向应力而产生的纵向应变为

$$\varepsilon_z = -\frac{2\sigma}{1-\sigma}\varepsilon_r \tag{12-21}$$

当仅有纵向应力（即 $S_x$=$S_y$=$S_r$=0 时），则由纵向应力引起的径向应变为

$$\varepsilon_z = -\sigma\varepsilon_z \tag{12-22}$$

考虑由纵向应变所引起的光相位调制，可简要表示为

$$\Delta\phi_L = \beta L \cdot \varepsilon_z \tag{12-23}$$

光纤受压力作用下由于光弹效应而引起的折射率变化，由光弹理论给出

$$\Delta n = -\frac{n^3}{2}(p_{11}+p_{12})\varepsilon_r + p_{12}\varepsilon_z \tag{12-24}$$

式中，$p_{11}$，$p_{12}$ 为光弹张量中的元素。

综合由纵向应变与折射率变化两种因素所产生的对光纤中光相位的调制可表示为

$$\Delta\phi = \beta L\left[\varepsilon_z - \frac{n^3}{2}(p_{11}+p_{12})\varepsilon_r + p_{11}\varepsilon_z\right] \tag{12-25}$$

这里略去了径向应变改变波导尺寸所产生的相位变化，同时也未考虑光纤中的双折射效应。由此，我们得出光纤受压力作用下的光相位调制。这种原理形成了利用光相位调制方法的机械量传感器的基础。

对于纯石英光纤，$E=1.9\times10^{11}N/m^2$，$\delta$=0.17，$p_{11}$=0.126，$p_{12}$=0.274，$n$=1.458 则得到单位长度单模光纤对压力变化的光相位调制灵敏度为 10rad/bar.m。同样可得到光纤对纵向应变的光相位变化灵敏度约为 11.4rad/μm.m。

各种外界参量通过机械作用效应引起光纤中的应变和折射率的变化而产生光相位调制，从而使得光纤可用于组成各种参量的传感器。例如可把光纤盘绕在磁性材料的芯棒上，或在光纤上涂敷磁致伸缩材料外层，这样，在磁场作用下光纤的长度和折射率将发生变化，因此可实现对磁场的传感。目前，相位调制型光纤传感器作为一种高灵敏度的传感器已在各种参量的测试中显示出广泛的应用前景。

#### 12.3.3.2　光纤干涉仪及光相位检测

相位调制型光纤传感器中，外界被测量对光纤中传导光的相位调制同样需先把相位调制转换为幅度调制，然后通过光电探测器进行光信号的检测。这种解调通过光纤干涉仪来完成。马赫-曾德尔（Mach-Zehnder）光纤干涉仪是最易于实现和应用最为广泛的一种，为此，首先对马赫-曾德尔干涉仪的工作原理作一简要说明。

图 12-27 为马赫-曾德尔干涉仪的工作原理示意图。从光源发出的光经分束器 BS1，分为参考光束和测量光束，这两光束分别经反射镜 M1 和 M2 反射后到达第二个分束器

BS2，通过 BS2 将测量光束和参考光束合成叠加，从而产生两光束之间的干涉。这样，应用光探测器就可将干涉信号检测出来。

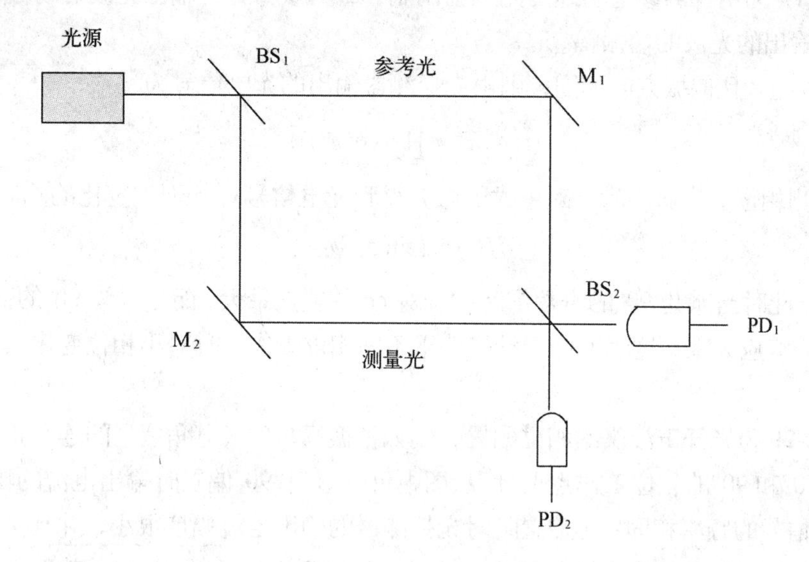


图 12-27　马赫-曾德尔干涉仪

马赫-曾得尔干涉仪的显著特点之一，是可以避免干涉光路的光再反射回光源。因此，对光源的影响很小，有利于降低光源的不稳定性噪声。此外，它能够获得双路互补干涉输出（见图中 $PD_1$ 和 $PD_2$），便于进行信号接收和处理。

马赫-曾德尔光纤干涉仪则是由上述干涉仪变化而形成，光波的分束和合成都用光纤耦合器，其结构示图 12-28。图中两支光路一支作为参考臂（由参考光纤构成），一支作为测量臂（由传感光纤构成）。传感光纤置于被测环境之中，受外界被测参量的影响引起光纤中传导光的相位变化，而参考光纤中的传导光无相位变化，于是经耦合器合波后产生干涉，把相位调制信息解调成幅度变化，通过光电探测器检测干涉信号变化可实现对各种参量的测量。

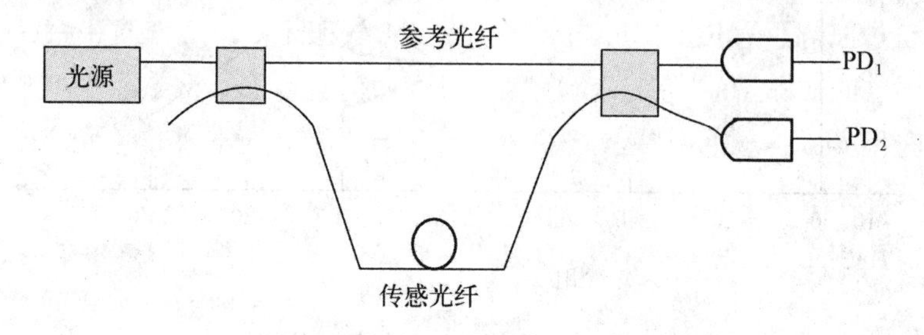


图 12-28　Mach - Zehnder 光纤干涉仪

现考虑一种极端情况，即外界参量变化引起的光纤长度变化比波长小得多，或严格地说是所引起的相位变化很小的情况。若从参考光纤和传感光纤输出的光干涉叠加为

$$E_1 \exp(j\omega t) + E_2 \exp\left[j(\omega t + \phi(t))\right] \tag{12-26}$$

式中，φ（t）为由外界参量引起的光相位调制；$E_1$为参考光纤输出光波的场振幅；$E_2$为传感光纤输出的光波的场振幅。

设 $E_1 \approx E_2$，且偏振方向相同，则由光探测器输出的光电信号为

$$I(t) \propto E^2 \propto \left[1 + \cos\phi(t)\right] \tag{12-27}$$

当所测相位变化微小时，对上式的微分得到光电信号对 φ（t）变化的响应为

$$\delta I(t) \propto (\sin\phi)\delta\phi \tag{12-28}$$

显然，此时当 φ 为 90°的奇数倍时，I(t)对 δφ 的响应最大；而当 φ 为 90°的偶数倍时，I(t)对 δφ 的响应为零。这表明当干涉仪处于不同相位工作点时对小相位变化具有不同的灵敏度。

图 12-29 为光纤干涉仪的相位偏置。例如把振幅±10°（电角度）的连续正弦信号分别偏置在 0°和 90°的相位工作点上时，从图中可以看到，90°偏置时输出电流的幅度最大，且与输入信号的频率相同；0°偏置时对光探测器的输出电流幅度很小，并且由于信号在极点的两侧振动而使输出电流的频率为输入信号的两倍。因此，我们希望能把干涉仪的相位工作点偏置在 90°上，这便成为正交偏置。在正交偏置条件下，直接测量干涉仪输出的光强度就得到相应的相位变化值。这种检测方法常称为零差检测。

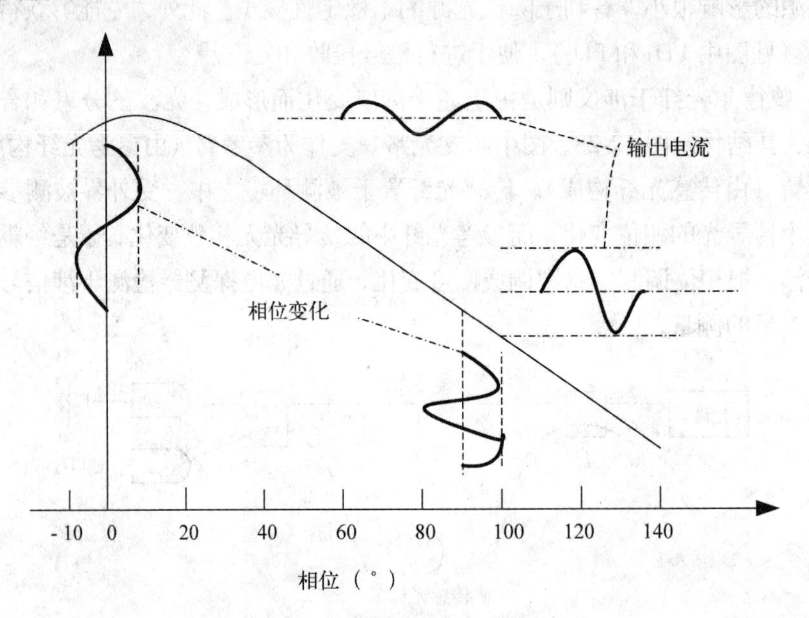


图 12-29　光纤干涉仪的相位偏置

零差检测要求正交偏置工作，这就要求采取一些补偿大幅度漂移的手段。否则将会使相位正交偏置点漂移，当漂移到 0°相位点附近时，不仅会引起光探测器电流输出的幅值减小，而且可能使基波分量变为零而只留下很小的二次谐波成份，这种过程称为衰落。

除零差检测方式外，还有外差检测法。它是在干涉仪的光路中引入移频器，使信号光和参考光束之间形成差频干涉，从而避开探测器的低频噪声带，通过电子学方法的处理，使光源噪声只改变信噪比而不影响干涉仪输出数据。由于该种检测方法对光强波动和低频噪声不敏感，所以也为光纤干涉仪中信号探测的主要方法之一。

12.3.3.3　光纤马赫-曾德尔干涉仪机械量传感器

由上述讨论的马赫-曾德尔光纤干涉仪的工作原理可知，若在其传感器上施加外界机械载荷（如压力）便可构成机械量传感器，它属于功能(FF)型光纤传感器。图 12-30 所示为基于马赫-曾德尔干涉仪的光纤声纳传感器原理。图中由激光器发出的相干光给光纤耦合器（常称为 3dB 耦合器）分为相等振幅的两路光，一路进入传感光纤感受被测声压信号，另一路进入参考光纤形成参考臂；从参考光纤和传感光纤输出的光信号又经另一光纤耦合器合成形成干涉，干涉信号由光电探测器接收后通过电路的信号处理可以实现被测声压信号的输出。

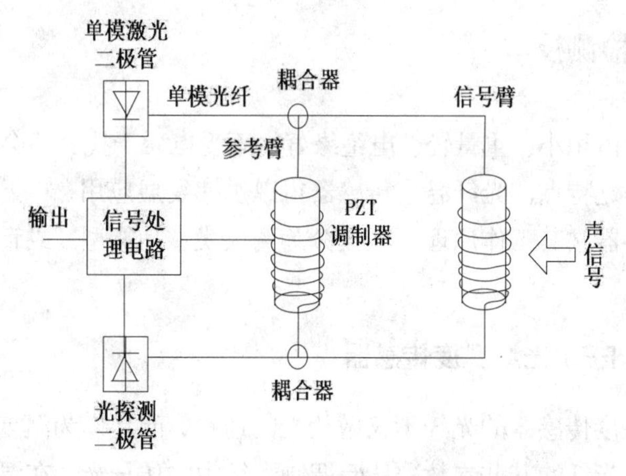


图 12-30　光纤声纳原理

该干涉仪的参考臂中采用了一个相位调制器，它是由在圆柱形压电元件（PZT）上绕制光纤而组成，当压电圆柱受调制电压作用时，柱体会产生膨胀或收缩从而使绕制其上的光纤产生相应应变，使参考光路中引入一定相位偏置以使干涉仪工作在正交状态，实现零差检测。

应用类似的原理可制成光纤加速度传感器如图 12-31 所示，将干涉仪的臂与质量块固定在一起，当质量块相对于框架作加速运动时，光纤将产生纵向应变，从而可得到相应的干涉信号其大小为待测加速度的量度。图 12-31（a）为将质量块固定在传感光纤上的结构；图 12-31（b）为将质量块同时固定在传感光纤和参考光纤上的结构。

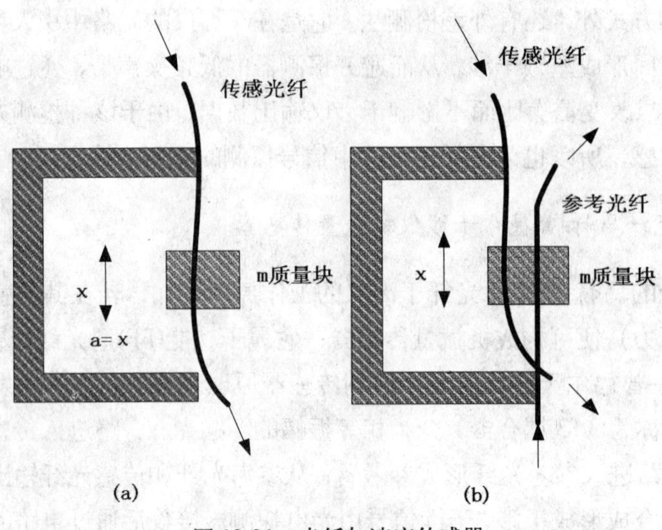


图 12-31　光纤加速度传感器

## 12.4　光纤温度检测技术

由于光纤具有体积小、重量轻、电绝缘好、不受电磁干扰、不会产生电火花可在易燃易爆环境下工作之特点，光纤温度传感器得以迅速发展应用。

光纤温度传感器按其工作原理可大致分为两大类：功能型（或直接式）和非功能型(或间接式)。

### 12.4.1　功能型（FF）光纤温度传感器

功能型光纤温度传感器的光纤不仅做为光的通路，而且作为温度敏感元件。即被测温度的变化改变了光纤的某些参数，从而调制光线中的传导光。在温度检测中，这种调制方法可分为相位调制、光强（幅值）调制和偏振调制。相位调制的基本形式即是前面所述的马赫-曾德尔(Mach-Zehnder)干涉仪的形式。由前面所论述的相位调制机理可知，由于温度的变化引起光纤中传导光的相位变化，$\Delta\varphi_T$ 可表示为

$$\Delta\phi_T = \Delta\phi_L + \Delta\phi_n \tag{12-29}$$

式中，$\Delta\varphi_L$、$\Delta\varphi_n$ 分别为光纤的长度随温度变化和折射率随温度变化所引起的相位改变。在此，光纤直径随温度的变化所引起光纤波导的变化忽略不计，由 $\Delta\varphi_L=\beta\cdot\Delta L$ 和 $\Delta\varphi_n=\beta L\cdot\Delta n$ 可得

$$\Delta\phi_T = \beta L(\alpha + \frac{\partial n}{\partial T})\Delta T \tag{12-30}$$

式中，β 为光在光纤中传输的纵向传播常数；α 为光纤线膨胀系数；$\frac{\partial n}{\partial T}$ 为光纤折射

率随温度变化系数。

对于纯石英光纤，$\alpha$=5.5×$10^{-7}$/° C，$\frac{\partial n}{\partial T}$=6.8×$10^{-6}$/° C，可见此种情况下折射率变化对光相位调制的作用较大。若取光纤折射率 n=1.458，对于 λ=0.6328μm 的光波，单位长度单模光纤对温度变化的光相位调制灵敏度约为 106rad/$^0$C·m。

由上述分析，若将马赫-曾德尔干涉仪的传感光纤置于被测环境温度之中，则它与参考光纤的光合波形成干涉，通过测量干涉条纹数就可确定温度的数值。

光强（幅值）调制是使温度信号的变化变为光纤接收端的光强的变化，主要可以采用三种方法来实现。第一种是利用光导纤维传光过程中在包层中的损失来测量。在温度恒定时，包层折射率 $n_2$ 与纤芯折射率 $n_1$ 之间的差是恒定的，如果以此时接收到的光强为基准，当温度变化时，$n_2$、$n_1$ 之间的差发生变化，在光纤传输的光能量将有一部分损失到包层中，接收的光强就将变小，因而就能够决定温度的变化。利用这一原理可构成温度报警器。第二种是利用当光纤弯曲时将产生的损耗原理。当温度变化引起夹具位移将使光纤产生不同程度的弯曲，进而将使传输光能产生一定的损失，由此来决定温度的特性。第三种是将两根纤芯很近的并行放置，当一根光纤通光后一部分能量将耦合到另一根纤芯中去，其耦合的能量也发生变化。

利用光强调制测温，原理和结构比较简单，但检测光强易引入干扰，灵敏度也较低。

偏振调制就是利用光纤本身的折射率随温度变化，而造成入射偏振角发生变化。在接收端用检偏装置就可将信号检测出来，该方法对光纤制造工艺要求高，实现较为困难。

### 12.4.2　非功能型（NFF）光纤温度传感器

非功能型（NFF）光纤温度传感器中的光纤主要起光通路的作用，必须前置敏感元件感应被测温度，通过它对电光源传来的入射光进行光调制或直接将温度变为光信号，通过光探测器变为电量后进行数据处理，所以也可称为间接式光纤温度传感器。现将几种 NFF 型光纤温度传感器简要介绍如下。

#### 12.4.2.1　光导纤维红外辐射温度计

光纤辐射测温技术在检测和控制领域得以广泛的重视和应用，它具有红外辐射温度的一系列优点（如：非接触测量、易进行高温测定、响应速度快等），同时，又利用光纤直径细小和可接性进行测试以及仅用光学系统就能构成检测端部等特点，因此做到耐热、小型、易操作，适宜在狭窄场所或视野不好的条件下工作。

该类传感器的基本工作原理基于普朗克（Plank）的“黑体”辐射定律：

$$E_0(\lambda_T)=C_1\lambda^{-5}(e^{C_2/\lambda_T}-1) \tag{12-31}$$

式中，$E_0(\lambda_T)$为黑体发射的光谱辐射通量密度，单位为 w·$cm^{-2}$μ$m^{-1}$，$C_1$=3.74×$10^{-12}$ w·$cm^2$ 第一辐射常数；$C_2$=1.44cm·K 第二辐射常数。$\lambda$ 为光辐射的波长，单位 μm；$T$ 为

“黑体”的绝对温度。

在自然界中一般物体的辐射能力都比理想“黑体”小，其光谱辐射通量密度表述为

$$E(\lambda_T)=\varepsilon_\lambda C_1\lambda^{-5}(e^{C_2/\lambda_T}-1)^{-1} \tag{12-32}$$

式中，$E(\lambda_T)$为物体发射的光谱辐射通量密度；$\varepsilon_\lambda$为物体的光谱发射率，$0<\varepsilon_\lambda<1$。

按上述公式，对已知发射率$\varepsilon_\lambda$的物体，测量选定波长或波段的光谱辐射通量，即可确定它的表面温度。仪器的分度主要依赖这一著名的普朗克公式。

采用光纤构成仪器的光路系统，既可在通常场合下检测，又可以对某些难以直接观察或不易接近部位，如弯管，腔体内壁及防爆有毒场合的温度检测。

光导纤维红外辐射温度计由光路系统和电路系统两部分组成，并配接相应的夹具和电缆，其组成框图由图 12-32 所示。

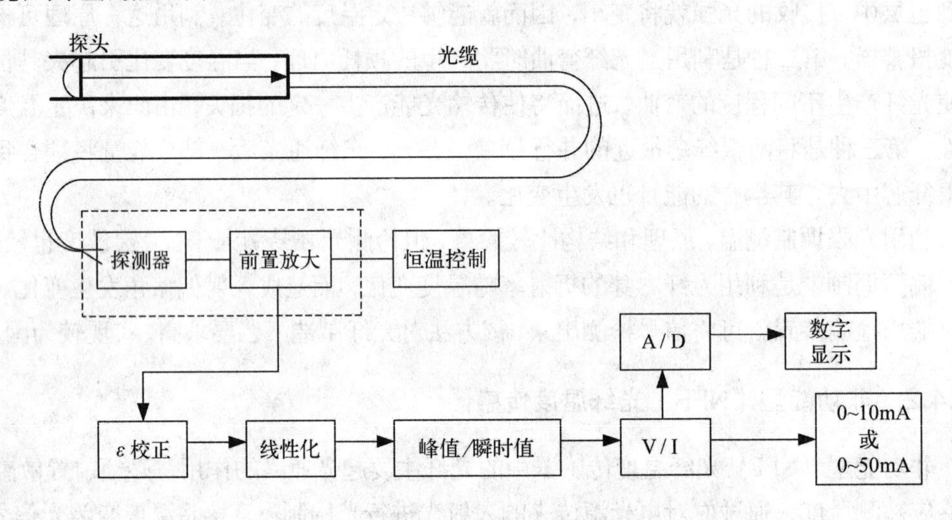


图 12-32 红外辐射温度计组成框图

仪器的光路系统由探头、光缆和检测单元组成。光缆是外加保护套的光导纤维（由电缆得名），两段带螺纹接头，分别与探头和仪器的检测单元耦合。被测辐射能量由探头中的物镜会聚后进入光缆传送到检测单元，用滤色镜限制工作光谱范围后，由探测器接收转换成相应的电信号，再被后面的电子线路做进一步的处理，为保持仪器的检测精度和稳定性，将探测器硅光电池、滤色镜和前置放大器置于恒温器中，以减少外界环境因素影响。

仪器具有附加目镜，可以旋装在探头上，瞄准被测目标以便调整固定测量位置，然后再接上光缆即可进行检测。

电路系统由探测器、前置放大器、发射率（ε）校正、线性校正、峰值检测、V/I 转换、A/D 转换、数字显示、恒温控制和电源等组成。

从探测器得到的检测信号先由前置放大器放大到 0～5v 电压信号，经发射率校正电路手动置数后，可进行 1～0.1 发射率的修正，再由线性化电路以及折线近似法进行线性

校正，使信号与被测温度成线性关系，然后送峰值电路变换成0～10mA或0～50mA输出，同时再由A/D转换后用LED或LCD显示测量结果。

光导纤维红外辐射温度计可用于融炉内温度测量，也可用作高速旋转涡轮叶片温度检测。

12.4.2.2　夹入半导体式光线温度传感器

夹入半导体式光线温度传感器结构非常简单，它由不锈钢支架内的加在两根光纤端部间的半导体薄片构成。其测试系统方框图及探头结构分别示于图12-33和12-34。

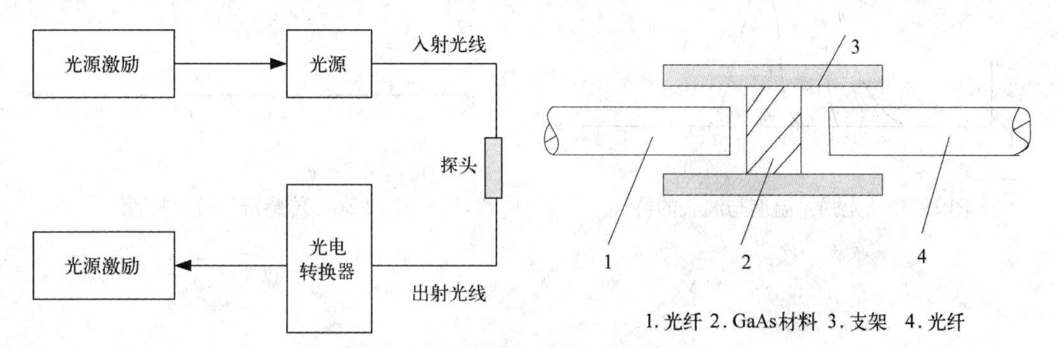


图12-33　单波长半导体吸收式测温系统方框图　　图12-34　探头结构示意图

当一定波长的光照射到半导体材料时，电子吸收足够的能量从价带跃迁入导带，发生本征吸收。显然，为保证本征吸收，入射电子的能量必须大于半导体的禁带宽度$E_g$，即

$$h\nu \geqslant h\nu_g = E_g \tag{12-33}$$

式中，$h$为普朗克常数，$\nu$为电子频率，$\nu_g$为能够引起本征吸收的最低光子频率（阈频率）。由$\lambda=c/\nu$（c为光速），可求得$\nu_g$对应的特定波长$\lambda_g$，$\lambda_g$称为本征吸收波长，（也可说阈波长）。CdTe、GaAs等半导体材料具有陡峭的阈波长端特性（即吸收限）。凡波长值大于吸收限波长$\lambda_g$的光都能穿透，而小于吸收限波长的光皆被吸收。因为半导体的禁带宽度$E_g$和温度T的关系可写成

$$E_g(T) = E_g(0) - \alpha T \tag{12-34}$$

式中，$E_g$（0）为温度为0K的禁带能量，单位ev；$\alpha$为半导体的温度系数，对于GaAs，$\alpha=4.3\times10^{-4}$ev/K。于是，当$T$增加时，$E_g$减少。因此，由$\lambda_g=hc/E_g(T)$可见$\lambda_g$向长波方向移动。若I(λ)是光源的光谱，$t$（λ，T）是半导体材料的透射率，我们可做出半导体材料的透光率与温度的特性曲线如图12-35所示。当我们采用辐射光谱的发光二极管光源与选取的半导体的$\lambda_g$（T）重合时，通过该半导体薄片的光强随T的增大而减小。当此光通过出射光纤进入光电转换器后，便可将此光强的变化转换成相应的电流（或电压）信号。为此，传感系统将温度变量转换成相应的电信号输出。图12-36为GaAs和

CdTe 两种半导体材料构成敏感元件时传感器的输出特性和温度的关系曲线。图 12-37 为用 GaAs 材料制成的传感器电流输出的相对关系曲线。

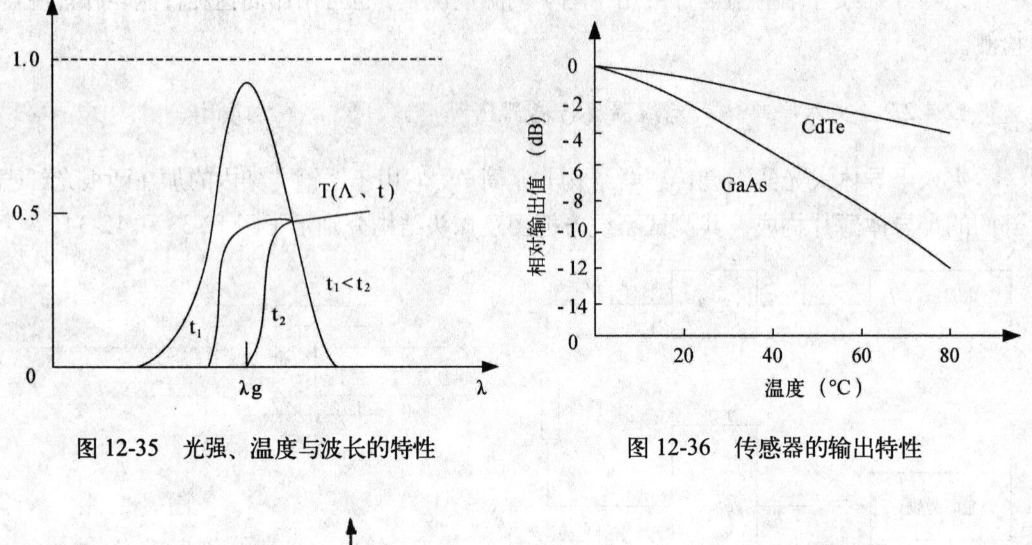


图 12-35　光强、温度与波长的特性　　　图 12-36　传感器的输出特性

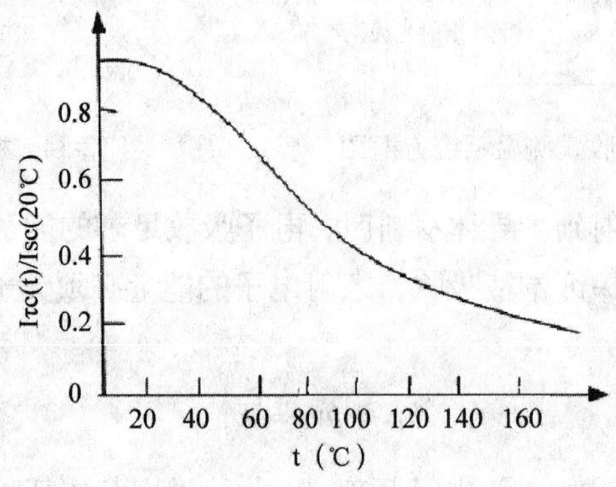


图 12-37　传感器输出的相对曲线

12.4.2.3　荧光辐射式光纤温度传感器

受光或放射线照射后处于激发状态的原子，有比标准状态是更高的能量。但是，受激发原子总是力图恢复原来的低能状态，并释放因受照射而获取的能量。这时，要辐射出大于照射波长的荧光。例如，含 $Ag^{+}$离子的磷酸盐玻璃在 γ 或 X 射线照射下，$Ag^{+}$离子能够变成 Ag 原子并辐射出比例于照射强度的荧光。利用这种现象可以测量温度、放射线及紫外线等。

图 12-38（a）时荧光辐射型光纤温度传感器的敏感部分。它是在光纤前端填充镉氧化硫与活化剂铕形成光物质（Cd099Eu0.01）$_2O_2S$ 而构成传感器的。

如同图 12-38（b）所示，紫外线照射激发的磷光物质可以辐射出可见荧光，并且，其荧光强度受温度调制改变相当大（曲线 B）；波长 0.63μm 则几乎与温度无关（曲线 A）。

检测出 A/B 值，则可测知温度。

本传感器在-50～200°C 范围内，测量精度可达±0.1°C，并且响应速度也可高达 1 秒之内。

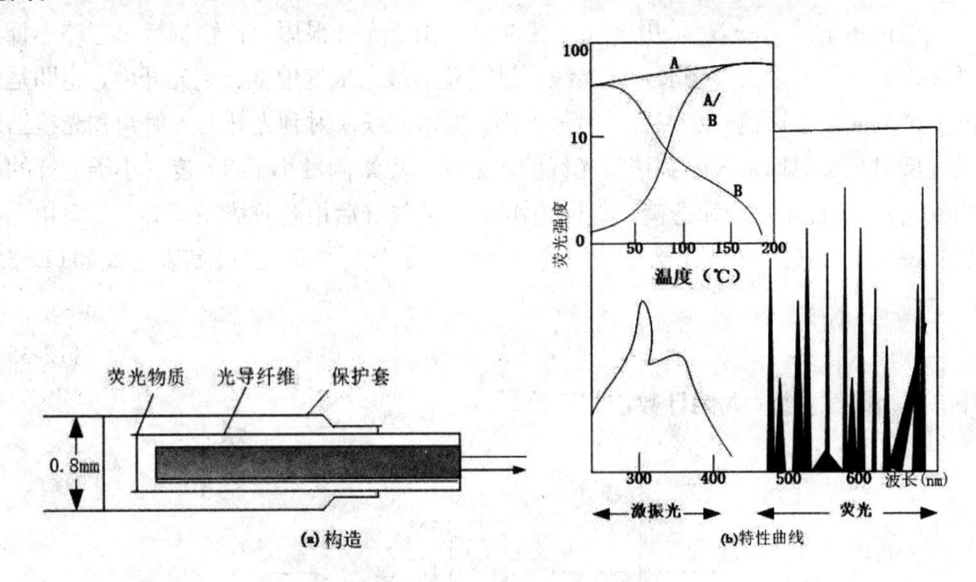


图 12-38　荧光辐射型温度传感器原理

## 12.5　光纤流量（流速）检测技术

光纤式流量计、流速计等广泛应用于化学工业，机械工业，水工实验，医疗领域，污染检测以及控制等方面。尤其在易燃、易爆、空间狭窄和具有腐蚀性强的气体、液体以及有污染的条件进行检测，光纤传感器对此具有特殊的优越性。

流量、流速传感器检测技术中最常用的是光纤涡轮流量计、转速计等。这种传感器大多采用光强反射式和振幅调制型原理。在此，将简单地介绍光纤涡轮流量计。

多普勒流量（流速）计，是基于多普勒效应，属相位干涉型光纤传感器。此处将对光纤激光多普勒流量计和血流量计传感器作一介绍。

### 12.5.1　光纤涡轮流量计

#### 12.5.1.1　工作原理

光纤涡轮流量计的工作原理是涡轮叶片上贴一小块具有高度反射率的薄片或镀有一层反射膜。探头内的光源通过光纤把光线照射到涡轮叶片上。每当反射片通过光纤入射口径时，出射光被反射回来，通过另一路光纤接收该反射光信号传送并照射到光电探测器件上转换成电信号，这样，就把这一光强信号转变为电脉冲，然后接至频率变换器和计数器，便可知道叶片的转速和求出其流量，从而可测出流量的流速和总流量。

12.5.1.2　探头结构

该结构示于图 12-39。采用 Y 型多模光纤，由于光纤很短，传输损耗可忽略不计为保证接收的光信号最大，要求光源光线经过透镜后最大限度地耦合到光纤中，也即是光纤的一个端面位于透镜的焦点上，另一方面，要求光线入射到光纤的入射角和光线出射后通过反射片反射回来入射到接收光纤的入射角，尽量满足小于 12 度（小于光纤的最大接收角）。透镜用双胶和透镜，直径为 4mm，调整好后用胶胶接在探头上。采用光敏三极管将光信号转换成电信号，经放大输入到计数器累计显示流量。其表达式如(12-35)式所示。

$$V = K \cdot N \tag{12-35}$$

式中，$K$ 为比例常数；$N$ 为计数器的读数。

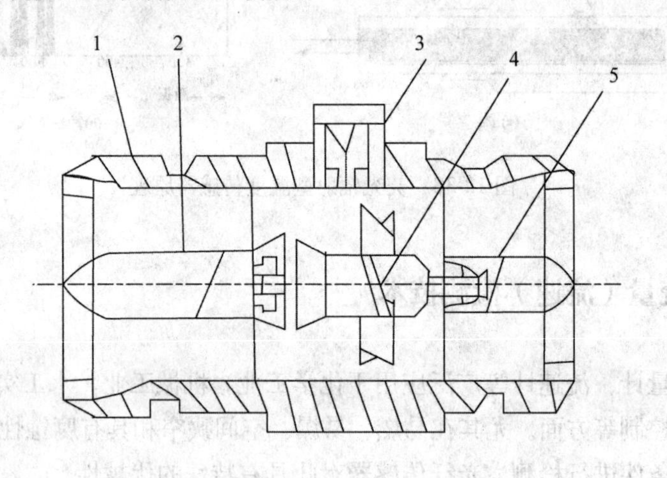


1–壳体　2–导光流　3–探头　4–涡流　5–轴承

图 12-39　光纤涡轮流量计

比例常数 K 由涡轮叶片与轴线的夹角、涡轮的平均半径、涡轮所处的液面面积等决定。

光纤涡轮流量计具有重现性和稳定性好，显示迅速，精度高，测量范围较大，不需另加电源以及不易受电磁、温度等环境因素的干扰等优点。另外，它还可以应用在大磁场、高温度以及电流大灯环境下测量轴的转速以及涡轮的转速。这种小体积的光纤探头，还可以安装在很小的空间内进行测量。

该流量计的主要缺点是只能用来测量透明的气体或液体，不允许在液体中有不透明杂志出现，所以在叶轮前应安置过滤装置。其次，管道内的涡流、旋流、脉流等会引起叶轮旋转发生变化，从而影响到测量精度。

## 12.5.2　光纤激光多普勒流量计

### 12.5.2.1　多普勒（Doppler）效应

当激光照射到运动的物体或流体内的离子时，其中散射光的频率相对照射光的频率的偏移现象称为多普勒效应。若入射光的频率为 f，相对于观察者运动体的速度为 $v$，则从运动物体反射的光线具有的频率 $f_1$ 为：

$$f_1 = \frac{f}{1 \mp \frac{v \cdot \cos\theta}{c}} \approx f\left(1 \pm \frac{v \cdot \cos\theta}{c}\right) \tag{12-36}$$

上式即为多普勒效应的数学表达式，式中 c 为光速，$\theta$ 为运动物体的速度与入射光线的夹角，分母中的“-”“+”号使运动物体是背离观察者还是向着观察者运动而取。

### 12.5.2.2　光纤多普勒流量计

光纤激光多普勒流量计就是基于上述多普勒效应而设计的传感检测仪器。它是通过激光干涉法来测定频率偏移量，从而可得知物体或流体的速度。图 12-40 为参照型多普勒测速计原理图。由激光光源（氢-氦激光，λ=632.8nm）发出的光（频率为 $f_0$）导入光导纤维，经射束分路器将光线分成两路，其中一路引入光探头，光探头是前端经过研磨的光纤或装有微型梯度折射率透镜（直径 1-2mm，长 5-6mm）的光纤。。在装有微型透镜的场合，光纤能导入大部分激光，一直传到探头后端出射，而另一部分则在探头前端即反射。由探头后端出的光以与相对被测物体运动方向或 θ 角度射向被测物体，其速度为 v,则由多普勒效应产生频率漂移为 $f_1$ 的散射光，且 $f_1$ 由式

$$f_1 \approx f_0\left(1 + \frac{v \cdot \cos\theta}{c}\right) \tag{12-37}$$

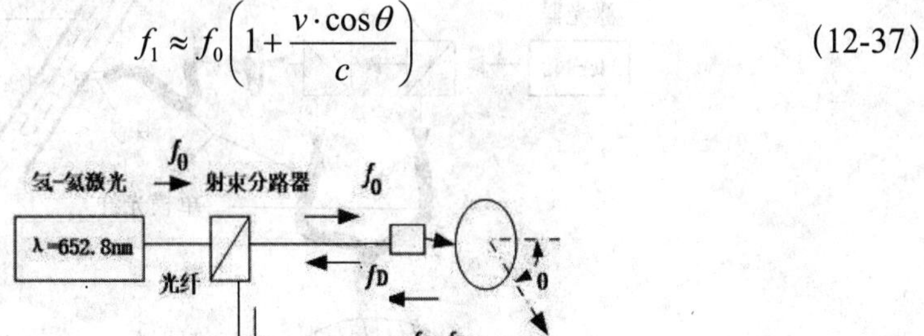

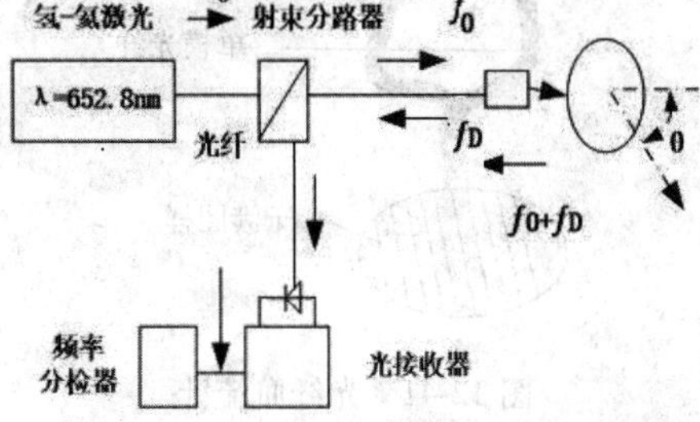


图 12-40　参照型光纤测速计原理图

表示，同样这些散射光又入射到光探头，它所接收到的光波频率由多普勒效应写为

$$f \approx f_1\left(1 + \frac{v \cdot \cos\theta}{c}\right) \tag{12-38}$$

于是，光探头接收到的散射光的频率偏移 $f_D$ 为

$$f_D = f - f_0 \approx f_0 \frac{2v \cdot \cos\theta}{c} = \frac{2v \cdot \cos\theta}{\lambda} \tag{12-39}$$

在进行上述运算时，忽略了 $\left(\frac{v}{c}\cos\theta\right)^2$ 项。

由光纤的前端或微透镜端面反射的光其频率不变化，作为参照光。将散射光和参照光一道通过射束分离器和光纤经光电元件接收器接收得到外差信号(此处采用APD管)，经检波后输出信号的频率也就是式（12-39）所表示的多普勒频率。

也可由接收装置直接输出信号，用频谱分析仪及频率跟踪器等进行进行频率分析，得到多普勒频率 $f_D$。利用此测速原理可用来测量物体的速度和流量。

医学上用的光纤血流计就是其应用之一。这种仪器的光纤传感器部分不带电源，化学状态稳定，直径细，不影响血流。图 12-41 为光纤血流计的示意图。从 He-Ne 激光器发出的相干光经分光器后，一部分入射到单模光纤中，另一部分作为参考光。从单模光纤出射的相干光照射到血液中的红血球粒子后背散射，根据多普勒效应，入射到探头的散射光其频率发生变化，变化量 Δf 为

$$\Delta f = 2n \cdot v \cdot \cos\theta / \lambda_0 \tag{12-40}$$

式中，$v$ 为血流速度；$n$ 为血的折射率；$\theta$ 为光纤轴线与血管轴线间的夹角；$\lambda_0$ 为真空中激光的波长。

该散射光信号仍由同一光线送出，与参考光一起构成连续扫描的干涉条纹，由此检测出相位的变化，从而可确定频率的变化和血流的速度.。

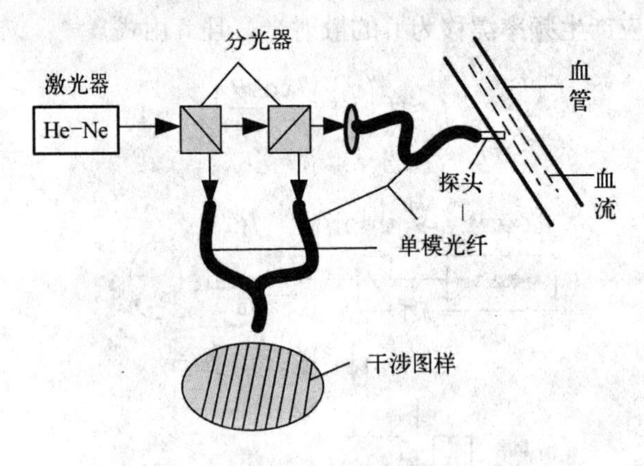


图 12-41　光纤血流计

## 12.6　磁场及电场光纤传感技术

光纤传感器具有绝缘性好，不受电磁场干扰等优点，作为磁场及电场有关参考量的

传感器元件具有其独特的优越性。

利用磁致伸缩效应，将磁致伸缩材料被覆在单模光纤的外面，一起伸缩量作用于光纤，可以制成磁场、电流传感器。关于此类传感器的工作原理已在机械量光纤传感器中的相位调制型传感器论及过（见马赫-增德尔干涉型传感器），在此不再赘述。本节重点讨论的是建立在磁光效应、电光效应基础上的光线磁场（电流）、电场（电压）传感器。

## 12.6.1　法拉第效应式光线磁场（电流）传感器

### 12.6.1.1　磁光（法拉第）效应

置于磁场中的物体，受磁场作用后其光学特性发生变化的现象称为磁光效应。磁光效应的典型例子就是法拉第效应，它说明当平面偏振光通过带磁性的物体时，其偏振光面将发生偏转的一种物理现象。其偏转程度可由下式表示为

$$\theta = V \cdot H \cdot L \tag{12-41}$$

式中，$\theta$ 为法拉第偏转角；$L$ 为带磁物体长度；$H$ 为外加磁场；$V$ 为费尔德（Verdet）数（它与磁光材料种类、入射光波长、环境温度有关）。

### 12.6.1.2　法拉第效应测磁场的原理

将透明铅玻璃之类的磁光材料置于磁场中，当平行于外界磁场的直线偏振光穿过它时，偏振光面将发生偏转。根据法拉第效应，其偏转角 $\theta$ 由（12-41）表示之。将此偏转角用检偏镜等组成的光学系统检测出，则可求得磁场强度或电流。如图 12-42 给出了法拉第效应测磁场的原理。

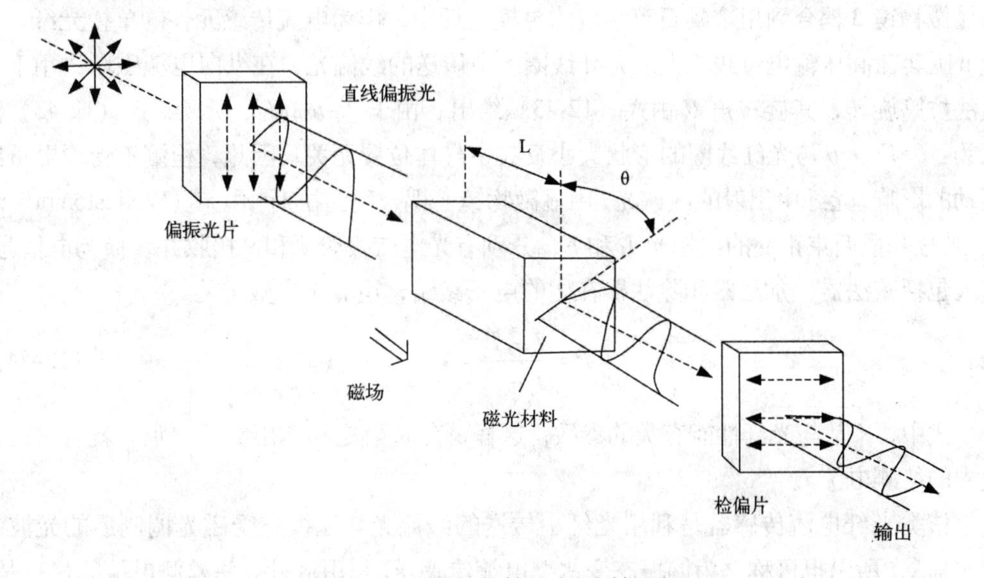


图 12-42　利用法拉第效应测磁场原理

12.6.1.3　光纤电流传感器

基于上述测量原理所制成的光纤电流传感器如图 12-43 所示。

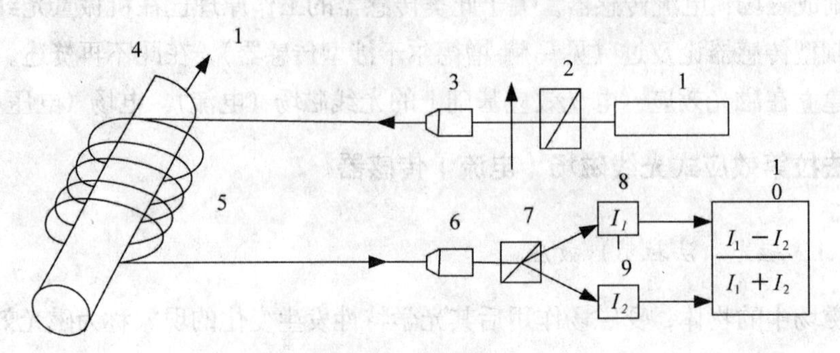


图 12-43　光纤电流传感器原理示意图

光纤电流传感器测电流的基本原理是利用光纤材料本身的法拉第效应（熔石英的磁光效应），即处于磁场中的光纤会使在光纤中传播的线偏光发生偏振面的旋转，其旋转角 θ 可由式（12-41）表示为：$\theta=V\cdot H\cdot L$。由于载流导线在周围产生的磁场满足安培环路定律，对于长直导线有

$$H = I / 2\pi R \tag{12-42}$$

式中 R 为光纤环绕半径。于是，$\theta$ 角可写成

$$\theta = V \cdot L \cdot I / 2\pi R \tag{12-43}$$

显然，由（12-43）可见，当 $L$，$R$ 确定后，只要测得 $\theta$，就可求得长直导线中的电流 $I$。

在图 12-43 所示的实验装置中，从激光器 1 发出的激光束经起偏器 2 变成线偏光，由显微物镜 3 耦合到用熔凝石英制成的单模光纤中。作为电流传感元件的单模光纤，绕成 n 匝套在高压输电母线 4 上。光纤线圈 5 中传送的线偏光，在纵向电流磁场作用下发生法拉第旋转，其旋转角 $\theta$ 由式（12-43）给出。由于 $L=n\cdot 2\pi R$，所以，式（12-43）简化为：$\theta=V\cdot I\cdot n\cdot\theta$ 与光纤线圈的形状大小及其中导体位置无关，因此，检测不受输电母线振动的影响。光纤中出射的线偏光，由显微物镜 6 耦合到渥拉斯顿棱镜（Wollaston prism）7，被分开成两束正交的线偏光 $I_1$ 和 $I_2$，分别有光电二极管 8 和 9 接收并转换为电信号，送入包括减法器、加法器和除法器在内的电子线路，运算出参数 P 为

$$P = \frac{I_1 - I_2}{I_1 + I_2} = k\theta \tag{12-44}$$

式中，K 是与光纤性能有关的参数。这样，在 K 确定和测出参数 $P$ 后，就可求得母线中的待测电流 $I$。

该类光纤电流传感器是利用光纤中传送的线偏光其偏振态受磁光调制后的光波来传送信息，所以也可称之为偏振态变化型电流传感器。利用这种方法检测电流的优点是：测量范围大，灵敏度高，是被动的，与高压线无接触，使输入、输出端实现电绝缘。但

用于实际测量时，由于光纤本身有一定的双折射效应，还有其他原因（外界温度、压力的变化）也会使光纤产生附加的双折射效应，这些都会引起额外的偏振面的旋转。为此，对参数 P 的公式应进行修正如下

$$P = 2\theta \cdot (\sin\delta / \delta) \tag{12-45}$$

式中，$\delta$ 是其他效应所引起的偏振面的旋转。显然，由于 $\delta$ 的存在会使测量 P 的灵敏度下降。例如，若 $\delta=14^0$，则灵敏度下降 1%；$\delta=15^0$，下降 10%。由此可见，要使测量准确，就要尽量减小所用光纤的 δ 值。

从改进光纤拉制工艺着手，光纤因双折射所引起的 δ 值可降低每米 1 度以下。为了降低使用过程中出现的附加双折射引起的 δ 值，可限制光纤直线部分的长度，不使光纤线圈半径过小，在兼顾到灵敏度的条件下，减少光纤匝数。

### 12.6.2　光纤电压（电场）传感器

#### 12.6.2.1　电光（鲍格鲁斯）效应

物质的光学特性受电场影响而发生变化的现象统称为电光效应。其中，物质的折射率受电场影响而发生改变的电光效应，在敏感元器件技术上的应用越来越多。自从光导纤维传感器蓬勃发展以来，电光效应的应用便越加广泛起来。

物质的折射率变化与所加电场之间成一次方关系的效应称为鲍格鲁斯（Pockles）效应。它说明当压电晶体（如磷酸二氢钾 KDP 等）受光照射时并在与入射光垂直的方向上加一高电压，晶体将呈现双折射现象，该类双折射不是晶体本身的自然双折射，而是受外界因素的影响而使其产生的双折射现象，所以，也称为人工双折射。

鲍格鲁斯效应可实现对线偏光振幅的调制作用，其调制原理可由线偏光的干涉原理加以说明。设一偏光（振幅为 $A_0$）入射到一产生双折射的物质，则由检偏器出射的光振幅如图 12-44 所示。图中，$N_1$，$N_2$ 分别为起偏器和检偏器的偏振化方向，并设它们相互垂直；$\alpha$ 为 $N_1$ 与双折射物质光轴的夹角。由图可得 $N_2$ 方向两折射光（“o”光和“e”光）的振幅为

$$A_{20} = A_0 \cdot \sin\alpha \cdot \cos\alpha,\ \ A_{2e} = A_0 \cdot \cos\alpha \cdot \sin\alpha \tag{12-46}$$

假若线偏光通过该介质的长度为 L，则 $N_2$ 方向上的 $A_{20}$ 和 $A_{2e}$ 其相位差为 $\Delta\varphi=\pi+\theta$，而 θ 可由下式给出为

$$\theta = \frac{2\pi}{\lambda_0} \cdot \Delta n \cdot L \tag{12-47}$$

式中，Δn 为物质对双折射的“o”光和“e”光的折射率之差。为分析方便起见，设 $\alpha=45^{\circ}$，则由检偏器出射的光振幅为

$$A^2=\frac{1}{4}A_0^2+\frac{1}{4}A_0^2+2\left(\frac{1}{2}A_0\right)\cdot\left(\frac{1}{2}A_0\right)\cdot\cos(\pi+\theta)=\frac{A_0^2}{2}(1-\cos\theta)=A_0^2\sin^2\frac{\theta}{2} \quad (12\text{-}48)$$

于是，可得出射光强$I\propto\sin^2\frac{\theta}{2}$，其关系可由图 12-45 所示。

对鲍格鲁斯效应，式（12-47）中的 Δn 与外加于物质上的电场的一次方成正比例，于是，鲍格鲁斯效应可实现对线偏光的光强调制。

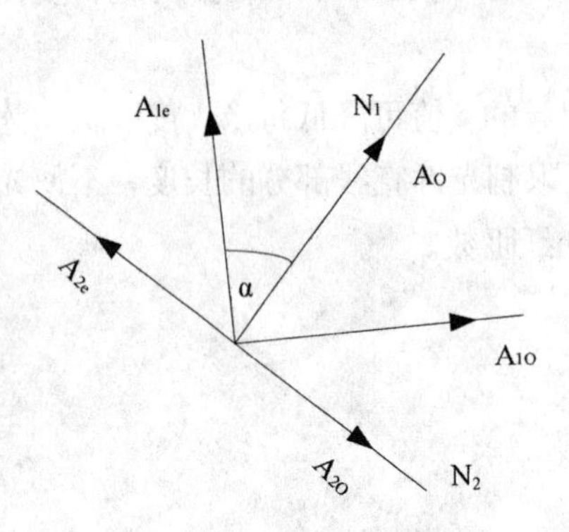


图 12-44　两束线偏光的振幅图

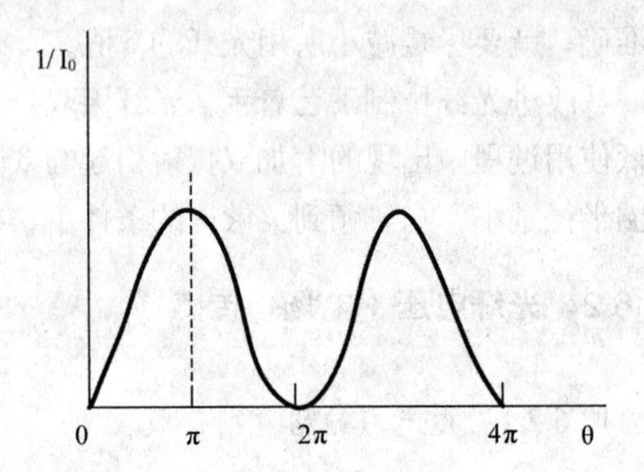


图 12-45　光强与相位差 θ 的关系

### 12.6.2.2　鲍格鲁斯效应测电压（电场）的原理

利用鲍格鲁斯效应测电压（电场）传感器的原理如图 12-46 所示。

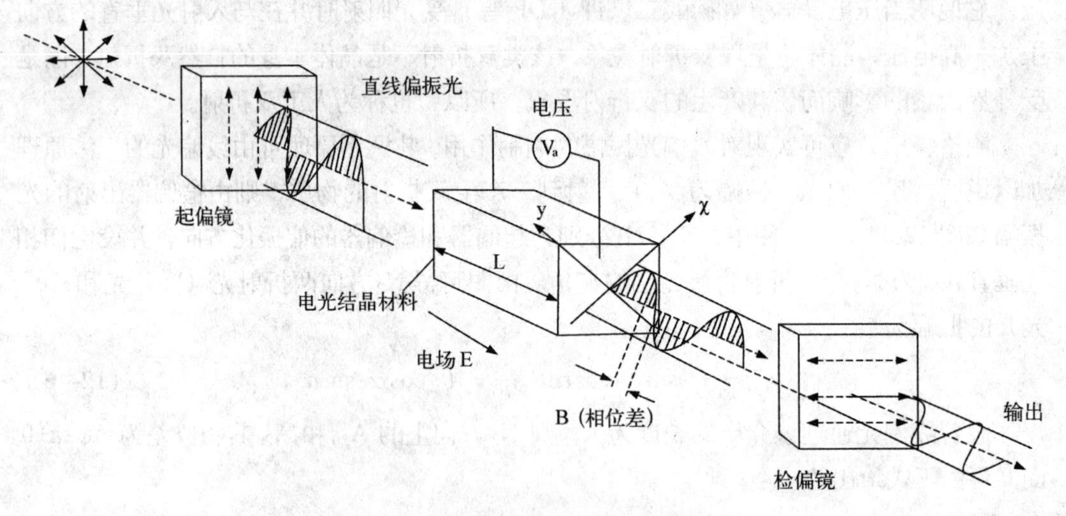


图 12-46　鲍格鲁斯效应测电压传感器原理

若设某光学物质的主折射率为 $n_x$，$n_y$，$n_z$，则其折射率 $n$ 可用折射率椭球方程表示为

$$\frac{x^2}{n_x}+\frac{y^2}{n_y}+\frac{z^2}{n_z}=1 \quad (12\text{-}49)$$

当把外电场加于此物体（例如压电体或水晶等）时，主折射率将发生变化，因而折射率椭球也将随之改变。这就是说，在此情况下，即使入射光线是线偏振光，出射光也要变成椭圆偏振光，即偏振光特性发生变化。

如图所示，当穿过晶体的光与外加电场 E 的方向平行时（纵场电光调制），主折射率的变化规律为

$$\begin{cases} n_x' = n_0 + \dfrac{1}{2} n_0^3 \gamma E \\ n_y' = n_0 - \dfrac{1}{2} n_0^3 \gamma E \\ n_z' = n_e \end{cases} \tag{12-50}$$

式中，设 $n_x$=$n_y$=$n_0$，$n_z$=$n_e$。这样，当线偏光穿过厚度 $L$ 的物质后，在电场作用下所产生的相位差为

$$\theta = \frac{2\pi}{\lambda}\left(n_x' - n_y'\right)L = \frac{2\pi}{\lambda} n_0^3 \gamma EL = \frac{2\pi}{\lambda} n_0^3 \gamma V_a \tag{12-51}$$

式中，$V_a$=EL，为穿光物质两端电压；γ 为电光常数。

例如，$KH_2PO_4$(KDP)的 $\gamma n_0^3$=34×$10^{-2}$m/v，$LiNbO_3$（铌酸锂）的 $\gamma n_0^3$=328×$10^{-2}$m/v.

从式（12-48）可知，沿 z 轴方向传输的 $E_x$ 与 $E_y$ 模间所产生的相位差是由 $V_a$=EL 的值决定的。

按图中的起偏镜和检偏镜的配置方式，设有起偏镜出射的线偏光强为 $I_0$，则由式（12-51）可知，透过检偏镜的调制光强为

$$I = I_0 \sin^2 \frac{\theta}{2} = I_0 \sin^2\left(\frac{\pi}{\lambda} \cdot n_0^3 \gamma V_a\right) \tag{12-52}$$

式（12-52）便是利用鲍格鲁斯效应制作光纤电压（电场）传感器的原理。

现在，常用的电光结晶材料有 $LiNbO_3$，$LiTaO_3$ 和 $Bi_{12}SiO_{20}$ 等。尤其是 $Bi_{12}SiO_{20}$(BSO)材料，不具有自然双折射的特点，因而不必进行由于自然双折射受温度影响而造成测量误差的补偿，这一点是很可贵的。

在 θ 的表达式（12-51）中，若在晶体两端加一调制电压，使 $\theta$=π，此电压便称之为晶体的半波电压，通常记为 $V_{\lambda/2}$，且由下式给出

$$V_{\lambda/2} = \frac{\lambda}{2 n_0^3 \gamma} \tag{12-53}$$

透射率 $I/I_0$ 随外加电压 V 变化的曲线如图 12-47 所示。如果加一交变的调制电压 $V_m\cos\omega t$，则输出的光信号也是交变的。因为透射曲线的底部是非线性的，电光调制在 O 点附近工作，将会产生较大的畸变。为克服这一缺点，则在光电晶体上加 $V_{\lambda/2}/2$ 的偏压，将电光调制的工作点移至透射率曲线的近似直线段 A 点附近，并使 $V_m \ll V_{\lambda/2}$.

图 12-47 标明了加偏压后由总调制电压 $V_m\cos\omega t+V_{\lambda/2}/2$ 产生失真小的输出光信号的情况。这种加直流偏压的方法也有缺点，晶体的半波电压一般都很高而且与警惕的温度有关，影响到工作点的稳定和电光调制质量。为此，这种偏置常用光学方法来实现，即在图 12-46 所示的电光晶体的左方或右方加一个光轴沿 x 或 y 方向的四分之一波片，便可在电光晶体分解的两束线偏光（$E_x$，$E_y$）之间加上 π/2 的相位差，由图 12-47 可见，这同样收到了把电光调制的工作点从 O 点移至 A 点的偏置效果。而且，四分之一波片受温度影响小，工作点比较稳定，免去了在电光晶体加上千伏的直流电压。所以，电光调制中常采用此种光学偏置方法。

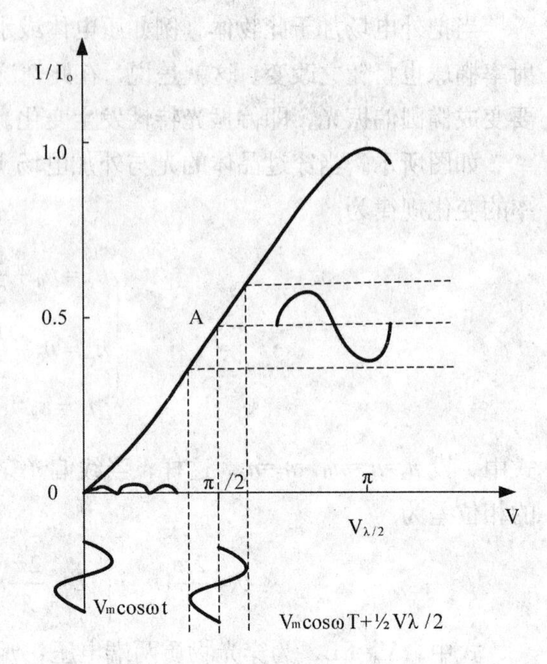


图 12-47　电光调制的透射率曲线

上面所讨论的纵场电光调制所需的外加电压与电光晶体的横向尺寸无关，适合于大孔径通光的情况。其缺点是半波电压高到上千伏，光波要穿过两端电极，因此，电极需用传导玻璃或透光的金属氧化物敷层（如 $S_nO$，$I_nO$，$C_dO$）制作，或者将电极制成网栅或环形。横场电光调制在这方面相对就要好些。

横场电光调制时，外加电场 E 的方向与穿过晶体的光的传播方向垂直，其他与图 12-46 相似。在此情况下，由电场作用，穿过长度为 $L$ 厚度为 $d$ 的两束线偏光产生的相位差由下式给出

$$\theta=\frac{2\pi}{\lambda}\Delta n\cdot l+\pi n_0^3\cdot\gamma\frac{V}{\lambda}\cdot\frac{L}{d} \tag{12-54}$$

式中，$\gamma$ 为晶体的横向电光系数，$V$ 为调制电压。等式右边第一项是与外加电场无关的自然双折射引起的，第二项是与外加电场成正比的人为双折射引起的。由此可见，适当增大晶体的纵横比 $L/d$，可以使晶体的半波电压大为降低，调制电压的幅值 $Vm$ 可比纵场调制时降低 1～2 个数量级，这有利于降低控制电路的成本，实现驱动装置小型化。但横场调制中的自然双折射的干扰须设法消除。

#### 12.6.2.3　光纤电压表

基于纵场电光调制的鲍格鲁斯效应电压传感器原理的光纤电压表如图 12-48 所示。它是国外在 80 年代后期研制的一种高压测试装置。由氦-氖激光器或发光二极管 1 发出的光经光纤 7 传送到 $LiNbO_3$ 晶体 2，晶体两端用蒸镀方法制成正交配置的起偏器和检偏

器 3，并设有电极。接上待测电压后，晶体产生纵向鲍格鲁斯效应。如式（12-52）和图 12-47 透射率曲线所表明的那样，经光纤 7 传送到光电池 5 的调制光信号 I 将随电极上所加外电压而变化。因而可从显示仪表 6 上读出待测电压的数值。为了结构紧凑，光纤电压表中与光纤耦合处均采用了自聚焦透镜 4。光纤电压表中所用 $LiNbO_3$ 晶体的半波电压为 15 千伏。应用这种光纤电压表测量过 275 千伏架空输电线下方的静电感应电压。

据报道，应用 $Bi_{12}GeO_{20}$ 晶体横向鲍格鲁斯效应的反射式光纤电压（电场）传感器可用于测量 0～5 千伏的电压。

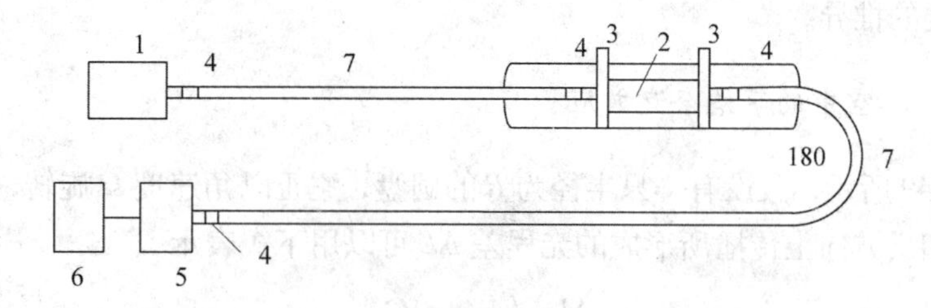


图 12-48　光纤电压表

## 12.7　光纤转速传感器

转速的测量在许多领域内都是非常重要的，例如，用于飞机和宇宙飞船中的惯性导航系统，主要依靠精确的惯性转速传感器。转速传感器性能方面的容许误差，随应用不同而异。对于飞机导航而言，其典型的容差要求是 0.01～0.001 度/每小时，若用地球的转速 $\Omega_E$=15 度/每小时来表示，那么上述的容许误差便可写成 $10^{-3}$～$10^{-4}\Omega_E$。转速传感器除了用于精密导航之外，还有一些其他应用。例如，大地勘测用它来精确地确定方位和地理纬度，这类应用要求测量误差小于 $10^{-6}\Omega_E$。在地球物理中用它来测量天文黄纬线。检测旋转扰动产生的岁差和漂移效应引起的地极的移动。更精密的转速传感器可以用来测量日常的任何变化以及检测地震而在地球中引起的扭转振动。另外，超精密度的转速传感器也可用在一些相对的实验，如最佳坐标和惯性系统的阻尼等方面获得应用。

过去的几十年里常用的转速传感器是机械陀螺，它的工作原理是基于转轮或转动球所产生的大角度惯量测量。目前旋转核子也已开发用来作旋转量测量。1960 年激光器的问世，重新激起了人们把萨格奈克（Sagnac）效应应用于完全以光学方式来检测惯性转速的兴趣。这种机理是萨格奈克 1913 年首先提出来的。这种研究了二十多年的所谓环形激光“陀螺”，在获得惯性级的性能方面已取得成功并用于波音 757 和 767 飞机以及其他一些导航系统中。由于低损耗单模光纤的成功，因此在同是利用萨格奈克效应的传感器方面，开拓了一个非常有效而又大有希望的研究领域。光学陀螺较之机械陀螺有多个优点：光纤陀螺没有运动部件，不需要预热时间，不受重力加速度的影响，动态范围广，尺寸小，重量轻，而且光学器件的成本低。这些都使光学陀螺得以飞速发展。

在这一节中，我们将对真空中和介质中的萨格奈克效应作简明扼要的推导，这对深刻理解光纤转速传感器的机理是很重要的。然后讨论用萨格奈克效应实现转速测量的方法，阐述光纤转速传感器的基本原理并对一些主要技术问题作简明的介绍。

## 12.7.1　萨格奈克效应

所有研制中的光纤转速传感器，都是基于萨格奈克效应构成的。这种效应能产生一个与旋转角速度 Ω 成正比的光程差 ΔL。在此，我们对真空中和介质中的萨格奈克效应作一简明扼要的推导。

### 12.7.1.1　真空中的萨格奈克效应

如图 12-49 所示，假设有一只半径为 $R$ 的圆盘，它正以角速度 $\Omega$ 旋转，那么光沿着圆周在两个相反方向上传播所形成的光程差 $\Delta L$ 可以用下式表示

$$\Delta L = \left(4A / c\right)\Omega \tag{12-55}$$

式中，A 是光程所围的面积，即 $A=\pi R^2$；$c$ 是光在真空中的传播速度。

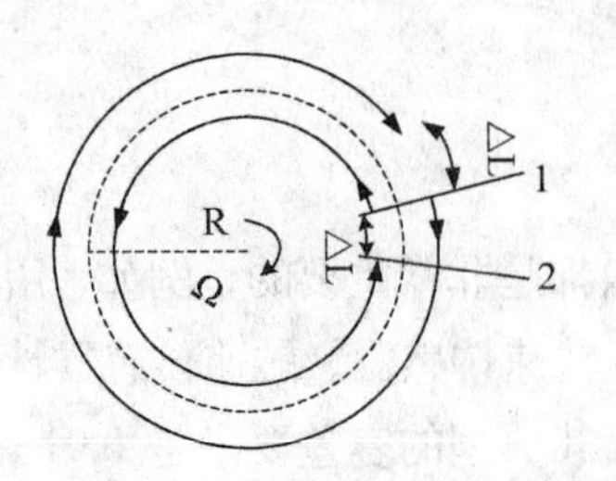


图 12-49　Sagnac 效应

上述公式（12-55）即为萨格奈克效应的数学表达式。该公式的严格推导是以光在旋转系统中的传播，即在加速参照系中的传播为依据，利用相对论的知识进行计算的。但是用图 12-49 所示的旋转圆盘可做简化推导，虽然不够严密，但对理解萨格奈克效应的物理意义还是有帮助的。

现讨论半径为 R、并以角速度 $\Omega$ 绕着垂直于盘面的轴而旋转的圆盘。设圆周上的某一指定点（为图 12-49 中的 1 点），在沿着圆周的顺时针方向和反时针方向发出同样的光子。如果 Ω=0，那么这些在真空中以光速运动的光子，在 $t=2\pi R/c$ 的时间内，经过相同的光程 2πR 以后，都将到达起始点 1.但在圆盘具有旋转角速度 $\Omega$ 的情况下，沿反时针（CCW）方向传播的光子，在经过 $L_{CCW}$ 的光程后将到达位于圆盘上位置 2 的起始点。光程 $L_{CCW}$ 短于圆周长 $2\pi R$，并可用下式表示

$$L_{CCW} = 2\pi R - R\Omega t_{CCW} = c_{CCW} \cdot t_{CCW} \tag{12-56}$$

式中，RΩ 是圆盘的线速度；$t_{CCW}$ 是通过光程 $L_{CCW}$ 的所用的时间。

$L_{CCW}$ 也可用反时针方向上的光速 $c_{CWW}$ 与 $t_{CCW}$ 的乘积来表示。对于在真空中传播的

光子而言，$c_{CWW}=c$。同样，沿顺时针方向传播的光子，则经过一个可由下式表示、并大于圆周的光程 $L_{CW}$

$$L_{CW}=2\pi R-R\Omega t_{CW}=c_{CW}\cdot t_{CW} \tag{12-57}$$

把方程（12-56）和（12-57）联立可求得

$$\begin{cases} t_{CW}=2\pi R/\left(c_{CW}-R\Omega\right) \\ t_{CCW}=2\pi R/\left(c_{CCW}+R\Omega\right) \end{cases} \tag{12-58}$$

这样，光子在顺时针方向传播与在反时针方向传播的时间差△t 便可表示为

$$\Delta t=t_{cw}-t_{ccw}=2\pi R\frac{\left[2R\Omega-\left(C_{CW}-C_{CCW}\right)\right]}{C_{CW}\cdot C_{CCW}} \tag{12-59}$$

真空中，$c_{cw}=c_{ccw}=c$，则

$$\Delta t=2\pi R\cdot(2R\Omega/c^2)=4\pi R^2\Omega/c^2)=(4A/c^2)\cdot\Omega \tag{12-60}$$

因此，光在时间△t 内经过的光程差 ΔL 可用下式表示

$$\Delta L=c\cdot\Delta t=\left(4A/c\right)\cdot\Omega \tag{12-61}$$

#### 12.7.1.2　介质中的萨格奈克效应

光在折射率为 $n$ 的介质中传播时，其传播速度必须考虑介质中的光速 $c/n$ 与介质的切线速度 $R\Omega$ 的相对论合成，因此 $c_{cw}$ 可以写成

$$c_{cw}=(c/n+R\Omega)/(1+R\Omega/nc)=c/n+R\Omega(1-1/n^2+\cdots) \tag{12-62}$$

同样，$c_{ccw}$ 可用下式表示为

$$c_{ccw}=(c/n-R\Omega)/(1-R\Omega/nc)=c/n-R\Omega(1-1/n^2+\cdots) \tag{12-63}$$

于是，介质中的 Δt 成为

$$\Delta t=t_{cw}-t_{ccw}=2\pi R\left[2R\Omega-(c_{cw}-c_{ccw})\right]/(c_{cw}\cdot c_{ccw}) \tag{12-64}$$

将 $c_{cw}$-$c_{ccw}$（略去含 RΩ/nc 的二阶以上的各项）代入上式，则得

$$\Delta t=2\pi R\left[2R\Omega-2R\Omega(1-1/n^2)\right]/(c^2/n^2)=2\pi R\cdot(2R\Omega/c^2)=(4A/c^2)\cdot\Omega \tag{12-65}$$

因此，光在时间 Δt 内经过的光程差 ΔL 为 ΔL=（4A/c）·Ω，与真空中的结果相同。

为了提高萨格奈克效应，用 N 匝光纤代替图 11-47 的圆盘周长传播光路，使光路等效面积增加 N 倍，则 Δt 为

$$\Delta t=(4AN/c^2)\cdot\Omega \tag{12-66}$$

该 Δt 值对应的非互易相移 Δφ 可由下式表示

$$\Delta\phi=2\pi\Delta tc/\lambda_0=2\pi\Delta t/(\lambda/\nu)=(8\pi AN/\lambda_0 c)\cdot\Omega \tag{12-67}$$

式中，$\lambda=\lambda_0/n$ 和 $\upsilon=c/n$ 分别为光在光纤中的波长和速度，n 是光纤纤芯的折射率。根据光程差

$$\Delta L = \Delta\phi \cdot \lambda_0 / 2\pi = (4AN/c)\cdot\Omega \tag{12-68}$$

对于一根长 $L$ 而绕成直径为 $D$ 的线圈的光纤而言，$A=\pi D^2/4, N=L/\pi D$，因此

$$\Delta L = (4AN/c)\cdot\Omega = (LD/c)\cdot\Omega \tag{12-69}$$

或

$$\Delta\phi = (2\pi LD/\lambda_0 c)\cdot\Omega \tag{12-70}$$

由以上公式可见，多匝光纤绕制成的光路产生的萨格奈克效应与光纤芯介质性质无关。

用增加匝数 N 的方法可以有效提高灵敏度，这是光纤转速传感器潜在灵敏度高的原因所在，这使它做成体积很小的高灵敏度传感器成为可能。另一方面，由式（12-70）可见，旋转角速度产生的相位移 $\Delta\varphi$ 与光纤的几何参数 LD 有关。

为了对萨格奈克效应（ΔL）的大小有一个感性认识，现举一例说明。假设光纤线圈的几何面积 $A=100\ \text{cm}^2$，其旋转速度为 $10^{-3}\Omega_E$ (即 $0.015^0$ /小时或 $7\times10^{-8}$rad/s)。对于包围这一面积的单匝光纤环，得到的光程差仅为：$\Delta L\approx10^{-15}$cm。考虑到氢原子的直径大约为 $10^{-8}$ cm，可见单匝光纤环的萨格奈克效应是很小的。显然，如果要增加 ΔL 的量值(提高灵敏度)，就需要很大的匝数 N。

测量萨格奈克效应的方法（即光纤转速传感方法）有三种：有源环形激光器法；无源谐振器法和多匝光纤干涉仪法。前两种方法都是利用萨格奈克效应造成的非互易光程差变成对顺时针方向和反时针方向传播的谐振腔频率变化：

$$\Delta f = (4A/\lambda_0 P)\cdot\Omega \tag{12-71}$$

式中，P 是光程环路周长。这两种方法不同的是，在有源环形激光器方法中，当激光器本身旋转时，该激光器顺时针和反时针的输出自动地产生一个频率差 Δf。在无源谐振器方法中，Δf 必须利用接到腔体的外部激光器来测量。对这种方法，本书不作详细的讨论，下面仅对多匝光纤干涉仪（萨格奈克干涉仪）法作重点分析。

## 12.7.2　光纤转速传感器（光纤陀螺）

图 12-50 示出了多匝干涉转速传感器的一种简单结构。从激光器或其他和合适光源发出的由分束器（3dB 分光器）分成两束光，然后被耦合到多匝单模光纤线圈的两端。由两个光纤端出射的光被该分光器合路，并在光检测器中被检测。现对其工作情况作进一步详细分析。

### 12.7.2.1　工作原理

当系统不旋转时，这两束出射光根据所用分光器的不同，或者进行相消干涉，或者进行相长干涉。对于 3dB 的无损分光器而言，正如图 12-50 所示，这两束出射光成相消干涉。但是，返回到光源的出射光则成相长干涉，即处于干涉条纹的峰值。

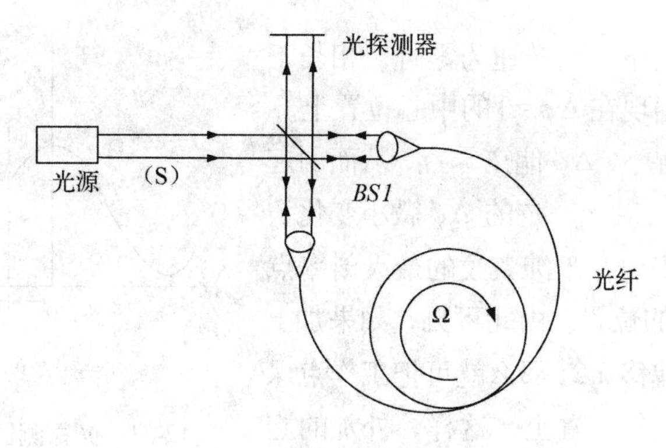


图 12-50　光纤转速传感器原理结构

当干涉仪以角速度旋转时，两相反方向的光束产生的光程差在前面已推导过，即

$$\Delta L = L_{cw} - L_{ccw} = (4AN/c)\cdot\Omega = (LD/c)\cdot\Omega \tag{12-72}$$

式中，$A$、$N$、$L$、$D$ 的定义同前。由于一个波长 $\lambda_0$ 的光程差相当于一个条纹移动，因此，这种 $\Delta L$ 将引起由下式表示的条纹偏移 $\Delta Z$

$$\Delta Z = (LD/\lambda_0 c)\cdot\Omega \tag{12-73}$$

或引起相移为

$$\Delta\phi = (2\pi LD/\lambda_0 c)\cdot\Omega \tag{12-74}$$

典型实例：一光纤陀螺的几何尺寸 $A$=100 ㎝ $^2$，$N$=1000，不难算出其 $D$≈11.3 ㎝，$L$≈355m，并设 $\lambda_0$=0.63μm 和 $n$=1.5，那么转速为 1rad/s 时，我们可以算出相移为 3.0rad。由此可见，为了检测整个地球的旋转，我们必须测量 $9.1\times10^{-5}$rad 的相移，而对典型的导航应用（$10^{-3}\Omega_E$）而言，这种相移减小到 $10^{-7}$rad 左右。

对于一个一定尺寸的传感器，即一个固定的线圈直径 D，可以通过增加匝数来加大光纤的长度 L，提高其灵敏度。遗憾的是，L 不可能无限止地延长，因为对光纤有限定的光功率衰减要求。典型情况下，对于衰减为 1dB/km 的光纤，最佳长度是几公里。

#### 12.7.2.2　光子散粒噪声限制

光纤转速传感器的测量极限取决于系统存在的噪声。系统噪声源主要分为两类：一类是光纤中光的散射噪声和系统中其他光学元件的噪声；第二类是光电转换器件噪声，包括 1/f 噪声、放大器噪声和光子散射噪声。对第一类噪声可用选择低相干长度光源和频率调制光源等方法来解决。在第二类噪声中，1/f 噪声可用选择高于 1kHz 的工作频率来减小。至于前置放大器噪声，也有共知的解决方法。唯独光电转换器件的散粒噪声只能用提高信号功率的方法提高信噪比，所以散粒噪声是限制光纤转速传感器的基本因素。由它定义的灵敏度为光纤转速传感器的灵敏度极限，因此我们重点分析光子散粒噪声所决定的灵敏极限。

图 12-51 表示光电探测器光强输入 I 或探测器输出电流 $i_D$ 与非互易相位移 $\Delta\phi$ 的关

系曲线。在这种情况下，当转速为零时，相长干涉引起的峰值光强出现在 $\Delta\phi=0$ 的中心位置上。

在有转速的情况下，$\Delta\phi$ 偏离零点，从而引起检测电流 $i_D$ 的变化。对于一定的 $\Delta\phi$ 微小变化，$i_D$ 的最大变化显然出现在干涉条纹的最大斜率点上，即在 $\Delta\phi=\pm\pi/2$ 的位置。由此可见，如果加上一个固定的非互易偏移 $\pi/2$，那么就可把工作点保持在转速灵敏度最佳的位置上。这样，外加的旋转引起一个 $\Delta\phi$，而 $\Delta\phi$ 又在探测器上产生一种与转速成正比的光强变化。但是在光源的光强变化时，则会产生一个问题，光探测器不能把它与因旋转而引起的光强变化区别出来。因此对给定旋转速度，测量输出有个不确定性问题，即给定 $\Delta\phi$ 必然受光源强度噪声的影响。虽然有多种补偿光源发光强度变化的方法，但仍然不可能减小光子散粒噪声的影响，因为这种光子散粒噪声的影响是一种随机过程。所以在理想情况下，$\Delta\phi$ 的测量误差仅仅收到光子散粒噪声的限制。这样，$\Delta\phi$ 的测量误差 $\delta(\Delta\phi)$ 可以定义为

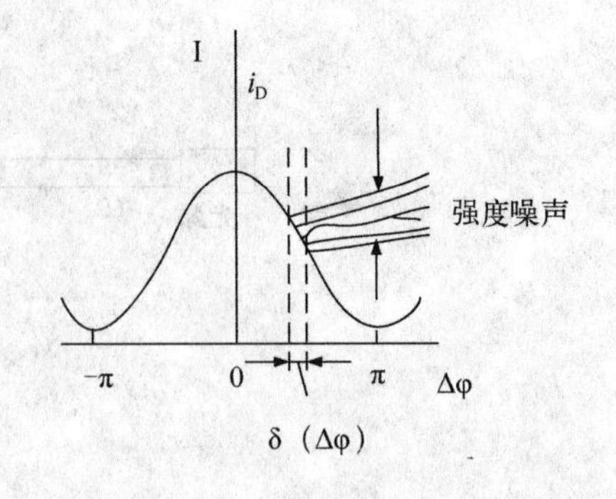

图 12-51　光探测器电流 $i_D$ 和 $\Delta\varphi$ 的关系

$$\delta(\Delta\phi)=（光子散粒噪声）/（条纹的斜率）$$

由上式可看出：在干涉条纹斜率最大位置，这种误差 $\delta(\Delta\phi)$ 却最小。换成公式表示为

$$\delta(\Delta\phi)=\frac{(2ei_D B)^{1/2}}{i_D/\pi}\approx\frac{\pi}{(n_{ph}\eta_D\tau)^{1/2}} \tag{12-75}$$

式中，e 是电子电量；B 是检测系统的带宽；$n_{ph}$ 是每秒进入光探测器中的光子数；$\eta_D$ 是光探测器的量子效率；$\tau$ 则是平均时间=1/2B。因为 $\Delta\phi=2\pi LD/\lambda_0 c$，所以 $\Omega$ 的测量误差 $\delta\Omega$ 可写成

$$\delta\Omega=\lambda_0 c\delta(\Delta\phi)/2\pi LD=(c/LD)\cdot(\lambda_0/2)/(n_{ph}\eta_D\tau)^{1/2}$$

$$=(c\lambda_0/2LD)\cdot(2eB/i_D)^{1/2} \tag{12-76}$$

例如，已知 $\lambda_0=6\times10^{-5}cm$；相当于 1mw 光功率的 $n_{ph}=3\times10^{15}$ 光子数/秒；L=400m; R=30cm; $\eta_D$=0.3; $\tau$=1s 的光纤转速干涉仪，由式（12-79）算出极限灵敏度 $\delta\Omega\approx0.008°/h$ $=5\times10^{-4}\Omega_E$。

### 12.7.2.3　理想性能和 $\Delta\phi$ 的测量

光纤陀螺的理想性能有三个含义：一是输出的随机漂移只受光子散粒噪声的限制；二是当无旋转情况下，系统的给定偏置 π/2 无任何其他附加偏置和漂移；三是对给定旋转速率，系统的标度系数 $\Delta\phi/\Omega=2\pi LD/\lambda_0 c$ 的稳定性只受 L，D 和 $\lambda_0$ 的稳定性所限制。

为达到上述讨论的理想性能，必须解决很多实际问题。这里将介绍测量误差仅受光子散粒噪声限制的非互易相移 $\Delta\phi$ 的测量问题。

$\Delta\phi$ 的测量方法如图 12-52 所示。它的特点是在光纤陀螺仪的原理结构中加一个 π/2 的非互易相位偏置，以使它工作在最大斜率点上。这种方法可以提高对 $\Delta\phi$ 变化的光强变化输出，$\Delta\phi$ 负变化使光强增加，$\Delta\phi$ 正变化使光强减小。该法的缺点是：偏置不够稳定，需要对激光光源的波动进行补偿。一种较好的方法是如图 12-52（b）所示的差动方案。在该方案中，它是用+π/2 两个非互易相位偏置，并且用两个光探测器分别测量一个条纹两侧的光强度变化做差动输出。这种检测方法的灵敏度是前方案的两倍，且对光强的变化具有更高的分辨率。然而，它仍旧会产生工作点的不稳定性问题，并要求高的共模抑制。

另一种比较好的方法，就是采用图 12-53 所示的，应用非互易相位高频振动的交流调制方案。它的性能比直流测量法要好得多，它用的非互易相移的对交流幅度的调制原理。其最佳工作要求满足两点：一是相位变化对交流幅度调制的最大幅值应为+π/2；二是调制波频率要足够高以限制光子散粒噪声以外的其它噪声。

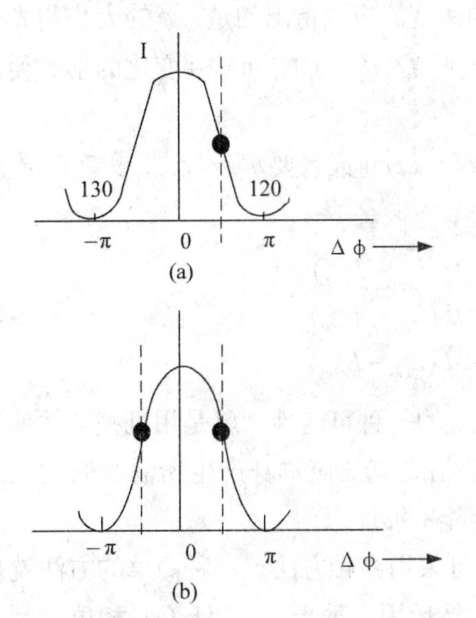

图 12-52　测量 $\Delta\varphi$ 的两种直流方法

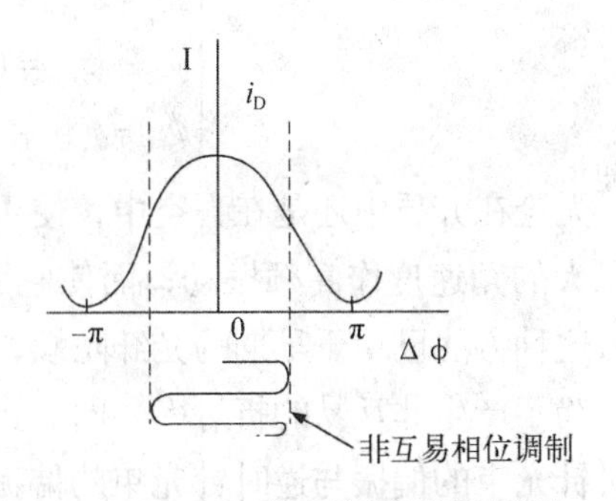

图 12-53　Δφ 的交流调幅测量方法

图 12-54 给出了典型激光器的噪声频谱，它说明 1/f 噪声成份分布在低频区；光子散粒噪声分布在高频区，频率范围与选用的激光器种类有关，出现散粒噪声的频率起点从几千赫至数百千赫不等。采用该种调制方案，光探测器的输出需用相敏整流器进行调制，然后，要加低通滤波器变成直流输出。这样，当 $\Delta\phi=0$ 时，输出为零；当 $\Delta\phi<0$ 时，输出为正；当 $\Delta\phi>0$ 时，输出为负。这种调制方法的主要优点是：干涉图形的峰值被取作参考点（即不需要外部偏置），并且如上所示，只要调制速率足够高，其零点就与光强的波动无关。

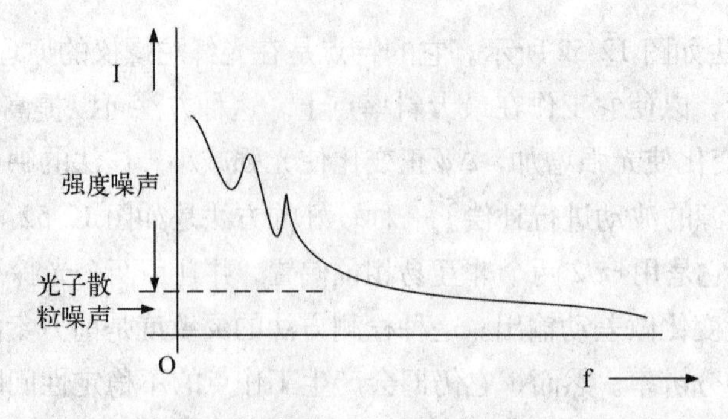


图 12-54　一种激光器的典型光强噪声频谱

如何实现上述的非互易相位调制呢？现简要地讨论实现高频调制的几种方法。

光沿着长为 L、折射率为 n 的单模光纤传输时，它所产生的相移$\phi$可由下式表示

$$\phi = 2\pi fnL / c \tag{12-77}$$

式中，$f$是光的频率（赫）；c 是光在真空中的速度。应该指出的是：$\phi$的大小与光的传输方向是无关的，所以，$\phi_{cw} = \phi_{ccw} = \phi$。这就意味着，一旦 L、n 或 f 变化的话，便不能产生互易相移。

由此可见，为了产生非互易相移，或者要$Lcc \neq Lccw$或者要$n_{cw} \neq n_{ccw}$，或者$f_{cw} \neq f_{ccw}$，即

$$\begin{cases} \phi_{cw} - \phi_{ccw} = (2\pi / c) \cdot fn(L_{cw} - L_{ccw}) \\ \phi_{cw} - \phi_{ccw} = (2\pi / c) \cdot fL(L_{cw} - L_{ccw}) \\ \phi_{cw} - \phi_{ccw} = (2\pi / c) \cdot nL(L_{cw} - L_{ccw}) \end{cases} \tag{12-78}$$

无论在介质中还是在真空中，使 $L_{CW} \neq L_{CCW}$的一种可能性，就是用机械方法使干涉仪以大的角速度作高频振动，而使它引起的萨格奈克效应本身产生所需要的非互易相移。这种方法已用于早期的光纤陀螺，但是性能不够理想。

为了产生非互易的折射率，即 $n_{cw} \neq n_{ccw}$，可采用多种方法。一种简单的方法就是使顺时针光束的偏振与逆时针光束的偏振正交，然后用一种光－电（E/O）相位调制器产生一种与偏振相关的折射率变化。这种方案已被做过研究和论证，问题是光纤中传输的正交偏振光并不经相同的折射率，因而产生一种与温度有关的偏移。

使 $n_{cw} \neq n_{ccw}$的另一种方法是应用主光纤线圈中或另一段光纤中的法拉第效应。如果对光纤加上纵向磁场，则有可能使右旋偏振光的折射率与左旋偏振光的折射率不同。即使费尔常数很小，但是如若使用的光纤长度较长，依然能明显地加大这种折射率差。这种方案也已被验证。

图 12-55 所示的延时调制法也是广泛受到重视的非互易折射率方案。它的优点是光子在光纤中传播所用时间比较长。一般要在靠近分束器处放一个相位调制器，相位调制器可用多种方法制成，比如压电晶体（PZT）或光纤绕在压电圆柱体上。如果相位调制器的驱动频率$f_m$，那么就可能产生一个由下式表示的非互易相移：

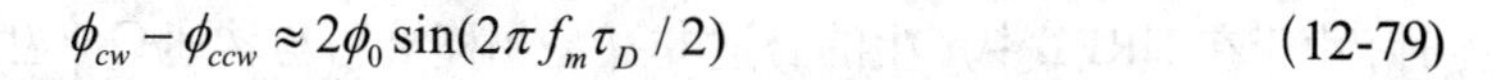

$$\phi_{cw}-\phi_{ccw}\approx 2\phi_0\sin(2\pi f_m\tau_D/2) \tag{12-79}$$

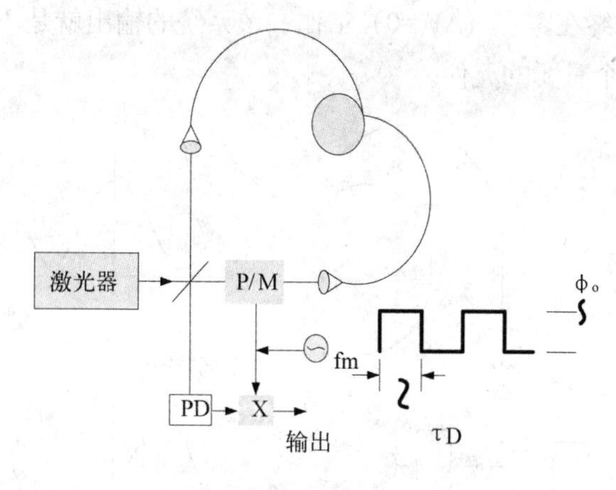


图 12-55　延时调制法

式中，$\phi_0$是相位调制器产生的非互易相位的幅值，$\tau_D$是光子在光纤中的延时，其值可用 $nL/c$ 表示，为了得到最大的非互易相移，那就必须使正弦函数的相角近似为π/2，也就是说，选取$f_m\approx 1/2\tau_D$ 。如果$f_m<1/2\tau_D$,则必须加大$\phi_0$才能达到适当大小的非互易相移值。对于 1 千米长的光纤而言，$f_m$的最佳值大约为 100 千赫。

下面再介绍一下采用频率实现非互易调相的原理。在这种方案中，一般使$f_{cw}$不同于$f_{ccw}$,因此

$$\phi_{cw}-\phi_{ccw}=(2\pi nL/c)\cdot(f_{cw}-f_{ccw}) \tag{12-80}$$

实现该法的简单途径，就是在干涉仪中分束器的两侧对称地放置两个声光（A/O）移频器。如果每个移频器由单独的频振器激励。那么，它就可能产生非互易的调相以及恒定的非互易相移。例如，在 1 千米长的光纤中，当$f_{cw}-f_{ccw}$=50 千赫时，产生的非互易相位为π/2。频率法实现非互易相位调制还有其他一些方法，这里不再一一介绍。

#### 12.7.2.4　运行方式

光纤转速传感器有两种运行方式，开环系统结构和闭环系统结构。图 12-56 示出了开环传感器系统。在这种系统中，一个非互易调相器（NRPM)被放置在光纤的一个端部附近，并受 $f_m$的频率激励。然后，在相敏解调器中把光检测器的输出以频率解调。经低通滤波器后,解调器的输出便成为图 12-56 所示的$\Delta\phi$的正弦函数。对于任何给定的$\Delta\phi$，都能得到与$\Delta\phi$成正比的直流输出电压。这种开环系统的缺点是：一是解调器的输出需要校准,因为它不仅取决于光源的光强,而且还取决于位于它前面的各个放大器的增益；二是解调器的输出与$\Delta\phi$之间存在非线性关系。

在图 12-57 所示的闭环传感器系统中，解调器的输出光经过一个伺服放大器，然后再由伺服放大器激励一个位于光纤干涉仪的非互易相位换能器（NRPT）。采用这种方法

时，由于在NRPT中产生的合适非互易相移恰巧与转速Ω产生的相移大小相等而符号相反，因此该传感器始终在零点（$\Delta\phi=0$）工作，该系统的输出就是NRPT的输出。由此可见，NRPT成为一个重要的元件。

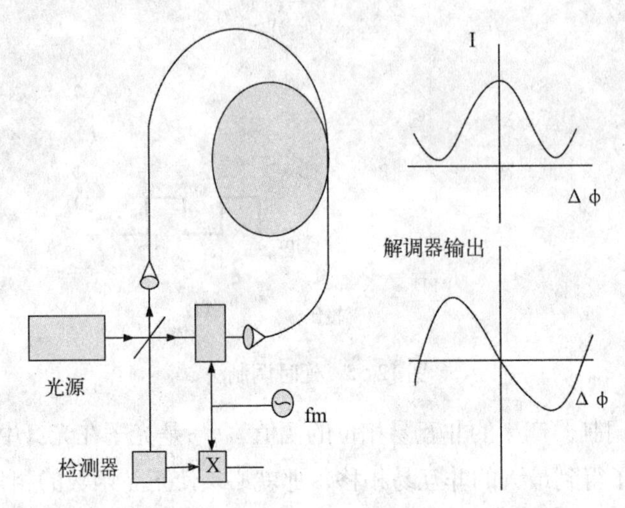


图12-56　光纤转速传感器中开环式非互易调相

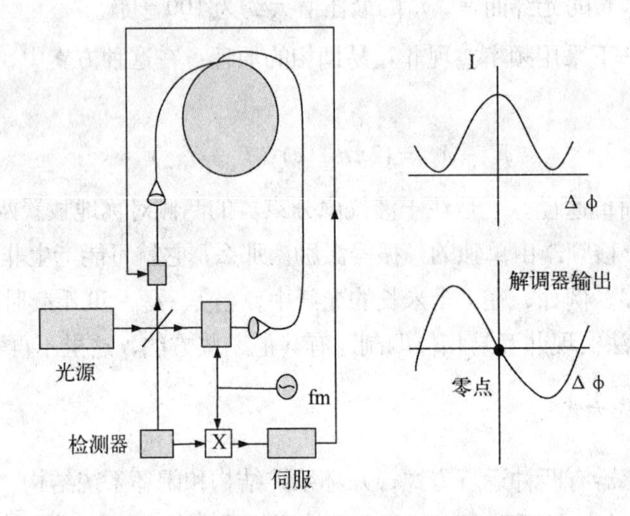


图12-57　光纤转速传感器中闭环式非互易调相

与开环系统相比，这种闭环系统的优点是：(1) 输出与光源的光强变化无关，因为该系统始终在零点工作（调制频率必须足够高，以便达到光子散粒噪声）；(2) 只要维持很高的开环增益，其输出与测量系统中每个元件的增益无关；(3) 输出的线性和稳定性只与NRPT有关。

举例来讲，NRPT可能是一种法拉第效应器件或者是一个声光移频器。若使用法拉第效应器件，那么它的稳定性取决于光纤的长度的稳定性以及磁场/相移转换功能的稳定性。但是，如果NRPT是一种声光晶体，那么为了补偿旋转所引起的$\Delta\phi=(2\pi LD/\lambda_0 c)\cdot\Omega$，

就要产生频率差 $\Delta f = f_{cw} - f_{ccw}$，因此

$$\Delta\phi = 2\pi(\Delta f)\cdot nL / c = (2\pi LD / \lambda_0 c)\cdot\Omega \tag{12-81}$$

这就意味着

$$\Delta f = (D / n\lambda_0)\cdot\Omega \tag{12-82}$$

式（12-82）表明：比例因子的稳定性取决于光纤线圈的直径 $D$，折射率 n 和光波波长 $\lambda_0$。

如果把式（12-82）的分子和分母乘以 $\pi D/4$，那么

$$\Delta f = \frac{\pi D^2 / 4}{n\lambda_0\cdot\pi D / 4}\cdot\Omega = \frac{4A}{\lambda_0 p}\Omega \tag{12-83}$$

式中，P 是光程周长=光纤线圈的 $n\pi D$。

应该指出：式（12-83）与适用于有源环形激光器或无源谐振腔法的工作原理表达式（12-71）是一样的。

### 12.7.3　光纤转速传感器存在的问题

上述已阐述了光纤转速传感器的基本原理，其重点则是关于多匝光纤干涉仪中微小的非互易相移的测量。下面将简要地说明许多可能会影响性能的误差来源。

影响这种光纤陀螺性能的误差源有：(1) 光纤中的瑞利散射；(2) 来自界面的散射；(3) 偏振影响；(4) 存在高次模；(5) 温度梯度；(6) 调制器不理想；(7) 与光强有关的非互易性；(8) 光源问题；(9) 测量系统问题；(10) 应力产生的影响；(11) 磁场影响。这些误差源在设计光纤转速传感器的预期性能时是必须考虑的。主要的噪声源也许是光纤中的后向散射和界面上的后向散射。为了克服这一问题，一些研究人员使用了宽带激光器、跳频激光器、相位调制器、甚至于发光二极管（LED)。如果破坏光源的时间相干性，检测系统就变得只对反向光程传输的两个光波之间的干涉才灵敏。因此，从原理上讲，由于后向散射引起的干涉平均值为零。

无论从理论方面还是经验方面来看，已引起人们极大关注的另一个问题，就是因为光纤偏振特性而引起的误差。如果用起偏器来确定长光纤干涉仪中的偏振轴，那么已有可购得的单模偏振保持光纤，是一种减小偏振带来的误差的简单的解决方法。

迄今为止，研究中的所有光纤陀螺均用单模光纤。必须注意的是：一定要保证把较高次的横向模完全衰减掉。

一种非常基本的、由非互易相移引起的误差源，即由于沿着相反方向传播的不同光强引起的误差源，这是一种非线性的光学效应，它起因于一种具有三次非线性灵敏度的光纤所产生的四波混频，如果在反向传播的光束中维持相同的光强，那么就能减小这种由光强所引起的非互易性。

### 12.7.4　光纤转速传感器发展

早期研究的光纤陀螺大都使用了分立光学元件，如果要制造一个高度紧凑的光纤陀

螺，那就一定要用一种以半导体激光器或发光二极管作为光源的集成光学系统。分束器可被波导或光纤耦合器取代，集成光纤陀螺是光纤转速传感器的发展方向。

## 思考题与习题

1. 说明光导纤维组成，并分析其导光原理。

2. 引起传输损耗的原因有哪几种，简述之。

3. 什么是子午光线?子午光线在光纤中传输的条件?什么是斜光线?斜光线在光纤中传输的条件?

4. 光纤耦合器的作用是什么？常见的光纤耦合器有哪几种?并画图说明。

5. 画出常见的四种干涉系统

6. 画出子午光线在自聚焦光纤中的传输轨道

7. 光纤传感器分为哪几大类？举例说明。

8. 光纤数值孔径 NA 的物理意义是什么？对 NA 取值大小有什么要求？

9. 当光纤的 $n_1$=1.45，$n_2$=1.44，如光纤外部介质的 $n_0$=1，求光在光纤内产生全反射时光的最大入射角 $\theta_c$ 的值。

# 第 13 章　数字式传感器

在测量连续变化参量时，传感器的输出信号可分为模拟信号和数字信号两大类。能够将被测模拟量转换为数字信号输出的传感器成为数字式传感器。由于数字信号便于处理和储存，便于和计算机连接实现智能化，电路便于集成化，而且数字化测量可以达到较高的分辨率和测量精度，因此数字式传感器时传感器的发展方向之一。

数字式传感器具有的特点：测量精度和分辨率高，测量范围大；抗干扰能力强，稳定性好；信号便于处理，传送和自动控制；便于和计算机连接，便于集成化；便于动态及多路测量；直观；安装方便，维护简单，工作可靠性高。

目前在测量和控制系统中广泛应用的三类数字式传感器：一是直接以数字量形式输出的传感器，如绝对编码器；二是以脉冲形式输出的传感器，如增量编码器感应同步器光栅和磁栅；三是以频率形式输出的传感器。

本章部分内容具体介绍：角度数字编码器、光栅及电子细分部分、感应同步器等。

## 13.1　角度–数字编码器

角度-数字编码器结构最为简单这种结构的传感器主要用于数控机械系统中，按工作原理可以分为脉冲盘式和码盘式两种。

### 13.1.1　脉冲盘式角度–数字编码器

#### 13.1.1.1　结构

脉冲盘式角度—数字编码器又称增量式编码器，它由检测头、脉冲编码器以及发光二极管的驱动电路和光敏三极管的光电检测电路组成。在一个圆盘的边缘上开有相等角度的细缝（分透明和不透明两种），在开缝圆盘两边安装光源及光敏元件。其结构如图 13-1 所示。

#### 13.1.1.2　工作原理

在圆盘随工作轴一起转动时，每转过一个缝隙就发生一次光线的明暗变化，经过光敏元件就产生一次电信号的变化，再经过整形放大，可以得到一定幅度和功率的电脉冲输出信号（脉冲数=转过的细缝数）。将脉冲信号送到计数器中去进行计数，则计数码就能反映圆盘转过的转角。

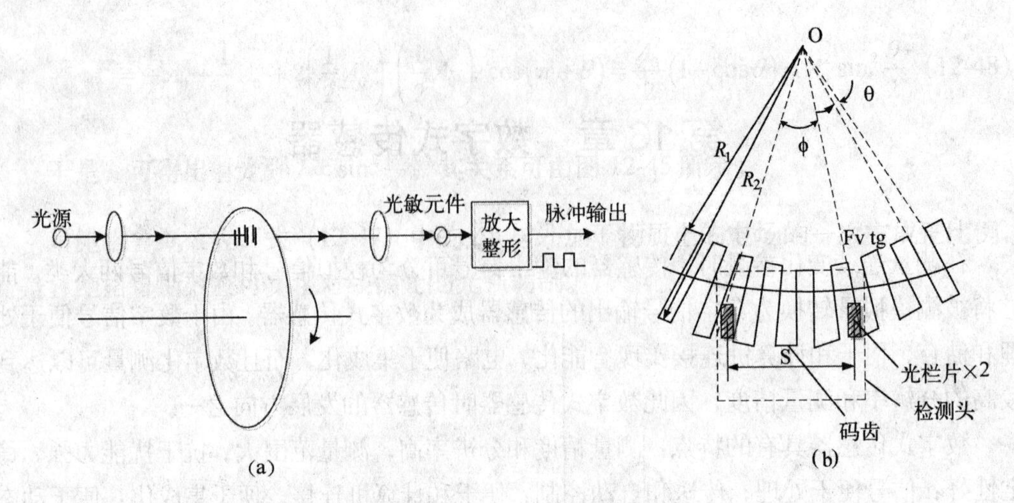


图 13-1　脉冲编码盘的结构图

13.1.1.3　旋转方向判断

（1）变相环节框图。

图 13-2 给出了辨向环节的逻辑电路框图。采用两套光电转换装置，这两套光电转换装置在空间的相对位置有一定的关系，保证它们产生的信号在相同位置上相差#（1/4 周期），将得到的两路信号（相位相差 $90^0$）经放大整形后，脉冲编码器输出两路方波信号。

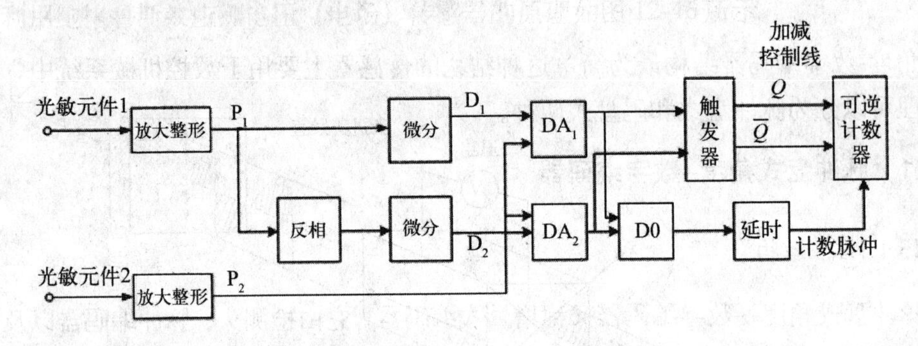


图 13-2　辨向环节的逻辑电路框图

（2）变相原理。

正转时，光敏元件 2 比光敏元件 1 先感光，此时与门 $DA_1$ 有输出，将加减控制器触发器 $\theta=1,\overline{\theta}=0$ 使可逆计数器的加减母线为高电位。同时，$DA_1$ 的输出脉冲又经或门送到可逆计数器的输入端，计数器进行加法计数。

反转时，光敏元件 1 比光敏元件 2 先感光，计数器进行减法计数。这样就可以区别旋转方向，自动进行加法减法计数，它每次反映的都是相对于上次角度的增量。波形如图 13-3 所示。

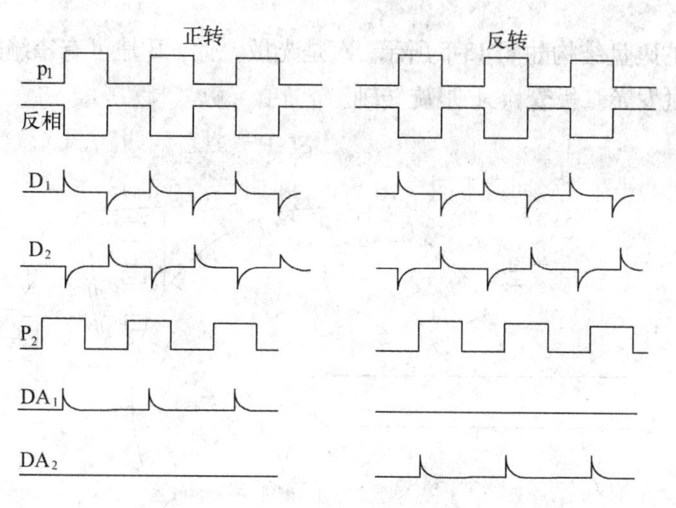


图 13-3　波形图

## 13.1.2　码盘式角度–数字编码器

### 13.1.2.1　*码盘式编码器*

码盘式角度—数字编码器是按角度直接进行编码的传感器。这种传感器是把码盘装在检测轴上，按结构可把它分为：接触式、充电式、电磁式等几种。它们的工作原理相同，差别仅是敏感元件。这里简述应用较多的光电式编码器，其工作原理如图 13-4。图中 L.S.B 表示低数码道，1.S.B 表示 1 数码道，2.S.B 表示 2 数码道，…，黑色部分表示高电平 1，实用时将这部分挖掉，让光源投射出去，以便通过接收元件转换为电脉冲；白色部分表示低电平 0，实用时这部分遮断光源，以便接收元件转换为低电平脉冲。在 AO 直线上，每个数码道设置一个光源，如发光二极管。编码盘的转轴 O 可直接利用待测物的转轴。待测的角位移可由各个码道上的二进制数表示，如 OB 直线上的三个数码道所代表的二进制数码为 010.但在直线 OA 位置上时，二进制数码可能产生较大误差。在低数码道 L.S.B 时，这种误差仅为 1 和 0 之间的误差，如在数码道 2.S.B 时，有可能出现 000，111 和 110 等误差。这种现象称错码，码盘设计时可通过编码技术和扫描方法解决。

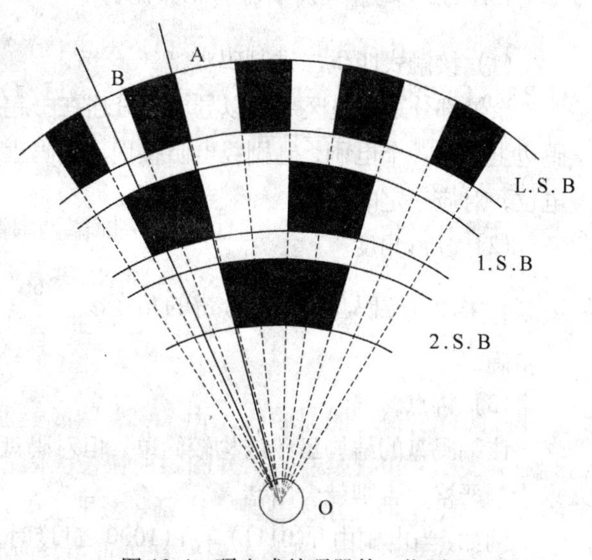


图 13-4　码盘式编码器的工作原理

上述码盘的码盘结构如图 13-5 所示，A 是光敏元件，B 是可有窄缝的光阑，C 是码盘，D 是光源（发光二极管），E 是旋转轴。

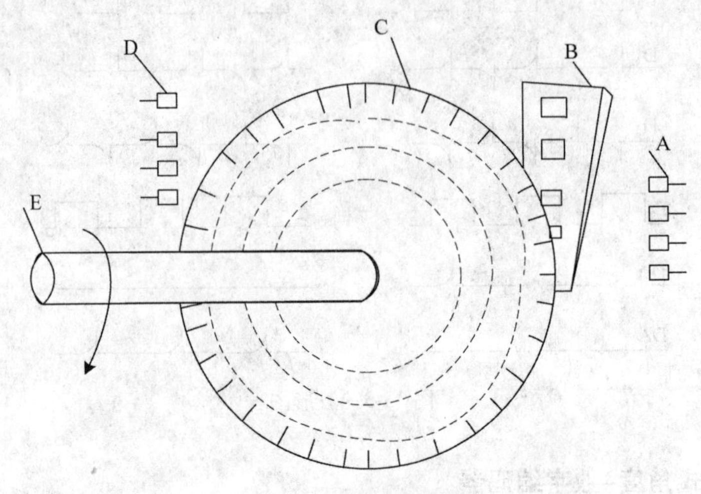


图 13-5　编码盘的结构图

码盘式角度—数字编码器的主要性能参数是分辨率，即可检测的最小角度值或 $360^0$ 的等分数。若码盘的码道数为 n，则其左码盘上的等分数为 2n。其能分辨的角度为

$$\alpha = \frac{360^0}{2^n} \tag{13-1}$$

位数 n 越大，能分辨的角度越小，测量也越精确。当 n=20 时，则对应的最小角度单位为1.24"。

13.1.2.2　*码盘式编码器的几点说明*

（1）接触式四位二进制码盘。

涂黑部分是导电区—所以导电部分连在一起接高电位；空白部分代表绝缘区；每圈码边上都有一个电刷，电刷经电阻接地；当码盘与轴一起转动时，电刷上将出现响应的电位，对应一定的数码。

（2）分辨角度。

若采用 n 位码盘，则能分辨的角度 $\alpha = \frac{360^0}{2^n}$，n 越大 → 能分辨的角度越小，测量也越精确。

（3）特点。

该编码盘的结构虽然结构较简单，但对码盘的制作和电刷（或光电元件）的安装要求十分严格，否则就会出错。

例如：当电刷由 h（0111）→ i（1000）过度时，如电刷位置安装不准，可能出现 8—15 之间的任一十进制数，这种误差属于非单值性误差。

$h \to i$ 过渡时：

有可能①由 $h \to i$　1

②③④ $h \to i$　111　　$(1111)_2=(15)_{10}$

也可能①②③④都由 $h \to i$　　$(1000)_2=(8)_{10}$

(4) 清除非单值误差的方法。

方法1：采用双电刷、工艺电路上都比较复杂，故很少采用。

方法2：采用循环码代替二进制码。由于循环码的相邻的两个数码间只有一位时变化的，因此即使制作和安装不准，产生的误差最多也只是一位数。

(5) 循环码与二进制码的转换。

由于循环码的各位没有固定的权，因此需要把它转换成二进制码。用R表示循环码，用C表示二进制码，二进制码转换为循环码的法则是：

将二进制码与其本身右移一位后并舍末位的数码做不进位加法，所得结果就是循环码。例题：二进制码1000（8）所对应的循环码为1100，因为

| | |
|---|---|
| 1000 | 二进制码 |
| ⊕ 100 | 左移一个并舍去末数 |
| 1100 | 循环码 |

其中⊕表示不进位相加。二进制码变循环码的一般形式为

| | |
|---|---|
| $C_1C_2C_3......C_n$ | 二进制码 |
| $\oplus \quad C_1C_2......C_{n-1}$ | 右移一位即二进制舍去 $C_n$ |
| $R_1R_2R_3......R_4$ | 循环码 |

由此得

$$\begin{cases} R_1 = C_1 \\ R_2 = C_2 \oplus C_1 \\ . \\ . \\ R_i = C_i \oplus C_{i-1} \end{cases}$$

从上式也可以导出循环码变二进制码的关系式

$$\begin{cases} C_1 = R_1 \\ C_i = R_i \oplus C_{i-1} \end{cases}$$

上式表示，由循环码R变二进制码C时，第一位（最高位）不变，以后从高位开始依次求出其余各位，即本位循环码 $R_i$ 于已经求得的相邻高位二进制码 $C_{i-1}$ 作不进位相加，结果就是本位二进制码。因此两相同数码作不进位相加，其结果为0，故 $C_i$ 式还可写成

$$\begin{cases} C_1 = R_1 \\ C_i = R_i\overline{C}_{i-1} + \overline{R}_iC_{i-1} \end{cases}$$

表 13-1 给出了十进制数、二进制数及四位循环码对照表。用与非门构成并行循环码-二进制码编码器。这种并行转换器的转换速度较快，缺点是所用元件较多，N 位码需用 n-1 单元。

表 13-1　十进制数、二进制数及四位循环码对照表

| 十进制数 | 二进制数（C） | 循环码(R) |
|---|---|---|
| 0 | 0000 | 0000 |
| 1 | 0001 | 0001 |
| 2 | 0010 | 0011 |
| 3 | 0011 | 0010 |
| 4 | 0100 | 0110 |
| 5 | 0101 | 0111 |
| 6 | 0110 | 0101 |
| 7 | 0111 | 0100 |
| 8 | 1000 | 1100 |
| 9 | 1001 | 1101 |
| 10 | 1010 | 1111 |
| 11 | 1011 | 1110 |
| 12 | 1100 | 1010 |
| 13 | 1101 | 1011 |
| 14 | 1110 | 1001 |
| 15 | 1111 | 1000 |

### 13.1.3　激光式角度传感器

激光式角度传感器的结构原理如图 13-6 所示，这一装置是麦克尔逊干涉仪的变型。M 是反射镜，它至于参考光束 I 中，使光速 I 和 II 平行。$F_1$ 和 $F_2$ 是两个可逆反射器，二者距离 d，设置在同一转台上。S 是分光镜，它将激光束投到 M、$F_2$ 和聚光镜 D 上。P 是光电接收器，它将光的干涉条纹变为电信号。

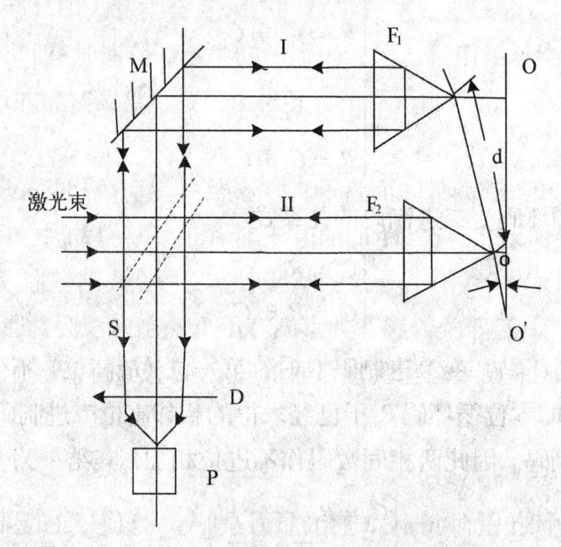


图 13-6　激光式角度传感器的结构原理

光束Ⅰ、Ⅱ之间的光程差 $l$ 和转角 $\alpha$ 关系

$$l = d\sin\alpha \tag{13-2}$$

$l$ 还跟干涉条纹数目 $k$、激光波长 $\lambda$ 和所射系数 $n$ 有如下关系。

$$l = \frac{k\lambda}{2n} \tag{13-3}$$

由式（13-2)、(13-3）得

$$\alpha = \arcsin(\frac{k\lambda}{2nd}) \tag{13-4}$$

检测范围：$\pm 45^0$。

特点：分辨率高。

分辨率：$\alpha_0 = \dfrac{\lambda}{2nd}$ 相应于光电探测器上接收一条条纹的变化。

应用：主要应用于角度仪的计量装置。

## 13.2　光栅传感器

光栅传感器是利用计量光栅的莫尔条纹现象来进行测量的，它广泛地用于长度和角度的精密测量，也可用来测量转换成长度或角度的其他物理量。例如：位移、尺寸、转速、力、重量、扭矩、振动、速度和加速度等。按光栅的形状和用途分为长光栅和圆光栅，分别用于线位移和角位移的测量。按光线走向分为透射光栅和反射光栅。

### 13.2.1　光栅传感器的结构与测量原理

狭义来讲：平行等宽而有等间隔的多狭缝即为衍射光栅。广义上讲：任何装置只要它能起等宽而又等间隔的分割波阵面的作用，则均为衍射光栅。简单说，光栅好似一块尺子，尺面上刻有排列规则和形状规则的刻线。

#### 13.2.1.1　光栅

图 13-7 给出的是直线光栅尺。图中，a-透光的缝宽；b-不透光的缝宽；w=a+b 光栅栅矩（或光栅常数)，对于光栅尺来说它是一个重要条纹。对于园光栅盘(R)来说，栅距角是重要参数，它指园光栅盘上相邻两刻线所夹的角。

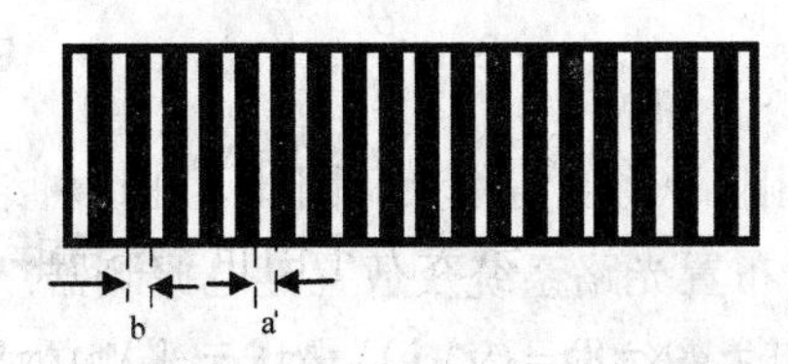


图 13-7　光栅尺

#### 13.2.1.2　莫尔条纹及光栅测量装置

(1) 光栅测量的基本原理及测量装置。

光栅测量系统一般由光源、主光栅、指示光栅、光学系统及光电探测器组成，如图 13-8 所示。主光栅为一长方形光学玻璃，上刻有明暗相间的线对，明线（即透光线）宽度 $a$ 与暗线（即遮光线）宽度 $b$ 之比通常为 1:1，两者之和称为光栅的栅距。栅距通常可以为 1/10～1/100mm。

指示光栅比主光栅要短得多，其结构与主光栅一样，刻有相同栅距的明暗线对。

若将指示光栅和主光栅重叠起来，平行光通过光栅后形成的条纹即为莫尔条纹。当光栅栅距大于光波长时，可以用几何光学来分析。若主光栅与指示光栅以线对相同方向重叠起来，平行光通过光栅后形成的条纹即为莫尔条纹。当光栅栅距大于光波长时，可以用几何光学来分析。若主光栅与指示光栅以线对相同方向重叠，且明线与暗线对齐时，则透射光形成的条纹为与光栅栅距相同的明暗条纹，若在明纹的中间放置一光电探测器，则探测器的输出最大。

当指示光栅相对于主光栅在垂直于刻线方向移动时，重叠后的透光区逐渐减小，当移过半个栅距时，两块光栅的明纹和暗纹对齐，光完全被遮住，探测器的输出也从最大值逐渐变小直到为零。当指示光栅继续移动时，重叠透光区又逐渐增大。因此，当指示光栅相对于主光栅连续移动时，从探测器输出可得到一周期变化的波形。

从理论上讲，探测器的输出波形应为三角波，但由于光栅的衍射作用及两块光栅间间隙的影响，其输出实际上近似的正弦波。输出信号近似地可表示为

$$u_0 = \frac{U_m}{2}\left[1+\sin\left(\frac{\pi}{2}+\frac{2\pi x}{W}\right)\right] \tag{13-5}$$

式中，$u_0$ 为光电探测器的输出电压；$U_m$ 为输出信号的最大值；W 为光栅栅距；x 为位移量。

若将探测器的输出信号经整形后计数，即可测出指光栅相对主光栅的位移量。显然，其位移分辨率取决于光栅的栅距。

若将指光栅与主光栅的刻线以角度 $\theta$ 重叠，则形成的莫尔条纹与前面的情况有所不同，将在水平方向出现明暗相间的条纹，如图 13-8 所示。莫尔条纹的间距 $B$ 与栅距 $W$ 及夹角 $\theta$ 之间有如下关系

$$B = \frac{W}{2\sin\frac{\theta}{2}} \approx \frac{W}{\theta}$$

可见，当 $\theta$ 很小时，间距 B 将变得很大，因此，在这种结构中，莫尔条纹对光栅栅距有放大的作用，这样便于布置光路系统及放置光电探测器。并且，在图 13-9 的放置中，当指示光栅向左移动时，莫尔条纹向上移动，当指示光栅向右移动时，莫尔条纹向下移

动，这样便于在检测时识别出移动方向。因此，实际的光栅测量系统中一般均采用这种倾斜放置的结构。

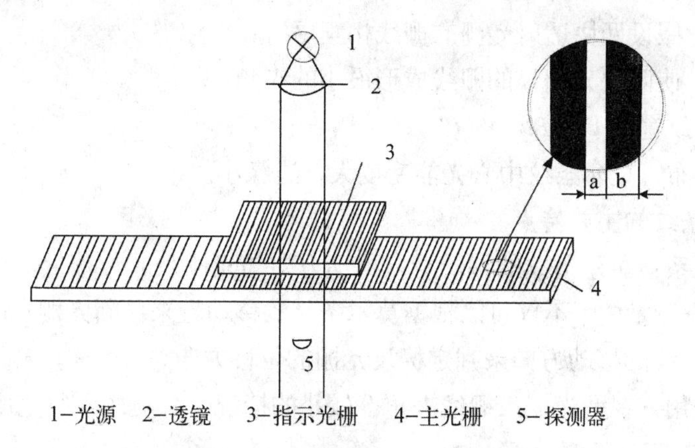


图 13-8　光栅测量系统基本结构

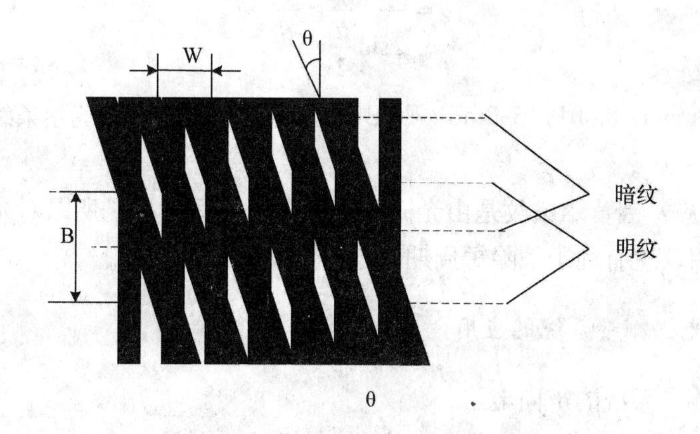


图 13-9　等距光栅以夹角 θ 重叠时的莫尔条纹

当指示光相对于主光栅移过一个栅距时，莫尔条纹将在水平方向移过一个条纹。同样，在固定位置放置一光电探测器，当莫尔条纹连续移动时，探测器输出信号亦为近似的正弦波。对该信号进行整形、计数，即可测出指示光栅相对于主光栅的移动距离。

光栅测量系统的基本原理是：光栅尺中的一块光栅尺固定不动，另一块光栅尺随测量工作台一起移动，测量工作台每移动一个栅距，光电元件发出的一个信号，计数器记取一个数。这样，根据光电元件发出的或计数器记取的信号数，便知可动光栅尺移动过的栅距数，即测得了工作台移动过的位移量，这就是光栅测量系统进行长度测量或位移测量的基本原理。

（2）莫尔条纹的形成。

将两块黑白型长光栅尺面对面相叠合，一块为主光栅，一块为指示光栅。

如果使主光栅相对于指示光栅运动，其运动方向垂直于光栅，则当两光栅的栅线互相重合时，光被挡住，形成暗带，所以每相对移动一个光栅栅距，就产生暗-亮-暗-亮的变化，这种暗-亮相间的变化就是莫尔条纹。

1）$\theta=0$：假设两块透射光栅的栅线相互平行；

2）$\theta\neq 0$：使两块光栅尺的栅线成形很小的夹角；

3）莫尔条纹宽度 B：$B\approx W/\theta$；

4）光能分布：莫尔条纹中心光能密度大，边缘小。

(3) 莫尔条纹的主要特点。

1）对应关系：莫尔条纹的移动量，移动方向与光栅尺的位移量，位移方向具有对应关系。在光栅测量中，不仅可以根据莫尔条纹的移动量来判断光栅尺的位移量，而且可以根据莫尔条纹的移动方向来判定标尺光栅的位移方向。

2）放大作用：在两光栅尺栅线夹角 θ 较小的情况下，莫尔条纹宽度 B 和光栅栅距 W, 栅角 θ 之间有下列近似关系。

$$B=\frac{W}{2\sin\frac{\theta}{2}}\approx\frac{W}{\theta}$$

若 W=0.02mm,θ=0.00174532rad，则 B=11.4592mm，这说明莫尔条纹间距对光栅栅距有放大作用。

3）平均效应：因莫尔条纹是由光栅的大量刻线共同产生，所以对光栅刻线误差有一定的平均作用，这有利于消除短周期误差的影响。

13.2.1.3　光栅测量系统的应用

(1) 光栅测量系统的辨向电路。

在实际应用中，为了辨别物体移动的正、反方向，往往采用辨向电路进行加减计数的方法，即可以在相隔 1/4 条纹间距（即 B/4）的位置放置两个光电探测器。当指示光栅左移（倾斜条纹），莫尔条纹将向下移动；当指示光栅右移，莫尔条纹向上移动。因此，两个探测器的输出信号将出现 $\pi/2$ 的相位差，且当指示光栅移动方向改变时两者的相位差将产生 $\pi$ 的变化。光栅测量系统的辨相电路如图 13-10 所示。

辨向电路的原理分析：将两个光电探测器的输出信号 $u_1$ 和 $u_2$ 经比较器 $IC_{1a}$ 和 $IC_{1b}$ 整形后得到两个相位差为 $\pi/2$ 的方波信号 $u_1'$ 和 $u_2'$。将 $u_1'$ 信号分别送入上升沿触发的单稳态触发器 $IC_{2a}$ 及下降沿触发的单稳态触发器 $IC_{2b}$，分别得到与 $u_1'$ 上升沿及下降沿同步的脉冲信号 $y_1$ 和 $y_2$。当指示光栅左移动时，$u_2'$ 超前 $u_1'$ 相位 $\pi/2$。将 $u_2'$ 分别与 $y_1$ 和 $y_2$ 相“与”后，$y_1$ 仍有脉冲输出，而 $y_2$ 被屏蔽掉。当指示光栅右移时，$u_2'$ 相位落后于 $u_1'$ 相位 $\pi/2$，此时 $y_1$ 被屏蔽掉，而 $y_2$ 仍有脉冲输出。将两个与门的输出分别联到可逆计数器的加、减计数端，则计数器的输出即反映了待测位移量。

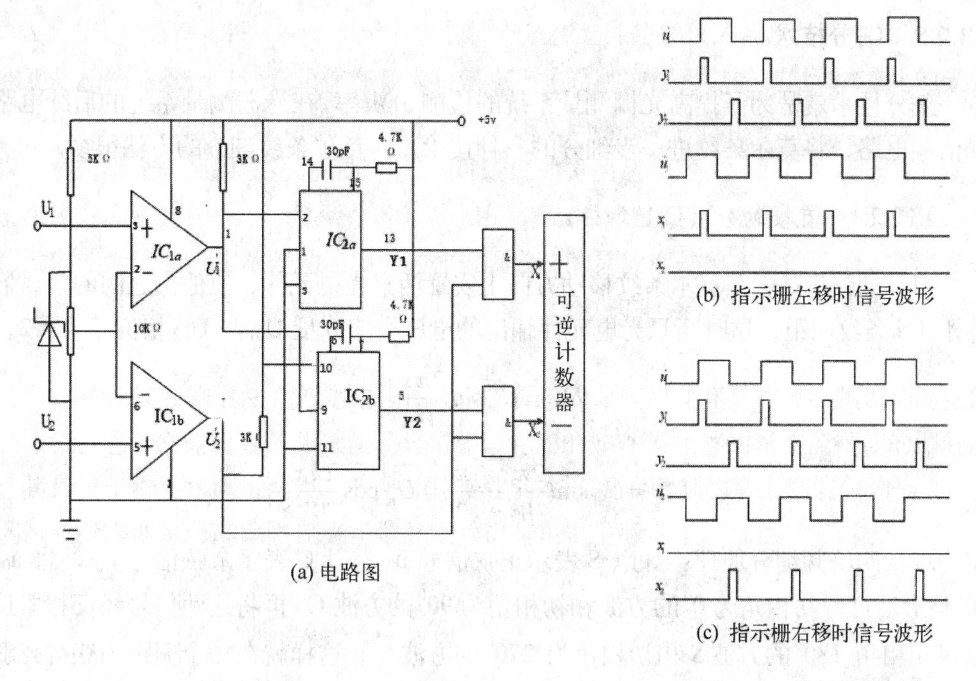


(a) 电路图

(b) 指示栅左移时信号波形

(c) 指示栅右移时信号波形

图 13-10　光栅测量系统的辨相电路

（2）投影反光式光栅测量系统。

图 13-11 示出了两种非接触式光栅测量系统的结构。在图 13-11（a）的结构中，光源发出的光经透镜系统及光栅 $G_1$ 后成象在探测器 PD 所在平面上。当待测体在垂直方向产生位移或振动时，根据三角成像原理，莫尔条纹将产生移动，使探测器上接收到的光强产生明暗变化。

图 13-11 (b) 所示的结构将投影光栅及鉴别光栅合二为一，这样使系统结构更为简单。

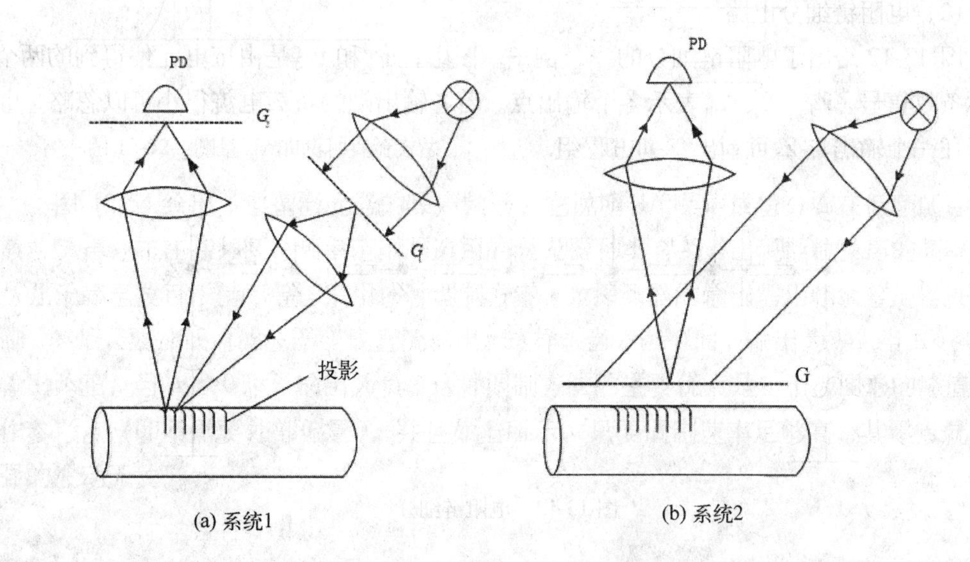


(a) 系统1　　　　(b) 系统2

图 13-11　投影反光式光栅测量系统

## 13.2.2 细分技术

细分技术就是为了提高光栅测量系统的检测 分辨率，在光栅测量系统的后续电路加如倍频电路，将莫尔条纹进一步细分的一种技术，对莫尔条纹细分的方法很多。

13.2.2.1 直接细分（位置细分）

（1）细分思路：在莫尔条纹移动方向上安置两只光电元件，使他们之间的距离恰好等于 1/4 条纹间距，这时两只光电元件输出的电压交流分量 $U_{01}$ 与 $U_{02}$ 相位差为 π/2。

设
$$U_{01}=U_m\sin\frac{2\pi x}{W}$$

$$U_{02}=U_m\sin(\frac{2\pi x}{W}+\frac{\pi}{2})=U_m\cos\frac{2\pi x}{W}$$

（2）四倍频细分原理：如以 S 表示正弦信号 $u_{01}$，以 C 表示余弦信号 $u_{02}$，将 $u_{01}$ 与 $u_{02}$ 整形后可得初相角为 $0^0$ 的方波和初相角为 $90^0$ 的方波 C。再将这两信号经反相器反相后得初相角 $180^0$ 的方波 $\overline{S}$ 和初相角为 $270^0$ 的方波 $\overline{C}$ 。这样就在一个栅距内获得死歌依次相差 $\pi/2$ 的信号，实现了四倍频细分。

13.2.2.2 电阻链细分

（1）电阻链细分原理。

将输入的莫尔条纹（光电）信号移向，得到在一个周期内相位依次相差一定值的一组交流电压信号，然后使每一个信号过零时发出一个计数脉冲（用鉴定器鉴定取过零信号）从而在莫尔条纹的每一个变化周期内获得若干个计数脉冲，达到细分的目的。

（2）电阻链细分电路。

图 13-12 给出了电阻链细分的一个例子。图中，$u_{01}$ 和 $u_{02}$ 是由广电元件得到的两个莫尔条纹信号，$Z_1$、$Z_2$、…表示各个输出点。若各输出端的负载电流很小可以忽略，则对于任一个输出点 $Z_i$ 可列出下列方程组

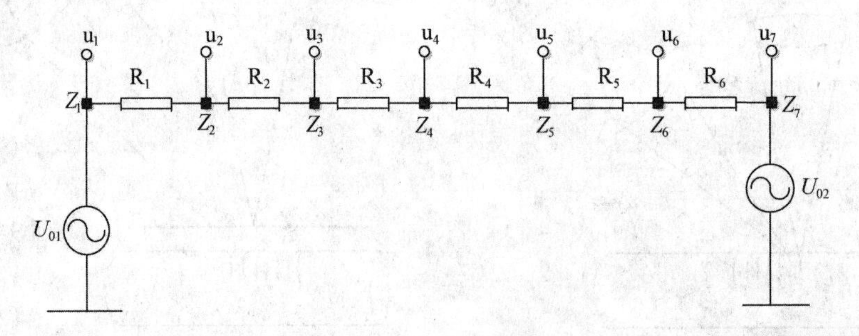


图 13-12 电阻链细分

$Z_2$ 点：　$i_1 = \dfrac{u_{01} - u_2}{R_1}$；　$i_2 = \dfrac{u_{02} - u_2}{R_1 + R_2 + R_3 + R_4 + R_5}$

$Z_3$ 点：　$i_1 = \dfrac{u_{01} - u_3}{R_1 + R_2}$　$i_2 = \dfrac{u_{02} - u_3}{R_3 + R_4 + R_5 + R_6}$

$Z_4$ 点：　$i_1 = \dfrac{u_{01} - u_4}{R_1 + R_2 + R_3 +}$　$i_2 = \dfrac{u_{02} - u_4}{R_4 + R_5 + R_6}$

$Z_5$ 点：　$i_1 = \dfrac{u_{01} - u_5}{R_1 + R_2 + R_3 + R_4}$　$i_2 = \dfrac{u_{02} - u_5}{R_5 + R_6}$

$Z_6$ ：　$i_1 = \dfrac{u_{01} - u_6}{R_1 + R_2 + R_3 + R_4 + R_5}$　$i_2 = \dfrac{u_{02} - u_6}{R_6}$

对于任意输出点 $Z_i$ ，可列出下列方程

$$\begin{cases} i_1 = \dfrac{u_{01} - u_i}{\sum\limits_{j=1}^{i-1} R_i} \\ i_2 = \dfrac{u_{02} - u_i}{\sum\limits_{j=i}^{6} R_j} \\ i_1 + i_2 = 0 \end{cases}$$

式中，$i_1$ 为从 $u_{01}$ 流向 $Z_i$ 点的电流。解以上方程 $Z_i$ 点的输出电压

$$U_i = \frac{\dfrac{u_{01}}{\sum\limits_{j=1}^{i-1} R_j} + \dfrac{u_{02}}{\sum\limits_{j=i}^{6} R_j}}{\dfrac{1}{\sum\limits_{j=1}^{i-1} R_j} + \dfrac{1}{\sum\limits_{j=i}^{6} R_j}}$$

如：
$$U_2 = \frac{\dfrac{u_{01}}{R_1} + \dfrac{u_{02}}{(R_2 + R_3 + R_4 + R_5)}}{\dfrac{1}{R_1} + \dfrac{1}{R_2 + R_3 + R_4 + R_5 + R_6}}$$

$$U_3 = \frac{\dfrac{U_{01}}{(R_1 + R_2)} + \dfrac{u_{02}}{R_3 R_4 R_5 R_6}}{\dfrac{1}{R_1 + R_2} + \dfrac{1}{R_3 + R_4 + R_5 + R_6}}$$

当 $U_3 = 0$,有
$$\frac{u_{01}}{(R_2 + R_3)} + \frac{u_{02}}{(R_3 + R_4 + R_5 + R_6)} = 0$$

若$U_{01}$与$U_{02}$相位差$\frac{\lambda}{2}$，即

$$U_{01}=U_m\sin\frac{2\lambda x}{W}$$

$$U_{02}=U_m\cos\frac{2\lambda x}{W}$$

令　$\theta=\frac{2\lambda x}{W}$

则当$u_3$=0时，对应的电相位$\theta_3$可由下式求出

$$\left|tg\theta_3\right|=\left|\frac{\sin\theta_3}{\cos\theta_3}\right|=\left|\frac{u_{01}}{u_{02}}\right|=\frac{R_1+R_2}{R_3+R_4+R_5+R_6}$$

同理 $u_i$=0，所对应的相角$\theta_i$，$\theta_i$值完全由 $R_1\sim R_2$决定只要是当选取各电阻值就可以使输出的电压 $u_i$依次具有相等的相位差。如果每个信号过零时发一个计数脉冲，就可以达到细分的目的。

电阻链细分的缺点：电阻链两端

$$u_1=u_{01}=u_m\sin(\theta+0)\qquad u_7=u_{02}=u_m\cos\theta=u_m\sin(\theta+\frac{\pi}{2})$$

显然中间各 $u_i$的相角$\theta_i$只能在 0～π/2 的范围内变化，亦即只能获得第Ⅰ相限的移相位信号。

解决上述0～π/2相角变化范围小的问题，可以用并联电阻链式细分电桥。如图13-13所示。该桥路中，以在四个象限内进行细分，细分数由桥臂并联的支路数目决定，细分数 n是 4 的整数倍。

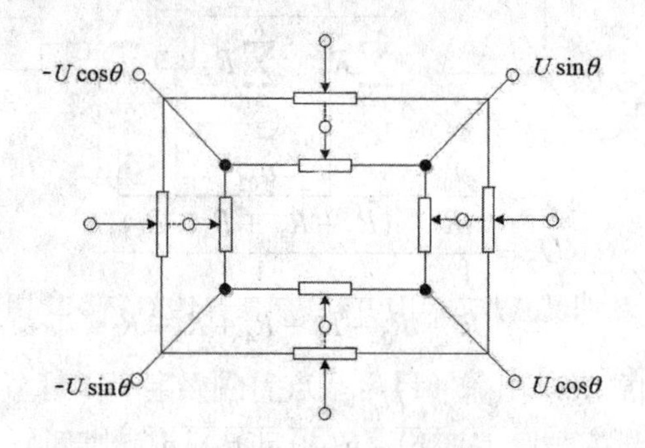


图 13-13　并联电阻链式细分电桥

13.2.2.3　锁相细分

(1) 锁相细分原理。

图 13-14 为锁相环路技术进行电子细分的原理。在一个鉴相器中，把输入信号与压

控振荡器的输出信号的相位进行比较，产生对应两信号相位差的输出电压 $U_k$ 的控制，使其震荡频率 f 向输入信号频率 $F_i$ 靠近，直至输入信号频率相等而锁定。

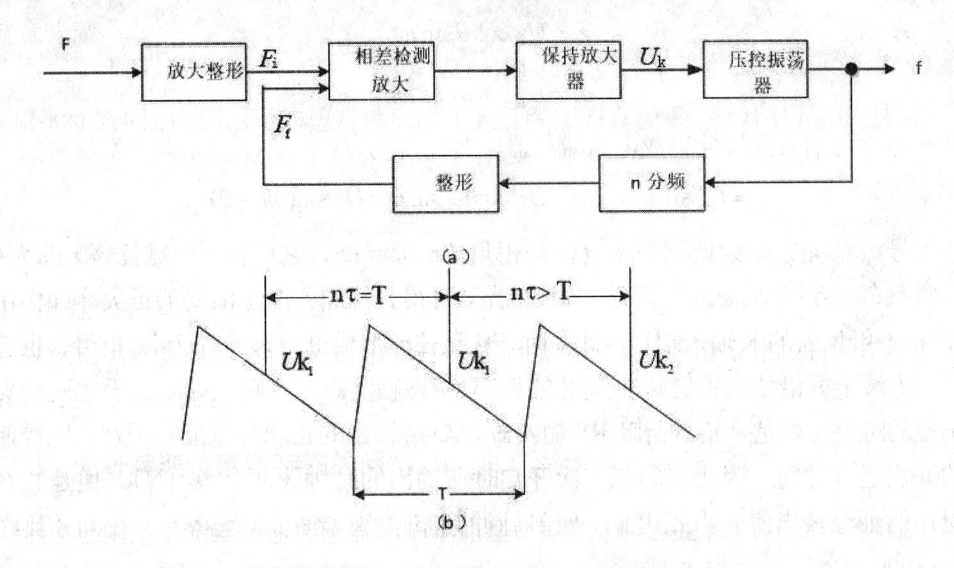


图 13-14　锁相细分原理图

过程：将压控振荡器的输入频率设置在 $f=nF_i$ 上。而且 $f$ 跟随输入信号频率 $F_i$ 变化，将压控振荡器输出频率送于 n 分频率器将 $f$ 分频后，再整形 $f/n$ 的反馈脉冲 $F_f$ 送入相差检测放大器中与输入信号 $F_i$ 进行相位比较。相位检测放大器的输出电压 $U_k$ 与 $F_i$ 和 $F_f$ 之间的相位差成比例。它们之间的关系如图 13-14（b）所示。图中，$T$-$F_i$ 周期；$T_f$=nτ 为 $F_f$ 周期（其中，$\tau=1/f$）。当 $n\tau=T$（即 $F_f$=$F_i$ 时，$U_k$ 保持为某一定值 $U_{k1}$ 不变。但当 nτ>T 时，$U_k$ 将减小。由于压控振动器受电压 $U_k$ 的控制，当 $U_k$↓-→f↑→τ↓→nτ=T 时为止，亦即自动锁定 $F_f$ 的相位，只要 nτ≠T 即（$F_f$=$F_i$），就要使加在压控振荡器上的控制电压 $U_k$ 发生变化，从而发生与上面类似的自动调节与自动调节过程。当 f=n $F_i$ 并被锁定后，若压控振荡器输出的每一个周期发出一个计数脉冲，则在莫尔条纹信号的一个变化周期内可以发出 n 各计数脉冲，从而得到了 n 倍频的细分输出。

(2）特点。

锁相细分的优点：细分数大（细分数为 100-1000)，莫尔条纹的信号波形无严格要求；缺点是：仅适合于主光栅已基本恒定的速度进行连续运动的场合，若速度的相对不稳定度为η，造成的细分误差ηW。

#### 13.2.2.4　鉴相法细分

这是一种调制信号细分法，它利用时钟脉冲来计量与光栅位移有关的电相角 $\theta=2\pi x/\omega$ 的大小。图 13-15 示出了鉴相法细分电路的原理图。如图，将来自光电元件的两路相位差 $90^0$ 的莫尔条纹信号 $\cos\theta$ 与 $\sin\theta$ 分别送入乘法器 A 和 B，并分别与引入乘法器的辅助高频信号 $\sin\omega t$ 和 $\cos\omega t$ 相乘（这两个辅助的高频信号是由时钟振荡器输出，经分频并分相得到的）。于是，乘法器的输出为

$$e_1 = U_m \cos\theta \sin\omega t$$

$$e_2 = U_m \sin\theta \cos\omega t$$

$e_1$ 与 $e_2$ 再输入到线性集成电路减法器，其输出为

$$e_0 = U_m \sin\omega t \cos\theta - U_m \cos\omega t \sin\theta = U_m \sin(\omega t - \theta)$$

信号 $e_0$ 的角频率为调制频率 $\omega$，初相角 $\theta = 2\pi x / \omega$，它反映了光栅位移 x 的大小。

将 $e_0$ 输入到零比较器与微分、检波电路，可得到位于方波上沿处的正尖脉冲作用在 RS 双稳态触发器的 R 输入端；与此同时，从正弦波形成电路来的 $U\sin\omega t$ 信号，也有一个位于方波上升沿处的正尖脉冲作用在 RS 双稳态触发器的 S 输入端。由于这两个尖脉冲出现的时差正好是 $\theta$ 角，所以 RS 触发器的 Q 端输出的正脉冲宽度等于 $\theta$，它控制与门的开启延续时间。因此与门每一次开启时所输出的时钟脉冲个数（N），便是与 $\theta$ 值相对应的细分输出值。由此可见，时钟脉冲频率越高，细分数越高。一般细分数约为 200～1000。

图 13-15 中调制信号角频率 $\omega$ 是由时钟频率分频而来，它要远高于莫尔条纹信号频率。对莫尔条纹信号 $U\sin\theta$ 与 $U\cos\theta$，则要求两者有严格的正交性。

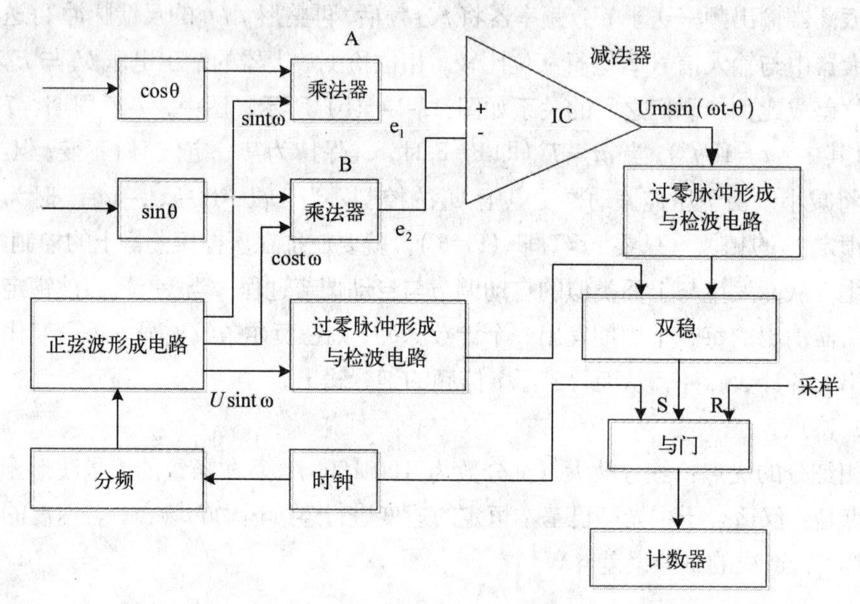


图 13-15　鉴相法细分电路框图

## 13.2.3　光栅式传感器的设计要点

光栅式传感器由光栅副，照明与光学系统，光电接收元件和机械各部件等组成。对

它的设计主要是对上述各部件中制作材料的选择，某些尺寸参数的确定，一些元件的选用以及某些结构应具有的性能等等。

#### 13.2.3.1　设计光栅式传感器时，应尽量考虑并达到的要求

(1) 能输出稳定的信号，对来自机械，光学及电路等方面的干扰不敏感；

(2) 能方便地输出多信号（一般要求两相或四相）；

(3) 工作寿命长，更换元件方便，调整方便、容易；

(4) 在满足精度要求的前提下，尽量使结构简单；

(5) 若有光学倍频作用，可以减小电子细分倍频，从而简化电路。

在一个传感器中很难同时满足上述各项要求，应根据具体的设计要求来决定。

#### 13.2.3.2　照明系统设计

照明系统主要由光源和透镜组成，有时需要适当地设计光阑，也有地采用光导纤维传输照明光束。要求照明系统能提供足够而稳定的光能，光效率高；光源寿命长，更换光源时离散行小；光源发热量小；光源的安装位置合乎要求并能调整；光源电路简单并对其它电路干扰小等等。

(1) 光源的选择。

对于栅距较小的光栅副，使用单色好的光源。波长与探测器峰值波长匹配；对于栅距较大的黑白光栅，常使用普通白帜灯照明。

**说明**：单色光源可用普通光源加滤光片获得；普通光源：6V、5W 白帜灯泡。但白帜灯必须使用直流稳压电源。

砷化镓近红外固体发光二极管逸出热量小。0.015W 这种动态响应快，使用寿命长，发光峰值波长 0.94 $\mu m$，与硅光电池波长接近，对光电转换十分有利。

(2) 准透镜参数的确定。

为了提高莫尔条纹的反差，减小光源发散的影响，一般都用平行光束垂直照射光栅面，为此必须有准直透镜。

1) 透镜的通光口径。

以硅光电池直接接收式光路为例。设透镜的通光尺寸在平行于栅线的方向上为 $b_1$，透镜的通光尺寸在垂直于栅线的方向上为 $l_1$，则

$$b_1 = b + L\frac{l_2}{f} + (1.5 \sim 4)mm$$

$$l_1 = l + L\frac{b_2}{f} + (1 \sim 3)mm$$

式中，$l_2 / f, b_2 / f$ -灯丝发散角；$f$ -准直透镜焦距；$l_2, b_2$ -灯丝的长度和宽度；L-与传感

器结构尺寸有关的值；$l$、b-硅光电池的长度和宽度。

设标尺光栅栅距 $W_1$ 与指示光栅栅距 $W_2$ 之间有

$$\beta = \frac{W_1}{W_2}$$

由以上三式得通光孔径

$$d = \sqrt{b_1 + l_1^2} + (1 \sim 3)mm$$

2）透镜的型式和焦距。

栅距较大，两栅间间隙较小时，常采用单片平凸透镜，并使平面朝向灯丝以减小象差。

在大间隙时，为减小象差，特别是色差，提高而莫条纹的反差，应采用双片平凸透镜，并使两者的平面都朝向灯丝。

准直透镜的焦距与允许选用的最大相对孔径有关。单片平凸透镜，相对孔径不宜大于 0.8；双片平凸透镜，相对孔径不宜大于 1。

两栅间间隙较大时，可适当减小上述数值，适当缩短焦距，可是传感器结构紧凑。并能提高硅光电池上的照度。

（3）其他问题。

利用光导体纤维传递照明光束可减小光源的热影响。

为提高而莫条纹的反差和得到均匀的照明，灯丝应细长形，灯泡灯丝应与光栅栅线平行为宜调整。灯泡绕 x 轴和 y 轴转动，可调整灯丝平行于栅线和光栅面；沿 x、y 和 z 方向移动，使灯丝处在准直透镜的焦面上、位于光轴上和使照明均匀。

#### 13.2.3.3　光栅副

（1）主光栅。

1）材料：机窗上用的金属光栅，不锈钢制作，高精度的光栅，光学玻璃

玻璃长光栅长与厚之比取 10:1～30:1

圆光栅的的直径常取 50～200mm，直径与厚度之比取 10:1～25:1

2）栅距：栅距大，莫尔条纹反差大，信号强，光栅副间隙变化的影响小，而且刻划容易，成本低，光路简单；但分辨力低，要求电子细分贝较大，电路复杂。

栅距小，其结果则相反。由于莫尔条纹反差弱，光栅间隙变化的影响，对光学和机械部件的装备要求严格。

目前，黑白光栅常取 W=0.008～0.005mm；圆光栅的光栅距角 1'～2'。

3）栅线线宽和长度：栅线的宽度可略大于缝宽，但不应大于 0.55W（W 是光栅常数）

在采用 10×10mm 的四极硅光电池接收横向莫尔条纹信号时，栅线长度通常取 10～12mm，在小型光栅传感器中，栅线长度只直取几毫米。

（2）指示光栅。

指示光栅用光学玻璃制作，其栅距除少数特殊情况外，都和主光栅的栅距相等。指示光栅的直径同准直透镜的直径相等，栅线的刻划区域依光电接收元件的尺寸确定

（3）其他问题。

1）光栅间隙的选择：为使莫尔条纹反差强，指示光栅应位于主光栅的费涅尔焦面上。对于一般的黑白光栅，光栅间隙 z 可按照下式计算

$$Z = \frac{W^2}{8\lambda}$$

W—光栅栅距；λ—光源的波长，用白光照明时按光电接收元件的峰值波长计算。

2）莫尔条纹间距选择：莫尔条纹间距越大，形成的亮带越宽，对比度越强，光带年信号的幅度值大。但是距 B 不能大于栅线的长度，使之形成完整的莫尔条纹，能输出四相信号。此外，两光光栅栅线的夹角 θ 越小（相当于 B 大）栅线方向误差和导轨运动直线度的影响越大。

经常用两种莫尔条纹间距，一种取 B=（0.6～0.8）,栅线长约 6～10 mm；另一种取 B→∞，即光闸莫尔条纹，其亮暗对比度最强。为输出四相信号，需要用裂相的指示光栅。

3）主光栅刻划误差的减小与消除：为了消除长光栅的累积误差，安装光栅尺时，可将它调斜 α 角。调斜角 α 不能太大，否则光栅尺从始端移到终端时莫尔条纹有可能消失。

#### 13.2.3.4　光电接收元件

选择光电接收元件时，需要考虑电流灵敏度、响应时间、光谱范围、稳定性以及体积等因素。光栅传感器常用的光电接收元件有硅光电池、光电二极管和光电三极管等。

(1) 硅光电池：四极硅光电池 10×10 ㎜$^2$。特点：性能稳定，但响应时间长约为 $10^{-3}$ ～ $10^{-4}$s。

（2）光电二极管：响应时间，短为 $10^{-7}$s，灵敏度较高。输出幅度 100～200 mV，但在弱光下灵敏度低，需使用聚光镜，光电二极管的峰值波长为 0.86～0.9μm

（3）光电三极管：输出幅度 300～500mV，响应时间 $10^{-4}$ ～$10^{-5}$ s，峰值波长 0.86～0.9μm。

#### 13.2.3.5　机械结构

在照明系统中，要能对光源在几个坐标方向上进行调整，使灯丝处于最佳位置。

## 13.3　感应同步器

感应同步器是以电磁感应为基础，利用平面线圈结构来检测转角位移与直线位移的数字式传感器。感应同步器分为直线式感应同步器和旋转式感应同步器两种类型，前者

用于直线位移的测量，后者用于转角位移的测量。

### 13.3.1　感应同步器的结构与工作原理

无论是直线式或者旋转式感应同步器，其结构都包括固定和运动两部分。这两部分，对于直线式分别称为定尺和滑尺；对于旋转式分别称为定子和转子。但两种感应器工作原理是相同的。

#### 13.3.1.1　感应同步器的结构和种类

（1）直线式感应同步器。

如图 13-16 所示，直线式感应同步器主要由定尺和滑尺组成。而定尺和滑尺是由基板、绝缘层、绕组构成。屏蔽层覆盖在滑尺绕组上。基板采用铸铁或其它钢材制成。这些钢材的线膨胀系数应与安装感应同步器的床身的线膨胀系数相近，以减小温度误差。考虑到安装的方便，可将定尺绕组制成连续式，见图 13-17（a）；而将滑尺绕组制成分段式的，见图 13-17（b）。分段绕组有 2K 组导体组成。每组又由 M 根有效导体及相应端部串联而成。米尺远比滑尺长，其中被全部滑尺绕组所覆盖的定尺有效导体 N 成为直线式感应同步器的极数。

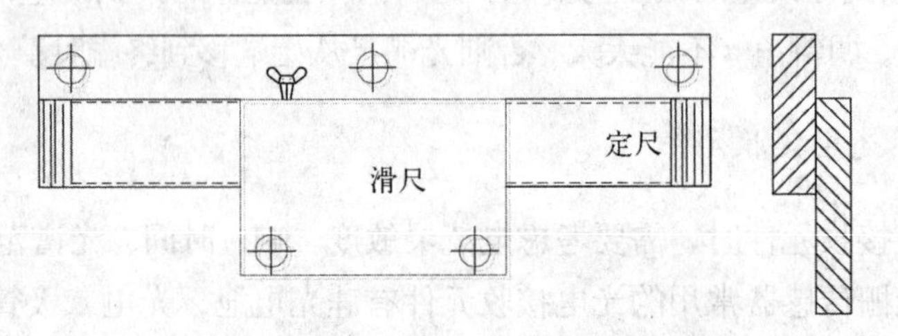


图 13-16　直线式感应同步器结构示意图

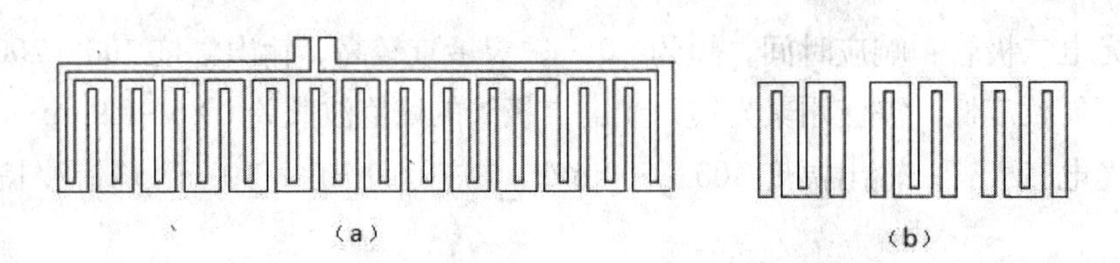


图 13-17　定尺、滑尺绕组

组装好的直线式感应同步器，其定尺应与导轨母线相平行，且与滑尺保持有均匀的狭小气隙。

（2）旋转式感应同步器。

旋转式感应同步器的结构如图 13-18 所示。定、转子都是由基板 1、绝缘层 2 和绕组 3 组成。在转子（或定子）绕组的外面包有一层与绕组绝缘的接地屏蔽层 4。基板呈环形，材料为硬铅、不锈钢或玻璃。绕组用铜制成。屏蔽层用锡箔或铅膜制成。

转子绕组制成连续式的，如图13-19（a）所示，称连续绕组。它由有效导体1、内端部2和外端部件3构成。有效导体共有N根。N也就是旋转式感应同步器的极数。

定子绕组制成分段式，如图13-19（b）所示，成为分段绕组。绕组由2K组导体组成，它们分别属于A相和B相。K称为一相组数。每组由M根有效导体及相应的端部串联构成。属于同一组的各组，用连接线连成一相。

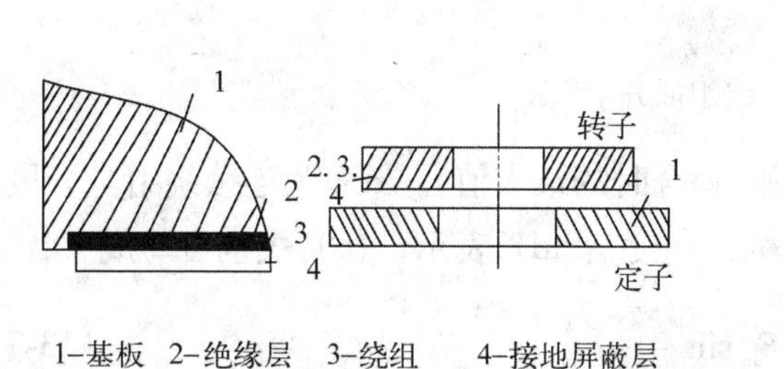


1–基板 2–绝缘层 3–绕组 4–接地屏蔽层

图13-18 旋转式感应同步器结构示意图

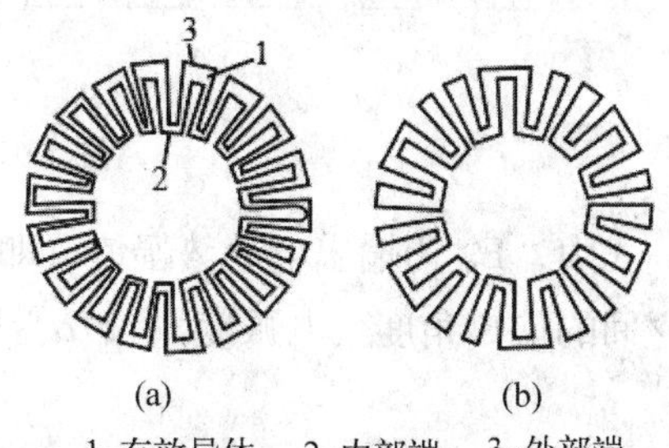


1–有效导体 2–内部端 3–外部端

图13-19 定子、转子绕组

定、转子有效导体都成辐射状。导体之间的间隔可以是等宽的，也可以是扁条形的。根据不同的要求，旋转式感应同步器可以制成各种尺寸和极数。

旋转式感应同步器绕装以后，定、转子应与轴线保持同心和垂直，定、转子绕组相对，并保持一个狭小的气隙。

#### 13.3.1.2 感应同步器的工作原理

（1）工作原理。

直线式感应同步器与旋转式感应同步器的工作原理是相同的。为了分析方便，将旋转式感应同步器的绕组也展开成直线排列，如图13-20所示。图13-20（a）是连续绕组的一部分；图13-20（b）是分段绕组相邻的两相导体中心线之间的距离称为极距，以符号$\tau$表示。在旋转式感应同步器中，随半径的不同极距是变化的，分析时取其平均值。分段绕组相邻导体之间的距离称为节距，以符号$\tau_1$表示。$\tau_1$可以等于$\tau$或其它值。在此设$\tau_1=\tau$。如果在连续绕组中通以频率为f，幅值恒定的交流电流i，则将产生同频率的一定幅值的交变磁场。现在先分析B相导体组成所交链磁通和感应电动势的情况。由图可见，在所属位置下（实线所示），B相导体所交链的交变磁通为零。可将B相导体向一个方向移动，则交变磁链将增加，依次类推。每移动两个极距，便作一周期变化，所以B相导体组将感应一交变电动势，其大小随着绕组间的相对移动，以两倍极距（$2\tau$）为周期进行变化。在理想的情况下，这个变化具有正弦或余弦的函数关系。如果移动的速度（角频率）远小于电流的频率，且给定适当的初始位置和移动方向，则B相导体组感应的交变电动势有效值可以表示为

$$E_B = E_m \sin\alpha_D \tag{13-6}$$

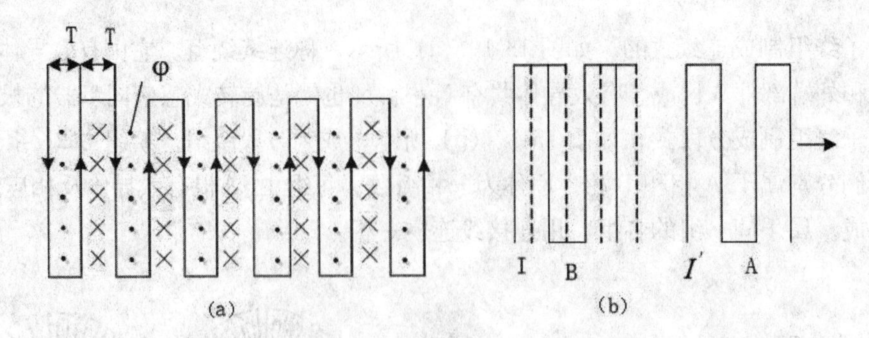


图 13-20 绕组展开示意图

式中，$E_m$ 为输出电动势幅值（即正向耦合时的最大值）；$\alpha_D$ 为连续绕组与分段绕组之间的偏离角度（电弧度）。如$\alpha_D$用机械角度（rad）表示，(1) 式也可写成

$$E_B = E_m \sin \frac{N}{2} \alpha \tag{13-7}$$

式中，$N/2$ 为极对数；$\alpha$ 为机械角度（rad）。

机械角度与电角度之间存在下述关系

$$\alpha_D = \frac{N}{2} \alpha \tag{13-8}$$

对直线式感应同步器，(13-6) 式可表示为

$$E_B = E_m \sin \frac{\pi}{\tau} x \tag{13-9}$$

式中,$\tau$-极距（mm）；X-机械位移（mm）。

这时

$$\alpha_D = \frac{\pi}{\tau} \tag{13-10}$$

式（13-9）和（13-10）表明 B 相导体组输出的感应电动势以正弦函数关系反映了感应同步器的机械转角或位移的变化，如图 13-21 曲线 1 所示。每经过一个极距，便出现一个零电位点，简称零位。但这样的输出特性并不能用来检测任意角度或位移，因为它只在零位附近有明确的意义，当达到正弦曲线顶部时，就难以分辨角度或位移了。为此，在 B 相各导体组之间，又插入了 A 相导体组，并使两者的相应导体，例如图 13-20(b) 中第一根导体 1 与 1'相隔为

$$\frac{N\tau}{2k} = (\alpha \pm \frac{1}{2})\tau \tag{13-11}$$

式中，K 为相绕组中所含的导体组组数；$\alpha$ 为正整数。

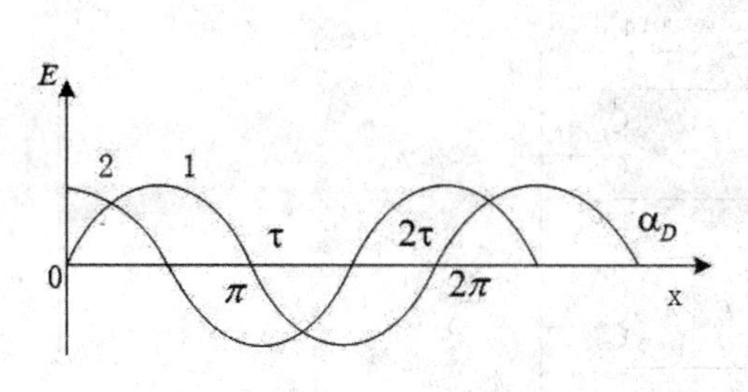


图 13-21 感应同步器输出曲线

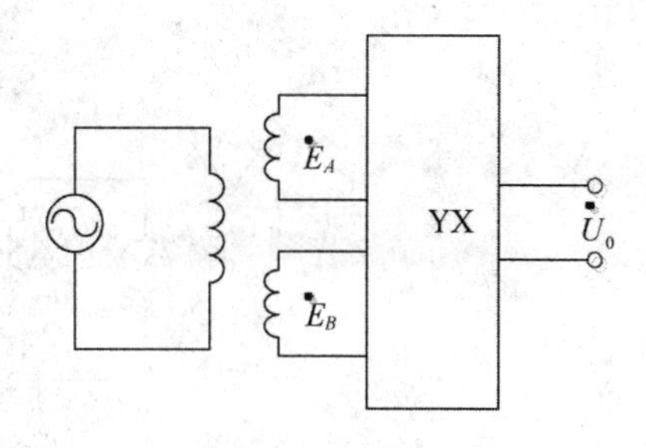


图 13-22 鉴相方式

如果使两相绕组的导体组在空间相位上相差$\pi/2$电弧度，则称两绕组为正交，如图 13-20(b)所示的 A、B 两绕组便是。这时，当一相绕组处于零位时，则另一相绕组输出的电动势将为最大值。用公式来表示，A 相导体组的输出电动势为

$$E_A = E_m \sin(\frac{N\pi}{2k} + \alpha_D) = E_m \sin[(\alpha \pm \frac{1}{2})\pi + \alpha_D] = \pm E_m \cos\alpha_D \tag{13-12}$$

式中的正负号视设计方案而定。为了讨论方便，不妨取其正号。与 B 相绕组的电动势表示式（13-7）和（13-9）对应，A 相绕组的电动势表达式为

$$E_A = E_m \cos\frac{N}{2}\alpha \tag{13-13}$$

$$E_A = E_m \cos\frac{\pi}{\tau}x \tag{13-14}$$

其图形如图 13-21 曲线 2 所示。在实际工作时，一相的所有导体组是串联在一起的，所以 $E_A$、$E_B$ 应是两相绕组的总输出电动势。

（2）工作方式。

有了两相输出，便能确切反映一个空间周期内的任何角度位移的变化。为了输出与角度或位移呈一定函数关系的电量，需要对输出信号进行处理，其方式有鉴相和鉴幅两种。图 13-22 便是一种鉴相方式的例子，连续绕组接电源；分段绕组输出，并接在移相电路 YX 上。YX 的作用是将 $E_B$ 在时间上移相$\pi/2$，然后与 $E_A$ 相加，于是得输出电压

$$U_0 = jE_B + E_A = E_m(\cos\alpha_D + j\sin\alpha_D) = E_m e^{j\alpha_D} \tag{13-15}$$

这样，转角或位移便转变为输出电压的相位了。如果测出了相位，也就测出了转角或位移。图 13-23 是一种鉴幅方式的例子。连续绕组接电源；分段绕组接在函数变压器输出端。函数变压器的作用是使输入电压按可知变量$\phi_D$作正余弦函数变化。其输出电压为

$$U_0 = E_B \cos\phi_D - E_A \sin\alpha_D$$

将式（13-11）、式（13-12）代入，得

$$U_0 = E_m \sin\alpha_D \cos\phi_D - E_m \cos\alpha_D \sin\phi_D = E_m \sin(\alpha_D - \phi_D) \tag{13-16}$$

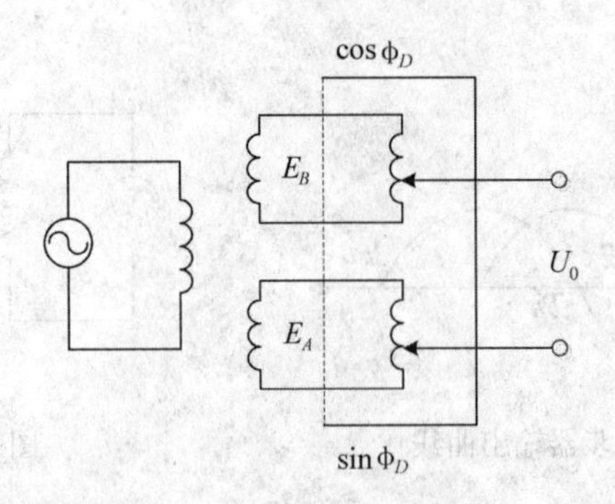


图 13-23　鉴幅方式

这样，只需要适当地改变变量$\phi_D$的大小，使输出电压为零，此时的变量$\phi_D$就等于转角或位移的值。

## 13.3.2　鉴相型测量系统

图 13-17、图 13-18 所示，感应同步器的滑尺（或定子）上都有两组激磁绕组，两绕组装配呈正交性，即两绕组若流过相同的电动势时，它们在定尺绕组上感应出来的电动势$e_{01}$与$e_{02}$在振幅与 x 的关系上将有$\pi/2$相位差。为此，两个绕组中心线的距离为定尺绕组周期（T）的整数倍再加（或减）1/4 周期。此两绕组一个称为正弦绕组 A；另一个称为余弦绕组 B。

当 B 绕组的激磁电源电压为$u_B = U_m \cos\omega t$时，它的激磁电流为

$$i_B \approx u_B / R = \frac{U_m}{R}\cos\omega t$$

式中，R 为 B 绕组的电阻，它可近似为整个 B 绕组的阻抗。$i_B$在定尺绕组上感应的电动势为

$$e_{01} = -M\frac{di_B}{dt} = \omega M'\frac{U_m}{R}\sin\omega t \cdot \cos\theta = k_1 U_m \sin\omega t \cdot \cos\theta$$

式中，$M = M'\cos\theta = M'\cos\frac{\pi}{\tau}x$，为与滑尺位置 X 有关的互感系数；$k_1 = \omega M'/R$为比例常数。

当 A 绕组的激磁电源为$u_A = U_m \sin\omega t$时，它的激磁电流为

$$i_A \approx \frac{u_A}{R} = \frac{U_m}{R}\sin\omega t$$

它在定尺绕组上感应的电动势为

$$e_{02} = -M\frac{di_A}{dt} = -k_2 U_m \cos\omega t \cdot \sin\theta$$

若同时在滑尺的正、余弦绕组上供给频率相同，振幅相等但相位相差$\pi/2$的激磁电压$u_A$和$u_B$，则在定尺绕组上感应出来的总电势为

$$e_0 = e_{01} + e_{02} = k_1 U_m \sin\omega t \cdot \cos\theta - k_2 U_m \cos\omega t \cdot \sin\theta$$

当电路整定成 $k_1 = k_2 = k$ 时，上式可简化为

$$e_0 = kU_m \sin(\omega t - \theta) = E_m \sin(\omega t - \theta)$$

该式说明定尺绕组上感应的总输出电势的初始相角 $\theta = \pi x / \tau$ 是滑尺位置 x 的函数。如果激磁电源电压的初始相位角 $\phi$ 也可调整，且使两绕组的激磁电压分别为

$$u_B = U_m \cos(\omega t + \phi)$$

$$u_A = U_m \sin(\omega t + \phi)$$

定尺输入电压就变为

$$e_0 = ku_m \sin(\omega t + \phi - \theta) = E_m \sin(\omega t + \phi - \theta)$$

采用一鉴相电路自动鉴别 $e_0$ 的初始相角（$\phi$-$\theta$）是否等于零。若不等于零，再按（$\phi$-$\theta$）>0 或（$\phi$-$\theta$）<0 的比较符号来自动地减小 $\phi$ 或增大 $\phi$ 值，直至（$\phi$-$\theta$）=0 时为止。测出稳定后 $\phi$ 值（即 $\theta$ 值），就能够确定滑尺的位移 x 大小。

因为
$$\phi = \theta = \frac{\pi}{\tau} x$$

所以
$$x = \frac{\tau}{\pi} \phi$$

当 $\phi$ 变化一个 $\pi$ 角时，x 移动一个定尺绕组的极距 $\tau$；当 $\phi$ 变化 $2\pi$ 时，x 移动定尺绕组的一个节距（也称周期）T=2$\tau$。若 $\phi < \pi$，则能获得滑尺在一个 $\tau$ 内的细分输出。这就是鉴相型的检测原理。在此要注意：一个细分脉冲信号代表的角度 $\delta_\theta$，称为分辨值。稳态时（$\phi - \theta) < \delta_\theta$，而非绝对 $\phi - \theta = 0$。

在图 13-24 所示的鉴相型测量系统电路（绝对相位基准）后，获得相位相差的 S 信号与 C 信号，将它们分别送到励磁功率放大器后，获得 $U_m \sin\omega t$ 与 $U_m \cos\omega t$ 分别输入给滑尺的两个激磁绕组。这时，定尺绕组输出的感应电势 $e_0$ 经放大、滤波与整形电路后，变成方波（其相位为 $\theta$）输入到鉴相器。与此同时，由脉冲移相电路（相对相位基准）输出的方波信号（其相位为 $\phi$）也输入到鉴相器。鉴相器比较两个输入信号的初相角 $\theta$ 和 $\phi$，当两者之间有相位差存在时，输出一个指令脉冲 M。M 的脉冲正好等于两个输入信号的相位差。鉴相器还要输出一个表示两个信号相位差之正负符号（J）的信号。

M 与 J 信号一方面控制加减计数器将相位差（模拟）信号转换成数字信号，最后以数字显示输出；另一方面又控制移相器，令其输出信号移相，移相的方向是力图使相对相位基准信号的初相角 $\phi$ 在稳定后正好等于测量信号的初相角 $\theta$。从而实现相位跟踪。

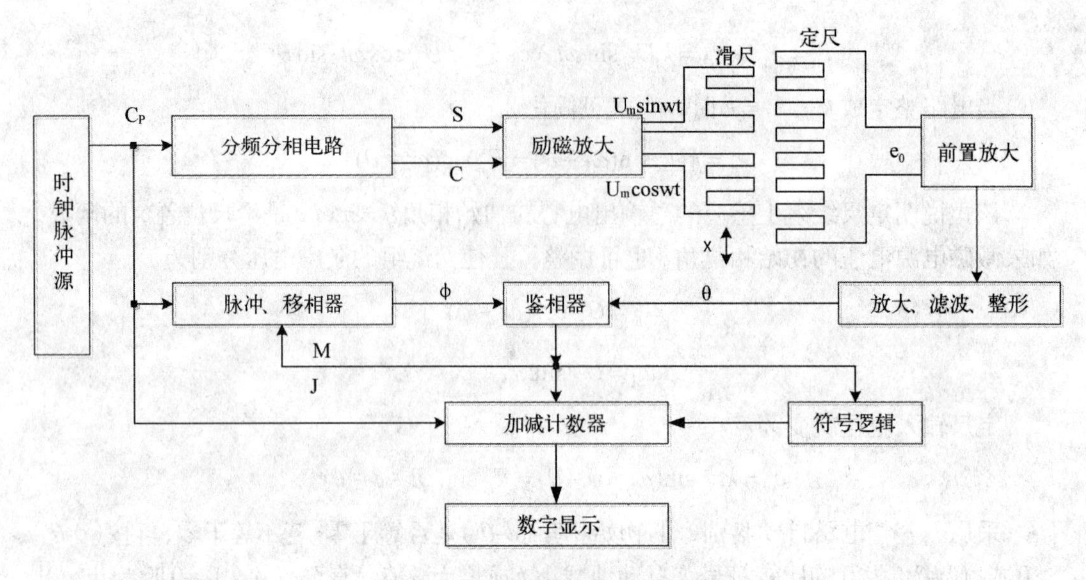


图 13-24　鉴相器测量系统电路框图

图 13-25 是上述图中的典型电路。分相电路由一只双稳态计数触发器及两只 JK 触发器组成，它可将 CP 输入脉冲转化成相位相差$\pi/2$的信号 S 与 C 及其反相信号$\overline{S}$与$\overline{C}$输出。JK 触发器在 J=K=0 时保持。触发器 FF-2 的 Q 端为 C 信号输出，$\overline{Q}$端为$\overline{C}$信号输出，它的 J 与 K 输入端由 FF-1 的$\overline{Q}$控制，计数触发输入端 CP 的下降沿触发 FF-2 翻转。在波形图下很容易分析出其工作情况。S 与$\overline{S}$输出的工作原理与 C、$\overline{C}$输出的工作原理相同。

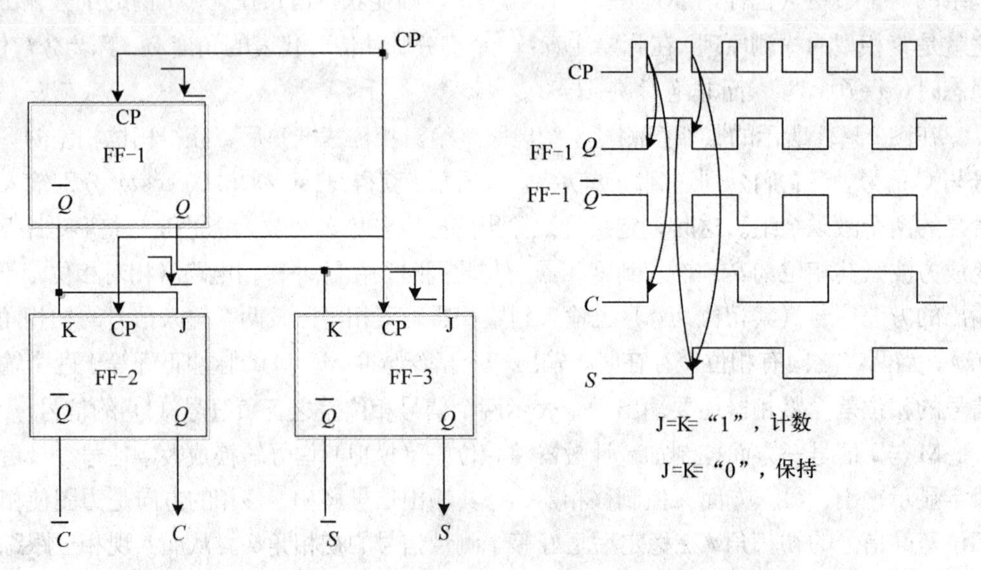


图 13-25　分相电路及其波形图

### 13.3.3　鉴幅型测量系统

假如对滑尺余弦绕组供电的电源电压为

$$u_B = -U_m \sin\phi \cos\omega t$$

正弦绕组的供电电源电压为

$$u_A = U_m \cos\phi \cos\omega t$$

两绕组的激磁电流近似与其电压同相位，即

$$i_B \approx -\frac{U_m}{R}\sin\phi\cos\omega t$$

$$i_A \approx -\frac{U_m}{R}\cos\phi\cos\omega t$$

它们在定尺绕组上感应出来的电势分别为

$$e_{01} = -M'\cos\theta\frac{di_B}{dt}$$

$$\approx -kU_m\cos\theta\cdot\sin\phi\sin\omega t$$

$$e_{02} \approx kU_m\sin\theta\cdot\cos\phi\cdot\sin\omega t$$

定尺绕组输出的总电压 $e_0$ 为

$$e_0 = e_{01} + e_{02} = kU_m(\sin\theta\cdot\sin\phi - \cos\theta\sin\phi)\sin\omega t$$

$$= kU_m\sin(\theta-\phi)\cdot\sin\omega t = E_m\sin(\theta-\phi)\cdot\sin\omega t \tag{13-17}$$

此式说明：$e_0$ 的幅值与 $\Delta\theta=\theta-\phi$ 有关，若能够根据 $\Delta\theta$ 的大小和极性自动地调整 $\phi$ 角（亦即自动地修改励磁电压 $u_A$、$u_B$ 的幅值），使 $\phi$ 角自动跟踪 $\theta$ 角变化。那么，当跟踪稳定后，得

$$\theta\text{-}\phi = 0 \text{ 或 } \theta\text{-}\phi < \delta\theta$$

式中，$\delta\theta$ 为待测 $\theta$ 角微增量的最小分辨值。这时，定尺绕组的输出 $e_0$ 便自动地稳定在零值或大于不能分辨的某一微小值处。由于 $\phi$ 角是已知量，根据 $\theta\approx\phi$，便可求得 $\theta$，进而求得滑尺的相对位置 x，即 $x=\frac{\tau}{\theta}\approx\frac{\delta}{\pi}\phi$。这种通过检测感应电势值来测量位移的方法为鉴幅法。

图 13-26 表示 $\phi$ 角自动跟踪 $\theta$ 角的跟踪系统示意图。图 13-27 则表示鉴幅式测量系统的电路图。在电路框图中，定尺输出信号经滤波与放大后，输出正弦波电压的幅值大小由 $\Delta\theta=\theta\text{-}\phi$ 决定。当滑尺与定尺的相对位移增大到某一规定值时，亦即当 $\Delta\theta$ 的数值达到一定值时，定尺输出的电压 $e_0$ 的幅值也就达到门槛电压值，门槛电路便输出一个指令脉冲 M，门槛打开，并允许计数器脉冲通过。与此同时，移动方向特别电路输出的 J

信号，决定对通过的计数脉冲进行加法计数或是减法计数，从而获得相应的数字输出。显示计数器中积累的指令脉冲数目，即表示滑尺（被测物体）的位移。同时，M和J还要反馈回去控制函数电压变压器的电子开关动作，使函数电压发生器输出的$\phi$角发生相应的变化，自动地跟踪$\theta$，直至$\phi$与$\theta$相对应为止（亦即使$\phi=\theta$，或$\Delta\theta$小于一定值）。

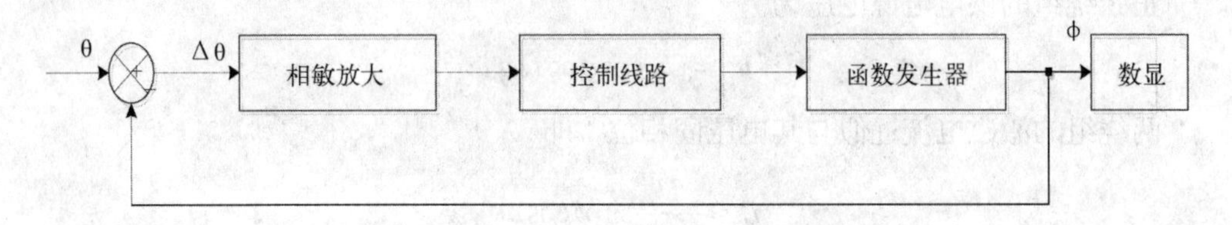


图 13-26　鉴幅型角度φ值自动跟踪系统

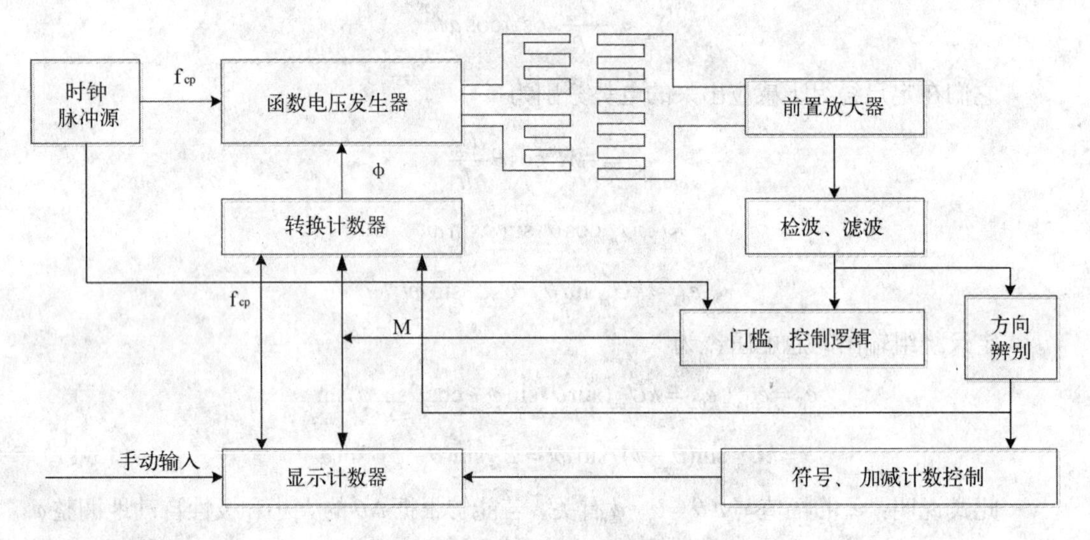


图 13-27　鉴幅型测量系统电路框图

### 13.3.4　鉴幅型测量系统的应用

函数电压发生器是一个副边具有很多中间抽头的变压器，见图 13-28。它是一个数模转换器，可把数字输入量变为按比例的交流电压输出。这是因为它像自耦变压器，在不同的中间抽头上，有不同的交流电压幅值，由此可以提取幅值按$\sin\phi$和$\cos\phi$变化的两个激励信号

$$u_B = U_m \sin\phi\cos\omega t$$

$$u_A = U_m \cos\phi\cos\omega t$$

如前面所述，鉴幅型测量系统是用$\phi$来跟$\theta=\dfrac{\pi}{z}x$，不断自动地修改激励电压$u_A$和$u_B$的幅值，直至$\phi\approx\theta$时，脉冲通道关闭，停止计数。此时显示计数器显示的数值即为滑尺的移动距离。标准型长形感应同步器的周期（节距）为 2mm。为使最小显示单位

0.01mm，需将一个周期细分为 2/0.01=200 个等分，亦即$\phi$角在 0~360$^0$范围内变化时要有 200 个等分，函数变压器的副边要有 200 个抽头。使$\sin\phi$分别为$\sin 1.8^0$、$\sin 3.6^0$、…、$\sin 358.2^0$、$\sin 360^0$和使$\cos\phi$分别为$\cos 1.8^0$、$\cos 3.6^0$、…、$\cos 358.2^0$、$\cos 360^0$等。这种函数变压器及其相应的电路相当复杂，难以实现。因此，必须寻求简化途径。

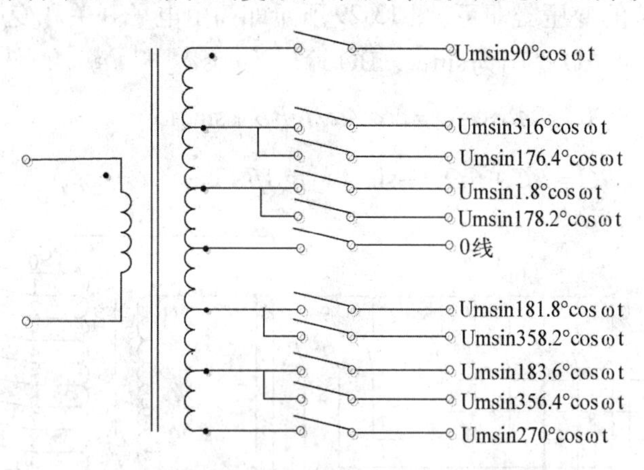


图 13-28　函数变压器输出$Um\sin\phi\cos\phi t$抽头法

根据三角函数有

$$\sin\phi = -\sin(\pi+\phi)$$

$$\cos\phi = -\cos(\pi+\phi)$$

显然，$\phi$在 0～$\pi$和 0～2$\pi$区域内变化时，激磁电压的幅值具有相同的绝对值，只是极性相反。于是，可以将一个周期 T 分成两个极距$\tau$（即 T=2$\tau$），0～$\pi$称为前极距，0～2$\pi$称为后极距。在前后两个极距中，激磁电压幅值变化规律是一致的，仅仅是极性相反。因此，为了简化电路，只将半节距（一个极距）细分为 100 个等分就可以了。

由于变压器不易取 100 个抽头，为了进一步简化电路，实用的函数变压器还要想办法减少抽头数目。假设$\phi$只在 0～$\pi$的前极距$\tau$内，则利用前极距的等分值加上一个负号来代替。这就有可能将 100 等分变为 10 进制的数，并视作十位数的 10 等分与个位数的 10 等分组合而成，则

$$\phi = A\alpha + B\beta$$

式中，A，B 为 0～9 之间的任意一个整数；$\alpha = 18^0$为十位数的权；$\beta = 1.8^0$是个位数的权。

例如 A 为 5，B 为 1，则　$\phi = 5\times 18^0 + 1.8^0 = 91.8^0$

按三角函数的和差公式

$$\sin\phi = \sin(A\alpha + B\beta) = \sin A\alpha\cdot\cos B\beta + \cos A\alpha\cdot\sin B\beta$$

$$= \sin A\alpha\cdot\cos B\beta + \cos A\alpha\cdot\cos B\beta\cdot tgB\beta = \cos B\beta(\sin A\alpha + \cos A\alpha\cdot tgB\beta)$$

同理　$$\cos\phi = \cos B\beta(\cos A\alpha - \sin A\alpha\cdot tgB\beta)$$

由于$B\beta$很小，可视为$B\beta \approx 1$，化简得

$$\sin\phi \approx \sin A\alpha + \cos A\alpha \cdot tgB\beta$$

$$\cos\phi \approx \cos A\alpha - \sin A\alpha \cdot tgB\beta$$

由此可见，为了控制$u_A$和$u_B$的幅值（亦即控制$\sin\phi$和$\cos\phi$的值），只要利用三只副边具有 10 个抽头的变压器即可。图 13-29 所示即为由电子开关和变压器组成的实用函数变压器电路，图中 AO 输出为$\sin\phi$，BO 输出为$\cos\phi$。

$$AO = AS + SO = \cos A\alpha \cdot tgB\beta + \sin A\alpha = \sin\phi$$

$$BO = BC + CO = -\sin A\alpha \cdot tgB\beta + \cos A\alpha = \cos\phi$$

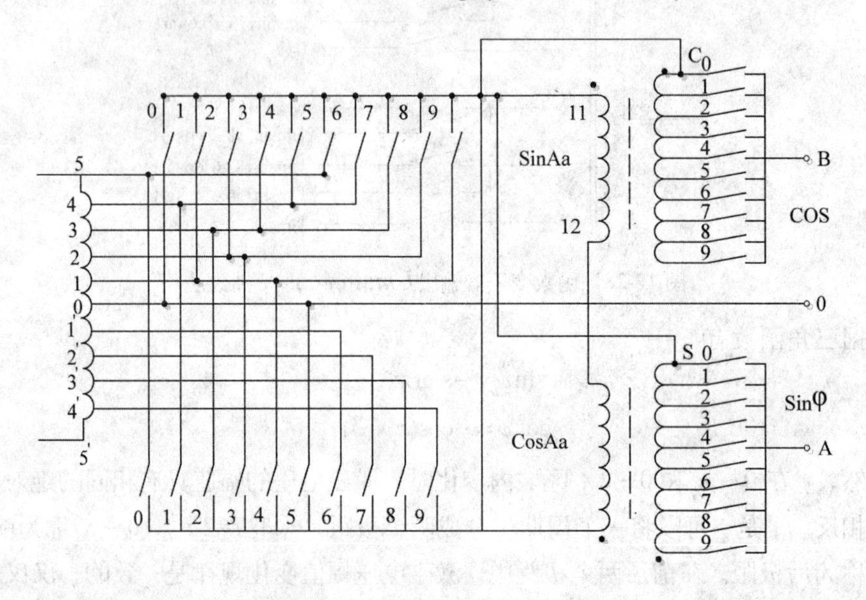


图 13-29　实用的函数变压器电路

运动方向判别电路如图 13-30 所示。如前所述，在函数电压发生器中，用前极距内的 100 等分值加上负号来代替后极距内的等分值。这样，只要在 0～$\pi$ 范围内变化均可满足前后极距中测量的要求。因此感应同步器移动方向的判别除了考虑定尺输出$e_0$的极性外，还要考虑极距的极性，规定前极距位正，用$\overline{JF}$=1 表示；后极距为负，用$\overline{JF}$=0 表示。若再用 FX=1 表示向前运动。FX=0 表示向后运动。则可用运动方向判别的真值表列出 FX、$\overline{JF}$和反映$e_0$极性的$\overline{E_0}$之逻辑关系，见表 13-2。由此可知，三者之间为异或非关系。

$$FX = \overline{\overline{JF} + \overline{E_0}}$$

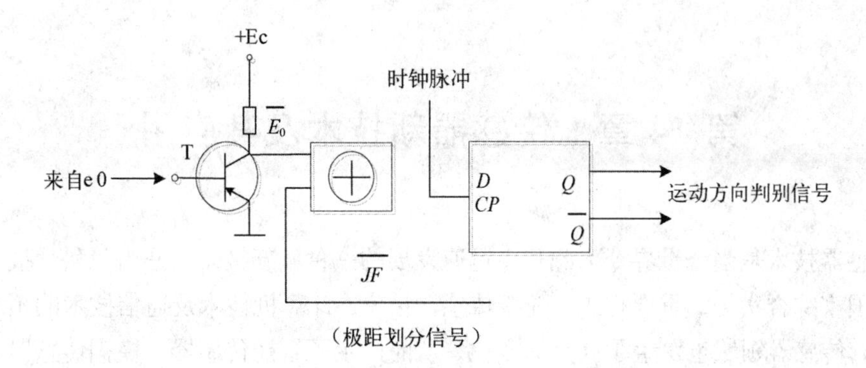


图 13-30　运动方向判别电路

图 13-30 中 D 触发器由极距划分信号 $\overline{JF}$ 和反映 $e_0$ 极性的信号 $\overline{E_0}$ 来控制，用时钟脉冲进行触发，D 触发器的输出即为运动方向判别信号。

表 13-2　方向判别真值表

| | JF | $E_0$ | FX |
|---|---|---|---|
| θ＞ϕ | 1 | 1 | 1 |
| θ＞ϕ | 0 | 0 | 1 |
| θ＜ϕ | 1 | 0 | 0 |
| θ＜ϕ | 0 | 1 | 0 |

## 思考题与习题

1. 如何判断脉冲盘式角度—数字编码器的旋转方向？要求：（1）画出逻辑电路框图，（2）画出正转反转的波形图；（3）叙述其工作过程。

2. 关于光栅及莫尔条纹，请回答以下问题：（1）光栅测试系统由哪几部分构成？（2）光栅用哪一个主要参数描述，写出表达式；（3）莫尔条纹是怎么形成的？（4）摩尔条纹的主要特性指什么？

3. 利用光栅怎么测试光栅移动的方向和位移量，要求：（1）画出辩向原理图；（2）画出纹号波形图；（3）叙述工作过程。

4. 脉冲盘式角度一数学编码器的组成是什么？变相的环节逻辑电路工作过程、反向的波形图怎样？

5. 光栅测量的系统组成是什么？光栅栅距及范围怎样？莫尔条纹间距 B 与栅距 W 及夹角 $\theta$ 的关系是什么？

6. 二进制码与循环码各有何特点？并说明它们的互换原理。

7. 光电码盘测位移有何特点？

8. 分析光栅传感器为什么具有较高的测量精度？

# 第 14 章　传感器新技术及其应用

传感器技术是当今世界令人瞩目、迅速发展的一种高新技术，是当代科学技术发展和一个国家综合实力的重要标志。随着传感器技术、计算机技术及通信技术的不断融合和发展，传感器领域也发生了巨大的变化，从而产生了智能传感器、模糊传感器及网络传感器等新技术，使传统测控系统的信息采集、数据处理等方式产生了质的飞跃，各种现场数据可以直接在网络上传输、发布与共享已成为现实；在网络上任何节点对现场传感器进行编程和组态已成为可能，从而使物联网概念悄然崛起，并在逐步发展壮大，形成一个物联网产业。下面就智能传感、模糊传感器及网络传感器以及 MEMS 技术与微型传感器等新技术做一简单介绍。

## 14.1　智能传感器

传感器技术随着信息处理技术的飞速发展而快速地发展着，智能传感器是现代传感器的发展方向，它涉及机械、控制工程、仿生学、微电子学、计算机科学、生物电子学等多学科领域。它是一门现代综合技术，也是当今世界正在迅速发展的高新技术至今还没有形成规范化的定义。简单地说，智能传感器就是将一个或几个敏感元件和微处理器组合在一起，使他成为一个具有信息处理功能的传感器。它自身带有微处理器，具有信息采集、处理、鉴别和判断、推理的能力，是传感器与微处理器结合的产物。

### 14.1.1　智能传感器的典型结构

智能传感器主要由敏感元件、微处理器及其相关电路组成。其典型结构如图 14-1 所示。智能传感器的敏感元件将被测的物理量转换成相应的电信号，送到信号处理电路中进行滤波、放大，然后经过模数转换后，送到微处理器中。微处理器是智能传感器的核心，它不但可以对敏感元件测量的数据进行计算、存储、数据处理，还可以通过通信接口对敏感元件测量结果进行输出。由于微处理器可充分发挥各种软件的功能，可以完成硬件难以完成的任务，从而大大降低了传感器的制造难度，提高了传感器的性能，降低了成本。

如果从结构上划分，智能传感器可以分为集成式、混合式和模块式三种。集成式智能传感器是将一个或多个敏感元件与信号处理电路和微处理器集成在同一块芯片上，它集成度高，体积小，使用方便，是智能传感器的一个重要发展方向；但由于技术水平所限，目前这类智能传感器的种类还比较少。混合式智能传感器是将传感器和信号处理电路及微处理器做在不同的芯片上，目前这类结构比较多。模块式智能传感器是将许多相互独立的模块（如微计算机模块、信号处理电路模块、数据转换电路模块及显示电路模块等）和普通传感器装配在同一壳体内完成某一传感器功能，它是智能传感器的雏形。

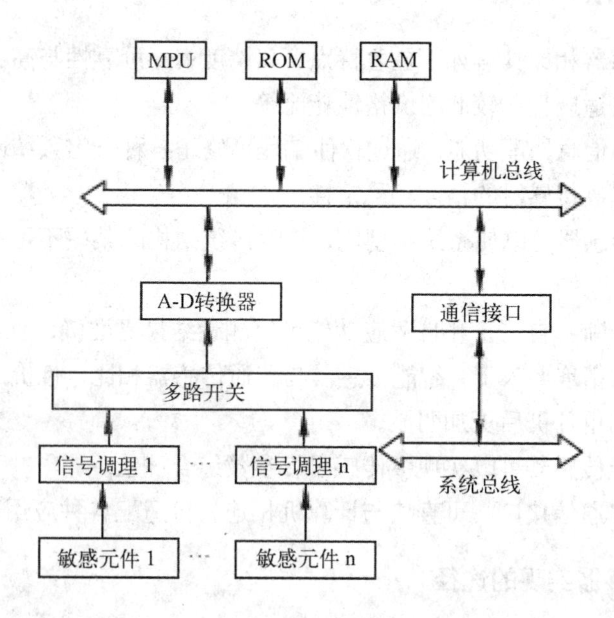


图 14-1　智能传感器结构图

### 14.1.2　智能传感器的主要功能

智能传感器是一个以微处理器为内核，并扩展了外围部件的计算机检测系统。它与一般传感器相比具有以下功能：

#### 14.1.2.1　自我完善能力

具有自校零、自诊断、自校正和自适应功能；具有提高系统响应速度，改善动态特性的智能化频率自补偿能力；具有抑制交叉敏感，提高系统稳定性的多信息融合功能。

#### 14.1.2.2　自我管理与自适应能力

能够自动进行检验，自选量程、自寻故障和自动补偿功能；具有判断、决策、自动量程切换与控制功能。

#### 14.1.2.3　自我辨别与运算处理能力

具有从噪声中辨识微弱信号与消噪的功能；具有多维空间的图像识别与模式识别功能；具有能够自动采集数据，并对数据进行判断、推理、联想和决策处理功能。

#### 14.1.2.4 具有双向通信、标准化数字输出功能

具有数据存储、记忆、双向通信、标准化数据输出功能。

### 14.1.3 智能传感器的特点

它与一般传感器相比具有如下显著特点：高精度；高可靠性与高稳定性；高信噪比与高分辨力；强自适应性；较低的价格性能比等。

(1) 利用它的信息处理功能，通过软件编程可修正各种确定系统误差，减少随机误差，降低噪声，提高传感器的精度和稳定性。

(2) 智能化传感器可以使系统小型化，消除传统结构的某些不可靠因素，改善系统的抗干扰能力。

(3) 利用自诊断、自校正和自适应功能可使测量结果更准确，更可靠。

(4) 在相同的精度要求下，智能传感器与普通传感器相比，性价比明显提高，尤其是在采用较便宜的单片机后更加明显。

(5) 利用智能传感器可以实现多传感器多参数综合测量。

(6) 具有数字通信接口，可直接与计算机相连，可适配各种应用系统。

### 14.1.4 智能传感器实现的途径

#### 14.1.4.1 非集成化实现

非集成化智能传感器是将传统的经典传感器（采用非集成化工艺制作的传感器，仅具有获取信号的功能）、信号调理电路、带数字总线接口的微处理器组合为一整体而构成的一个智能传感器系统。由信号调理电路调理传感器输出的信号，再由微处理器通过数据总线接口挂接在现场数字总线上。这是一种实现智能传感器系统的最快途径与方式。

#### 14.1.4.2 集成化实现

集成化实现智能传感器系统，是建立在大规模集成电路工艺及现代传感器技术两大技术基础之上的。充分利用大规模的集成电路、工艺技术、现代传感器技术等，实现智能传感器系统的集成化。

#### 14.1.4.3 混合实现

根据需要与可能，将系统各个环节，如敏感单元、信号调理电路、微处理器单元、数字总线接口，以不同的组合方式集成在两块或三块芯片上，并装在一个外壳里，实现混合集成。

## 14.2　模糊传感器

### 14.2.1　模糊传感器的概念及特点

模糊传感器是模糊逻辑技术应用发展中发展较晚的一个分支，它起源于 20 世纪 80 年代末期，是一种新型智能传感器，也是模糊逻辑在传感器技术中的一个具体应用。传统的传感器是数值测量装置，他将被测量映射到实数集合中，以数值形式来描述被测量的状态。这种方法既精确又严谨，但随着技术领域的不断扩大与深化，由于被测对象的多维性，被分析问题的复杂性等原因，只进行单纯的数值测量是远远不够的。比如在测量血压时，测得 18kPa 还是 17.6kPa 并不重要，重要的是对这一结果来说，是否应对老年人给出“正常”，对青年人给出“偏高”的结论。这样的定性描述普通传感器是不能做到的，只有具有丰富医学知识和经验的专家才能分析、判断、推理出来。这种对客观事物的语言化表示与数值化表示相比，存在精度低、不严密、具有主观随意性等缺点。但它很实用，信息存储量少，无需建立精确的数学模型，允许数值测量有较大的非线性和较低精度，可进行推理、学习，并将人类经验、专家知识、判断方法事先集成在一起，不需要专家在场就能给出正确的结论。鉴于以上情况，就需要一种新型传感器——即模糊传感器。它的显著优点是：输出的不是数值，而是语言化符号。

由于模糊传感器概念提出得较晚，目前尚无严格同一的定义，但一般认为模糊传感器市以数值测量为基础，并能产生和处理与其相关的语言化信息的装置。因此可以说，模糊传感器是在普通传感器数值测量的基础上经过模糊推理与知识集成，最后以语言符号的描述形式输出的传感器，可见新的符号表示与符号信息系统是研究模糊传感器的基石。

由模糊传感器的定义可以看出，模糊传感器主要有智能传感器和模糊推理器组成，他将被测量转化为是与人类感知和理解的信号。由于知识库中存储了丰富的专家知识和经验，他可以通过简单、廉价的普通传感器测量相当复杂的现象。

### 14.2.2　模糊传感器的基本功能

由于模糊传感器属于智能传感器，所以他要求有比较强大的智能功能，及要求他具有学习、推理、联想、感知和通信功能。

#### 14.2.2.1　学习功能

模糊传感器一个特别重要的功能就是学习功能。人类知识集成的实现，测量结果高级逻辑表达都是通过学习功能完成的。能够根据测量任务的要求学习有关知识是模糊传感器与普通传感器的重要差别。模糊传感器的学习功能是通过有导师学习法和无导师学习法实现的。

14.2.2.2　推理联想功能

模糊传感器有一维和多维之分。一维传感器受到外界刺激时，可以通过训练时记忆联想得到的符号化测量结果。多维传感器当接收多个外界刺激时，可以通过人类集成知识、时空信息的整合与多传感器信息融合等来进行推理，得到符号化的测量结果。显然，推理联想功能需要通过推理机构和知识库来实现。

14.2.2.3　感知功能

模糊传感器与普通传感器一样，可以由传感元件确定的被测量，根本区别在于前者不仅可以输出数值，而且可以输出语言化符号；而后者只能输出数值。因此，模糊传感器必须具有数值—符号转换器。

14.2.2.4　通信功能

由于模糊传感器一般都作为大系统中的子系统进行工作，因此模糊传感器能够与上级系统进行信息交换是必然的，故通信功能也是模糊传感器的基本功能。

## 14.2.3　模糊传感器的结构

14.2.3.1　一维模糊传感器的结构

由模糊传感器的概念可知，模糊传感器主要由智能传感器和模糊推理组成。其硬件结构和逻辑图如图 14-2 所示。从 14-2a 可以看出，模糊传感器的硬件结构是以微处理器为核心，以传统传感器测量为基础，采用软件实现符号的生成和处理，在硬件技术支持下可实现有导师学习功能，通过信号接口实现与外部的通信。

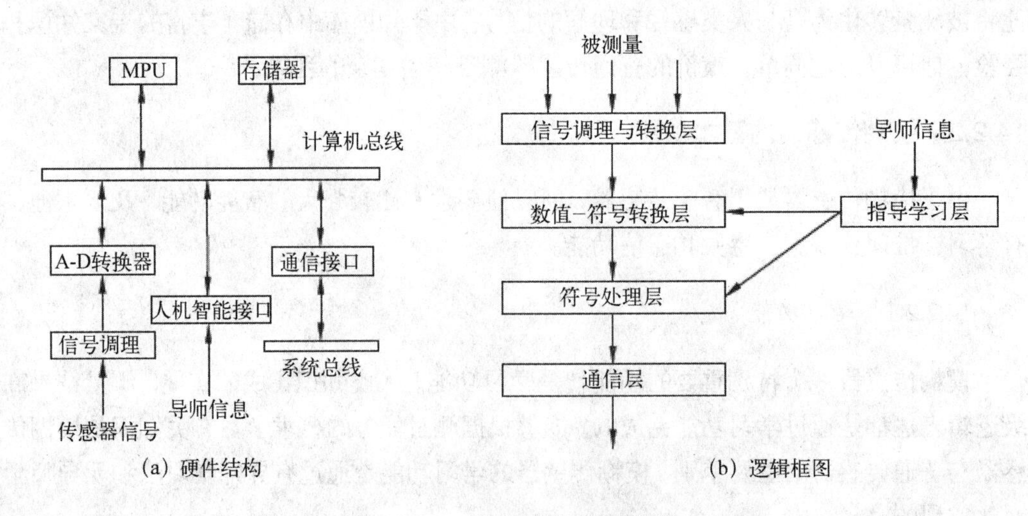


图 14-2　一维模糊传感器的结构

图 14-2b 是模糊传感器的逻辑框图。所谓模糊传感器的逻辑框图就是在逻辑上要完成的功能。一般来讲，模糊传感器逻辑上可以分为转换部分和信号处理与通信部分。从功能上看，有信号调理与转换层、数值——符号转换层、符号处理层、指导学习层和通信层。这些功能有机的结合在一起，完成数值——符号转换功能。

#### 14.2.3.2　多维模糊传感器的结构

图 14-3 给出了多维模糊传感器硬件结构框图。由图可知，它有敏感元件、信号处理电路和 A-D 转换器组成的基础测量单元完成传感测量任务。有数值预处理、数值/符号转换器、概念生成器、数据库、知识库构成的符号生成与处理单元完成核心工作-数值、符号转换。由通信接口实现模糊传感器与上级系统间的信息交换，把测量结果（数值与符号量）输出到系统总线上，并从系统总线上接受上级的命令。而人机接口是模糊传感器与操作者进行信息交流通道。管理器的作用是测量系统实现自身的管理，接受上级的命令，开启、关闭测量系统，调节放大器的放大倍数并根据上级系统的要求决定输出量的类型（数值还是语言符号量）等。由此可见，一维模糊传感器只是多维模糊传感器的一个特殊情况。

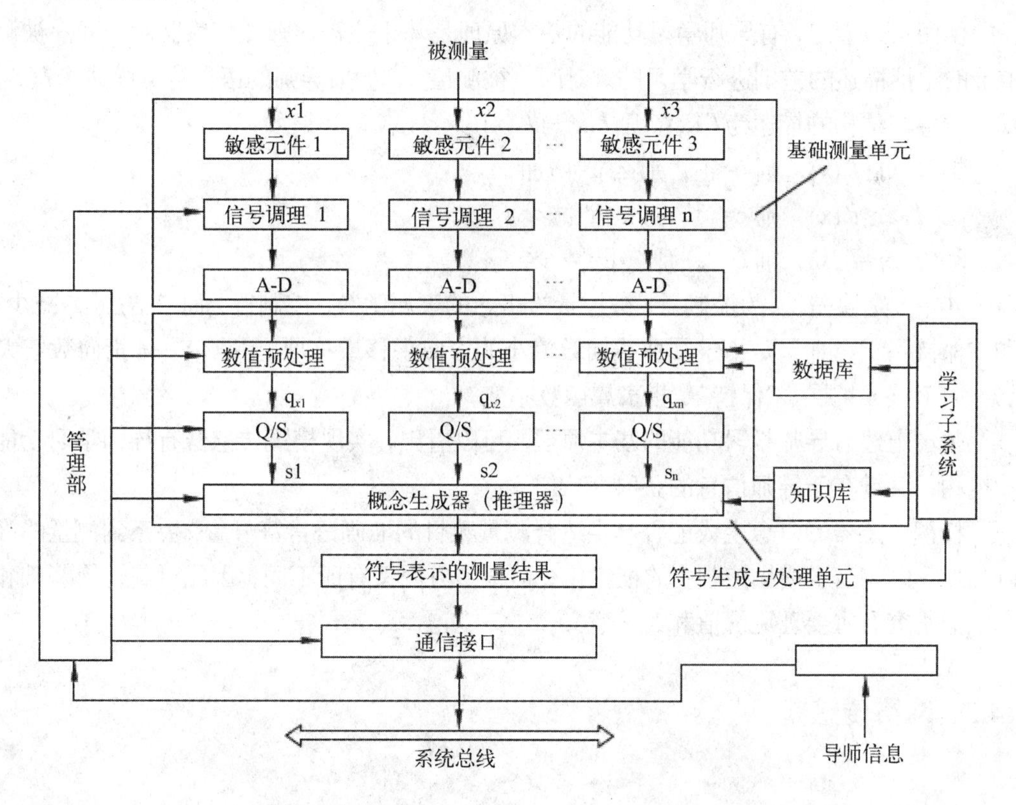


图 14-3　多维模糊传感器硬件结构框图

#### 14.2.3.3 有导师学习结构的实现

具有导师学习功能可使模糊传感器的智能化水平进一步提高。图 14-4 是具有导师学习功能的模糊传感器原理图。

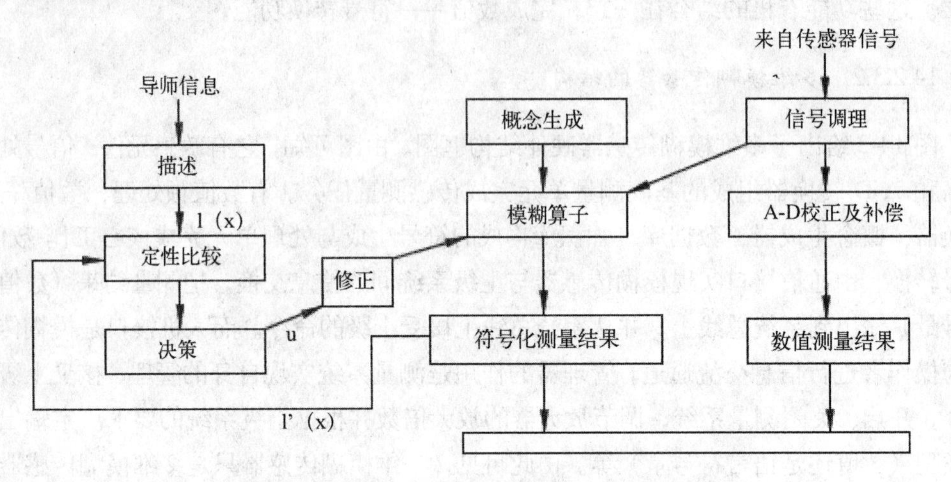


图 14-4 有导师学习功能的模糊传感器原理框图

由图可以看出，有导师学习功能的基本原理是基于比较导师和传感器对于同一被测值 x 的定性描述的差别进行学习的。对同一被测值 x，如果导师的语言符号描述为$l(x)$，模糊传感器结构的描述为$l'$(x)，则$l(x)$与$l'$(x)进行比较，结果如下：

① $l(x) \geq l'$(x)，则 e=正，那么 μ=增加。

② $l(x) \leq l'$(x)，则 e=负，那么 μ=减少。

③ $l(x)=l'$(x)，则 e=0，那么 μ=减少。

其中 e 是误差，μ 为控制量，被控量为概念的隶属函数，控制行为时“增加”“减少”和“保持”。“增加”是指隶属曲线向数值小的方向平移或扩展，“减少”是指向数值大的方向平移或扩展，“保持”是指隶属函数不变。

基于上述有导师学习功能的基本原理，可以看出，实现模糊传感器有导师学习功能的结构，关键在于导师信息的获取。

模糊传感器的概念生成能否产生适合测量数目的准确语言符号量，关系到测量的准确程度。它相当于模糊控制中的模糊化，但很多方面又有所不同，因此对其转换基础和方法的研究有重要理论价值和实际意义。

## 14.3 网络传感器

### 14.3.1 网络传感器的概念

随着计算机技术、网络技术与通信技术的迅速发展，控制系统的网络也成为一种新的潮流。网络化的测控系统要求传感器也具有网络化的功能，因此出现了网络传感器。网络传感器是指自身内置网络协议的传感器，他可以使现场测控数据就近登临网络，在网络所能及的范围内实时发布和共享。

网络传感器使传感器由单一功能和已检测向多功能和多检测发展；从就地测量向远距离实时在线测控发展。网络传感器可以就近接入网络和网络设备实现互联，从而大大简化了连接线路，易于系统维护，节省投资，同时也是系统更易于扩充。

网络传感器一般有信号采集单元、数据处理单元和网络接口单元组成。这三个单元可以是采用不同芯片构成的合成式，也可以是单片机结构。基本结构如图 14-5 所示。

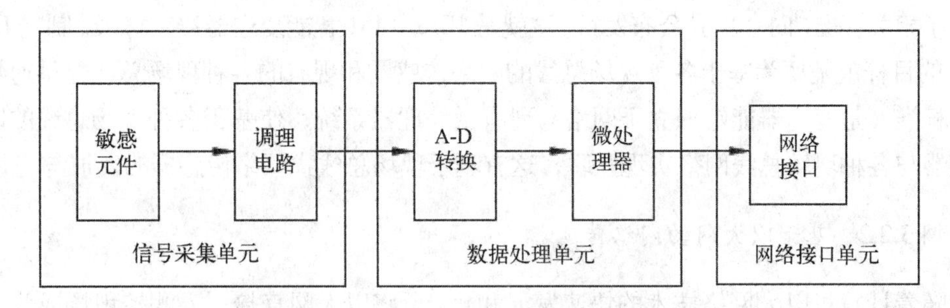


图 14-5　网络传感器的基本结构

网络传感器的核心是是传感器本身具有网络通信协议。随着电子技术和信息技术的迅速发展，网络传感器可以通过软件和硬件两种方式来实现。软件方式是指将网络协议嵌入到传感器系统的 ROM 中；硬件方式是指采用具有网络协议的芯片直接用做网络接口。这里需要指出的是：由于网络传感器通常用于现场，它的软、硬件资源及功能较少，要使网络传感器像 PC 那样成为一个全功能的网络节点，显然是不可能的，也是没有必要的。

### 14.3.2　网络传感器的类型

由网路传感器的结构可知，网络传感器研究的关键技术是网络接口技术。网络传感器必须符合某种网络协议，才能使现场测控数据直接进入网络。由于工业现场存在多种网络标准，因此也就随之发展起来了多种网络传感器，它们各自具有不同的网络接口单元。目前，要基于现场总线的网络传感器和基于以太网（Ethenet）协议的网络传感器两大类。

#### 14.3.2.1　基于现场总线的网络传感器

现场总线是在现场仪表智能化和全数字控制系统的需求下产生的。其关键标志是支持全数字通信，其主要特点是高可靠性。它可以把所有的现场设备（如仪表、传感器或执行器）与控制器通过一根线缆连接，形成一个数字化通信网络，完成现场状态监测、控制、远传等功能。传感器及仪表智能化的目标是信息处理的现场化，这也正是现场总线技术的目标，也是现场总线不同于其他计算机通信技术的标志。

由于现场总线技术的优越性，在国际上成为一个研究开发的热点。各大公司都开发出了自己的现场总线产品，形成了自己的标准。目前，常见的标准有 LONWORKS、CAN、PROFIBUS 和 FF 等数十种，它们各具特色，在各自不同的领域都得到了很好的应用。但是，基于现场总线技术的网络传感器也面临着诸多问题。问题的主要原因是多种现场总线标准并存又互不兼容。不同厂家的智能传感器又都来用各自的总线标准，从而导致不同厂家的智能传感器不能互换的问题。这严重影响了现场总线式网络传感器的应用。为了解决这一问题，美国国家技术标准局（The National Institute of Standard Technology, NIST）和 IEEE 联合组织了一系列专题讨论会来商讨网络传感器通用通信接口问题，并制定了相关标准，向全世界公布发行。这就是 IEEE 1451 智能变送器接口标准。制定 IEEE 1451 的目标就是要为基于各种现场总线的网络传感器和现有的各种现场总线提供通用的接口标准，是变送器能够独立于网络与现有微处理器系统，使基于各种现场总线的网络传感器与各种现场总线网络实现互联，这有利于现场总线式网络传感器的发展与应用。

#### 14.3.2.2 基于以太网的网络传感器

随着计算机以太网络技术的快速发展和普及，将以太网直接引入测控现场成为一种新的趋势。以太网技术由于其开放性好、通信速度高和价格低廉等优势已得到了广泛应用。人们开始研究基于以太网络—即基于 TCP/IP 的网络传感器。基于 TCP/IP 的网络传感器就是在传感器中嵌入 TCP/IP，使传感器具有 Internet/Intranet 功能。该传感器可以通过网络接口直接接入 Internet 或 Intranet，相当于 Internet 或 Intranet 上的一个节点；还可以做到“即插即用”。

它的特点是任何一个以太网络传感器都可以就近接入网络，而信息可以在整个网络覆盖的范围内传输。由于采用统一的网络协议，不同厂家的产品可以互换与兼容。

### 14.3.3 基于 IEEE 1451 标准的网络传感器

为了解决传感器与各种网络连接的问题，1994 年美国国家技术标准局（The National Institute of Standard Technology, NIST）和 IEEE 联合组织了一系列专题研讨会来商讨智能传感器通用通信接口问题，并制定了相关标准，这就是 IEEE1451 智能变送器接口标准（Standard for a Smart Transducer Interface for Sensors and Actuators）。制定 IEEE 1451 的目的就是要定义一整套通用的通信接口，使变送器能够独立于网络与现有基于微处理器的仪器仪表和现场总线网络连接，并最终实现变送器到网络的互换性与操作性。

#### 14.3.3.1 IEEE1451 标准简介

IEEE 1451 标准是一族通用通信接口标准，它有许多成员、各成员的代号、名称、描述与当前得发展状态。

IEEE 1451 标准可以分为面向软件接口和硬件接口两大部分。软件接口部分借助面向对象模型来描述网络智能变送器的行为，定义了一套使智能变送器顺利接入不同测控网络的软件接口规范；同时通过定义通用的功能、通信协议及电子数据表格式，以达到加强IEEE 1451家族系列标准之间的互操作性。软件接口部分主要由IEEE 1451.0和IEEE 1451.1 组成。硬件接口部分是由 IEEE 1451.2～IEEE 1451.6 组成，主要是针对智能传感器的具体应用而提出来的。

IEEE 1451.0 建议标准通过定义一个包含基本命令设置和通信协议、独立于网络适配器（NCAP）到变送器模块接口的物理层，为不同的物理接口提供通用、简单的标准。

IEEE1451.1 标准通过定义两个软件接口实现智能传感器或执行器与多种网络的连接，并可以实现具有互换性的应用。

IEEE 1451.2 标准定义了电子数据表格式（TEDS）和一个 10 线变送器独立接口（Transducer Independence Interface，TII）和变送器与微处理器间通信协议，使变送器具有了即插即用能力。

IEEE 1451.3 标准利用展布频谱技术，在局部总线上实现通信，对连接在局部总线上的变送器进行数据同步采集和供电。

IEEE 1451.4 标准定义了一种机制，用于将自识别技术运用到传统的模拟传感器和执行器中。它既有模拟信号传输模式，又有数字通信模式。

IEEE 1451.5标准定义的无线传感器通信协议和相应的TEDS，目的是在现有的IEEE 1451 框架下，构筑一个开放的标准无线传感器接口。无线通信方式上将采用三种标准，即 IEEE802.11 标准、蓝牙（Bluetooth）标准和 ZigBee（IEEE 802.15.4）标准。

IEEE 1451.6标准致力建立CANopen协议网络上的多通道变送器模型，使IEEE 1451标准的 TEDS 和 CANopen 对象字典（Object dictionary）、通信消息、数据处理、参数配置和诊断信息一一对应，在 CAN 总线上使用 IEEE 1451 标准变送器。

#### 14.3.3.2　基于 IEEE 1451 标准的网络传感器

目前，基于 IEEE 1451 标准的网络传感器分为有线和无线两类。

（1）基于 IEEE 1451.2 标准的有线网络传感器。

IEEE 1451.2 标准中仅定义了接口逻辑和 TEDS 的格式，其他部分由传感器制造商自主定义和实现，以保持各自在性能、质量、特性与价格等方面的竞争力。同时，该标准提供了一个连接智能变送器接口模型（STIM）和 NCAP 的 10 线标准接口——TII，它主要定义二者之间点对点连线、同步时钟短距离接口，使传感器制造商可以把一个传感器应用到多种网络中。符合 IEEE 1451 标准的有线网络传感器典型结构如图 14-6 所示。

符合标准的变送器自身带有的内部信息包括：制造商、数据代码、序列号、使用的极限、未定量以及校准系数等。当给 STIM 中 TEDS 数据时，NCAP 就可以知道这个 STIM 的通信速度、通道数及每个通道上变送器的数据格式（是 12 位还是 16 位），并且知道所测量对象的物理单位，知道怎样将所得到的原始数据转换为国际标准单位。

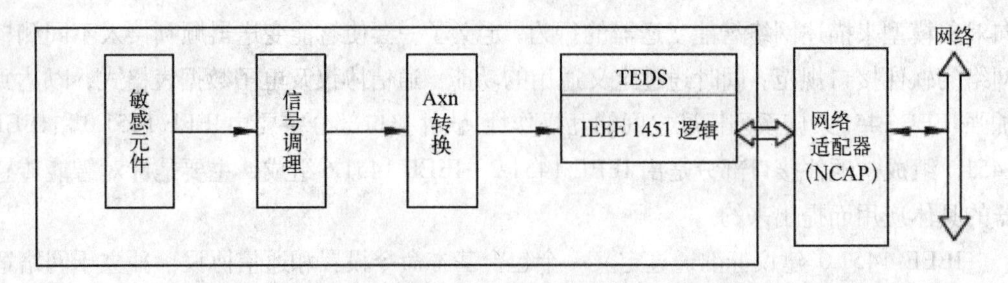


图 14-6　基于 IEEE 1451 标准的有线网络传感器结构

变送器 TEDS 分为可以寻址的 8 单元部分，其中两个是必须具备的，其他的是可供选择的，主要为将来扩展所用。这 8 个单元的功能如下：

① 综合 TEDS（必备）—主要描述 TEDS 的数据结构、STIM 极限时间参数和通道组信息。

② 通道 TEDS（必备）—包括对象范围的上下限、不确定性、数据模型、校准模型和触发参数。

③ 校准 TEDS（每个 STIM 通道有一个）—包括最后校准日期、校准周期和所有的校准参数，支持多节点的模型。

④ 总体辨识 TEDS—提供 STIM 的识别信息，内容包括制造商、类型号、序列号、日期和一个产品描述。

⑤ 特殊应用 TEDS（每个 STIM 有一个）—主要应用于特殊的对象。

⑥ 扩展 TEDS（每个 STIM 有一个）—主要用于 IEEE1451.2 标准的未来工业应用中的功能扩展。

另外两个是通道辨识 TEDS 和标准辨识 TEDS。

STIM 中每个通道的校准数学模型一般是用多项式函数来定义，为了避免多项式的阶次过高，可以将曲线分成若干段，每段分别包含变量多少、漂移值和系数数量等内容。NCAP 可以通过规定的校准方法来识别相应的校准策略。

目前，设计基于 IEEE 1451.2 标准的网络传感器已经非常容易，特别是 STIM 和 NCAP 接口模块。硬件有专用的集成芯片（如 EDI1520、PLCC244）；软件有采用 IEEE1451.2 标准的软件模块（如 STIM 模块、STIM 传感器接口模块、TII 模块和 TEDS 模块）。

（2）基于 IEEE1451.2 标准的无线网络传感器。

在大多数的测控环境下都使用有线网络传感器，但在一些特殊的测控环境下使用有线电缆传输传感器信息极不方便。为此提出将 IEEE1451.2 标准的无线通信技术结合起来设计无线网络传感器问题，以解决有线网络传感器的局限性。无线网络传感器和有线网络结合起来，才使人们真正的迈向信息时代。

如前所述，无线通信方式有三种标准，即 IEEE802.11 标准、蓝牙标准和 ZigBee 标准。蓝牙标准是一种低功率短距离的无线连接标准的代称。它是实现语音和数据无线传输的开放性规范，其实质是建立通用的无线空中接口及控制软件的公开标准，使不同厂家生产的设备在没有电线或电缆相互连接的情况下，能在近距离（10cm～100cm）范围内具有互用、互操作的性能。而且蓝牙技术还具有工作频段全球通用、使用方便、安全加密、抗干扰能力强、兼容性好、尺寸小、功耗低以及多路多方向链接等优点。

基于 IEEE 1451.2 和蓝牙标准的无线网络传感器由 STIM、蓝牙模块和 NCAP 三部分组成，其系统结构如图 14-7 所示。

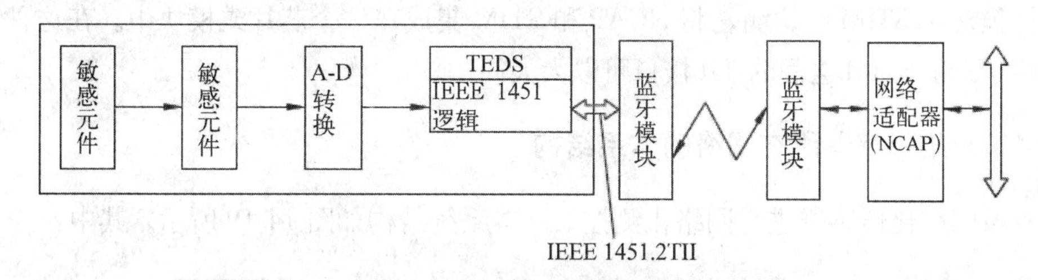


图 14-7　基于 IEEE 1451 和蓝牙标准的无线网络传感器结构

在 STIM 和蓝牙模块之间是 IEEE 1451.2 标准定义 10 线 TII 接口。蓝牙模块通过 TII 接口与 STIM 连接，通过 NCAP 与 Internet 连接，它承担了传感器信息和远程控制命令的无线发送和接收任务。NCAP 通过分配的 IP 地址与网络相连。它与基于 IEEE 1451.2 标准的有线网络传感器相比，无线网络传感器增加了两个蓝牙模块。标准的蓝牙电路使用 RS-232 或 USB 接口，而 TII 是一个控制连接到它的 STIM 的串行接口。因此，必须设计一个类似于 TII 接口的蓝牙电路，构造一个专门的处理器来完成控制 STIM 和转换数据到用户控制接口（HCI）的功能。

ZigBee（IEEE 802.15.4）标准是 2000 年 12 月由 IEEE 提供的致力于定义一种廉价的固定、便携或移动设备使用的无线连接标准。它具有高通信效率、低复杂度、低功耗、低成本、高安全性以及全数字化等诸多优点。目前，基于 ZigBee 技术的无线网络传感器的研究和开发已得到越来越多人的关注。

IEEE 802.15.4 满足 ISO 开放系统互连（OSI）参考模式。为了有效地实现无线智能传感器，考虑结合 IEEE 1451 标准和 ZigBee 标准进行设计，需要对现有的 IEEE 1451 智能传感器模型做出改进型。通常有图 14-8 所示两种方式。

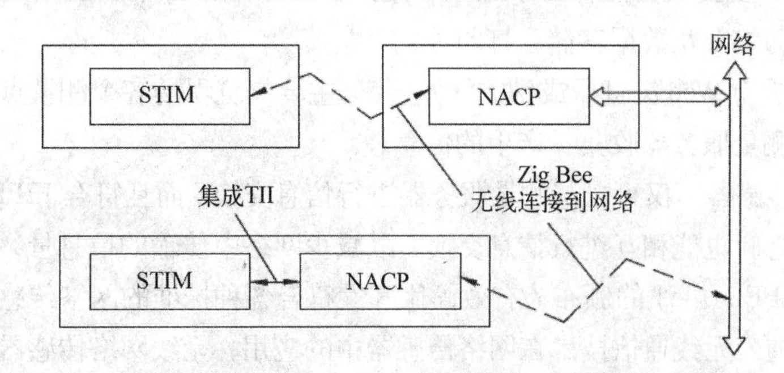


图 14-8　基于 IEEE 1451 和 ZigBee 标准的无线网络传感器结构

方式一是采用无线 STIM——即 STIM 与 NCAP 之间不再是 TII 接口，而是通过 ZigBee 无线（收发模块）传输信息。传感器或执行器的信息由 STIM 通过无线网络传递到 NCAP 终端，进而与有线网络连接。另外，还可以将 NCAP 与网络间的接口替换为无线接口。

方式二是采用无线的 NCAP 终端——即 STIM 与 NCAP 之间通过 TII 接口相连，无线网络的收发模块置于 NCAP 上。另一无线收发模块与无线网络相连，实现与有线网络通信。在此方式中，NCAP 作为一个传感器网络终端。因为功耗的原因，无线通信模块不直接包含在 STIM 中，而是将 NCAP 和 STIM 集成在一个芯片或模块中。在这种情况下，NCAP 和 STIM 之间的 TII 接口可以大大简化。

### 14.3.4　网络传感器所在网络的体系结构

利用网络化传感器进行网络化测控的基本系统结构如图 14-19 所示。其中：

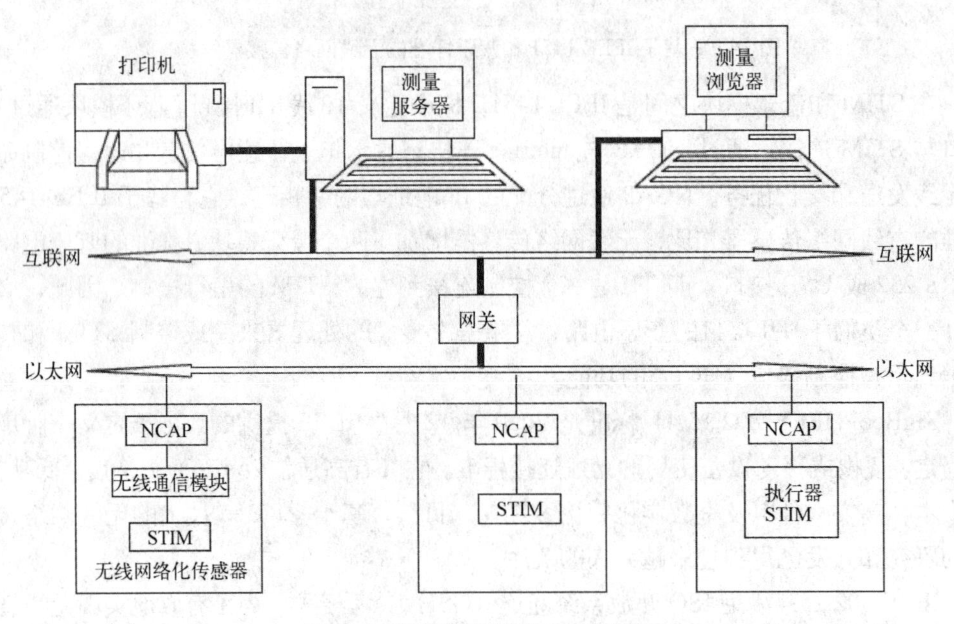


图 14-9　网络化测控基本系统结构

测量服务器主要负责对各基本测量单元的任务分配和基本测量单元采集的数据进行计算、处理与综合及数据存储、打印等、

测量浏览器为 Web 浏览器或别的软件接口，主要浏览现场各个测量点的测量、分析、处理的信息及测量服务器收集、产生的信息。

系统中，传感器不仅可以与测量服务器进行信息交换，而且符合 IEEE451 标准的传感器、执行器之间也能相互进行信息交换，以减少网络中传输的信息量，有利于系统实时性的提高。IEEE 1451 的颁布为有效简化开发符合各种标准的网络传感器带来了一定的契机，而且随着无线通信技术在网络传感器中的应用，无线网络传感器将使人们的生活变得更精彩、更富有生命和活力。

# 14.4　多传感器数据融合

## 14.4.1　多传感器数据融合的概念

所谓多传感器数据融合是指把来自许多传感器的信息源的数据进行联合、相关、组合和估值的处理，以达到精确的估计与身份估计。该定义有三要点：

（1）数据融合是多信源、多层次的处理过程，每个层次代表信息的不同抽象程度。

（2）数据融合过程包括数据的检测、关联、估计与合并。

（3）数据融合的输出包括低层次上的状态身份估计和高层次上的总体战术姿态的评估。

由此定义可以看出：多传感器数据融合的基本目的是通过融合得到比单独的各个输入数据获得更多的信息。这一点是协同作用的结果，即由于多传感器的共同作用，使系统的有效性得以增强。它的实质是通过对来自不同传感器的数据进行分析和综合，可以获得北侧对象及其性质的最佳一致估计，并形成对外部环境某一特征的一种确切的表达方式。

## 14.4.2　多传感器数据融合技术

### 14.4.2.1　数据融合的基本原理

多传感器数据融合的基本原理是充分利用多个传感器资源，通过对这些传感器及其观测信息的合理支配和使用，把多个传感器在空间或时间上的冗余或互不信息依据某种准则来进行组合，以获得比它的各个子集所构成的系统更优越的性能。

### 14.4.2.2　数据融合技术

多传感器数据融合技术可以对不同类型的数据和信息在不同层次上进行综合，它处理的不仅仅是数据，还可以是证据和属性等。它并不是简单的信号处理。信号处理只是多传感器数据融合的第一阶段，即信号预处理阶段。多传感器数据融合是分层次的，其数据融合层次的划分主要有两种。

第一种是将数据融合划分为低层（数据级或像素级）、中层（特征级）和高层（决策级）；第二种是将传感器集成和数据融合划分为信号级、证据级和动态级。

### 14.4.2.3　数据融合方法

（1）数据级（或像素级）融合。

所谓数据级（或像素级）融合是指对传感器的原始数据及预处理各阶段上产生的信息分别进行融合处理，尽可能多的保持原始信息，并能够提供其他两个层次融合所不具有的细微信息。但它有局限性：其一是由于所要处理的传感器信息量大，故处理代价高；其次融合是在信息最低层进行的，由于传感器原始数据的不确定性、不完整性和不稳定性，要求在融合时有较高的纠错能力；其三是由于要求各传感器信息之间具有精确到一个像素的精准度，故要求传感器信息来自同质传感器；其四是通信量大。

（2）特征级融合。

所谓特征级融合是指利用从各个传感器原始数据中提取的特征信息，进行综合分析和处理的中间层次过程。通常所提取的特征信息应是数据信息的充分表示量或统计量，据此对多传感器信息进行分类、汇集和综合。特征级融合可分为两类：一类是目标状态信息融合；另一类是目标特征性融合。所谓目标状态信息融合是指融合系统首先对传感器数据进行预处理以完成数据配准，然后实现参数相关和状态矢量估计。所谓目标特性融合是指在融合前必须先对特征进行相关处理，然后再对特征矢量进行分类组合。

（3）决策级融合。

所谓决策级融合是指在信息表示的最高层次上进行的融合处理。不同类型的传感器观测同一个目标，每个传感器在本地完成预处理、特征抽取、识别或判断，以建立对所观察目标的初步结论，然后通过相关处理、决策级融合判决，最终获得联合推断结果，从而直接为决策提供依据。因此，决策级融合是针对具体决策目标，充分利用特征级融合所得出的目标及各类特征信息，并给出简明而直观的结果。

决策级融合的优点：一是实时性最好；二是在一个或几个传感器失效时仍能给出最终决策，因此具有良好的容错性。

（4）数据融合过程。

首先将被测对象转换为电信号，然后经过 A-D 变换将它们转换为数字量。把数字化后的电信号经过预处理，以滤除数据采集过程中的干扰和噪声。然后，对处理后的有用型号作特征提取，再进行数据融合；或者直接对信号进行数据融合。最后输出融合的结果。

### 14.4.3 多传感器数据融合技术的应用

多传感器数据融合技术最早是围绕军用系统开展研究的。后来把它用于非军事领域：如智能机器人、计算机视觉、水下物体探测、收割机械的自动化、工业装配线上自动插件安装、航天器中重力梯度的在线测量、信息高速公路系统、多媒体技术和虚拟现实技术、辅助医疗检测和诊断等许多领域。

多传感器数据融合技术主要作用可归纳为以下几点：

（1）提高信息的准确性和全面性：它与一个传感器相比，多传感器数据融合可以获得有关周围环境更准确、全面的信息。

（2）降低信息的不确定性：一组相似的传感器采集的信息存在明显的互补性，这种高互补性经过适当处理后，可以对单一传感器的不确定性和测量范围的局限性进行补偿。

（3）提高系统的可靠性：某个或某几个传感器失效时，系统仍能正常运行。

## 14.5　虚拟仪器

### 14.5.1　虚拟仪器概述

虚拟仪器（VI—Virtual Instrument）的概念是由美国NI（National Instruments）公司在1986年首先提出的。NI公司提出虚拟仪器概念后，引发了传统仪器领域的一场重大变革，使得计算机和网路技术在仪器领域大显身手，从而开创了“软件即是仪器”的先河。它是电子测量技术与计算机技术深层次结合的产物，具有良好的发展前景。它通过应用程序将通用计算机与通用仪器合二为一。它虽然不具有通用仪器的外形，但却具有通用仪器的功能，故称作虚拟仪器。在实际应用中，用户在装有虚拟仪器软件的计算机上，通过操作图形界面（通常叫做虚拟面板）就可以进行各种测量，就像在操作真是的电子仪器一样。

VI的突出特点是以透明的方式把计算机资源（如微处理器、内存、显示器等）和仪器硬件资源（如A-D、D-A、数字I/O、定时器、信号调理等）有机地结合在一起，通过软件实现对数据采样、分析、处理及显示。其次是通过可选硬件（如GPIB、VXI、RS-232、DAQ板）和可选库函数等实现仪器模块间的通信、定时与触发。而库函数为用户构造自己的VI系统提供了基本的软件模块。由于VI具有模块化、开放性和灵活性的特点，当用户的测试要求变化时，可以方便地由用户自己来增减硬、软件模块，或重新配置现有系统以满足新的测试要求。这样，当用户从一个项目转向另一个项目时，就能简单地构造出新的VI系统而不丢弃已有的硬件和软件资源。

### 14.5.2　虚拟仪器的组成

虚拟仪器的组成可分为硬件和软件两部分。它的最大特点是基本硬件是通用的，而各种各样的仪器功能可由用户根据自己的专业知识通过编程来实现。由此可知虚拟仪器的核心是软件，这些软件通常是在虚拟仪器编程平台（如Lab VIEW）上来完成的。在虚拟仪器编程软件平台的支持下，用户可根据自己的需要定义各种仪器界面，设置检测方案和步骤，完成相应的检测任务。

#### 14.5.2.1　虚拟仪器的硬件

虚拟仪器的硬件通常由通用计算机和模块化测试仪器、设备两部分组成。其基本结构如图14-10所示。

其中，通用计算机可以是便携式计算机。台式机或工作站等。虚线框内为模块化测试仪器设备，可根据被测对象和被测参数进行合理地选择使用。在众多的模块化测试仪器设备中，最常用的是数据采集卡（DAQ卡），一块DAQ卡可以完成A-D转换、D-A

转换、数字输入/输出、计数器/定时器等多种功能，再配上相应的信号调理电路组件，即可构成各种虚拟仪器的硬件平台。

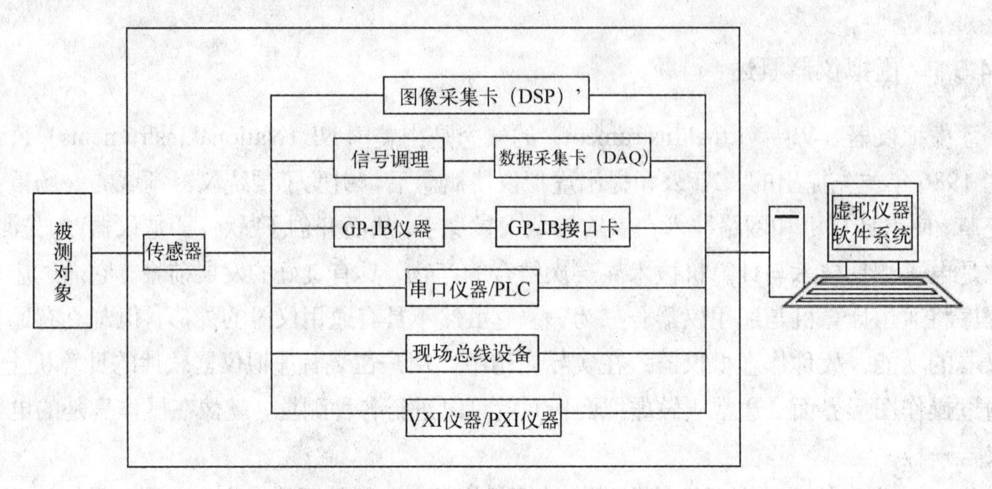


图 14-10　虚拟仪器的硬件平台结构

14.5.2.2　虚拟仪器的软件

当基本硬件确定后，就可以通过编写不同软件来进行数据采集、数据处理和数据表达，进而来实现过程监控和自动化等功能。由此可知，软件是虚拟仪器的关键。但软件编程却不是一件容易的事情。为了使一般人比较容易地开发使用虚拟仪器，实现虚拟仪器功能由用户定义的初衷，许多大公司都推出了自己的虚拟仪器软件开发工具。如美国NI公司推出的Lab VIEW和Lab Windows/CVI；HP公司推出的VEE；Tektronix公司推出的TekTMS等。目前比较流行的虚拟仪器软件开发工具是Lab VIEW。

## 14.5.3　虚拟仪器的特点

电子测量仪器发展至今，经历了由模拟仪器、智能仪器到虚拟仪器的发展历程。虚拟仪器与传统仪器相比较，其主要特点如下：

（1）虚拟仪器软件开发及维护费用比传统仪器的开发与维护费用要低。

（2）虚拟仪器技术更新周期短（一般为1～2年），而传统仪器更新周期长（需5～10年）。

（3）虚拟仪器的关键技术在于软件。传统仪器的关键技术在于硬件。

（4）虚拟仪器价格低，可复用、可重配置性强，而传统仪器的价格高，可重配置性差。

（5）虚拟仪器由用户定义仪器功能，而传统仪器只能由厂商定义仪器功能。

（6）虚拟仪器开放、灵活，可与计算机技术保持同步发展，而传统仪器技术封闭、固定。

(7) 虚拟仪器是与网络及其周边设备方便联系的仪器系统，而传统仪器是功能单一、互联有限的独立设备。

以上特点中最主要的优点就是虚拟仪器的功能由用户自己定义，而传统仪器的功能是由厂商事先定义好的。换句话说，就是一台计算机完全可以取代实验室里的所有仪器事先测量，从而节约大笔资金。由于虚拟仪器中软件是关键，所以更新软件使之功能更新所需时间也会大大减少。

这里需要指出的是，虽然虚拟仪器具有传统仪器无法比拟的优势，但它并不否定传统仪器的作用，它们相互交叉又相互补充，相得益彰。在高速、宽带的专业测试领域，独立仪器具有不可替代的优势。在中低档测试领域，虚拟仪器可取代一部分独立仪器的工作，完成复杂环境下的自动化测试是虚拟仪器的拿手好戏，也是虚拟仪器目前发展的方向。

## 14.5.4　软件开发工具 Lab VIEW 简介

Lab VIEW 是美国仪器公司（NI）推出的一种基于 G 语言（Graphics Language）的图形化编程软件开发工具。使用它编程时，基本上不需要编写程序代码，而是绘制程序流程图。

Lab VIEW 不仅提供了 GPIB、VXI、RS-232 和 RS-485 协议的全部功能，还内置了支持 TCP/IP 和 ActiveX 等软件标准的库函数。用 Lab VIEW 设计的虚拟仪器可脱离 Lab VIEW 开发环境，用户最终看到的是和实际测量仪器相似的操作面板。所不同的是操作面板需要用鼠标和键盘来操作。因为用 Lab VIEW 开发的程序界面和功能与真实仪器十分相像，故称它为虚拟仪器程序，并用后缀“.VI”来表示，其含义是虚拟仪器。

### 14.5.4.1　Lab VIEW 开发工具的主要特点

Lab VIEW 开发工具放入主要特点如下：

（1）它以“所见即所得”的可视化技术建立人机界面，提供了大量的仪器面板中的控制对象，如按钮、开关、指示器、图表等。

（2）它使用图标表示功能模块，使用连线表示模块间的数据传递，并且用线性和颜色区别数据类型。使用流程图式的语言书写程序代码，这样使得编程过程与人的思维过程非常相近。

（3）它提供了大量的标准函数库，供用户直接调用。从基本的数学函数、字符串函数、数组运算函数，到高级的数字信号处理函数和数值分析函数，应有尽有。它还提供了世界各大仪器厂商生产的仪器驱动程序，方便虚拟仪器和其他仪器的通信，以便用户迅速组建自己的应用系统。

（4）提供了大量与外部代码或软件连接的机制，如 DLL（动态链接库）、DDE（共享库）、ActiveX 等。

（5）强大的 Internet 功能。支持常用网络协议，方便网络、远程测试仪器的开发。

14.5.4.2　Lab VIEW 的基本要素

（1）前面板：用 Lab VIEW 制作的虚拟仪器前面板与真实仪器面板相似。它包括旋转钮、刻度盘、开关、图标和其他界面工具等，并允许用户通过键盘或鼠标获取并显示数据。

（2）框图程序：虚拟仪器框图程序是一种解决编程问题的图形化方法，实际上是 VI 的程序代码。VI 从数据框图接受指令。

（3）突变和连接端口：图标和连接端口体现了 VI 的模块化特性。一个 VI 既可作为上层独立程序，也可作为其他程序的子程序，被称为 SUB.VI。VI 图标和连接端口的功能就像一个图形化的参数列表，可在 VI 和 SUB.VI 之间传递数据。

正是基于 VI 图标和连接端口的功能，Lab VIEW 较好地实现了模块化编程思想。用户可以将一个复杂的任务分解为一系列简单的子任务，为每个子任务创建一个 SUB.VI，然后把这些 SUB.VI 组合在仪器就完成了最终的复杂任务。因为每个 SUB.VI 可以单独执行、调试，因此用户可以开发一些特定的 SUB.VI 子程序组成库，以备以后调用。虚拟仪器的概念是 Lab VIEW 的精髓，也是 G 语言区别其他高级语言的显著的特征。

14.5.4.3　虚拟仪器的编程

虚拟仪器的硬件确定以后，根据所需要仪器的功能可用 Lab VIEW 进行编程。虚拟仪器软件一般有：虚拟仪器面板控制软件、数据分析处理软件、仪器驱动软件和通用 I/O 接口软件四部分组成。这四部分软件的作用如下：

（1）虚拟仪器面板控制软件的作用。

虚拟仪器面板控制软件属于测试管理层，是用户与仪器之间交流信息的纽带。用户可以根据自己的需要和爱好从控制模块上选择所需要的对象，组成自己的虚拟仪器控制面板。

（2）数据分析处理软件的作用。

数据分析处理软件是虚拟仪器的核心，负责对数据误差的分析与处理，保证测量数据的正确性。

（3）仪器驱动软件的作用。

仪器驱动程序是解决与特性仪器进行通信的一种软件。仪器驱动程序与通信接口及使用开发环境相联系，他提供一种高级的、抽象的仪器映像，它还能提供特定的使用开发环境信息，是用户完成对仪器硬件控制的纽带和桥梁。

（4）通用 I/O 接口软件的作用。

在虚拟仪器系统中，I/O 接口软件是虚拟仪器系统结构中承上启下的一层，其模块化与标准化越来越重要。VXI 总线即插即用联盟为其制定了标准，提出了自底向上的通用 I/O 标准接口软件模型，即 VISA。

所谓虚拟仪器的编程实际上就是利用 Lab VIEW 编写这四块软件，然后把它们有机地组合在一起来完成所需的仪器测量功能。由于 Lab VIEW 功能强大，内容丰富，限于篇幅，有关 Lab VIEW 的具体使用在此不作论述，有兴趣的读者请参看 Lab VIEW 使用手册。

## 14.6　物联网

### 14.6.1　物联网的基本概念

物联网（The Internet of things）是新一代信息技术的重要组成部分，是物物相联互联网的简称。它有两层含义：第一，物联网的核心和基础仍然是互联网，是互联网的延伸和扩展；第二，其用户端延伸和扩展到了任何物品，可以在物与物之间进行信息交换和通信。由此可知，凡是涉及信息技术应用的，都可以纳入物联网的范畴。由于物联网是一个以互联网、传统电信网为信息载体，让所有能够被独立寻址的普通物理对象实现互联互通的网络，所以它具有智能、先进、互联的三个重要特征，被称为继计算机、互联网之后世界信息产业发展的第三次浪潮。

根据国际电信联盟（ITU）的定义，物联网主要解决物品与物品（Thing to Thing，T2T），人与物品（Human to Thing，H2T），人与人（Human to Human，H2H）之间的互连。但是它与传统的互联网不同，在这里 H2T 是指人利用通用装置与物品之间的连接，而 H2H 是指人与人之间不依赖于 PC 而进行的互连。以为互联网最初只是考虑的 PC 与 PC 之间的连接，故现在用物联网来描述这个问题。由此可知，物联网是指通过各种信息传感设备和互联网组合形成的一个巨大网络。通过这个网络可以实时采集连接到该网上的任何需要监控、互动物体的各种需要的信息，它的目的是实现物与物、物与人、人与人之间的网络连接，方便识别、管理和控制。

### 14.6.2　物联网的关键技术

在物联网应用中有三项关键技术：即传感器技术、RFID 技术和嵌入式系统技术。它们是物联网应用的三大技术支柱。

#### 14.6.2.1　传感器技术

大家知道，传感器技术是把物理量转变成电信号的技术，要想通过互联网实现物物相连，传感器技术，特别是网络传感器技术是关键。它与计算机应用技术息息相关。因为只有通过网络传感器把物体的特征信号变成有用的电信号，才能用计算机进行识别和处理，才能在网络上进行传输和控制。

14.6.2.2 RFID 技术

RFID 技术实际也是一种传感器技术，它是融合可无线射频技术和嵌入式技术为一体的辨识技术。RFID 技术在自动辨识、物流管理等方面有着广阔的应用前景，是传感器技术的发展和延伸。

14.6.2.3 嵌入式系统技术

嵌入式系统技术是综合了计算机软硬件技术、传感器技术、集成电路技术、电子应用技术为一体的综合应用技术。经过几十年的发展，以嵌入式系统为特征的智能终端产品随处可见，小到人们身边的智能手机，大到航空航天的卫星系统。嵌入式系统正在改变着人们的生活，推动着工农业生产和国防科技的迅速发展。

如果把物联网比作一个人的话，传感器就相当于人的眼睛、鼻子、耳朵及皮肤等感觉器官；互联网就相当于人的神经系统，用来传递感知信息；嵌入式系统就相当于人的大脑，它在接收信息后要进行分类处理，并根据处理结果指挥各相关部件做出应对反应。这个例子非常形象地描述了传感器、嵌入式系统及互联网在物联网中的地位和作用。

### 14.6.3 物联网的应用模式

物联网可大可小，大到全球，小到家庭，应用非常广泛。根据实际用途可归纳为对象智能辨识、对象智能监测和对象智能控制三种基本应用模式。

14.6.3.1 对象智能辨识

通过 NFC、二维码、RFID 等技术可辨识特定的对象，用于区分对象个体，例如在生活中我们使用的各种智能卡、条码标签等就是用来获得对象的识别信息；此外通过智能标签还可以用于获得对象所包括的扩展信息，例如智能卡上的金额，二维码中所包含的厂址、名称及网址等信息。

14.6.3.2 对象智能监测

利用多种类型的传感器和分布广泛的传感器网络，可以实现对某个对象状态进行实时获取和特定对象行为的监测，如使用分布在市区的各个噪声探头可监测噪声污染，通过二氧化碳传感器可监控大气中二氧化碳的浓度，通过 GPS 可跟踪车辆位置，通过交通路口的摄像头可监控交通情况等。

14.6.3.3 对象智能控制

由于物联网是基于云计算和互联网平台的智能网络，可以依据网络传感器获取的数据进行决策，改变对象的行为进行控制和反馈。例如根据光线的强弱调整路灯的亮度，根据车辆的流量自动调整红绿灯的间隔等。

物联网是近几年发展起来的新兴网络，由于它具有规模性、广泛性、管理性、技术性和物品属性等特征，因此它的发展和完善需要各行各业的参与，需要国家政府的主导以及相关法规政策上的扶助。我们国家已对物联网的发展和完善进行了较大的投入，现在已初见成效。

### 14.6.4　物联网应用案例

随着物联网技术的不断成熟，物联网的应用案例也层出不穷。

比如上海浦东国际机场的防入侵系统就是物联网的一个典型案例。该系统铺设了 3 万多个传感器节点，覆盖了地面、栅栏和低空探测等多个领域，可以防止人员的翻越、偷渡、恐怖袭击等多种不法行为，保护机场安全。

再如手机物联网，它将移动终端与电子商务结合起来，让消费者可以与商家进行便捷地互动交流，随时随地体验产品品质，传播分享产品信息，实现互联网向物联网的从容过渡，缔造出一种全新的零接触、高透明、无风险的市场经营模式。这种智能手机和电子商务的结合，是“手机物联网”的一项重要功能。手机物联网的应用正伴随着电子商务大规模兴起。

物联网在交通指挥中心也得到很好的应用，指挥中心工作人员可以通过物联网的智能控制系统控制指挥中心的大屏幕、窗帘、灯光、摄像头、DVD、电视机、电视机顶盒、电视电话会议；也可以调度马路上的摄像头图像到指挥中心，同时也可以控制摄像头转动；还可以多个指挥中心分级控制，也可以联网远程控制需要控制的各种设备等。

总之，物联网的发展和应用必将对我国的政治、经济、工农业生产、国防科技和人们的日常生活产生巨大的推动作用。

## 14.7　MEMS 技术与微型传感器

MEMS（Micro Electro-Mechanical System）通常称微机电系统，在欧洲和日本又常称微系统（micro system）和微机械(micro machine)，是当今高科技发展的热点之一。1994 年原联邦德国教研部（BMBF）给出了微系统的定义，即若将传感器、信号处理器和执行器以微型化的结构形式集成一个完整的系统，而该系统具有“敏感”、“决定”和“反应”的能力。

### 14.7.1　微机电系统典型特性

对于一个微机电系统来说，通常具有以下典型的特性：

（1）微型化零件。

（2）由于受制造工艺和方法的限制，结构零件大部分为两维的、扁平零件。

（3）系统所用材料基本上为半导体材料，但也越来越多地使用塑料材料。

（4）机械和电子被集成为相应独立的子系统，如传感器、执行器和处理器等。

由此可知，微机电系统的主要特征之一是它的微型化结构和尺寸。对于微机电系统，其零件的加工一般采用特殊方法，通常采用微电子技术中普遍采用的对硅的加工工艺以及精密制造与微细加工技术中对非硅材料的加工工艺，如蚀刻法、沉积法、腐蚀法、微加工法等。

随着 MEMS 技术的迅速发展，作为微机电系统的一个构成部分的微型传感器也得到长足的发展。微型传感器是尺寸微型化了的传感器，但随着系统尺寸的变化，它的结构、材料、特性乃至所依据的物理作用原理均可能发生变化。

### 14.7.2　微型传感器具有的特点

与一般传感器比较，微型传感器具有以下特点：

（1）空间占有率小。对被测对象的影响少，能在不扰乱周围环境，接近自然的状态下获取信息。

（2）灵敏度高，响应速度快。由于惯性、热容量极小，仅用极少的能量即可产生动作或温度变化。分辨率高，响应快，灵敏度高，能实时地把握局部的运动状态。

（3）便于集成化和多功能化。能提高系统的集成密度，可以用多种传感器的集合体把握微小部位的综合状态量；也可以把信号处理电路和驱动电路与传感元件集成于一体，提高系统的性能，并实现智能化和多功能化。

（4）可靠性提高。可通过集成构成伺服系统，用零位法检测；还能实现自诊断、自校正功能。把半导体微加工技术应用于微传感器的制作，能避免因组装引起的特性偏差。与集成电路集成在一起可以解决寄生电容和导线过多的问题。

（5）消耗电力小，节省资源和能量。

（6）价格低廉。能多个传感器制作在一起且无需组装，可以在一块晶片上同时制作几个传感器，大大降低了材料和制造成本。

与各种类型的常规传感器一样，微型传感器根据不同的作用原理也可制成不同的种类，具有不同的用途。

## 思考题与习题

1. 何谓智能传感器？
2. 简述智能传感器主要特点。
3. 何谓模糊传感器，其组成是什么？主要特点是什么？
4. 何谓网络传感器？其组成是什么？分哪几类？
5. 何谓虚拟仪器？有什么作用？
6. 传感器是如何实现微型化的？
7. 多传感器数据融合技术的意义和作用是什么？有哪些常用的数据融合方法？

# 第 15 章　现代检测系统综合设计

## 15.1　现代检测系统的设计思路与方法

### 15.1.1　现代检测系统的设计思想

现代检测技术及系统与传统的测量技术、仪器等相比，在功能上更复杂，系统规模更大，智能化程度更高，因此在设计方法上应有所创新，以适应现代检测、日益发展的工业自动化要求。

#### 15.1.1.1　现代检测技术与系统面临的挑战

在科学技术飞速发展的今天，现代检测系统将面临以下几个突出方面的挑战：

(1) 产品更新换代快：随着 LSI 和 VLSI 技术、集成器件单片集成度以空前的速度发展，1~2 年时间产品就会更新换代。由于检测系统都是为某个特定任务而设计的，为达到设计要求，需要花费几年的研制时间，而从提出设计任务到真正用于工程实践的周期就更长。因此，设计系统时，既要避免很快过时，又要提供不断容纳新技术的可能性，是既立足现在，又面向未来的问题。

(2) 市场竞争日益激烈：高新技术产品的市场竞争十分激烈，除产品性能和质量外，还有成本，设计周期这两个因素，同时也影响着产品的成功和市场。

(3) 满足不同层次、不断变化用户要求：现代检测系统对各具体用户，配置千变万化。市场需求结构中客观上要求高、中、低三个层次。另外，还经常会遇到用户中途改变要求的情况。因此，如何满足用户不同层次需求，覆盖各具体用户的配置要求，是设计中一项难题。

#### 15.1.1.2　现代检测系统的设计思想

针对上述问题，对现代检测系统的设计应体现以下思想：一是在技术上兼顾今天和明天，既从当前实际可能出发，又留下容纳未来新技术机会的余地；二是向系统的不同配套档次开放，在经营上兼顾设计周期和产品设计，并着眼于社会的公共参与，为发挥各方面厂商的积极性创造条件；三是向用户不断变化的特殊要求开放，在服务上兼顾通用的基本设计和用户的专用要求等等。

### 15.1.2　现代检测系统的设计方法

现代检测系统的设计主要通过系统分析和系统设计两个阶段进行。

#### 15.1.2.1　系统分析

系统分析是确定系统总方向的重要阶段，主要是对要设计的系统运用系统论的观点和方法进行全面的分析和研究。在现有的技术和硬、软件条件下，选择最优的设计方案，以达到预期的目标。

（1）系统分析主要解决下列问题：一是确定设计新系统的目标和系统的功能；二是提出新系统的初始方案，分析方案是否合理，是否可行；三是提出设计新系统的具体实施计划，包括资金、人力、物力和设备的分配、使用情况；指出新系统的关键技术问题，并进行分析研究。

（2）系统分析工作过程：一是确定任务，根据新系统的性能要求、功能范围、要求的时间进度、可能投入的人力财力资源等，对其中的关键问题作出明确的描述，以书面形式提出作为设计单位的重要依据；二是提出初步方案，分析新系统的要求，确定系统设计目标；确定新系统的功能和范围；确定新系统的总体功能结构、新系统或局部功能的划分；确定新系统的组织结构或物理结构；提出新系统设计的组织方案；制定新系统设计进度计划；提出经济预算，制定投资计划方案。将以上各方面的工作内容形成设计技术文件。

（3）可行性分析：对初步方案进行可行性分析是非常重要的，它关系到新系统研制的成败。所谓可行性分析就是对新系统的初步方案在技术上、经济上、实现的条件等方面是否可行进行分析。

#### 15.1.2.2　系统设计

系统设计阶段是对要进行设计的新系统具体实施设计的阶段，主要进行的工作是：

（1）系统功能结构设计。在系统结构设计中，通常采用自顶向下的“下推式”结构化设计方法，将系统的结构按功能进行分解，其目的是确定新系统的结构方案。实施中分两个步奏完成：首先是系统的总体结构设计（包括硬、软件等），以系统的初始方案为指导，将新系统划分成各个子系统和功能块，并绘制系统总体结构图和总体信息流程图；第二步是对各个子系统功能之间的关系，及各子系统和结构内部的输入输出关系进行定义和描述。这部分工作通过子系统和功能块信息的转换关系反映出来。

（2）系统组织结构的设计。在功能结构设计后，组织结构是系统设计的重要环节。它把系统的功能结构模型转化为物理模型。具体考虑的实际因素有：物理尺寸大小、重量、功率、冷却、电源及供电等；系统的精度问题，涉及如何建立系统的误差分析模型和误差分配问题；系统的稳定性和可靠性问题。结合若干实际问题综合考虑，从系统的体系结构、元器件和工艺、操作性能、系统的抗干扰性能、系统的适应性和可扩充性能等诸多方面因素结合，选定系统各组成部分的物理结构和具体实施方案。

（3）系统的信息结构和动作结构设计。将新系统按功能划分为若干子系统。按照一定的规律（或逻辑组合）相互配合和协调动作，共同完成既定目标和任务。各子系统之间的信息联系和信息转换用图形方式描述出来，具体各部分的动作结构应能详细描述各子系统的操作运行过程，以便在时序上各部分能有效地配合，可靠地运转。

（4）各子系统的设计与制造。这一步工作是具体实施其设计方案，可以在已定的方案基础上，分别对各子系统，各环节进行具体设计，包括机械、电子线路等设计。必要时需要反复对样机试验和分析，提出修改方案和意见，再设计和再试验，反复多次直到最后定型而满足设计指标为止。

（5）总装调试和实验分析。在各子系统、各环节分别制造、调试完毕后，既可进行总装组建所需要的系统并进行联调。一般实验要与模拟的被测对象相联系。如果前面各阶段工作很成功，这阶段就可能很顺利。但大多数情况是在总装调试中会暴露出一些问题，如前阶段一些设计不合理，选择错误等问题需要加以修改。在完成所有的必要修改和调试工作以后，即可以对系统进行基本性能测试，包括精度分析、基本误差测定、附加误差测定、各种寿命试验和环境实验等。如果基本特性、指标的测试及性能考核后，认定基本实现设计目标和各种技术指标，到此就基本完成了系统的设计和试制工作。

### 15.1.3　计算机及接口设计

由于检测系统实现检测的参数是多种多样的，检测的方法也是各不相同的，因此检测系统的结构千差万别。现代检测系统的综合设计的关键是根据系统要求的硬件和软件功能选择计算机类型和进行接口设计。为了加快设计速度，缩短研制周期，应尽可能采用熟悉的机型或利用现有的系统进行改进和移植，及利用现有可利用的硬件和软件，再根据系统的要求增加所需要的功能并相应对各子系统进行设计。

#### 15.1.3.1　计算机系统及其性能的确定

根据检测系统所需要的软件、硬件功能，选择所需的计算机系统时应考虑以下因素：一是主机选择；二是主机字长选择；三是寻址范围选择；四是指令功能；五是处理速度；六是中断能力；七是功耗等。

#### 15.1.3.2　检测系统对计算机接口的要求

在对现代检测系统的综合设计中，对计算机接口的要求应考虑以下几个方面的问题：一是数据采集与处理能力；二是总线接口能力；三是人机对话能力；四是输出驱动能力等。

## 15.2　脉冲测距综合系统设计

### 15.2.1　理论依据

通过激光对距离 S 进行测量时，只要知道激光传输的时间，根据 $S=\frac{1}{2}C.\Delta t$ 就可以求出距离。

### 15.2.2　设计方案

图 15-1 给出了脉冲激光测距原理图。设计方案中主要包括：激光发射单元的选取、光学准直系统设计、光电转换、放大整形、时间间隔测量等。

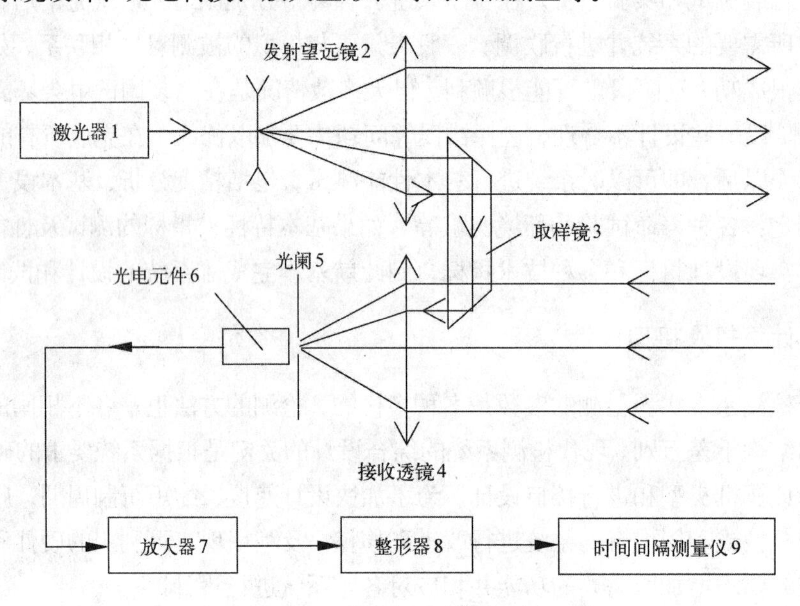


图 15-1　脉冲激光测距基本原理图

### 15.2.3　工作过程

激光脉冲测距的工作过程：激光器 1 输出脉冲激光，经过发射望远镜 2 后的光束发散角变小（一般小于 1mard)，而后射向被测目标，取样镜 3 将发射的一部分激光传送到透镜 4，处于接收透镜焦点附近的光电元件 6 便可输出第一个电脉冲信号，通过放大器放大，然后由整形器 8 对电信号进行整形后的脉冲信号，送到时间间隔测量系统中，将时间间隔测量系统的门控双稳态触发器触发，输出的脉冲将闸门打开，对晶体振荡器的等时距的脉冲通过计数显示电路开始进行计数；当从目标反射回来的一部分激光进入接收透镜 4 时，光电元件 6 便输出第二个电脉冲信号，通过放大器放大再由整形器 8 后控制门控双稳态触发器，使门控双稳态触发器再次发出控制信号将闸门关闭。把第一个电脉冲信号称为参考信号，第二个电脉冲信号称为回波信号。这两个脉冲信号经时间间隔测量系统测出回波信号与参考信号之间的时间间隔为 $\Delta t$，则根据上式可测出距离。

### 15.2.4　说明几点

（1）该系统的设计关键是时间间隔测量系统，即时间的测量，如果时间测量不精确，将会产生较大误差。

（2）在光学系统设计时，凹透镜应放置在凸透镜的一倍焦距上。

（3）光阑孔径的大小与厚度应合适，放置在光电元件之前。

（4）激光器输出功率大小应根据测距长度适当选取。

## 15.3　激光准直综合系统设计

在大型设备、管道、建筑物等的测量、安装、校准中，往往需要给出一条直线，以此来检查各零部件位置的准确性。激光准直仪系统集机、光、电及计算机技术于一体，它利用激光方向性好的特点以 He-Ne 激光器发出的光线做基准直线，采用新型光电位置传感器 PSD（Position Sensitive Detector）将光束能量中心位置信号变换为电信号，由基于 PC 的数据采集处理系统进行数据处理，可对直线度、平面度、平行度等多项形位误差进行快速测量及误差评定。

### 15.3.1　激光准直系统总体设计方案

#### 15.3.1.1　总体设计方案

（1）系统组成：激光准直系统设计包括五个部分：光源-激光发射系统设计、光学系统设计、传感器信号处理系统设计、数据采集处理系统设计、显示与控制设计等。如图 15-2 所示。

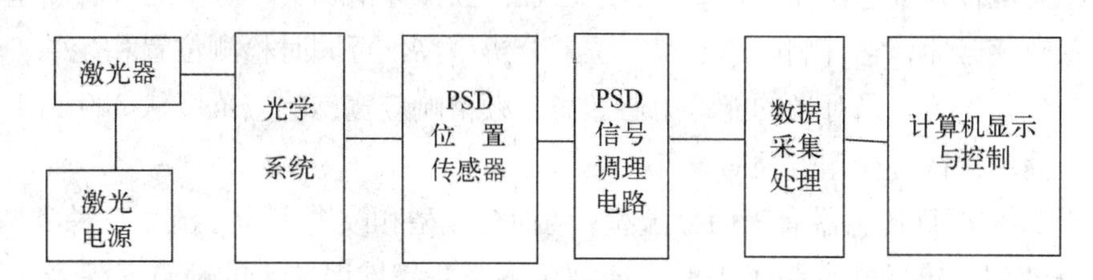


图 15-2　高精度多功能激光准直仪原理框图

（2）系统特点：激光准直系统利用 He-Ne 激光器的方向性好、高稳定性的特点，作为准直光线，用改进型的新型二维光电位置传感器（PSD）作为接收器，将准直激光束的入射光斑进行接收转换。其特点：对激光光斑能量中心敏感、响应速度快、分辨率高、适合长距离直线度误差检测等。

## 15.3.2　激光准直系统的工作过程

激光准直仪系统的工作过程是：以 He-Ne 激光器发出的激光光线作为直线度的基准直线，随着 PSD 光靶在被测件上的移动，PSD 就将入射光点的位置信号转变为电流信号，经调理电路后送入数据采集系统，利用直线度测评软件快速评判出直线度误差并提供图形文件、文本文件、EXCEL 文件等输出形式。

## 15.3.3　激光准直系统主要部分设计

### 15.3.3.1　光源-激光发射系统设计

激光作为基准直线使用时由于安装误差使激光线存在轻微的左右、上下移动和两个方向的旋转，因此安放激光器的支架必须要有四个自由度的微调机构。如图 15-3 所示，螺钉组 1 用来调节激光上下、左右移动（3mm），螺钉组 2 用来调节激光线的倾角与偏航（调整范围为 $4^{o}$）。

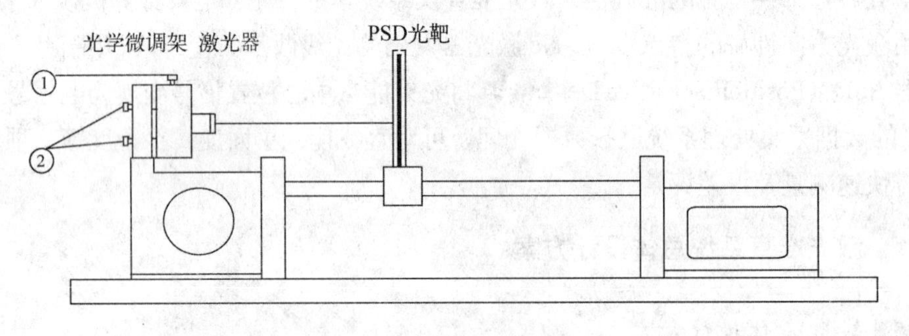


图 15-3　光学微调架

### 15.3.3.2　光靶-光电接收器件选取

由于光电位置敏感器件（PSD）适应位置、位移等精确实时测量的一种新型半导体光电位置敏感器件，它有响应速度快、位置分辨率高、可同时检测位置和光强、位置输出信号与光强无关，只对光的能量中心敏感、频谱响应宽、响应范围从 300 到 1100nm、外围电路简单、信号检测方便等。

由于二维 PSD 传感器有表面分流型、两面分流型和改进表面分流型三种类型，而改进表面分流型传感器既克服了表面分流型传感器非线性误差大的缺点又保留了暗电流小，加反偏容易的优点，因此，在本综合设计中选择 $21\times21\,mm$ 的改进表面分流型二维 PSD（型号：W203）作为接收探测器。

### 15.3.3.3　信号调理电路设计

处理电路由前置放大器 OP400、高精度电阻（10kΩ）和高精度除法器 AD538 组成，前置放大器 OP400 是低漂移高输入阻抗型运算放大器既降低了暗电流的影响又提高了信噪比，其功能是将 PSD（W203-PSD）传感器输出的小电流信号转变为电压信号并进行加减运算后送入除法器进行除法运算以得到与光点位置成线性关系的电压信号。信号调理电路如图 15-4 所示。

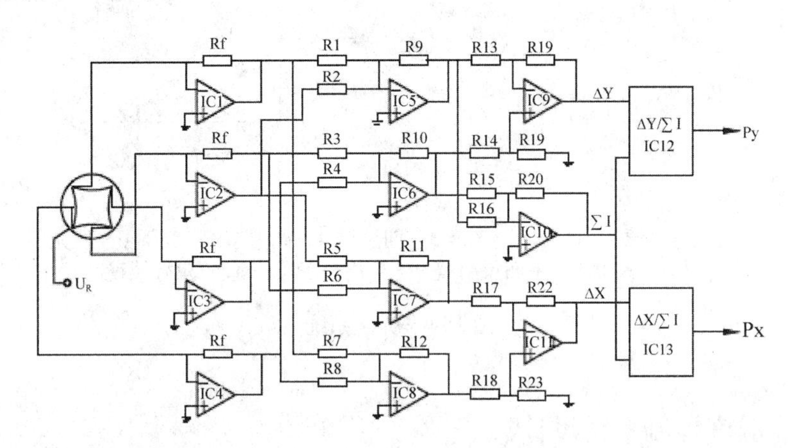


图 15-4　改进的表面分流型二维 PSD 的信号处理电路

#### 15.3.3.4　数据采集系统设计

采用研华 PCL-818 数据采集卡，提供最常用的五种测量和控制功能（12 位 A/D 转换、D/A 转换、数字量输入、数字量输出及计数器/定时器功能），选用 PCL-818LS 数据采集卡在其提供的数据采集控制的 Activex 控件基础上进行二次开发。

（1）数据采集软件的调试。

采用实验室条件研究开发为系统提供标准电压输入的信号，对研华公司提供的数据采集软件进行调试。

（2）数据采集软件的二次开发。

根据直线运动机构的直线度测量要求，二次开发了动态测量、静态测量、平均值、标定等多个控件，以实现直线度的静态和动态测量与控制等。数据采集控件如图 15-5 所示。

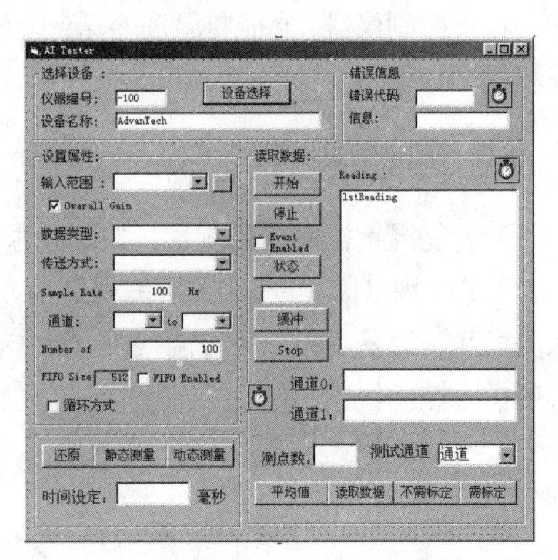


图 15-5　数据采集控件

#### 15.3.3.5　光学系统设计

光学系统主要由四大部分组成：一是透镜组；二是光阑；三是滤光器；四是双光束消漂移光路等，如图 15-6 所示。

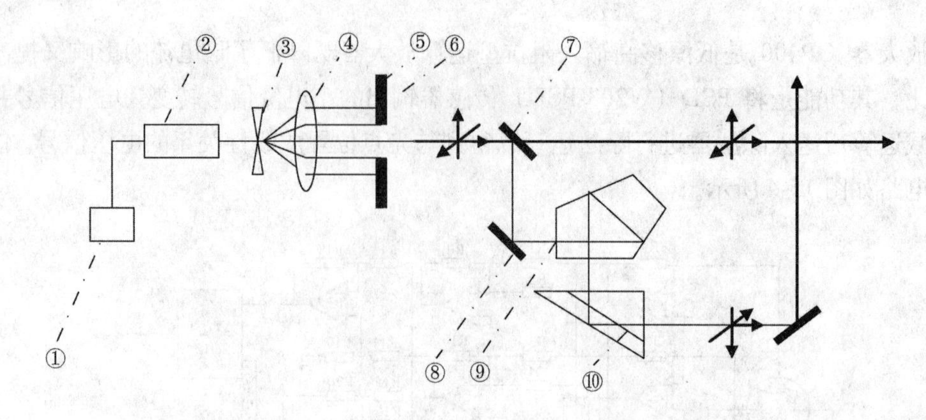


1－激光器电源 2－He-Ne 激光器 3－凹透镜 4－凸透镜 5－光阑 6－滤光器
7－分束器 8－平面反射镜 9－五角棱镜 10－直角屋脊棱镜

图 15-6　光学系统

## 15.4　智能温度控制系统设计

程序升、降温是科研和生产中经常遇到的一类控制。为了保证生产过程正常安全地进行，提高产品的质量和数量，减轻工人的劳动强度，节约能源，常要求加热对象（例如电炉）的温度按某种指定的规律变化。

智能温度控制仪就是这样一种能对加热炉的升、降温速率和保温时间实现严格控制的面板式控制仪器，它能将温度变送、显示和数字控制集合于一体，用软件实现程序升、降温的 PID 调节。

### 15.4.1　设计要求

对智能温度控制仪的测量、控制要求如下：

（1）实现 n 段（$n \leq 30$）可编程调节，程序设定曲线如图 15-7 所示，有恒速升温段、保温段和恒速降温段三种控温线段。操作者只需设定转折点的温度 Ti 和时间 ti，即可获得所需程控曲线。

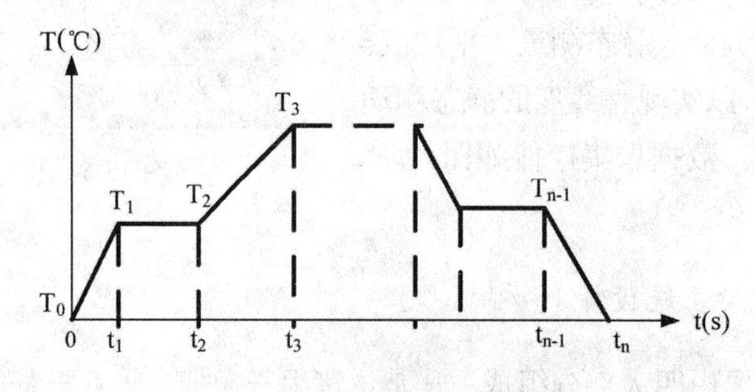


图 15-7　程序设定曲线

（2）具有四路模拟量（热电偶 mV）输入，其中第一路用于调节；设有冷端温度自动补偿、热电偶线性化处理和数字滤波功能，测量精度达 ±0.1%，测量范围为 0~1100℃。

（3）具有一路模拟量（0~10mA）输出和八路开关量输出，能按时间程序自动改变输出状态，以实现系统的自动加料、放料，或者用作系统工作状态的显示。

（4）采用 PID 调节规律，且具有输出限幅和防积分饱和功能，以改善系统动态调节品质。

（5）采用 6 位 LED 显示，2 位显示参数类别，4 位显示数值。任何参数显示 5s 后，自动返回被调温度的显示。运行开始后，可显示瞬时温度和总时间值。

（6）具有超偏报警功能。超偏时，发光管以闪光形式告警。

（7）输入、输出通道和主机都用光电耦合器进行分离，使仪器具有较强的抗干扰能力。

（8）可在线设置或修改参数和状态，例如程序设定曲线转折点温度 Ti 和转折点时间 ti 值、PID 参数、开关量状态、报警参数和重复次数等，并可通过总时间 t 值的修改，实现跳过或重复某一段程序的操作。

（9）具有 12 个功能键，其中 10 个是参数命令键，包括测量值键（PV）、Ti 设定键（SV）、ti 设定键（TIME1）、开关量状态键（VAS）、开关量动作时间键（TIME2）、PID 参数设置键（PID）、偏差报警键（AL）、重复次数键（RT）、输出键（OUT）和启动键（START）；另外 2 个是参数修改键，即递增（△）和递减（▽）键，参数增减速度由慢到快。此外还设置了复位键（RESET），以及手、自动切换开关和正、反作用切换开关。

（10）仪器具有掉电保护功能。

### 15.4.2　系统组成和工作原理

加热电炉控制系统框图如图 15-8 所示。控制对象为电炉，检测元件为热电偶，执行器为电压调整器（ZK-1）和晶闸管器件。图中虚线框内是智能温度控制仪，它包括主机电路、过程输入输出通道、键盘、显示器及稳压电源。

控制系统工作过程如下：炉内温度由热电偶测量，其信号经多路开关送入放大器，毫伏级信号放大后由 A/D 电路转换成相应的数字量，再通过光电耦合器隔离，进入主机电路。由主机进行数据处理、判断分析，并对偏差按 PID 规律运算后输出数字控制量。数字信号经光耦隔离，由 D/A 电路转换成模拟量，再通过 U/I 转换器得到 0~10mA 的直流电流。该电流送入电压调整器（ZK-1），触发晶闸管，对炉温进行调节，使其按预定的升、降曲线规律变化。另一方面，主机电路还输出开关量信号，发出相应的开关动作，以驱动继电器或发光二级管。

### 15.4.3　硬件结构和电路设计

硬件结构框图见图 15-8，下面就各部分电路设计作具体说明。

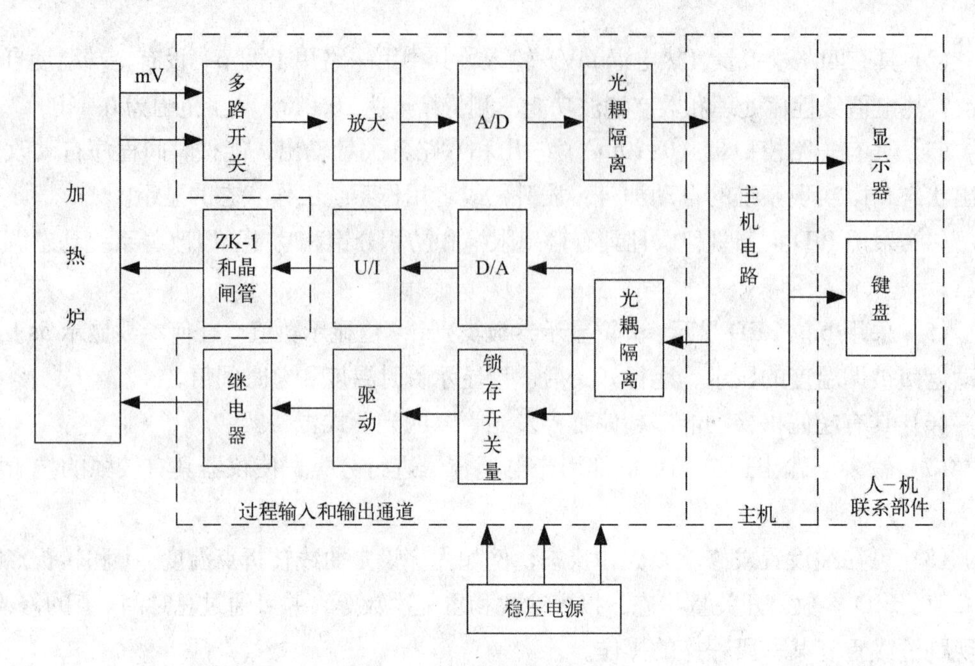


图 15-8　加热炉控制系统框图

15.4.3.1　主机电路及键盘、显示器接口

按仪器设计要求，可选用指令功能丰富、中断能力强的 MCS-51 单片机（8031）作为主机电路的核心器件。由 8031 构成的主机电路如图 15-9 所示。

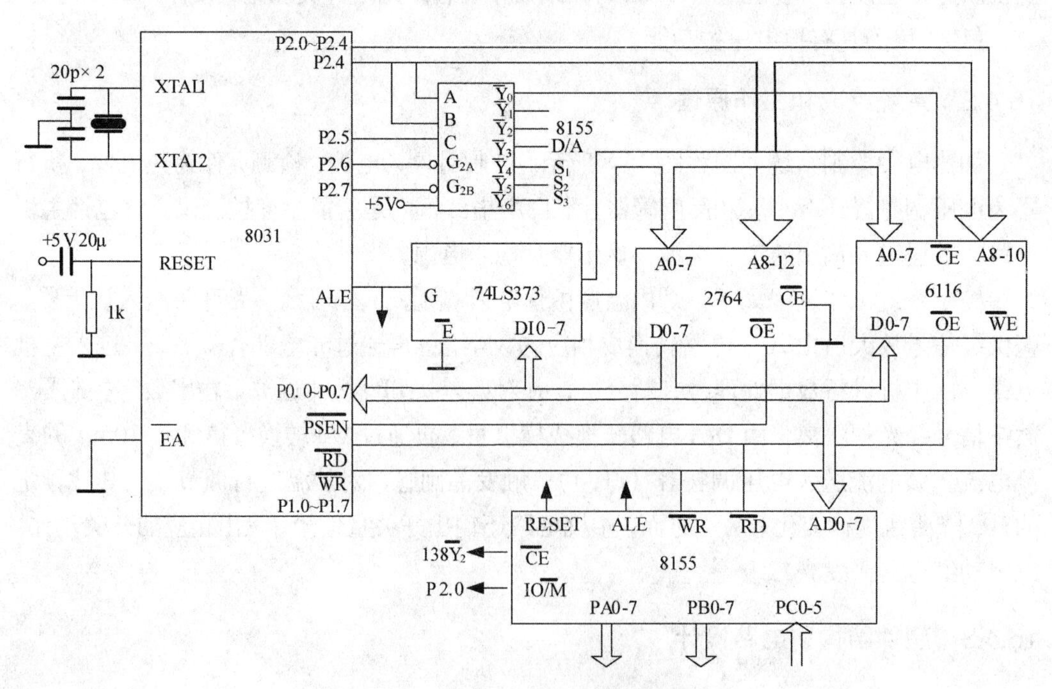


图 15-9　由 8031 构成的主机电路

主机电路包括微处理器（机）、存储器和 I/O 接口电路。程序存储器和数据存储器容量的大小同仪器数据处理和控制功能有关，设计时应留有余量。程序存储器和数据存储器容量的大小同仪器数据处理和控制功能有关，设计时应留有余量。本仪器程序存储器容量为 8K（选用一片 2764），数据存储器容量为 2K（选用一片 6116）。并进行 I/O 接口电路（Z80PID、8155 等）的选用与输入输出通道、键盘、显示器的结构和电路形式有关。

图 15-9 所示的主机电路采用全译码方式，由 3~8 译码器选通存储器 2764、6116、扩展器 8155，以及 D/A 转换器和其他接口电路。由于在 MCS-51 单片机中存储器和 I/O 口统一编址，故无需使用两个译码器。低 8 位地址信号由 P0 口输出，锁存在 74LS373 中；高位地址（P2.0~P2.4）由 P2 口输出，直接连至 2764 和 6116 的相应端。8155 用作为键盘、显示器的接口电路，其内部的 256 个字节的 RAM 和 14 位的定时数器也可供使用。A/D 电路的转换结果直接从 8031 的 PI 口输入。

掉电保护功能的实现有两种方案：①选用 $E^2$ROM(2816 或 2817 等)，将重要数据置于其中；②加接备用电池，如图 15-10 所示。稳压电源和备用电池分别通过二极管接于存储器（或单片机）的 $U_{CC}$ 端，当稳压电源电压大于备用电池电压时，电池不供电；当稳压电源掉电时，备用电池工作。

仪器内还应设置掉电检测电路（见图 15-10），在一旦检测到掉电时，将断点（PC 及各种寄存器）内容保护起来。图中 CMOS555 接成单稳形式，掉电时 3 端输出低电平脉冲，作为中断请求信号。光电耦合器的作用是防止干扰而产生误动作。在掉电瞬时，稳压电源在大电容支持下，仍维持供电（约几十毫秒），这段时间内，主机执行中断服务程序，将断点和重要数据置入 RAM。

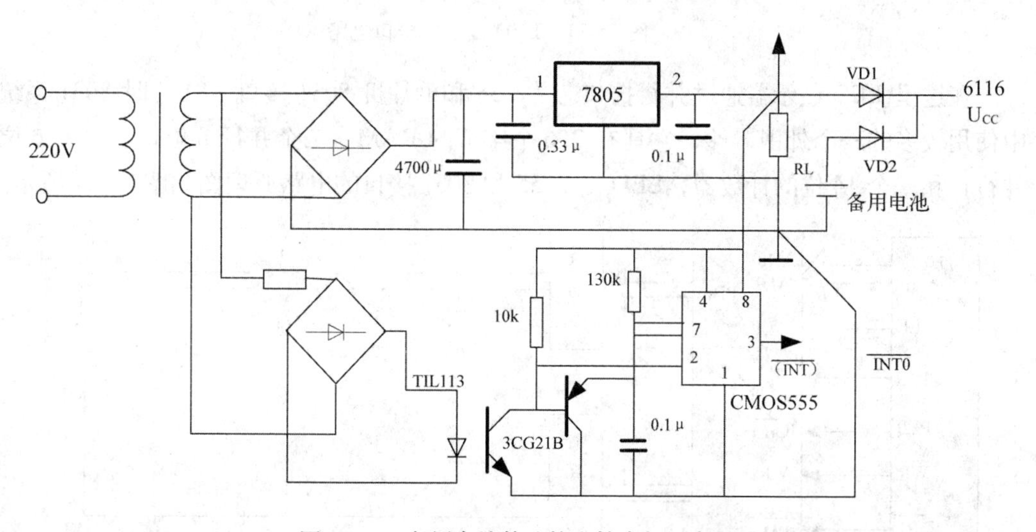


图 15-10　备用电池的连接和掉电检测电路

智能仪器仪表系统中的显示器常用 7 段 LED 显示器，用动态扫描显示方式，其接口电路和显示原理如图 15-11 所示，图中锁存器 $U_1$和 $U_2$分别为断码锁存器和扫描码锁存器，因驱动器相反，故由 $U_2$中为 1 的那一位确定点亮六个 LED 中的某一位，表 15-1 表示了各显示字符与 7 段代码的对应关系（显示器为共阴极）。通常，将这些代码依次存放于 ROM 中，当需要显示某字符时，只要找到该字符在 ROM 中相应地址，即可得到该字符的 7 段显示码。

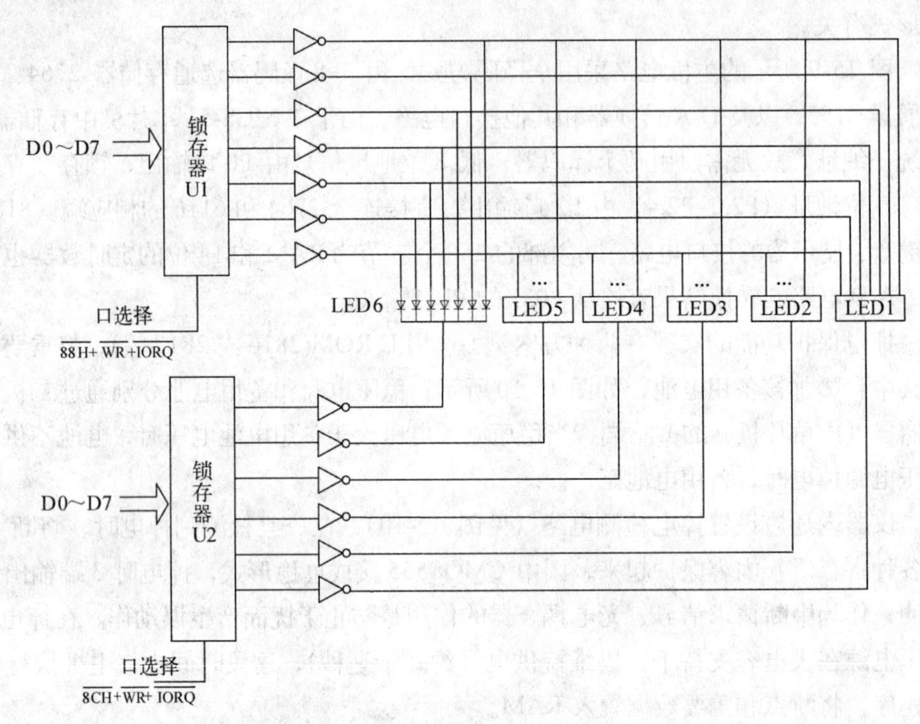


图 15-11　LED 显示器接口电路

在这里 LED 显示器通过并行接口芯片 855 和单片机 8031 接口，8155 时 8031 系统中使用较多的一个外围器件，它具有 256 个字节的 RAM、二个并行 8 位口、一个 6 位并行口和一个 14 位的计数器，LED 由 8155 和 8031 接口的电路原理图如图 15-12 所示。

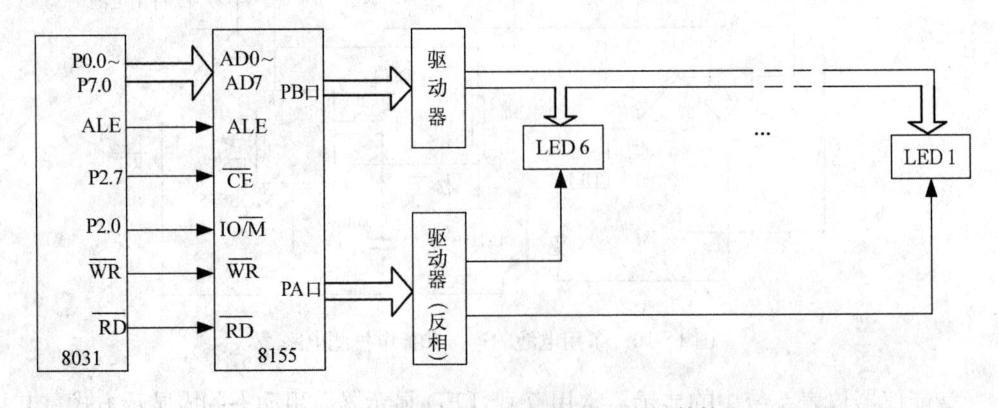


图 15-12　LED 显示器通过 8155 和 8031 的接口

表 15-1　LED 显示字符与 U1 中代码的对应关系表

| 显示字符 | U1 中的代码（驱动器反相时） | | U1 中的代码（驱动器同相时） | |
|---|---|---|---|---|
| | gfedcba | 十六进制码 | gfedcba | 十六进制码 |
| 0 | 1000000 | 40 | 0111111 | 3F |
| 1 | 1111001 | 79 | 0000110 | 06 |
| 2 | 0100100 | 24 | 1011011 | 5B |
| 3 | 0110000 | 30 | 1001111 | 4F |
| 4 | 0011001 | 19 | 1100110 | 66 |
| 5 | 0010010 | 12 | 1101101 | 6D |
| 6 | 0000010 | 02 | 1111101 | 7D |
| 7 | 1111000 | 78 | 0000111 | 07 |
| 8 | 0000000 | 00 | 1111111 | 7E |
| 9 | 0011000 | 18 | 1100111 | 67 |
| A | 0001000 | 08 | 1110111 | 77 |
| B | 0000011 | 03 | 1111100 | 7C |
| C | 1000110 | 46 | 0111001 | 39 |
| D | 0100001 | 21 | 1011110 | 5E |
| E | 0000110 | 06 | 1111001 | 79 |
| F | 0001110 | 0E | 1110001 | 71 |

为了建立一个可调用的显示子程序，在 RAM 中开辟一个显示缓冲区，它被用来存放六个欲显示的 6 位数据分别放于 8031 的 RAM 单元 7AH~7FH 中，由 8155 的 PB 口输出，PA 口输出扫描信号，通过反相驱动器去逐个点亮各位 LED。8155 的 I/O 口地址为 7F00H~7F05H，显示子程序如下：

```
DISPB:  MOV   DPTR，#7F00H
        MOV   A，#03H
        MOVX  @DPTR,A       ；置 8155 的 PA 口、PB 口为输出方式
        MOV   R0，#7AH      ；置显示缓冲器指针初值
        MOV   R3，#01H      ；置扫描模式初值
        MOV   A，R3
DISPB1：MOV   DPTR，#QF01H
        MOVX  @DPTR，A      ；扫描模式→8155PA 口
        INC   DPTR
        MOV   A，@R0        ；取显示数据
        ADD   A，#0DH       ；加偏移量
        MOVC  A，@A+PC      ；查表取段码
        MOVX  @DPTR，A      ；段码→8155PB 口
        ACALL DELAY         ；延时
        INC   R0
```

```
    MOV   A，R3
    JB    ACC.5，DISPB2   ；判完
    RL    A               ；扫描模式左移 1 位
    MOV   R3，A
    AJMP  DISPB1
DISPB2：RET
SEGPT2：DB   3FH，06H，5BH，4FH，66H，6DH……
DELAY: MOV   R5，#02H      ；延时子程序（1ms）
DELAY1：MOV   R4，#0FFH
DELAY2：DJNZ  R4，DELAY2
    DJN2  R5，DELAY1
    RET
```

本设计实例中所采用的键盘、显示器接口电路原理图如图 15-13 所示，8155 的 PA 口、PB 口为输出口，PA 口除输出显示器的扫描控制信号外，又是键盘的行扫描口，8155 的 PC 口为键输入口。7407 和 75452 分别为同相和反相驱动器。此处用行扫描法来识别按扫描信号一直则位于该列和扫描行交点的键被按下。先确定列线号，再与建号寄存器内容相加得到按键号，判键号的 MCS-51 汇编语言程序如下：

```
KEY:  MOV  DPTR，#7F00H ；置 8155A 口、PB 口为输入方式，PC 口为输人方式
    MOV   A，#O3H
    MOVX  @DPTR，A      ；0→键号寄存器 R4
    MOV   R4，#00H
    MOV   R2，#01H      ；扫描模式 01H→R2
KEY1：MOV   DPTR，#7F01H
    MOV   A，R2
    MOVX  @DPTR,A       ；扫描模式→8155PA 口
    INC   DPTR
    INC   DPTR
    MOVX  A，@DPTR      ；读 8155PC 口
    JB    ACC.0，KEY2   ；0 列无键闭合，转判 1 列
    MOV   A，#00H       ；0 列有键闭合，0→A
    AJBP  KEY5
KEY2：JB   ACC.1，KEY3   ；1 列无键闭合，转判 2 列
    MOV   A，#02H       ；1 列有键闭合，列线号 01H→A
    AJMP  KEY5
KEY3：JB   ACC.2，KEY4   ；2 列无键闭合，转判下一列
```

```
        MOV  A，#02H      ；2列有键闭合，02H→A
        AJMP  KEY5
KEY4：JB   ACC.3，NEXT   ；3列无键闭合，转判下一列
        MOV  A，#03H      ；3列有键闭合，03H→A
KEY5：ADD  A，R4          ；列线号+（R4）→R4
        MOV  R4，A
        RET
NEXT: MOV  A，R4
        ADD  A，#04       ；键号寄存器加4
        MOV  R4,A
        MOV  A，R2
        JB   ACC.3，NEXT1  ；判是否已扫到最后1行
        RL   A            ；扫描模式左移1位
        MOV  R2，A
        AJMP  KEY1
NEXT1：MOV  R4，#0FFH    ；置无键闭合标志
        RET
```

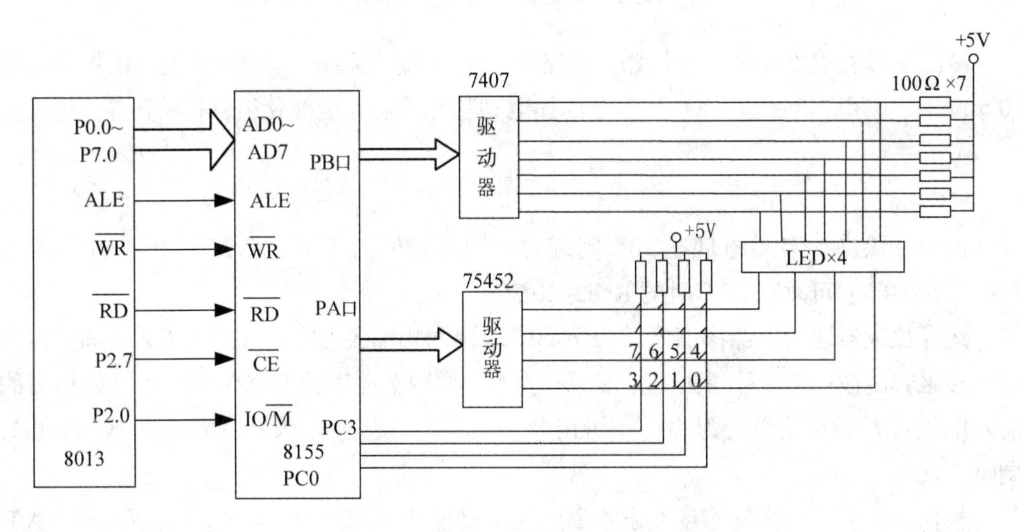


图15-13　键盘、显示器和8031的接口

### 15.4.3.2　模拟量输入通道

模拟量输入通道包括多路开关、热电偶冷端温度补偿电路、线性放大器、A/D转换器和隔离电路，如图15-14所示。

测量原件为镍铬-镍铝（K）热电偶，在0~1100℃测温范围内，其热电动势为

0~45.10mV。多路开关选用 CD4051(或 AD7501)，它将 5 路信号一次送入放大器，其中第 1~4 路为测量信号，第 5 路信号（TV）来自 D/A 电路的输出端，供自诊断用。多路开关的接通由主机电路控制，选择通道的地址信号锁存在 74LS273（I）中。

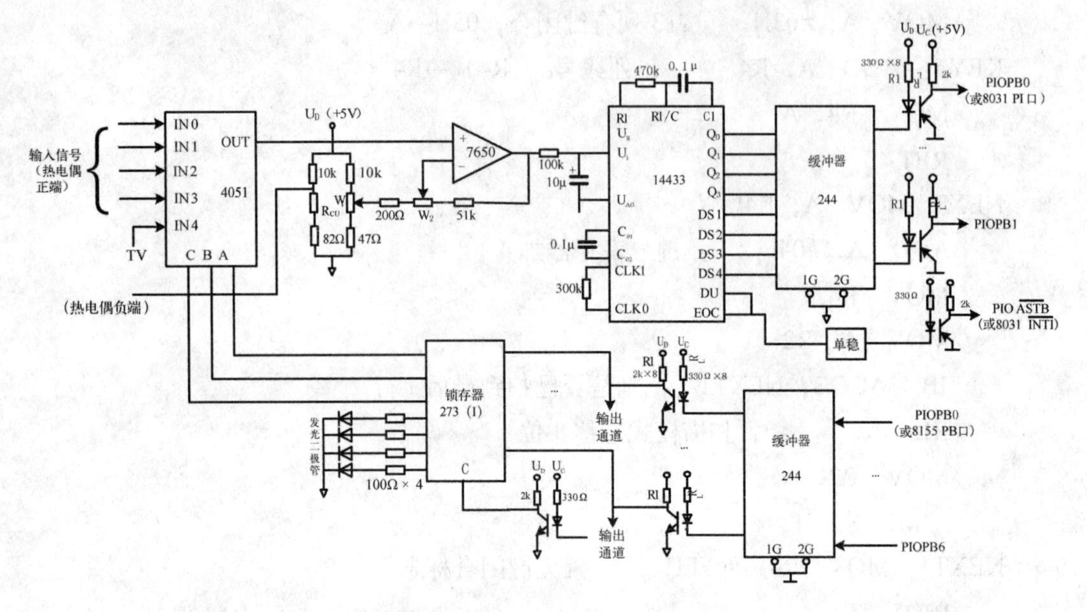


图 15-14　模拟量输入通道逻辑电路

冷端温度补偿电路是一个桥路，桥路中铜电阻 $R_{CU}$ 起补偿作用，其阻值由桥臂电流（0.5mA）、电阻温度系数（a）和热电偶热电动势的单位温度变化值（K）算得。算式为

$$R_{CU} = \frac{K}{0.5a}$$

例如，镍铬-镍铝热电偶在 20℃附近的平均值 K 值为 $4\times10^{-2}$mV/℃，铜电阻 20℃的 a 为 $3.96\times10^{-3}$/℃可求得 20℃时的 RCU=20.2Ω。

运算放大器选用低漂移高增益的 7650，采用同相输入方式，以提高输入阻抗。输出端加接阻容滤波电路，可滤去高频信号。放大器的输出电压为 0～2V（即 A/D 转换器的输入电压），故放大倍数约为 50 倍，可用 $W_2$（1kΩ）调整之。放大器的零点由 $W_1$（100Ω）调整。

根据温度对象对采样速度要求不高的测量精度为±0.1%的要求，选用双积分型 A/D 转换器 MC14433，该转换器输出 $3\frac{1}{2}$ BCD 码，相当于二进制 11 位其分辨率为 1/2000。A/D 转换的结果（包括约束信号 EOC）通过光耦隔离输入 8031 的 P1 口。图中缓冲器（74LS244）为驱动管沟而设置。单稳用以加宽 EOC 脉冲宽度，使光耦能正常工作。

主机电路的输出信号经光耦隔离（在译码信号 $S_1$ 的控制系下）锁存在 74LS273（I）中，以选通多路开关和亮点四个发光二极管。发光管用来显示仪器的手、自动工作状态和上下限报警。

隔离电路采用逻辑性光电耦合器，该器件体积小、耐冲击、耐振动、绝缘电压高、抗干扰能力强，其原理及线路已在前面做了介绍，本节仅针对参数选择作一说明。光电器件选用 G0103（或 TIL117），发光管在导通电流 $I_F$=10mA 时，正向压降 $U_F$=1.4V，光敏管导通时的压降 $U_{CE}$=0.4V，取其导通电流 $I_C$=3mA，则 $R_i$ 和 $R_L$ 的计算如下

$$R_i=(5-1.4)/10=0.36\ (\text{k}\Omega)$$

$$R_L=(5-0.4)/3=1.8\ (\text{k}\Omega)$$

15.4.3.3　模拟量和开关量输出通道

输出电路由 D/A 转换器、U/I 转换器、输出锁存器、驱动器和隔离电路组成，如图 15-15 所示。

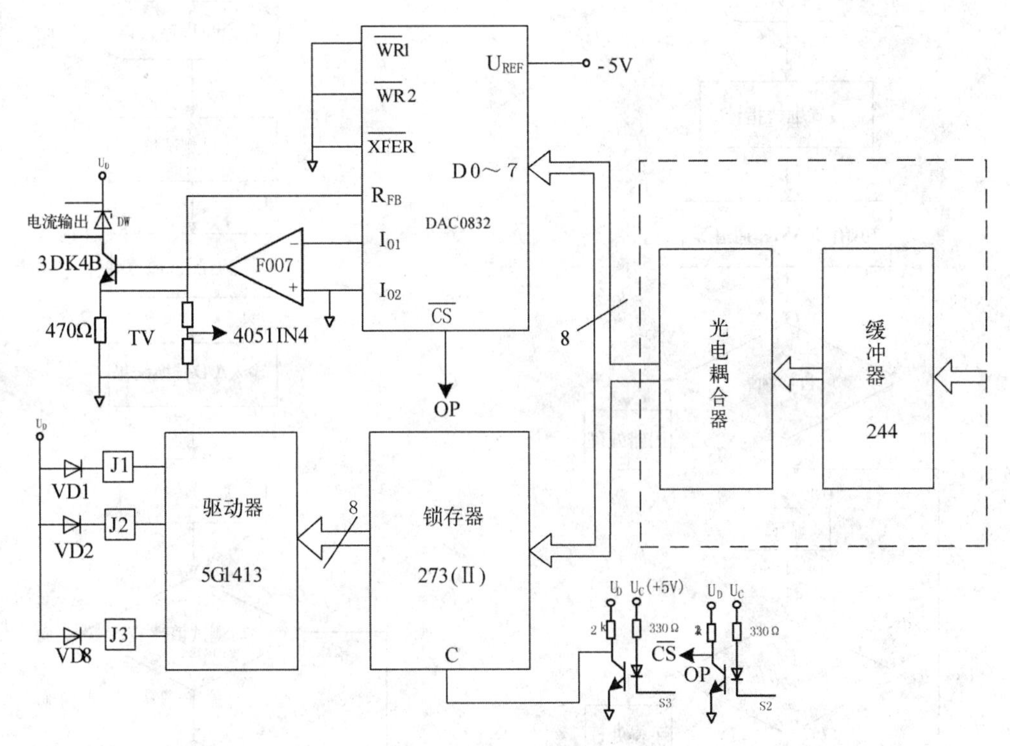


图 15-15　输出通道逻辑电路

D/A 转换器选用 8 位、双缓冲的 DAC0832，该芯片将调节通道的输出转换为 0~10mA 电流信号。

8 位开关量信号锁存在 74LS273（II）中，通过 5G1413 驱动继电器 J1~J8 和发光二极管 VD1~VD8。继电器和发光管分别用来接通阀门和指示阀的启、闭状态。

图中虚线框中的隔离电路部分与输入通道共用，即主机电路的输出经光电耦合器分别连至锁存器 273（I）、273（II）和 DAC0832 的输入端，信号打入哪一个器件则由主

机的输出信号 S1、S3 和 S2（经光耦隔离）来控制。

### 15.4.4　软件结构的程序框图

智能温度控制仪的软件设计采用结构化和模块化设计方法。整个程序分为监控程序和中断服务程序两大部分，每一部分又由许多功能模块构成。

#### 15.4.4.1　监控程序

监控程序包括初始化模块、显示模块、键扫描与处理模块、自诊断模块和手操处理模块。监控主程序以及自诊断程序、键扫描与处理程序的框图分别如图 15-16、图 15-17 和图 15-18 所示。

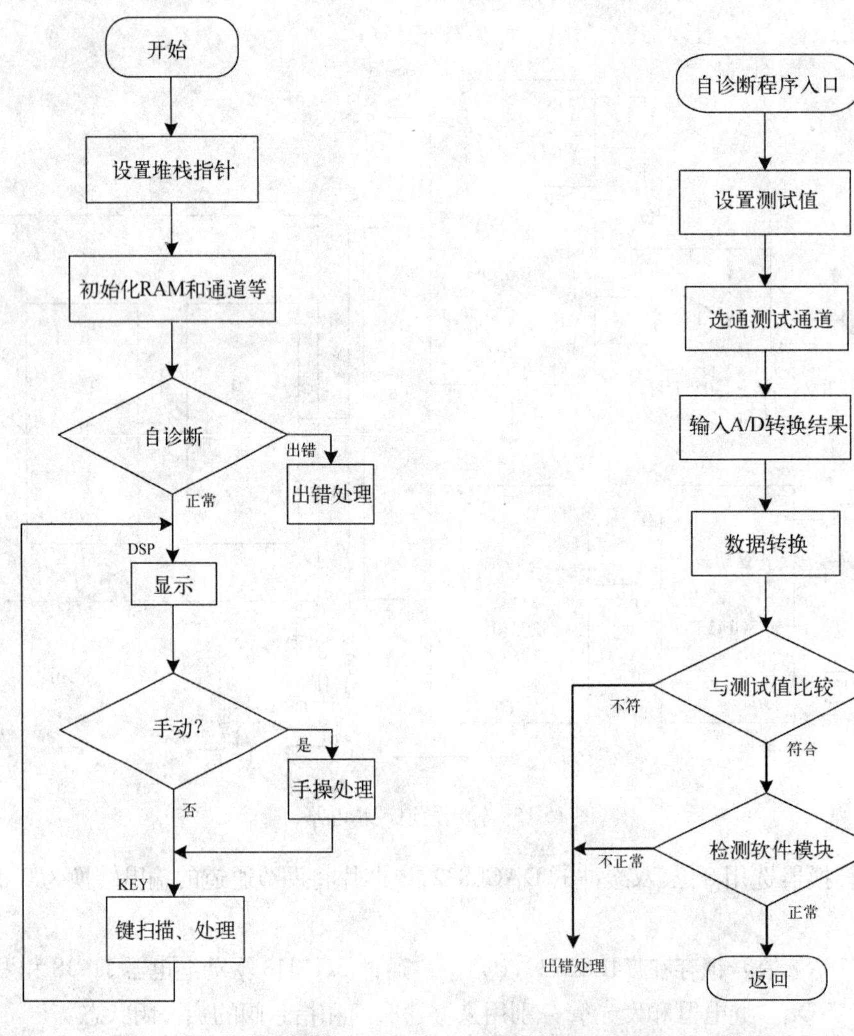


图 15-16　监控主程序框图　　图 15-17　自诊断程序框图

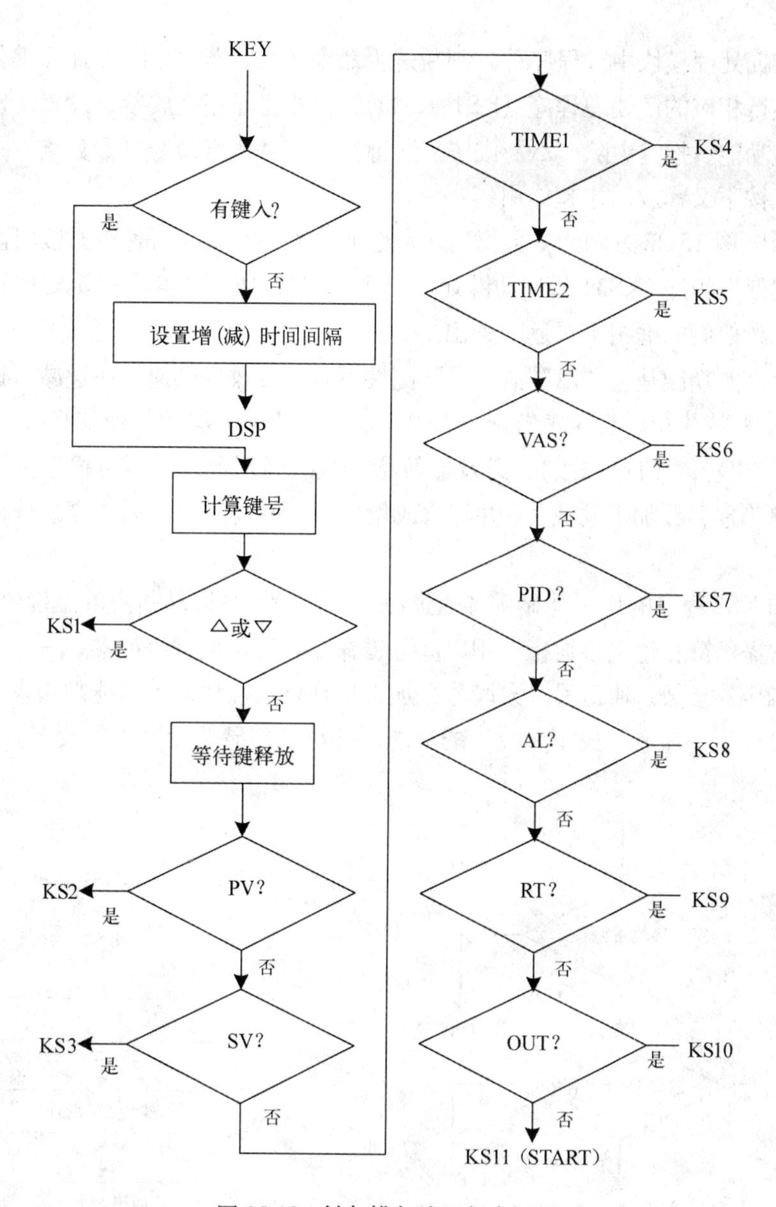


图 15-18　键扫描与处理程序框图

仪器上电复位后，程序从 0000H 开始执行，首先进入系统初始化模块，即设置堆栈指针，初始化 RAM 单元和通道地址等。接着程序执行自诊断模块，检查仪器硬件电路(输入通道、主机、暑促通道、显示器等)和软件部分运行是否正常。在该程序中，先设置一测试数据，由 D/A 电路转换成模拟量（TV)输出，再从多路开关 IN4 通道输入（见图 15-14)，经放大和 A/D 转换后送入主机电路，通过换算判断该数据与原设置值之差是否在允许范围内，若超出这一范围，表示仪器异常，即予告警，以便及时作出处理。同事，自诊断程序还监测仪器个软件模块的功能是否符合预定的要求。若诊断结果正常，程序便进入显示模块、键扫描与处理模块、判断手动兵进行手操作模块的循环圈中。

在键扫描处理模块中，程序首先判断是否命令键入，若有，随即计算键号，并按键编号转入执行相应的键处理程序（KS1~KS11)。键处理程序完成参数设置、显示和启动温控仪控温功能。按键中除“△”或“▽”键再按下时执行命令（参数增、减）外，其余各键均在按下又释放后才起作用。

图 15-19~图 15-22 分别为参数增、减键处理程序（KS1）、测量值键处理程序（KS2）、温度设定键处理程序（KS3）和启动键处理程序(KS11)的框图。其余的键处理程序与 KS3 程序类似，故他们的框图不再逐一列出。

KS1 程序的功能是在“△”或“▽”键按下时，参数自动递增或递减（速度由慢到快），直至键释放为止。改程序先判断由上一次按键所指的参数是否如修改（PV 值不可修改，SV、PID、等值可修改），以及参数增、减时间到否，然后再根据按下的“△”或“▽”键确定参数加 1 或减 1，并且修改增、减时间间隔，一遍逐渐加快参数的变化速度。

KS1 和 KS2 程序的作用是显示各通道测量值和设置各段转折点的温度值。程序中的设置标志、提示符和建立参数指针用以区分键命令，确定数据缓冲器，一边显示和设置与键命令相应的参数。通道号（或段号）加 1 及判断是否结束等狂徒则用来实现按一下键自动切换至下一通道（或下一段）的功能，并可循环显示和设置参数。

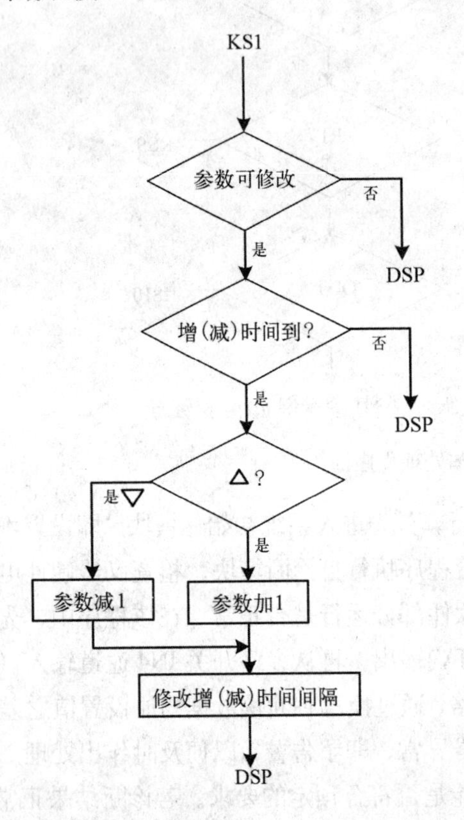


图 15-19　参数增、减键处理程序框图

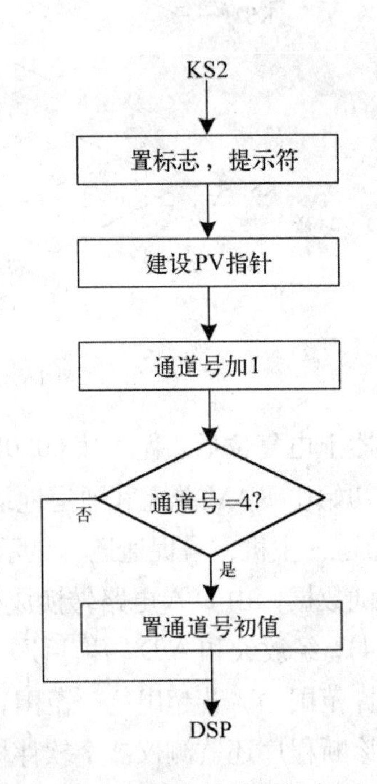


图 15-20　测量值键处理程序框图

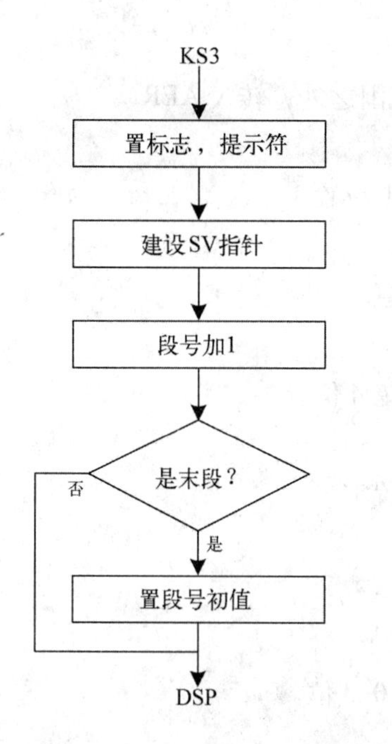


图 15-21　参数设定键处理程序框图

KS11
参数设置齐？
否
DSP
是
置标志
置I/O口初值
置定时计数器初值
开中断
DSP

图 15-22　启动键处理程序框图

KS11 程序首先判断参数是否置全，置全了才可转入下一框，否则不能启动，应重置参数。程序在设置 I/O（Z80PIO 或 8155）的初值、定时计数器（Z80CTC、8031 的 T1 和 T2）的初值和开中断之后，便完成了启动功能。

15.4.4.2　中断服务程序

中断服务程序包括 A/D 转换中断程序、时钟中断程序和掉电中断程序。A/D 转换中断程序的任务是采入各路数据；时钟中断程序确定采样周期，并完成数据处理、运算和输出等一系列功能。14433A/D 转换器与 8031 的借口电路如图 15-14 所示。转换器的输出经缓冲器 74LS244 和 8031 的 PI 口连接。EOC 反向后作 9031 的终端申请新号送到 INT1 端。设转换结果存缓冲器 20H、21H，格式为：

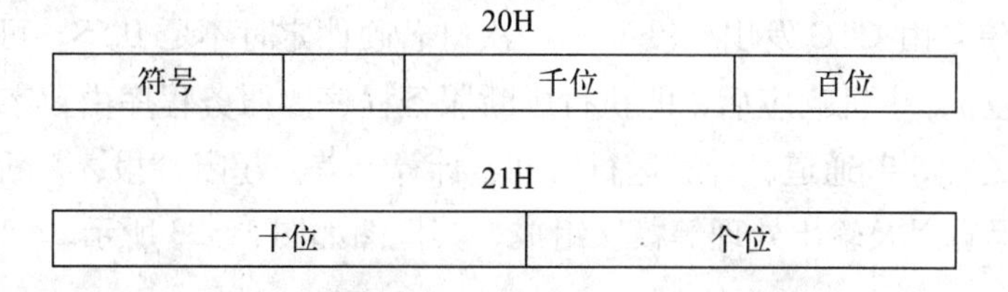


初始化程序 INIT 和中断服务程序 AINT 如下：(保护现场指令略去)

```
INIT：   SETB  IT1      ；置外部终端 1 为边沿触发方式
      SETB  EA       ；开放 CPU 中断
AINT：   MOV   A,PI
```

```
     JNB   ACC.4，AINT；判 DS1
     JB    ACC.0，AER ；被测电压在量程范围之外，转入 AER
     JB    ACC.2，AI1 ；极性为正转 AI1
     SETB  07H        ；为负，20H 单元的第七位置 1
     AJMP  AI2
AI1：  CLR   07H       ；20H 单元的第七位置零
AI2：  JB    ACC.3，AI3 ；千位为零转 AI3
     SETB  04H        ；千位为 1,20H 单元的第 4 位置 1
     AJMP  AI4
AI3：  CLR   04H       ；20H 单元的第 4 位置零
AI4：  MOV   A,PI
     JNB   ACC.5，AI4 ；判 DS2
     MOV   R0，#20H
     XCHD  A,@R0      ；百位数→20H 的第 0~3 位
AI5：  MOV   A,PI
     JNB   ACC.6，AI5 ；判 DS3
     SWAP  A
     INC   R0
     MOV   @R0，A     ；十位数→21H 的第 4~7 位
AI6：  MOV   A,PI
     JNB   ACC.7，AI6 ；判 DS4
     XCHD  A,@R0      ；个位数→21H 的第 0~3 位
     RETI
AET：  SETB  10H       ；置量程错误标志
     RET1
```

掉电中断服务程序的功能也在本节硬件部分做了说明，本节主要介绍时钟中断程序。

时钟中断信号由 CTC 发出，没 0.5s 一次（若硬件定时不足 0.5S，可采用软、硬件结合的定时方法），主机响应后，即执行中断服务程序。服务程序由数字滤波，标度和变换和线性化处理，判通道、计算运行时间、计算偏差、超限警报、判断正反作用和手动操作、PID 运算以及输出处理等模块组成，其框图如图 15-23 所示。

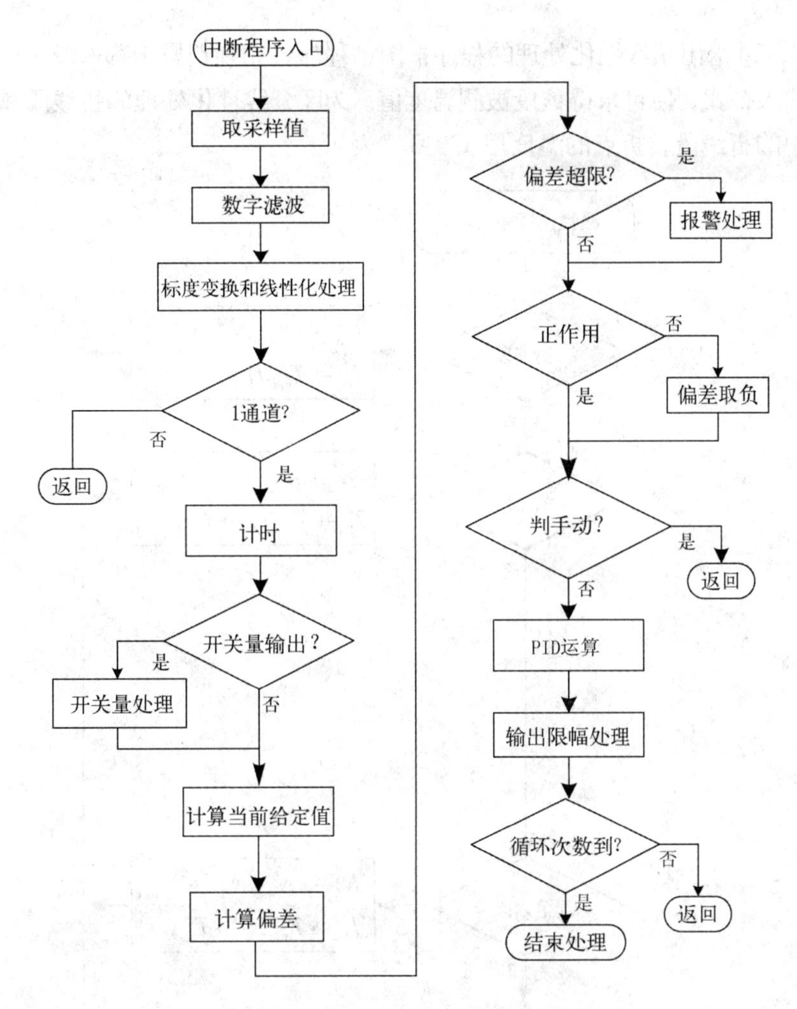


图 15-23　中断服务程序框图

数字滤波模块的功能是滤除输入数据中的随机干扰分量。采用 4 点地推平均滤波方法。

由于热电偶 mV 信号和温度之间呈非线性关系，因此在标度变换（工程量变换）时，必须考虑采样数据的线性化处理。有多种处理方法可供使用，现采用折线近似的方法，把镍铬-镍铝热电偶 0~1100℃范围内的热电特性分成 7 段折线进行处理，这 7 段分别为 0~200℃、200~350℃、350~500℃、500~650℃、650~800℃、800~950℃和 950~1100℃。处理后的最大误差在仪器设计精度范围之内。

标度变化公式为

$$T_{pv} = T_{min} + (T_{max} - T_{min})\frac{N_{pv} - N_{min}}{N_{max} - N_{min}}$$

式中，$N_{PV}$、$T_{PV}$—分别为某折线段 A/D 转换结果和相应的被测温度值；$N_{min}$、$N_{max}$—分别为该段 A/D 转换结果的初值和终值；$T_{min}$、$T_{max}$—分别为该段温度的初值和终值。

图中 15-24 给出了线性化处理的程序框图，程序首先判别属于哪一段，然后将相应段的参数代入公式，便可求得该段被测温度值。为区分线性化处理的折线段和程控曲线段，框图中的折线段转折点的温度用 T'0~T'7 表示。

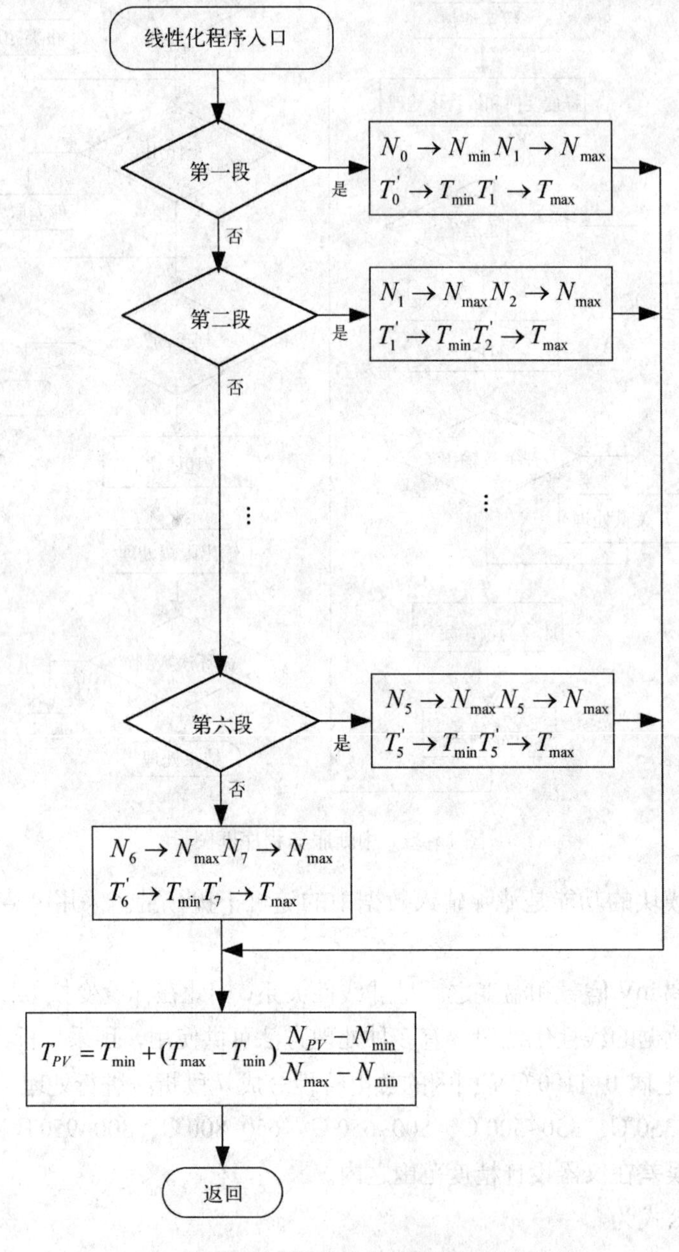


图 15-24　线性化处理程序框图

仪器的第 1 通道是调节通道，其他通道不进行控制，故在求得第 2~4 通道的测量值后，即返回主程序。

计时模块的作用是求取运行总时间，以便确定程序运行至哪一程控曲线段，何时输出开关量信号。

由于给定值随程控曲线而变，故需随时计算当前的给定温度值，计算公式如下：

$$T_{SV}=T_i+(T_{i+1}-T_i)\frac{t-t_i}{t_{i+1}-t_i}$$

式中，$T_{SV}$、t—分别为当前的给定温度值和时间；$T_i$、$T_{i+1}$—分别为当前程控曲线段的给定温度初值和终值；$t_i$、$t_{i+1}$—分别为该段的给定时间初值和终值。

TSV 计算式与上述线性化处理计算式的参数含义和运算结果不一样，但两者在形式上完全相同，故在计算 TSV 时可调用线性化处理程序。

仪器的控制算法采用不完全微分型 PID 控制算法。控制仪的输出值还应进行限幅处理，以防止积分饱和，故可获得较好的调节品质。

## 思考题与习题

1. 利用电容器，设计一个测量金属厚度的系统。要求：(1) 给出设计思路；(2) 给出测量金属厚度系统框图；(3) 叙述工作过程。

2. 试设计一个工件自动计量的光电检测系统。要求：(1) 给出设计思路；(2) 给出工件自动计量光电检测系统图；(3) 叙述工作过程。

3. 试设计一个带材跑偏光电检测系统。所用光源、透镜、光敏电阻、电阻、放大器、电源等元器件（所需自行添加即可）。要求：(1) 给出设计思路；(2) 给出带材跑偏光电检测系统原理图；(3) 给出测量电路图，并叙述工作过程。

4. 利用 CCD，设计一个细丝直径测量系统。要求：(1) 给出设计思路；(2) 给出测量系统原理图；(3) 叙述测量过程。

# 参 考 文 献

1. 常健生．检测与转换技术（第3版）．北京：机械工业出版社，2003

2. 孙序文，李田泽等．传感器与检测技术．济南：山东大学出版社，1996

3. 徐科军．传感器与检测技术（第3版）．北京：电子工业出版社，2012

4. 程军．传感器及实用检测技术．西安：西安电子科技大学出版社，2011

5. 金篆芷，王明时．现代传感器技术．北京：电子工业出版社，1995

6. 刘迎春，叶湘滨．传感器原理设计与应用（第4版）．长沙：国防科技大学出版社，2002

7. 钱浚霞，郑坚立．光电检测技术．北京：机械工业出版社，1993

8. 王庆有．光电技术．北京：电子工业出版社，2005

9. 陶红艳，余成波．传感器与现代检测技术（第1版）．北京：清华大学出版社，2009

10. 王花祥，张淑英．传感器原理及应用（第3版）．天津：天津大学出版社，2007

11. 费业泰．误差理论与数据处理（第6版）．北京：机械工业出版社，2010

12. 刘存，李晖．现代检测技术．北京：机械工业出版社，2005

13. 贾伯年，俞朴．传感器技术．南京：东南大学出版社，1996

14. 郁有文，常健．传感器原理及工程应用．西安：西安电子科技大学出版社，2003

15. 单成祥．传感器的理论与设计基础及其应用．北京：国防工业出版社，1999

16. 张靖，刘少强．检测技术与系统设计．北京：中国电力出版社，2002

17. 刘君华．智能传感器系统（第二版）．西安：西安电子科技大学出版社，2010

18. 姜平．维修电工技师鉴定培训教材．北京：机械工业出版社，2009